Nationale Innovationssysteme

Volkswirtschaftliche Analysen

Herausgegeben von Georg Hasenkamp, Wolfgang Maennig, Christian Scheer und Peter Stahlecker

Band 13

PETER LANG

Frankfurt am Main · Berlin · Bern · Bruxelles · New York · Oxford · Wien

Heike Ruhrmann

Nationale Innovationssysteme

Eine komparative Analyse am Beispiel Irlands und Finnlands

PETER LANG
Internationaler Verlag der Wissenschaften

Bibliografische Information der Deutschen Nationalbibliothek
Die Deutsche Nationalbibliothek verzeichnet diese Publikation in der Deutschen Nationalbibliografie; detaillierte bibliografische Daten sind im Internet über <http://www.d-nb.de> abrufbar.

Zugl.: Hamburg, Univ., Diss., 2007

D 18
ISSN 1432-8739
ISBN 978-3-631-56890-3

Internationaler Verlag der Wissenschaften
Frankfurt am Main 2007

www.peterlang.de

Vorwort

Zum Gelingen der vorliegenden Arbeit hat eine Reihe von Personen beigetragen. Ich danke meinem Doktorvater Herrn Prof. Dr. Georg Hasenkamp sehr herzlich dafür, dass er dem von mir gewählten Thema aufgeschlossen gegenüberstand und meine Arbeit mit zahlreichen konstruktiven Vorschlägen begleitete. Frau Prof. Dr. Elisabeth Allgoewer danke ich herzlich für die Übernahme des Zweitgutachtens. Herrn Prof. Dr. Christian Scheer möchte ich dafür danken, dass er den Prüfungsvorsitz übernommen hat.

Mein besonderer Dank gilt meinem Freund Jens-Ragnar Martinen, ohne dessen ständige Unterstützung und Verständnis diese Arbeit in der vorliegenden Form nicht zustande gekommen wäre. Darüber hinaus möchte ich mich bei meinen Eltern für die Ermöglichung meiner Ausbildung und für ihre Geduld und Unterstützung bedanken.

Wentorf, im August 2007

Inhaltsverzeichnis

1 Problemstellung 17

2 Erklärungsansätze und ursächliche Faktoren der wirtschaftlichen Entwicklung Irlands in den 1990er Jahren 21

2.1 Interne Faktoren des wirtschaftlichen Aufschwungs 24

2.2 Externe Faktoren des Wirtschaftsbooms 27

3 Die Bedeutung des Faktors Technologie 35

3.1 Die Bedeutung des Faktors Technologie für den irischen Wirtschaftsboom 36

3.2 Überblick über Wachstumstheorien und deren Betrachtung des Faktors Technologie 40

4 Grundlagen der Innovationsökonomie 49

4.1 Definitionen relevanter Begriffe 51

4.2 Determinanten unternehmerischer Innovationsaktivität 55

4.3 Die Entwicklung von Innovationsmodellen 57

5 Nationale Innovationssysteme 65

5.1 Die Theorie nationaler Innovationssysteme 65

5.1.1 Überblick über das Konzept nationaler Innovationssysteme 66

5.1.1.1 Die Bedeutung des Konzepts nationaler Innovationssysteme 69

5.1.1.2 Definitionen des Begriffs des nationalen Innovationssystems 71

5.1.1.3 Die Bedeutung der einzelnen Komponenten 74

5.1.2 Elemente und Struktur nationaler Innovationssysteme 77

5.1.2.1 Die in einem nationalen Innovationssystem existierenden Institutionen 78

5.1.2.2 Funktionale Betrachtung nationaler Innovationssysteme 80

5.1.2.3 Subsysteme eines nationalen Innovationssystems 82

5.1.3 Die Rolle der Politik in nationalen Innovationssystemen 84

5.1.3.1 Politik im Bereich Wissenschaft, Technologie und Forschung 84

5.1.3.2 Grenzen staatlicher Innovationsförderung 89

5.1.4 Die Leistungsfähigkeit nationaler Innovationssysteme 90
5.1.4.1 Die Struktur und Leistungsfähigkeit bestimmende Faktoren 91
5.1.4.2 Merkmale unterschiedlicher nationaler Innovationssysteme in den 1970er und 1980er Jahren 93
5.2 Der Vergleich unterschiedlicher nationaler Innovationssysteme 98
5.2.1 Methodologie des Vergleichs nationaler Innovationssysteme 99
5.2.2 Bisherige Analysen des irischen und finnischen nationalen Innovationssystems 107

6 Komparative Analyse des irischen und finnischen nationalen Innovationssystems 117
6.1 Die Funktionen der einzelnen Akteure 119
6.1.1 Die Formulierung und Implementierung einer Wissenschafts-, Technologie- und Innovationspolitik 119
6.1.1.1 Strukturen der Politikgestaltung 120
6.1.1.2 Der Prozess der Politikgestaltung 131
6.1.2 Die Durchführung von Forschung und Entwicklung 136
6.1.2.1 Die Forschungs- und Entwicklungsaktivitäten eines Landes 136
6.1.2.2 Forschungs- und Entwicklungsaktivitäten in den einzelnen Sektoren 145
Betrachtete Sektoren und ihre Forschungs- und Entwicklungsaktivitäten 145
Die Durchführung von Forschung und Entwicklung in den einzelnen Sektoren in Irland, Finnland und anderen OECD-Ländern 149
Forschungs- und Entwicklungsbeteiligung kleiner und mittelständischer sowie ausländischer Unternehmen 156
6.1.3 Die Finanzierung von Forschung und Entwicklung 163
6.1.3.1 Anteile der einzelnen Sektoren an der Finanzierung von Forschung und Entwicklung 163
6.1.3.2 Finanzierung von Forschung und Entwicklung durch den Unternehmens- und den Staatssektor 167

6.1.4 Das Erstellen einer geeigneten Anreizstruktur 172
6.1.4.1 Derzeit existierende Maßnahmen zur Förderung von Forschung und Entwicklung sowie Innovationen im irischen und finnischen Unternehmenssektor 172
6.1.4.2 Die Förderung technologiebasierten Unternehmertums mittels Venture Capital 181
6.1.5 Die Förderung der Humankapital-Bildung im Wissenschafts-, Technologie- und Innovationsbereich 188
6.1.5.1 Forschungs- und Entwicklungspersonal sowie Forscher in Irland und Finnland 189
6.1.5.2 Die Förderung des Humankapitals im irischen Wissenschafts-, Technologie- und Innovationsbereich 194
6.1.6 Die Wahrnehmung der Mittlerfunktion 200

6.2 Interaktionen im irischen und finnischen nationalen Innovationssystem 207

6.2.1 Die Zusammenarbeit im Forschungs- und Entwicklungsbereich 208
6.2.2 Informelle Interaktionen 217
6.2.3 Die Diffusion von Technologie und technologischem Wissen 222
6.2.4 Personalmobilität im irischen und finnischen nationalen Innovationssystem 228

7 Abschließende Betrachtungen 235

Literaturverzeichnis 247

Tabellenverzeichnis

Tabelle 5.1: Unterschiedliche Merkmale nationaler Innovationssysteme in den 1970er Jahren 95

Tabelle 5.2: Unterschiedliche Ausprägungen nationaler Innovationssysteme in den 1980er Jahren 97

Tabelle 5.3: Überblick über Merkmale Irlands und Finnlands 108

Tabelle 5.4: Rclativc Entwicklung der NIS 114

Tabelle 5.5: Geschätzte Werte der Größe der NIS 115

Tabelle 5.6: Ergebnisse bezüglich der Gleichmäßigkeit der untersuchten NIS 116

Tabelle 6.1: Entwicklung der Bruttoinlandsausgaben für FuE (GERD) in einigen ausgewählten OECD-Ländern, 1999 bis 2003 138

Tabelle 6.2: Entwicklung der Bruttoinlandsausgaben für FuE (GERD) pro Kopf in einigen ausgewählten OECD-Ländern, 1991 bis 2003 140

Tabelle 6.3: Entwicklung der FuE-Intensität in einigen ausgewählten OECD-Ländern, 1991 bis 2003 142

Tabelle 6.4: Anteile der einzelnen FuE-durchführenden Sektoren an den nationalen FuE-Ausgaben (GERD) in unterschiedlichen OECD-Ländern in Prozent, 1995 und 2003 150

Tabelle 6.5: BERD als prozentualer Anteil des BIP in OECD-Ländern 153

Tabelle 6.6: Anzahl irischer und multinationaler FuE-betreibender Unternehmen in Irland 161

Tabelle 6.7: FuE-Intensität irischer und ausländischer Unternehmen im Vergleich zum EU- und OECD-Durchschnitt 162

Tabelle 6.8: Anteile der einzelnen Sektoren an der Finanzierung der nationalen FuE-Ausgaben (GERD) in unterschiedlichen OECD-Ländern in Prozent, 1995 und 2003 164

Tabelle 6.9: Staatliche Finanzierung von FuE in Irland – Voranschlag im Rahmen des National Development Plan 171

Tabelle 6.10: Entwicklung der VC-Investitionen in Irland, Finnland und im Länderdurchschnitt, 1999 bis 2004 186

Tabelle 6.11: FuE-Personal pro Tausend der gesamten Erwerbsbevölkerung, 1991 bis 2003 191

Tabelle 6.12: Forscher pro Tausend der gesamten Erwerbsbevölkerung, 1981 bis 2003 192

Tabelle 6.13: Anteil der in den einzelnen Sektoren tätigen Forscher an den gesamten nationalen Forschern in Prozent, 1995, 1999 und 2003 194

Tabelle 6.14: Absolventen naturwissenschaftlicher und technischer Disziplinen pro Tausend der Bevölkerung im Alter von 20 bis 29 Jahren 195

Tabelle 6.15: Anteile der industriefinanzierten FuE-Ausgaben des Hochschul- und des Staatssektors 208

Tabelle 6.16: Umfang der Interaktionen von Unternehmen im irischen FuE-Bereich 212

Tabelle 7.1: Merkmale des irischen und finnischen nationalen Innovationssystems 244

Abbildungsverzeichnis

Abbildung 3.1:	Anteil der einzelnen Faktoren am Wirtschaftswachstum zwischen 1993 und 2000	37
Abbildung 4.1:	Konventionelles Lineares Modell	58
Abbildung 4.2:	Kaskadenmodell des technischen Fortschritts	59
Abbildung 4.3:	Das Chain-Linked-Modell von Kline und Rosenberg	61
Abbildung 4.4:	Rahmen zur Analyse des Wirtschaftswachstums und seiner Ursachen	64
Abbildung 5.1:	Entwicklung des Konzepts nationaler Innovationssysteme	65
Abbildung 5.2:	Akteure und Beziehungen eines Innovationssystems	78
Abbildung 5.3:	Elemente eines nationalen Innovationssystems	82
Abbildung 5.4:	Innovationsrelevante Politikbereiche	86
Abbildung 5.5:	Mapping der unterschiedlichen Dimensionen von NIS im Jahr 2000	106
Abbildung 5.6:	Karten des NIS Irlands, Finnlands, Deutschlands und der USA für 2000	111
Abbildung 5.7:	Das irische NIS 1996 und 2000	112
Abbildung 5.8:	Das finnische NIS 1996 und 2000	113
Abbildung 6.1:	Verwendeter Analyserahmen	118
Abbildung 6.2:	Das institutionelle Profil des finnischen NIS	124
Abbildung 6.3:	Institutioneller Überblick über das irische NIS	129
Abbildung 6.4:	Entwicklung der irischen Bruttoinlandsausgaben für FuE pro Kopf im Vergleich zu einigen ausgewählten Ländern, 1991 bis 2002	141
Abbildung 6.5:	Entwicklung der FuE-Intensität in einigen ausgewählten OECD-Ländern, 1991 bis 2002	143
Abbildung 6.6:	Anteile der einzelnen Sektoren an den Bruttoinlandsausgaben für FuE in Prozent, 2003	152
Abbildung 6.7:	Anteil ausländischer Unternehmen am gesamten Umsatz des Produktionssektors und Anteil der FuE-Ausgaben ausländischer Unternehmen an den gesamten FuE-Ausgaben des Unternehmenssektors in Prozent, 2001	160

Abbildung 6.8: Anteile der privaten Unternehmen und des Staates an der Finanzierung der GERD in Prozent, 2003 165

Abbildung 6.9: Entwicklung der industriefinanzierten GERD als prozentualer Anteil des BIP in Irland, Finnland, Deutschland, der EU und OECD, 1991 bis 2001 167

Abbildung 6.10: Entwicklung der industriefinanzierten GERD als prozentualer Anteil des BIP in Irland und Finnland, 1967 bis 2001 168

Abbildung 6.11: Venture Capital pro Kopf in Euro, 2003 185

Abbildung 6.12: Forscher pro Tausend der Erwerbsbevölkerung in Irland, Finnland und einigen anderen OECD-Ländern, 2003 193

Abbildung 6.13: Promovierte in mathematischen, naturwissenschaftlichen und technischen Disziplinen pro Tausend der Bevölkerung im Alter zwischen 25 und 34 Jahren, 2002 197

Abbildung 6.14: Anteil der FuE-betreibenden Unternehmen, die mit anderen Unternehmen, Universitäten oder öffentlichen Forschungseinrichtungen zusammenarbeiten, in Prozent 211

Abkürzungsverzeichnis

AIFTAA	Anglo-Irish Free Trade Area Agreement
ASC	Advisory Science Council oder Advisory Council for Science, Technology and Innovation
BERD	Business Expenditure on R&D
BIP	Bruttoinlandsprodukt
BMBF	Bundesministerium für Bildung und Forschung
BSP	Bruttosozialprodukt
CIO	Committee on Industrial Organisation
CIP	Census of Industrial Production
CSO	Central Statistics Office Ireland
DES	Department of Education and Science
DETE	Department of Enterprise, Trade and Employment
EAGFL	Europäischer Ausgleichs- und Garantiefonds für die Landwirtschaft
ECU	European Currency Unit
EEA	Einheitliche Europäische Akte
EFRE	Europäischer Fonds für regionale Entwicklung
EGFSN	Expert Group on Future Skills Needs
EPTR	Export Profits Tax Relief
ESF	Europäischer Sozialfonds
ESRI	Economic and Social Research Institute
EI	Enterprise Ireland
Eurostat	Statistisches Amt der EU
EWG	Europäische Wirtschaftsgemeinschaft
FÁS	Foras Áiseanna Saothair – National Training and Employment Authority
FTE	full-time equivalence (data)
FuE	Forschung und Entwicklung
GAP	Gemeinsame Agrarpolitik
GATT	General Agreement on Tariffs and Trade
GERD	Gross Domestic Expenditure on R&D; deutsch: gesamte inländische Ausgaben für FuE / Bruttoinlandsausgaben für FuE
HEA	Higher Education Authority
HRST	Human Resources in Science and Technology
ICSTI	Irish Council for Science, Technology and Innovation
IDA	Industrial Development Authority
IKT	Informations- und Kommunikationstechnologie
IRCSET	Irish Research Council for Science, Engineering and Technology
IT	Information Technology
k.A.	keine Angaben
KMU	kleine und mittelständische (oder mittlere) Unternehmen

MNU	Multinationale Unternehmen
MONIT	Monitoring and Implementing National Innovation Policies
NCC	National Competitiveness Council
NDP	National Development Plan
NESC	National Economic and Social Council
NIC	National Innovative Capacity
NIS	Nationales Innovationssystem
No.	Numero
o.O.	ohne Ortsangabe
OECD	Organisation for Economic Co-operation and Development
Org.	Organisation
OST	Office of Science and Technology
PRTLI	Programme for Research in Third-Level Institutions
SBA	Small Business Administration
SFI	Science Foundation Ireland
SITRA	Nationaler Fonds für Forschung und Entwicklung Finnlands
STI	Science, Technology and Innovation
STIAC	Science Technology and Innovation Advisory Council
TBP	Technology Balance of Payments
TEKES	Finnisches Zentrum für Technologieförderung
TZB	Technologische Zahlungsbilanz
UCD	University College Dublin
UNESCO	United Nations Educational, Scientific and Cultural Organization
VC	Venture Capital
VTT	Technisches Forschungszentrum Finnland
WTI	Wissenschaft, Technologie und Innovation

1 Problemstellung

Zu Beginn der 1990er Jahre setzte in Irland – womit in der vorliegenden Arbeit stets die Republik Irland gemeint ist – ein Wirtschaftsboom ein, der kaum voraussehbar war und dessen mögliche ursächliche Faktoren in den Medien und insbesondere in der ökonomischen Literatur kontrovers analysiert und diskutiert wurden. Dabei zeigte sich die herausragende wirtschaftliche Entwicklung unter anderem an den sehr hohen Wachstumsraten: Die durchschnittliche jährliche reale Wachstumsrate des BIP belief sich in Irland in der Periode von 1994 bis 2000 auf 9,3 Prozent, während in der EU[1] im Durchschnitt 2,6 Prozent erreicht wurden.[2, 3] Aufgrund der hohen Wachstumsraten wurde Irland erstmals 1996 als der *„Keltische Tiger"* bezeichnet, wodurch die Ähnlichkeit mit den erfolgreichen ostasiatischen Tigerstaaten, wie Singapur, Malaysia, Thailand und Hongkong, zum Ausdruck gebracht werden sollte.[4]

Der wirtschaftliche Wandel Irlands, der sich während der letzten anderthalb Jahrzehnte vollzogen hat, ist umso erstaunlicher vor dem Hintergrund, dass Irland lange Zeit zu den ärmsten Ländern Europas zählte. Insbesondere während der Wirtschaftskrise zwischen 1980 und 1987 war die irische Volkswirtschaft durch negative reale Wachstumsraten, eine stark steigende Arbeitslosigkeit und dadurch bedingt hohe Emigrationszahlen, Inflation und eine hohe Staatsverschuldung gekennzeichnet. Damit ging ein relativ niedriger Lebensstandard einher.[5] Im Jahr 1988 veröffentlichte *The Economist* eine Studie über Irland mit dem Titel *„Poorest of the Rich"*[6]. Seit den 1987 durchgeführten politischen Maßnahmen begann sich das damals vorherrschende Bild jedoch zu wandeln, so dass *The Economist* im Mai 1997 eine neue Studie über Irland veröffentlichte, diesmal mit dem Titel *„Europe's Shining Light"*[7].

---

[1] Hierbei wurde die durchschnittliche Wachstumsrate für 15 EU-Mitgliedsländer berechnet.

[2] Eigene Berechnungen auf Basis der von Eurostat bereitgestellten Daten. Abruf der Daten unter http://europa.eu.int/comm/eurostat/.

[3] Deutschland hatte in diesem Zeitraum eine durchschnittliche jährliche reale Wachstumsrate des BIP von 1,9 Prozent zu verzeichnen; Finnland wies mit 4,4 Prozent eine relativ hohe Wachstumsrate auf.

[4] Der Begriff des *„Celtic Tiger"* wurde erstmals in einer Ausgabe des *Wall Street Journal* vom 05.12.1996 und kurz darauf von *Newsweek*, am 23.12.1996, verwendet (Vgl. Leddin, A. J. / Walsh, B. M. (2003), S. 479). Dabei ist jedoch anzumerken, dass für das starke Wirtschaftswachstum in den ostasiatischen Ländern andere Faktoren als ursächlich anzusehen sind als in Irland. Einen wesentlichen Erfolgsfaktor stellten in den asiatischen Ländern die verstärkte Akkumulierung physischen Kapitals und die Mobilisierung von Humanressourcen dar. (Vgl. zum Beispiel Krugman, P. (1994).)

[5] Vgl. zu diesen Punkten Leddin, A. J. / Walsh, B. M. (2003).

[6] Vgl. The Economist (1988).

[7] Vgl. The Economist (1997).

Neben den überdurchschnittlich hohen Wachstumsraten zeichnet sich die irische Wirtschaft durch eine Reihe weiterer positiver Entwicklungen aus: Während in der Zeit von 1978 bis 1987 keine neuen Arbeitsplätze geschaffen wurden, entstanden im Zeitraum von 1987 bis 1996 rund 216.000 zusätzliche, hochwertige Arbeitsplätze, was einem zwanzigprozentigen Anstieg entspricht.[8] Seit 1987 lässt sich ein kontinuierliches Absinken der Arbeitslosenquote feststellen: Lag diese 1987 noch bei 17,5 Prozent, so war sie 2000 auf 4,2 Prozent abgesunken.[9] Auch ein typisches Merkmal der irischen Gesellschaft – die hohe Zahl der Emigranten – verschwand aufgrund der wirtschaftlichen Erfolge des Landes völlig. Mittlerweile hat Irland einen relativ großen Zustrom von Immigranten zu verzeichnen,[10] wobei davon auszugehen ist, dass zwischen 40 und 50 Prozent der Immigranten nicht in Irland geboren wurden und die Mehrzahl von ihnen hochqualifiziert ist.[11] Darüber hinaus ist aufgrund der wirtschaftlichen Entwicklung der irische Lebensstandard – gemessen anhand der Entwicklung des BIP pro Kopf – stark angestiegen: Belief sich der irische Lebensstandard 1973 auf lediglich 59 Prozent des EU-Durchschnitts, so lag er 2002 bereits 25 Prozentpunkte über diesem.[12] Zudem gelang es, die öffentlichen Finanzen zu stabilisieren, so dass zu Beginn des 21. Jahrhunderts die Staatsverschuldung stark gesunken und seit langer Zeit wieder ein Haushaltsüberschuss zu verzeichnen war.[13] Die irische Wirtschaft hat sich somit – insbesondere im Vergleich zu den vorangegangenen Dekaden – stark verändert. Mac Sharry und White drücken es folgendermaßen aus:

„The past is, indeed, a foreign country.“[14]

Mittlerweile existiert eine Reihe von Theorien, die sich mit den möglichen Ursachen dieses Um- und Aufschwungs beschäftigt. Kapitel 2 der vorliegenden Arbeit gibt einen Überblick über die unterschiedlichen Erklärungsansätze, wobei eine Unterteilung in interne und externe Einflussfaktoren vorgenommen wird. Als Quintessenz ergibt sich, dass kein Faktor allein für die Entstehung des Wirtschaftsbooms ursächlich ist, sondern dass das Zusammenspiel einer Vielzahl unterschiedlicher Faktoren zu dieser Entwicklung führte.

---

[8] Vgl. Sweeney, P. (1998), S. 4, 14, 166 und Barry, F. (1999a), S. 1.

[9] Daten von Eurostat, CSO Ireland. An dieser Stelle sei erwähnt, dass sich die Arbeitslosenquote Deutschlands im Jahr 2000 auf 7,8 Prozent belief.

[10] Vgl. CSO (2006), Table 7, S. 89. Für detaillierte Ausführungen zu der Veränderung der Migrationsströme siehe Allen, K. (1999).

[11] Vgl. Fitz Gerald, J. (2000), S. 32, 46.

[12] Vgl. Leddin, A. J. / Walsh, B. M. (2003), S. 467.

[13] Vgl. Leddin, A. J. / Walsh, B. M. (2003), S. 101.

[14] Mac Sharry, R. / White, P. A. (2000), S. 153.

Allerdings wird dabei auch deutlich, wie in Kapitel 3 herausgearbeitet wird, dass der Faktor Technologie bzw. der technische Fortschritt für den wirtschaftlichen Aufschwung des Landes *nicht* von besonderer Bedeutung war. Es handelte sich hierbei also um kein rein technologiegetriebenes Wirtschaftswachstum, wie dies beispielsweise in den 1990er Jahren in Finnland der Fall war. Aus der *Endogenen Wachstumstheorie* geht jedoch hervor, dass der Faktor Technologie und somit Innovationen sowie Wissen den „Motor" für anhaltendes Wirtschaftswachstum darstellen.[15]

In diesem Zusammenhang ist insbesondere der in einem Land – in diesem Fall in Irland – ablaufende Innovationsprozess von Bedeutung. Um ein besseres Verständnis der einzelnen in diesem Prozess ablaufenden Vorgänge zu erhalten, erfolgt in Kapitel 4 zunächst ein Überblick über die Grundlagen der Innovationsökonomie, im Rahmen dessen unter anderem relevante Begriffe definiert und unterschiedliche Innovationsmodelle vorgestellt werden.

Der Innovationsprozess wurde lange Zeit in Form eines *Linearen Modells* dargestellt, wobei ein eindimensionaler Prozess abgebildet wird, der mit Forschungs- und Entwicklungsaktivitäten beginnt und mit einem marktreifen Produkt oder Prozess endet.[16] Der Innovationsprozess ist jedoch nicht linearer Natur, sondern er zeichnet sich durch eine Reihe von Informationsrückflüssen aus[17] und wird von den in einem Land existierenden Institutionen und Organisationen – kurz Akteuren – sowie politischen und rechtlichen Rahmenbedingungen beeinflusst. Ein Ansatz, der diese unterschiedlichen Einflüsse darstellt, analysiert und bewertet, ist das Konzept *nationaler Innovationssysteme*, welches in Kapitel 5 vorgestellt wird.

Bei diesem Ansatz, welcher sich aus den Fortschritten der Innovationstheorie heraus entwickelt hat, handelt es sich um ein systemisches Modell des Innovationsprozesses eines Landes. Dabei umfasst das Innovationssystem all jene in einem Land existierenden Institutionen und Organisationen sowie deren Interaktionen, die darauf ausgerichtet sind, neues Wissen zu generieren, zu transferieren und anzuwenden, und dadurch dazu beitragen, dass Innovationen und folglich neue oder verbesserte Produkte oder Prozesse hervorgebracht werden.[18]

Wie sich zeigen wird, verfügte Irland im letzten Jahrhundert lediglich über ein relativ schwaches, rudimentär ausgebautes nationales Innovationssystem. Das Versäumnis, ein leistungsfähiges nationales Innovationssystem aufzubauen, wird häufig als mit ursächlich für die mäßige wirtschaftliche Entwicklung des

[15] Vgl. hierzu Romer, P. M. (1986) und (1990).

[16] Vgl. hierzu zum Beispiel Kline, S. J. / Rosenberg, N. (1986), S. 286.

[17] Vgl. Kline, S. J. / Rosenberg, N. (1986), S. 290 und OECD (1992), S. 25.

[18] Eine Reihe von Definitionen eines nationalen Innovationssystems folgt unter Abschnitt 5.1.1.2.

Landes vor den 1990er Jahren angesehen.[19] Somit wurde der Wirtschaftsboom nicht durch das irische nationale Innovationssystem mitgetragen. Anders sieht es beispielsweise in Finnland aus: Bereits zu Beginn der 1990er Jahre eignete sich das Land zur Stärkung seiner Innovationsaktivitäten eine systemische Sichtweise an und wählte dafür das Konzept der nationalen Innovationssysteme als eine Art Planungsmodell.[20] Mittlerweile ist Finnland, das genau wie Irland eine kleine offene Volkswirtschaft darstellt, in technologischer und wirtschaftlicher Hinsicht überaus erfolgreich. Das finnische nationale Innovationssystem funktioniert derart gut und ist derart leistungsstark, dass es in der Literatur und in Diskussionen häufig als Referenz herangezogen wird. Laut Barry wird das finnische nationale Innovationssystem als „Ziel" für Irland betrachtet.[21]

Es stellt sich nun die Frage nach dem derzeitigen „Entwicklungsstand" und der Leistungsfähigkeit des irischen nationalen Innovationssystems. Im Rahmen der vorliegenden Arbeit werden der Aufbau, die Funktionsweise und die Leistungsfähigkeit des irischen nationalen Innovationssystems im Vergleich zu dem in Finnland existierenden System vorgestellt und analysiert. Der Vergleich der beiden nationalen Innovationssysteme erfolgt in Kapitel 6 dieser Arbeit in Form einer umfassenden komparativen Analyse. Im Vordergrund stehen hierbei die unterschiedlichen in den Systemen existierenden Akteure und dabei insbesondere die von ihnen ausgeübten *Funktionen* und die zwischen ihnen stattfindenden *Interaktionen*. Dabei erfolgt die Analyse vor dem Hintergrund der „irischen Besonderheit", womit hier die in Irland vorherrschende industrielle Struktur gemeint ist, die durch eine starke Präsenz multinationaler Unternehmen und einen relativ schwachen heimischen Unternehmenssektor, der sich hauptsächlich aus kleinen und mittelständischen Unternehmen zusammensetzt, gekennzeichnet ist. Kapitel 7 fasst die im Rahmen der Analyse gewonnenen Erkenntnisse zusammen.

---

[19] Vgl. Mjøset, L. (1992), S.6.

[20] Vgl. Ormala, E. (1999), S. 120 und European Commission (2005b), S. 4.

[21] Gespräch mit Frank Barry in Dublin, 14. September 2004.

2 Erklärungsansätze und ursächliche Faktoren der wirtschaftlichen Entwicklung Irlands in den 1990er Jahren

Die wirtschaftliche Entwicklung Irlands in den 1990er Jahren beruht auf einem Zusammenspiel mehrerer Faktoren, wobei allerdings nicht der Einfluss aller Größen quantifiziert werden kann. Festhalten lässt sich lediglich, dass es sich um eine Kombination diverser, gleichzeitig auftretender Einflussgrößen handelte, die zur Entstehung des Keltischen Wirtschaftswunders führte. Darauf, dass unter anderem auch Glück vonnöten war und die Entwicklung an ein Wunder grenzt, wird in der relevanten Literatur häufig hingewiesen. Blanchard formuliert es folgendermaßen:

„I do not know the rules by which miracles are officially defined, but this seems to come close."[22]

Vergleicht man die Tigerperiode[23] mit der Entwicklung der irischen Wirtschaft in den vorangegangenen Dekaden, so könnte man tatsächlich an ein Wunder glauben. Verschiebt sich allerdings der Fokus und wird dieser Erfolg im internationalen Vergleich und in Bezug auf einen längeren Zeithorizont betrachtet, so stellen sich manche Ökonomen vielmehr die Frage, warum Irland so lange brauchte, um an die wirtschaftliche Entwicklung der übrigen europäischen Länder anzuschließen.[24] In diesem Kontext erscheint der Ende des 20. Jahrhunderts einsetzende Wirtschaftsboom als verspäteter Aufholprozess, der dann jedoch mit großer Geschwindigkeit ablief und sich auf eine kurze Periode konzentrierte.[25]

---

[22] Blanchard, O. (2002), S. 61.

[23] Es herrscht keine Einigkeit darüber, wann die Ära des Keltischen Tigers tatsächlich begann. Oftmals wird das Jahr 1987 als Anfang bezeichnet, ab dem das Wirtschaftswachstum stark zunahm, bis die Wachstumsrate 1990 bei 8,3 Prozent lag. Allerdings folgten darauf drei Jahre, in denen sich das Wachstum auf lediglich zwei Prozent belief und somit kein Wirtschaftsboom existierte. Zwischen 1994 und 2000 lag die durchschnittliche Wachstumsrate hingegen bei rund neun Prozent, weshalb die Tigerperiode oftmals diesem Zeitraum zugeschrieben wird (Vgl. Leddin, A. J. / Walsh, B. M. (2003), S. 478). Andere Autoren bezeichnen die Jahre von 1987 bis 1998 als Tigerperiode oder als das irische Goldene Zeitalter. (Vgl. Ó Gráda, C. / O'Rourke, K. H. (2000), S. 190.)

[24] Vgl. Honohan, P. / Walsh, B. (2002), S. 1.

[25] Aus diesem Grund ist laut Walsh auch die Bezeichnung *„Irish hare"*, also Irischer Feldhase, passender für die irische Entwicklung als der Begriff Keltischer Tiger. Neben der Tatsache, dass dieses Lebewesen in Irland existiert, stellt das Bild eines plötzlich aufwachenden und über ein Feld den anderen, sich langsam vorwärts bewegenden Tieren hinterherrennenden Hasen gut dar, was in den 1990er Jahren mit der irischen Wirtschaft und dem gesamten Land geschah. (Gespräch mit Brendan Walsh in Dublin, 14. September 2004; vgl. auch Leddin, A. J. / Walsh, B. M. (2003), S. 478f. sowie Honohan, P. / Walsh, B. (2002), S. 2.)

Lediglich durch die Boomphase gelang es Irland zum Ende des zwanzigsten Jahrhunderts an die anderen westlichen Industrienationen anzuschließen.[26] Fitz Gerald drückt dies folgendermaßen aus:

„(...) the story of the Irish economy in the twentieth century may be better considered as a case study in failure: the current boom is better seen as a belated catching up, (...), rather than as an ‚economic miracle'."[27]

Dabei kommen einige Ökonomen zu dem Schluss, dass die schleppende wirtschaftliche Entwicklung und die mangelnden Konvergenzbestrebungen Irlands während des zwanzigsten Jahrhunderts vor allem auf eine Reihe wirtschaftspolitischer Fehlentscheidungen[28] zurückzuführen sind,[29] was zum Beispiel bei Leddin und Walsh klar zum Ausdruck kommt:

„We do not attribute Ireland's backwardness and poor economic performance to the laziness of the population, the isolation of the economy or a lack of natural resources, but mainly to bad economic policies."[30]

Vor allem der eingeschlagene wirtschaftspolitische Kurs führte dazu, dass sich die irische Volkswirtschaft auf zwei Dinge konzentrierte: einerseits auf den Export landwirtschaftlicher Produkte und andererseits auf den Nachbarn England als wichtigsten und nahezu einzigen Handelspartner.[31] Daraus resultierte ein immer stärkerer Rückgang der heimischen Industrie, wodurch sich die Wirtschaft zum landwirtschaftlich geprägten Hinterland von Großbritannien entwickelte.[32]

---

26 Vgl. Ó Gráda, C. / O'Rourke, K. H. (2000), S. 191.

27 Fitz Gerald, J. (2000), S. 27.

28 Beispielsweise stellen Leddin und Walsh fest, dass die über mehrere Dekaden andauernde schlechte wirtschaftliche Entwicklung Irlands sich fast ausschließlich auf die Tatsache zurückführen lässt, dass die irische Wirtschaft zwischen 1932 und 1966 zu den am stärksten durch protektionistische Maßnahmen abgeschirmten Volkswirtschaften der Welt zählte. Dabei ist es keinem einzigen Land auf diese Art je gelungen, anhaltendes Wirtschaftswachstum zu generieren. Auch das Argument der „infant industries" rechtfertige nicht die Aufrechterhaltung des Protektionismus über einen längeren Zeitraum, da es nahezu unmöglich scheint, auf diese Weise einen wettbewerbsfähigen und dadurch überlebensfähigen industriellen Sektor aufzubauen. (Vgl. Leddin, A. J. / Walsh, B. M. (2003), S. 469.)

Für einen detaillierten Überblick über die wirtschaftspolitischen Entwicklungen in Irland seit der Unabhängigkeitserklärung im Jahr 1921 vgl. zum Beispiel Ó Gráda, C. (1997).

29 Vgl. Leddin, A. J. / Walsh, B. M. (2003), S. 468, Ó Gráda, C. (1997), S. 229 und Fitz Gerald, J. (2000), S. 27.

30 Leddin, A. J. / Walsh, B. M. (2003), S. 468.

31 Vgl. Mjøset, L. (1992), S. 12.

32 Vgl. Barry, F. (1999b), S. 25.

Vor diesem Hintergrund kann die Entwicklung in den 1990er Jahren – auch wenn es sich dabei „lediglich" um einen Aufholprozess handeln sollte – als überaus beeindruckend bezeichnet werden. Unter Ökonomen herrscht Übereinstimmung, dass mehrere Faktoren als ursächlich für den Wirtschaftsboom anzusehen sind, wobei insbesondere die folgenden von Interesse sind:[33]

- die Stabilisierung der öffentlichen Finanzen und somit die Eindämmung des Wachstums der Staatsverschuldung,
- die aus der Sozialpartnerschaft und der dadurch bedingten Rückkehr zu zentralen Lohnverhandlungen resultierende Mäßigung des Lohnwachstums,
- die positive demografische Entwicklung und der Anstieg der Zahl der Erwerbstätigen,
- der Anstieg der Zuflüsse ausländischer Direktinvestitionen,
- eine günstige Entwicklung der Weltwirtschaft, wie vor allem das hohe Wirtschaftswachstum in den USA im letzten Jahrzehnt des 20. Jahrhunderts,
- ein Anstieg der Unterstützung seitens der EU in den 1990er Jahren sowie
- die Tatsache, dass Irland eine kleine offene Volkswirtschaft darstellt.

Allerdings vertreten die einzelnen, sich mit diesem Thema beschäftigenden Autoren unterschiedliche Ansichten darüber, welcher dieser Faktoren die wesentliche Ursache des Aufschwungs darstellt. Honohan und Walsh, die ähnlich wie Ó Gráda[34] die Theorie der verspäteten Konvergenz vertreten, konzentrieren sich primär auf die Wirkung des starken Anstiegs der Erwerbsbevölkerung und der Beseitigung makroökonomischer, politischer Hindernisse, welche das Wirtschaftswachstum in den vorhergegangenen Perioden hemmten.[35] Fitz Gerald hingegen begründet den wirtschaftlichen Aufschwung hauptsächlich durch das gestiegene Bildungsniveau[36] und die Entwicklungen des Arbeitsmarktes.[37]

Bei ihren Betrachtungen erwähnen die genannten Ökonomen die Bedeutung anderer Faktoren nur am Rande, wie beispielsweise die positive Wirkung des im betrachteten Zeitraum gestiegenen Umfangs der in Irland getätigten ausländi-

---

[33] Vgl. Leddin, A. J. / Walsh, B. M. (2003), S. 479 und Honohan, P. / Walsh, B. (2002), S. 1ff. Für einen umfassenden Überblick über die Einflussfaktoren vgl. auch OECD (1999a), S. 34ff.

[34] Vgl. Ó Gráda, C. (2002), S. 2f.

[35] Vgl. Honohan, P. / Walsh, B. (2002), S. 1f., S. 15ff., S. 25ff., S. 46ff.

[36] Dieses Argument wurde Barry zufolge von Walsh entkräftet. Laut Walsh stieg in den 1980er Jahren zwar die Zahl der eingeschriebenen Studenten und der Absolventen in Irland an, was jedoch in einem höheren Bildungsniveau derjenigen resultierte, die ohnehin das Land verließen. (Vgl. Barry, F. (2006), S. 34.)

[37] Vgl. Fitz Gerald, J. (1999) und (2000).

schen Direktinvestitionen.[38] Barry hingegen stellt den gestiegenen Zufluss ausländischer Direktinvestitionen, welcher seiner Ansicht nach die *conditio sine qua non* für den Aufschwung der irischen Wirtschaft darstellt,[39] in den Mittelpunkt seiner Argumentation.[40] Die oben aufgeführten möglichen Faktoren werden im Folgenden näher betrachtet. Dabei wird eine Unterteilung in interne und externe Einflussfaktoren vorgenommen. Als interne Faktoren werden solche verstanden, die vom Land selber herbeigeführt wurden oder innerhalb des Landes entstanden sind, während die externen Faktoren all jene Einflüsse umfassen, die ohne direkten Einfluss Irlands auf dessen wirtschaftliche Entwicklung gewirkt haben.[41]

2.1 Interne Faktoren des wirtschaftlichen Aufschwungs

Eine wesentliche Grundvoraussetzung für die Beendigung der Wirtschaftskrise und für den Aufschwung stellte die *Stabilisierung der öffentlichen Finanzen* dar.[42] Nachdem sich das Land bereits seit einigen Jahren in einer Wirtschaftskrise befand, kam es 1987 zu einem Richtungswechsel in der Finanzpolitik, weshalb dieses Jahr auch oftmals als entscheidender Wendepunkt in der wirtschaftlichen Entwicklung Irlands bezeichnet wird. Der finanzpolitische Kurs wurde neu festgesetzt, und die Phase expansiver Fiskalpolitik, von Mac Sharry[43] als *„Jahre der fiskalischen Verschwendung"*[44] bezeichnet, wurde beendet. Eine radikale Korrektur der öffentlichen Finanzen sollte nun wirtschaftliche Bedingungen schaffen, aus denen hohes Wirtschaftswachstum und eine niedrige Inflation resultieren konnten. Mitte der 1980er Jahre wies Irland eine hohe Staatsverschuldung auf, weshalb zunächst ein weiterer Anstieg der Verschuldung verhin-

---

38 Vgl. Honohan, P. / Walsh, B. (2002), S. 7.

39 Vgl. Barry, F. (2006), S. 34.

40 Vgl. Barry, F. (2002) und (2004a).

41 Bei einigen Faktoren ist die Einteilung in interne und externe Faktoren nicht eindeutig. Die Zunahme ausländischer Direktinvestitionen beispielsweise könnte auch als interner Faktor aufgeführt werden, wenn argumentiert wird, dass Irland aus eigenen Strategien und eigener Kraft heraus diese erst herbeigeführt hat. Trotzdem wird dieser Punkt hier zu den externen Faktoren gezählt, da der Anstieg der ausländischen Investitionen vorwiegend indirekt durch die politischen Änderungen in Irland zustande kam.

42 Vgl. Mac Sharry, R. / White, P. A. (2000), S. 369 und Fuente, A. de la / Vives, X. (1997), S. 126 sowie Honohan, P. (1999), S. 75.

43 Ray Mac Sharry führte 1987 in seiner Funktion als Finanzminister umfassende finanzpolitische Reformen durch.

44 Mac Sharry, R. / White, P. A. (2000), S. 47.

dert und auf lange Sicht das Defizit abgebaut werden sollte.[45] Es war somit von vorrangiger Bedeutung, die finanzielle Situation des Landes wieder „in den Griff zu bekommen". Dies war insbesondere vor dem Hintergrund bedeutend, dass immer mehr ausländische Investoren ihr Vertrauen in die irische Regierung und in Irland als Standort verloren und ihre Investitionen in anderen Ländern tätigten.[46] Die Haushaltspläne der Jahre 1987 und 1988 sahen daher massive Kürzungen der Staatsausgaben vor, durch die ein weiterer Anstieg des Staatsdefizits verhindert wurde. Diese *„finanzielle Schock-Therapie"*[47] führte dazu, dass Irland in den folgenden Jahren einen Rückgang der Staatsverschuldung zu verzeichnen hatte. Durch die erfolgreiche Stabilisierung der öffentlichen Finanzen gelang es außerdem, das Vertrauen der ausländischen Investoren wiederzugewinnen und somit einen Grundstein für den wirtschaftlichen Aufschwung zu legen.[48] Honohan und Walsh zufolge hatte die in vorherigen Dekaden betriebene Fiskalpolitik eine Konvergenz verhindert. Als nun die daraus erwachsenen Hindernisse Ende der 1980er Jahre beseitigt wurden, kam es zum Aufholprozess, der sich auf eine kurze Periode konzentrierte. Die Autoren heben auch hervor, dass der Aufholprozess sowohl günstige institutionelle, politische als auch externe Rahmenbedingungen benötigt, wobei letztere bei der Entwicklung der irischen Wirtschaft eine nicht zu vernachlässigende Rolle spielten.[49]

In diesem Zusammenhang wird auch auf die Bedeutung der *Sozialpartnerschaft* für die wirtschaftliche Entwicklung Irlands hingewiesen.[50] Bereits 1986 akzeptierten die Tarifpartner die geplanten Maßnahmen und finanziellen Einschnitte, die ab 1987 zur Stabilisierung der öffentlichen Finanzen unternommen wurden.[51] Im Herbst 1987 wurde daraufhin das *Programme for National Recovery*[52] verabschiedet, durch welches die Rückkehr zu zentralen Lohnverhandlungen beschlossen wurde. Die Regierung und die Arbeitgeber kamen mit den Gewerkschaften überein, in den folgenden Jahren nur moderate nominale Lohnerhöhungen durchzuführen, das heißt, die Gewerkschaften verzichteten auf hohe Lohnforderungen, wodurch Irlands Wettbewerbsfähigkeit stieg. Von der Regierung wurden im Gegenzug eine Senkung der Einkommensteuer, verbesserte So-

45 Vgl. Mac Sharry, R. / White, P. A. (2000), S. 369.

46 Vgl. Leddin, A. J. / Walsh, B. M. (2003), S. 479.

47 Mac Sharry, R. / White, P. A. (2000), S. 369.

48 Vgl. Mac Sharry, R. / White, P. A. (2000), S. 369 und Leddin, A. J. / Walsh, B. M. (2003), S. 479 sowie Sweeney, P. (1998), S. 84.

49 Vgl. Honohan, P. / Walsh, B. (2002), S. 2.

50 Dabei hebt insbesondere Mjøset die Bedeutung eines auf Konsens ausgerichteten institutionellen Rahmens für die wirtschaftliche Entwicklung kleiner offener Volkswirtschaften im Allgemeinen und Irlands im Speziellen hervor. (Vgl. Mjøset, L. (1992), S. 13f.)

51 Vgl. Mac Sharry, R. / White, P. A. (2000), S. 369.

52 Vgl. Government of Ireland (1987a).

zialleistungen und weitere Maßnahmen als Ausgleich in Aussicht gestellt. Des Weiteren stand man den Sozialpartnern größere Mitspracherechte in der Wirtschaftspolitik zu.[53] Hervorzuheben bleibt, dass es aufgrund der ernsten, während der ersten Hälfte der 1980er Jahre herrschenden wirtschaftlichen Probleme zu einem Mentalitätsumschwung kam. Politiker, Arbeitgeber, Gewerkschaften und andere hatten in den vorhergegangenen Jahren mit ansehen müssen, wie sich die Staatsverschuldung verdoppelt hatte, das Wachstum stagnierte und der Lebensstandard sank, während es nicht gelang, den Schuldenberg durch die vorgenommenen Steuererhöhungen zu reduzieren. Folglich wurde die neue Strategie trotz der damit verbundenen Opfer von allen Seiten angenommen.[54] Die Reduzierung der Ausgaben und der Konsens über eine moderate Lohnentwicklung können somit als die Grundpfeiler des in den 1990er Jahren einsetzenden Wirtschaftswachstums bezeichnet werden, ohne die das Erzielen derart hoher Wachstumsraten aller Wahrscheinlichkeit nach nicht möglich gewesen wäre.

Das wesentliche Merkmal des irischen Aufholprozesses stellt laut Honohan und Walsh nicht das starke Wachstum des BIP dar, sondern vielmehr der starke *Anstieg des Anteils der erwerbstätigen Bevölkerung*, der sich einerseits auf die positive demografische Entwicklung Irlands und andererseits auf die umfangreiche Reduzierung der Arbeitslosigkeit[55] zurückführen lässt.[56] Auch andere Ökonomen sind der Ansicht, dass dieser Faktor wegbereitend für den Aufschwung der 1990er Jahre war.[57] Während der Babyboom der Nachkriegszeit in den meisten europäischen Ländern bis ungefähr 1960 anhielt, hatte Irland bis 1980 eine sehr hohe Geburtenrate zu verzeichnen, die seitdem jedoch relativ kontinuierlich sank. Daraus ergibt sich, dass das Arbeitsangebot junger Personen auch zwischen 1980 und 2000 weiterhin stark anstieg, während es in den übrigen EU-Ländern fiel.[58] Zudem ist der Anteil der über 60-jährigen, und somit der Rentenempfänger, an der irischen Gesamtbevölkerung relativ niedrig, was eine Folge der hohen Emigrationszahlen der 1950er Jahre darstellt. Es wird damit gerechnet, dass der Anteil auch über die kommenden 15 Jahre niedrig bleiben wird.[59] Darüber hinaus trug der starke Rückgang der Arbeitslosenquote[60] neben der ge-

---

[53] Vgl. Sweeney, P. (1998), S. 90f. und Mac Sharry, R. / White, P. A. (2000), S. 370 sowie Leddin, A. J. / Walsh, B. M. (2003), S. 481.

[54] Vgl. Mac Sharry, R. / White, P. A. (2000), S. 370.

[55] Für detaillierte Ausführungen zu den zahlreichen Faktoren, die zum Rückgang der Arbeitslosigkeit beitrugen, siehe Walsh, B. M. (2003a).

[56] Vgl. Honohan, P. / Walsh, B. (2002), S. 1.

[57] Vgl. zum Beispiel Fitz Gerald, J. (2000), S. 39 und Sweeney, P. (1998), S. 89f.

[58] Vgl. Fitz Gerald, J. (2000), S. 39.

[59] Vgl. Fitz Gerald, J. (2000), S. 40.

sunkenen Geburtenrate dazu bei, dass der Anteil staatlicher Leistungsempfänger weiter sank. Dieser war aufgrund der hohen Geburtenrate und der relativ geringen Zahl der Erwerbstätigen in den 1960er und 1970er Jahren weitaus höher als in den anderen EU-Ländern und stieg durch die Zunahme der Arbeitslosigkeit in den 1980er Jahren noch weiter an.[61] Während die Zahl der staatlichen Leistungsempfänger 1985 auf 2,3 Abhängige pro Erwerbstätigem geklettert war, war sie 1999 auf rund 1,5 gesunken.[62]

Abschließend sei noch ein weiterer Faktor erwähnt, der von Leddin und Walsh mit den Worten „*Small is beautiful*“[63] beschrieben wird. Hiermit ist gemeint, dass es leichter ist, die Entwicklung einer kleinen offenen Volkswirtschaft, wie Irland, zu beeinflussen als die eines sehr großen Landes, wie zum Beispiel Deutschland. Beispielsweise wäre unter anderem die Wirkung des Anstiegs der ausländischen Direktinvestitionen im letzten Jahrzehnts des 20. Jahrhunderts in einer großen Volkswirtschaft weitaus geringer gewesen als dies in Irland der Fall war.[64]

2.2 Externe Faktoren des Wirtschaftsbooms

Die günstigen externen Bedingungen stellten eine wesentliche Voraussetzung für den Wirtschaftsboom der 1990er Jahre dar. Honohan und Walsh bezeichnen sie daher als „*(...) the booster rockets that were needed to lift Ireland into the higher orbit in which it travels today.*“[65]

In diesem Zusammenhang steht häufig die *Zunahme der ausländischen Direktinvestitionen* im Mittelpunkt, zu der es infolge der ab 1987 stattgefundenen Veränderungen kam und welche der OECD zufolge den wesentlichen Einflussfaktor darstellt:

„*It is the massive inflow of direct investment that has been the major positive shock influencing the economy in the 1990s.*“[66]

---

60 Besonders auffällig ist dabei der starke Rückgang der Langzeit-Arbeitslosenquote: Einerseits bedingt durch entsprechende Arbeitsmarktprogramme und andererseits durch den wirtschaftlichen Aufschwung sank die Langzeit-Arbeitslosenquote zwischen 1995 und 1999 um 60 Prozent. (Vgl. Denny, K. / Harmon, C. / O'Connell, P. J. (2000), S. 21.)

61 Vgl. Fitz Gerald, J. (2000), S. 41 und Sweeney, P. (1998), S. 89f.

62 Vgl. Forfás (2000), S. 5.

63 Leddin, A. J. / Walsh, B. M. (2003), S. 482.

64 Vgl. Leddin, A. J. / Walsh, B. M. (2003), S. 482.

65 Honohan, P. / Walsh, B. M. (2002), S. 7.

66 Vgl. OECD (1999a), S. 12.

Bereits Ende der 1950er Jahre – und somit weitaus früher als andere europäische Länder – begann Irland damit, gezielt ausländische, vorwiegend US-amerikanische Direktinvestitionen zu attrahieren. Um aktiver für Irland als attraktiven Standort für ausländische Industrieunternehmen werben zu können, wurde die 1949 gegründete *Industrial Development Authority (IDA)* mit größeren Kompetenzen und finanziellen Mitteln ausgestattet. Da die irische Regierung die Strategie verfolgte, die wirtschaftliche Entwicklung des Landes durch einen international wettbewerbsfähigen Exportsektor voranzutreiben, stellten vor allem exportorientierte Unternehmen die angesprochene Zielgruppe dar.[67] Mithilfe einer Vielzahl von äußerst effektiven Instrumenten – Steuervergünstigungen, Investitionszuschüssen und Steuererleichterungen für Exportgeschäfte – wurden die Unternehmen überzeugt, Irland als Standort für ihre Niederlassungen zu wählen. Die Arbeit der IDA und anderer Institutionen war überaus erfolgreich: Im Jahr 1974 generierten die neu angesiedelten Industrieunternehmen über 60 Prozent des industriellen Outputs.[68] Schätzungen zufolge flossen Ende der 1990er Jahre rund 20 Prozent aller ausländischen, in der EU getätigten Direktinvestitionen nach Irland.[69] Wie später genauer ausgeführt wird, wird der industrielle Sektor[70] Irlands – und dabei insbesondere die High-Tech-Bereiche, wie Informations- und Kommunikationstechnologie, Elektronik im Allgemeinen[71] oder Biotechnologie – heutzutage von ausländischen Firmen dominiert. Im Jahr 1996 beschäftigten die in Irland ansässigen multinationalen Unternehmen rund 47 Prozent aller in der verarbeitenden Industrie tätigen Arbeitnehmer und generierten 77 Prozent des Nettooutputs und 84 Prozent der Exporte dieses Sektors.[72] Dabei dient Irland den ausländischen Unternehmen weniger als Markt, sondern vielmehr als eine Produktions- und insbesondere Exportplattform.[73]

Anzumerken ist, dass, laut Mjøset, das Anwerben ausländischer Unternehmen nicht das eigentliche Ziel der in den 1950er und 1960er Jahren betriebenen Wirt-

[67] Vgl. Ruane, F. / Görg, H. (1997), S. 6.

[68] Vgl. Haughton, J. (2000), S. 36 und Mjøset, L. (1992), S. 273.

[69] Dies ist umso erstaunlicher, wenn man bedenkt, dass es sich bei Irland um eine kleine Volkswirtschaft in peripherer Lage handelt, deren Bevölkerung ungefähr ein Prozent der gesamten EU-Bevölkerung ausmacht. (Vgl. Mac Sharry, R. / White, P. A. (2000), S. 367.)

[70] Auch im Dienstleistungsbereich ist der Anteil ausländischer Unternehmen sehr hoch. Im *International Financial Services Centre (IFSC)* in Dublin beispielsweise sind zum Großteil multinationale Unternehmen ansässig. Im Rahmen dieser Arbeit steht jedoch der industrielle Sektor im Vordergrund.

[71] In Irlands so genanntem *Silicon Bog* (in Anlehnung an Silicon Valley, wobei sich Bog allerdings wenig schmeichelhaft als Sumpf übersetzen lässt) haben sich in den 1990er Jahren die weltführenden Elektronik-Unternehmen, wie zum Beispiel Ericsson, Hewlett-Packard, Dell, Motorola und Siemens, angesiedelt. (Vgl. Sachs, J. D. (1997), S. 59.)

[72] Vgl. OECD (1999a), S. 54.

[73] Vgl. Barry, F. / Bradley, J. / O'Malley, E. (1999), S. 52 und Barry, F. (2004a), S. 16.

schaftspolitik darstellte. Vielmehr stand die Idee im Vordergrund, dass die bereits existierenden irischen Unternehmen durch die Anwesenheit der multinationalen Unternehmen eine breitere Exportorientierung entwickeln würden. Wie sich jedoch zeigte, bestand das Ergebnis in einem großen Zuwachs ausländischer Unternehmen, die lediglich schwache Verbindungen zur heimischen Industrie aufbauten,[74] und in einer schwachen heimischen Industrie.[75] Der wirtschaftliche Erfolg, der sich aufgrund der Ansiedlung multinationaler Unternehmen ab den 1960er und später vor allem in den 1990er Jahren einstellte, wird in Diskussionen daher auch teilweise als „erkaufter Erfolg" bezeichnet.

Nachdem der Strom der ausländischen Direktinvestitionen aufgrund der Wirtschaftskrise der 1980er Jahre abnahm, stieg er in der darauf folgenden Dekade stark an. Dabei lag der Grund einerseits in den moderaten und verhältnismäßig niedrigen Lohnkosten[76] und Lohnnebenkosten, die durch die Sozialpartnerschaft ermöglicht wurden, und andererseits darin, dass Irland bewiesen hatte, dass es in der Lage war, ein wirtschaftlich stabiles Umfeld[77] zu schaffen, und somit das Vertrauen der Investoren gefestigt bzw. wiederhergestellt wurde. Daneben bietet Irland als Standort für multinationale Unternehmen unter anderem folgende Vorteile:

- eine niedrige Körperschaftssteuer:
  Die Körperschaftssteuer liegt in Irland bei 12,5 Prozent, während sie sich beispielsweise in Deutschland in den 1990er Jahren auf 38,4 Prozent belief. In den 1960er Jahren waren in Irland durch Exporte erzielte Gewinne

---

[74] Vgl. Mjøset, L. (1992), S. 272.

[75] Nach der Abschaffung der restlichen protektionistischen Maßnahmen Mitte der 1960er Jahre sah sich die irische Industrie der ausländischen Konkurrenz gegenüber, deren Produkte den irischen Markt eroberten. Zwar konnten die heimischen Unternehmen von der gestiegenen inländischen Nachfrage profitieren und ihren Output zeitweilig erhöhen (vgl. Kennedy, K. A. / Giblin, T. / McHugh, D. (1988), S. 69), allerdings konnte die irische Industrie Mitte der 1960er bis Ende der 1970er Jahre keine Beschäftigungszuwächse verzeichnen. In den 1980er Jahren ging die Beschäftigung in nur sieben Jahren um 27 Prozent zurück. (Vgl. O'Malley, E. (1999), S. 226f.) In der Zeit von 1989 bis 1997, also während der Zeit des Wirtschaftsbooms, stieg die Beschäftigung in der heimischen verarbeitenden Industrie um acht Prozent an, was durchaus eine positive Entwicklung darstellt. Bei den ausländischen, in Irland ansässigen Unternehmen des verarbeitenden Gewerbes belief sich der Beschäftigungszuwachs im selben Zeitraum jedoch auf 24 Prozent. (Vgl. Barry, F. / Hannan, A. / Strobl, E. (1999), S. 23.)

[76] Während die durchschnittlichen Lohnkosten pro Stunde in der verarbeitenden Industrie 1999 in Deutschland bei 28,6 ECU und im europäischen Durchschnitt (EU-15) bei 20,3 ECU lagen, beliefen sich diese in Irland auf lediglich 13,9 ECU. (Vgl. Gunnigle, P. / McGuire, D. (2001), S. 57.)

[77] Stabile politische und makroökonomische sowie rechtliche Rahmenbedingungen zählen zu den Grundvoraussetzungen für den Zufluss von ausländischen Direktinvestitionen.

von der Steuer befreit.[78] Da diese Regelung von der EU jedoch als diskriminierend angesehen wurde, entschied sich die irische Regierung 1978 dafür, sie abzuschaffen und durch einen Körperschaftssteuersatz in Höhe von zehn Prozent zu ersetzen, der für den Zeitraum von 1981 bis 2000 für alle im verarbeitenden Bereich entstandenen Gewinne gelten sollte.[79] Im Jahr 2003 trat die heute gültige Körperschaftssteuer an ihre Stelle, die unzweifelhaft für die Entscheidungsfindung multinationaler Unternehmen mit ausschlaggebend ist. Dabei stellt sich die Frage, warum der niedrige Steuersatz in den 1990er Jahren wirkungsvoller war als in den vorangegangenen Dekaden. Eine mögliche Erklärung hierfür ist, dass das mobile Kapital seit den 1990er Jahren wesentlich sensibler auf Steuerunterschiede reagiert als vorher.[80]

- sehr gut ausgebildete, junge und flexible Arbeitskräfte:
  In diesem Zusammenhang kommen die seit den 1960er Jahren getätigten Investitionen in Bildung zum Tragen.[81] Die sehr gut ausgebildeten, relativ jungen Arbeitskräfte waren für viele amerikanische Unternehmen der High-Tech-Branche ein Hauptgrund, Irland als Standort zu wählen.[82]
- englischsprachiges Umfeld und ähnliche Kultur:
  Von besonderer Bedeutung für die vor allem US-amerikanischen Unternehmen ist außerdem die gemeinsame Kultur und Sprache sowie die Ähnlichkeit der rechtlichen Aspekte.[83, 84]
- relativ geringer Umfang an arbeitsrechtlichen Vorschriften und ein niedriger Organisationsgrad:

---

78 Bereits 1956 wurde eine 100-prozentige Steuerermäßigung beschlossen, die so genannte *Export Profits Tax Relief (EPTR)*, die für durch Exporte erzielte Gewinne des industriellen Sektors galt. (Vgl. hierzu Walsh, B. M. (2003b), S. 221 und O'Malley, E. (1980), S. 6, 12.)

79 Vgl. O'Malley, E. (1980), S. 6, 12.

80 Vgl. Leddin, A. J. / Walsh, B. M. (2003), S. 473f. und Gunnigle, P. / McGuire, D. (2001), S. 49.

81 In den 1960er Jahren wurde eine Reihe von Reformen des irischen Schulsystems durchgeführt. In dem Bericht *Investment in Education* aus dem Jahr 1965 wurde die Notwendigkeit der Förderung von Bildung dargelegt, woraufhin die Ausgaben für Bildung stark anstiegen. Der wohl wichtigste Schritt wurde 1967 unternommen, als die Ausbildung an weiterführenden Schulen frei zugänglich und kostenlos für die gesamte Bevölkerung wurde. (Vgl. Kennedy, K. A. (1998), S. 80 und Sweeney, P. (1998), S. 104.)

82 Vgl. Leddin, A. J. / Walsh, B. M. (2003), S. 477f. und Gunnigle, P. / McGuire, D. (2001), S. 52ff.

83 Vgl. Honohan, P. / Walsh, B. (2002), S. 49.

84 Kraemer und Dedrick weisen darauf hin, dass *Dell Computer* bei der Suche nach möglichen Standorten in Europa zunächst englischsprachige Märkte in Irland und Großbritannien auswählte, da diese somit eine Sprache und auch Unternehmenskultur aufweisen, die der US-amerikanischen ähnelt. (Vgl. Kraemer, K. L. / Dedrick, J. (2002), S. 15.)

Während in den meisten europäischen Ländern, wie zum Beispiel in Deutschland, umfangreiche arbeitsrechtliche Vorschriften existieren, ist dies in Irland nicht der Fall. Einer Umfrage zufolge, empfinden neun von zehn befragten multinationalen Unternehmen die Arbeitsgesetzgebung in Irland als weniger einschneidend als in anderen EU-Ländern. Irland wird somit als arbeitgeberfreundliches Land eingestuft, und es zeigt sich, dass die Belegschaften der meisten neu in Irland angesiedelten ausländischen Unternehmen nicht in Gewerkschaften organisiert sind.[85]

- geografische Nähe zum europäischen Markt und zu den USA:
  Einerseits ist Irland ein Mitglied der EU, wodurch sich für dort ansässige ausländische Unternehmen ergibt, dass sie ihre Produkte zollfrei in den europäischen Markt exportieren können. Andererseits liegt Irland in relativer Nähe zu den USA, wodurch das Land eine geografische Brücke oder ein „Sprungbrett" zum europäischen Markt darstellt.[86] Laut Krugman stellt die geografische Nähe auch heutzutage einen wichtigen Faktor bei der Bedienung von Märkten dar, da hierdurch unter anderem aufgrund der kürzeren Transportwege Kosten- und vor allem Zeitersparnisse entstehen.[87]

Wie aus den vorangegangenen Ausführungen deutlich wurde, waren die ausländischen Direktinvestitionen bereits in den vorherigen Dekaden für Irland von großer Bedeutung. Ihr Anstieg in den 1990er Jahren – der sich nicht nur durch die vonseiten Irlands unternommenen Anstrengungen, sondern auch durch den in dieser Zeit in den USA stattgefundenen Wirtschaftsaufschwung begründen lässt – zählt zu den wesentlichen Faktoren, die den Wirtschaftsboom ermöglichten. Somit stellt die *günstige Entwicklung der Weltwirtschaft* einen weiteren externen Faktor dar, der die wirtschaftlichen Entwicklungen in Irland begünstigte. Globale Entwicklungen beeinflussen insbesondere kleine offene Volkswirtschaften wie Irland, die stark vom internationalen Handel abhängig sind. Im Jahr 2001 beispielsweise wickelte Irland 80,4 Prozent seines Handels mit Ländern ab, die nicht der europäischen Währungsunion angehören. Dabei ist Irland aufgrund der intensiven Handelsbeziehungen und des hohen Anteils US-amerikanischer Unternehmen im Land vor allem von den Entwicklungen der US-Wirtschaft abhängig. Die hohen Wachstumsraten der USA in den 1990er Jahren hatten folglich einen direkten, positiven Einfluss auf die Entwicklung der irischen Wirtschaft.[88, 89]

---

85 Vgl. Gunnigle, P. / McGuire, D. (2001), S. 58 und Leddin, A. J. / Walsh, B. M. (2003), S. 473.

86 Vgl. Leddin, A. J. / Walsh, B. M. (2003), S. 473.

87 Vgl. Krugman, P. R. (1997), S. 45f.

88 Vgl. Leddin, A. J. / Walsh, B. M. (2003), S. 481f.

Einen positiven Einfluss auf die wirtschaftliche Entwicklung Irlands übte auch die *finanzielle Unterstützung durch die EU* aus. Bereits 1961 hatte sich Irland um die Mitgliedschaft in der Europäischen Wirtschaftsgemeinschaft (EWG)[90], im Folgenden zur Vereinfachung nur noch als Europäische Union (EU) bezeichnet, zusammen mit Großbritannien beworben. Das Beitrittsgesuch wurde jedoch abgelehnt, so dass es Irland erst am 01. Januar 1973 zusammen mit Dänemark und Großbritannien gelang, der EU beizutreten. Durch diesen Schritt wurden die Beziehungen zum kontinentalen Teil Europas gestärkt, während die wirtschaftliche Beziehung zu Großbritannien weiter an Bedeutung abnahm, was unter anderem daran deutlich wird, dass der Anteil der für Großbritannien bestimmten irischen Exporte sank. Waren in den 1940er Jahren 99 Prozent der Exporte für den britischen Markt bestimmt und 1960 noch 75 Prozent, so ging der Anteil nach dem Beitritt zur EU stetig weiter zurück. Im Jahr 1986 lag der Anteil der für Großbritannien bestimmten Exporte bei 34 Prozent und 1998 bei lediglich 22 Prozent. Gleichzeitig stieg der Anteil der Exporte, der für andere EU-Länder bestimmt war, über die Zeit stark an: von sieben Prozent im Jahr 1960 auf über 40 Prozent bis 1986. 1998 belief sich der Anteil bereits auf 45 Prozent.[91] Allerdings muss hier erwähnt werden, dass Großbritannien für Irland auch heutzutage noch den wichtigsten Handelspartner darstellt. Zwar hat England als Exportziel für Irland an Bedeutung verloren, dies ist jedoch nicht der Fall bei den Importen: Ein großer Teil der Importe Irlands stammt nach wie vor aus Großbritannien. Auch heute ist Großbritannien aufgrund der traditionellen kulturellen Verbindungen bemüht, seinen Anteil auf dem irischen Markt weiter zu sichern.[92]

Darüber hinaus kann der Beitritt Irlands zur EU bei einer langfristigen Betrachtung als deutlicher Wachstumsimpuls für die irische Wirtschaft gewertet werden, und dies in zweierlei Hinsicht: Einerseits konnte Irland nun mit den anderen Mitgliedsländern Handel betreiben, ohne durch Handelsbarrieren eingeschränkt zu sein. Hierdurch erhöhte sich vor allem die Attraktivität Irlands als Standort für Unternehmen aus Nicht-EU-Ländern. Andererseits erhielt das Land hohe finanzielle Unterstützungen vonseiten der EU, welche zum Auf- und Ausbau der heimischen Wirtschaft genutzt werden konnten. So fiel beispielsweise

---

89 Ebenso wie sich eine positive Entwicklung der globalen und insbesondere der US-amerikanischen Wirtschaft auf die irische Wirtschaft auswirkt, werden auch negative Entwicklungen spürbar. So lassen sich zum Beispiel die relativ niedrigen Raten des irischen Wirtschaftswachstums in den Jahren 2001 und 2002 durch die Abkühlung der amerikanischen Wirtschaft nach den Ereignissen des 11. September 2001 erklären.

90 Durch den Vertrag von Maastricht, der am 07. Februar 1992 unterzeichnet wurde und am 01. November 1993 in Kraft trat, wurde die 1957 gegründete Europäische Wirtschaftsgemeinschaft Teil der Europäischen Union (EU).

91 Vgl. Haughton, J. (2000), S. 37f.

92 Vgl. Barry, F. / Bradley, J. (1997), S. 1798 und Mac Sharry, R. / White, P. A. (2000), S. 34.

die irische Landwirtschaft unter den Geltungsbereich der *Gemeinsamen Agrarpolitik (GAP)*[93], im Rahmen derer unter anderem die Preise für landwirtschaftliche Produkte subventioniert und den irischen Landwirten hohe Preise für ihre Produkte garantiert wurden. Die Transfers im Rahmen der GAP, die in der Zeit von 1979 bis 1986 jährlich zwischen fünf und zehn Prozent des irischen BSP ausmachten, führten jedoch nicht zu nachhaltigen positiven Entwicklungen: Zwar stiegen die realen Einkommen der Landwirte in den Jahren von 1973 bis 1979 an, fielen danach allerdings auf Werte unterhalb des Niveaus von 1973, wo sie für die meiste Zeit der 1980er Jahre verharrten.[94] Neben dem Bereich der Landwirtschaft, dem rund zwei Drittel der EU-Transfers zuflossen, wurde Irland auch noch auf andere Weise finanziell durch die EU unterstützt. Da Irland bei seinem Eintritt in die EU als ein strukturschwaches Fördergebiet eingestuft wurde, hatte es Anspruch auf finanzielle Mittel aus dem *Europäischen Fonds für regionale Entwicklung (EFRE)*, dem *Europäischen Sozialfonds (ESF)* und dem 1993 eingerichteten *Kohäsionsfonds*, aus welchem Verkehrs- und Umweltinfrastrukturen in denjenigen Mitgliedsländern finanziert werden, deren BSP pro Kopf unter 90 Prozent des EU-Durchschnitts liegt.[95] Neben Irland erhielten auch Spanien, Griechenland und Portugal Mittel aus diesem Fonds, dessen Einrichtung dazu führte, dass Irland in den 1990er Jahren vermehrt EU-Gelder zur Verfügung standen. Laut Haughton beliefen sich Irlands gesamte Netto-Einkünfte aus den diversen EU-Fonds von Mitte der 1980er bis Mitte der 1990er Jahre auf ungefähr sechs Prozent des BIP pro Jahr.[96] Die Transferzahlungen, deren Höhe aufgrund des wirtschaftlichen Aufschwungs für die Periode von 2000 bis 2006 deutlich reduziert wurde,[97, 98] können als eine große Unterstützung bei der Ent-

---

93 Die Ursprünge der GAP reichen bis in die 1950er Jahre zurück, als Westeuropa durch den Zweiten Weltkrieg zerstört war und die Landwirtschaft keine ausreichende Versorgung der Bevölkerung mit Lebensmitteln garantieren konnte. Daher sollte die GAP der Anfangsjahre vor allem die Produktivität ankurbeln, um so den Verbrauchern dauerhaft erschwingliche Lebensmittel bieten zu können und in der EU einen lebensfähigen Agrarsektor zu schaffen. Im Rahmen der GAP wurden den Landwirten Subventionen geboten und stabile Preise garantiert. Diese anfängliche Hochpreispolitik zur Einkommenssicherung für die Landwirte (steigende Preise bei fast unbegrenzter Abnahmegarantie) führte jedoch zu hohen Produktionsüberschüssen, weshalb in den 1980er Jahren Maßnahmen zur Produktionsregulierung beschlossen wurden. Finanziert wird die GAP über den Europäischen Ausrichtungs- und Garantiefonds für die Landwirtschaft (EAGFL). (Vgl. http://europa.eu.int und Urff, W. v. (2004), S. 207f.)

94 Vgl. Haughton, J. (2000), S. 38.

95 Vgl. Europäisches Parlament unter http://www.europarl.europa.eu/factsheets/4_4_3_de.htm und Haughton, J. (2000), S. 38.

96 Vgl. Haughton, J. (2000), S. 38.

97 Vgl. Cassidy, M. (2002), S. 20.

wicklung der irischen Wirtschaft betrachtet werden. So wurden die empfangenen Zahlungen beispielsweise für den Auf- und Ausbau der Infrastruktur – und dabei speziell dem Bau von Straßen, Häfen und Flughäfen und der Verbesserung der Telekommunikationsmöglichkeiten –, für Investitionen in Bildung, beispielsweise für den Bau neuer Hochschulen, und als direkte Hilfen für die Industrie, Landwirtschaft und den Tourismus verwendet.[99] Die gezahlten EU-Gelder wirkten sich somit direkt auf die wirtschaftliche Entwicklung Irlands aus. Allerdings gehen Schätzungen davon aus, dass die EU-Zahlungen maximal etwa ein halbes Prozent zum jährlichen, in den 1990er Jahren verzeichneten Wachstum des irischen BIP beitrugen.[100] Daher gehen einige Ökonomen davon aus, dass die EU-Fördergelder zwar mit ursächlich sind für das Ansteigen der Wachstumsraten und darüber hinaus für das Angleichen des irischen Lebensstandards an den der reicheren EU-Länder, aber dass sie nicht für die herausragende Entwicklung zwischen 1994 und 2000 verantwortlich sind.[101] Unzweifelhaft ist jedoch, dass sich neben dem direkten Einfluss auch eine indirekte Wirkung erkennen lässt, deren Einfluss allerdings kaum messbar ist: Durch die mithilfe der EU-Unterstützung erreichte Verbesserung der Infrastruktur[102] und die Erhöhung des Humankapitals wurden weitere multinationale, vorwiegend US-amerikanische Unternehmen angezogen, sprich es wurde eine Erhöhung des Zuflusses ausländischer Direktinvestitionen erreicht.[103]

Insbesondere an diesem letzten Beispiel wird deutlich, dass sich die einzelnen Faktoren gegenseitig bedingen. Im Fall Irlands führte dies dazu, dass der positive Einfluss eines Faktors die Wirkung eines anderen Faktors noch verstärkte, so dass die Kombination der genannten Einflussfaktoren der irischen Wirtschaft zu einem schnellen und starken Aufschwung verhalf.

---

[98] Bei einer Prüfung seitens der EU wurde 2003 festgestellt, dass Irland vom 01. Januar 2004 an nicht mehr im Rahmen des Kohäsionsfonds förderfähig ist. (Vgl. Europäische Union unter http://europa.eu/scadplus/leg/de/lvb/l60018.htm.)

[99] Vgl. Cassidy, M. (2002), S. 20 und Leddin, A. J. / Walsh, B. M. (2003), S. 475ff.

[100] Vgl. Barry, F. / Bradley, J. / Hannan, A. (1999), S. 114 und Barry, F. / Bradley, J. / Hannan, A. (2001), S. 549.

[101] Vgl. Leddin, A. J. / Walsh, B. M. (2003), S. 477.

[102] Die irische Infrastruktur weist jedoch auch heute noch größere Mängel auf. Dieser Eindruck entsteht nicht nur durch persönliche Erfahrungen, sondern auch aufgrund der Auswertungen des *IMD World Competitiveness Yearbook*, welches Irland in Bezug auf die Infrastruktur, und dort beispielsweise die Basis- und technologische Infrastruktur, lediglich im unteren Mittelfeld der untersuchten Länder platziert. (Vgl. IMD (2005), S. 219.) Auch der Bericht der *National Roads Authority* weist auf eindeutige Mängel hin. (Vgl. Barry, F. (2006), S. 51.)

[103] Diese Ansicht wird auch von Cassidy, M. (2002), S. 21 vertreten.

3 Die Bedeutung des Faktors Technologie

Bei der Betrachtung der möglichen für den Wirtschaftsboom ursächlichen Faktoren wird vor allem die Abhängigkeit der irischen Wirtschaft von den Zuflüssen ausländischer Direktinvestitionen deutlich. Vor dem Hintergrund der EU-Osterweiterung[104] beispielsweise ist es jedoch nicht ohne Risiko, ausschließlich diese Strategie zu verfolgen. So lässt sich in einigen Bereichen, wie zum Beispiel in der Produktion von Computer-Hardware, eine Umlenkung der Ströme ausländischer Direktinvestitionen in lohnkostengünstigere osteuropäische Länder beobachten.[105] In einer Reihe von Studien wird jedoch davon ausgegangen, dass Irland in vielen Bereichen, wie zum Beispiel im Hochtechnologie-Bereich, auch weiterhin einen attraktiven Standort für die Ansiedlung ausländischer Niederlassungen darstellen wird; laut Murphy weisen die nach Irland geflossenen ausländischen Direktinvestitionen eine sektorale Zusammensetzung auf, die sich erheblich von der unterscheidet, die typisch ist für in die zentral- und osteuropäischen Länder fließende ausländische Direktinvestitionen.[106]

Im Rahmen dieser Arbeit stellt sich jedoch vielmehr die Frage, ob auf diesem Weg nachhaltiges Wirtschaftswachstum erreicht werden kann. Bei genauerer Betrachtung der angeführten möglichen Ursachen des irischen Wirtschaftswachstums fällt auf, dass der Faktor Technologie bzw. technischer Fortschritt offensichtlich nicht von wesentlicher Bedeutung war. Im Folgenden wird näher auf die Bedeutung des technischen Fortschritts und Innovationen für den irischen Wirtschaftsboom im Speziellen und für anhaltendes Wirtschaftswachstum im Allgemeinen eingegangen.

---

[104] Am 01. Mai 2004 nahm die EU zum vierten Mal seit der Gründung der EWG im Jahr 1957 neue Mitglieder auf. Dabei handelte es sich um Estland, Lettland, Litauen, Malta, Polen, die Slowakei, Slowenien, Tschechien, Ungarn und Zypern. Anzumerken ist, dass noch nie zuvor Länder aufgenommen wurden, die sich aus ökonomischer Sicht von den bisherigen Mitgliedern so stark unterscheiden. Beispielsweise liegt das Pro-Kopf-Einkommen der neuen Mitgliedsländer weit unter dem Durchschnitt der EU-15. (Vgl. Lammers, K. (2004), S. 1.) Seit dem 01. Januar 2007 zählen auch Bulgarien und Rumänien zur EU.

[105] Vgl. Barry, F. / Egeraat, C. v. (2005), S. 1 und Barry, F. / Curran, D. (2004), S. 907f. sowie Lammers, K. (2004), S. 5.

[106] Vgl. Murphy, A. P. (2006), S. 105 und Barry, F. (2004b), S. 830 sowie Barry, F. / Curran, D. (2004), S. 920.

3.1 Die Bedeutung des Faktors Technologie für den irischen Wirtschaftsboom

Einigen Ökonomen zufolge konzentrierten sich die über die Ursachen des Wirtschaftsbooms geführten Diskussionen zu sehr auf das Wachstum des irischen BIP. Bedeutender ist jedoch die Betrachtung der Entwicklung des BIP *pro Kopf* oder des Output pro Erwerbstätigen, da nur durch deren Steigerung langfristig eine Anhebung des Lebensstandards erreicht werden kann.[107] Allgemein gesprochen liegt der Schlüssel zum wirtschaftlichen Erfolg langfristig betrachtet also vielmehr in der effizienteren Nutzung der vorhandenen Ressourcen, und dabei insbesondere des Faktors Arbeit, als in der Nutzung zusätzlicher Ressourcen bei gleichbleibendem Effizienzniveau.[108] Die hohen Wachstumsraten der 1990er Jahre täuschen nach Ansicht einiger Ökonomen darüber hinweg, dass die Entwicklung der Produktivität während dieses Zeitraums im Vergleich zu der Entwicklung vor 1987 keineswegs herausragend war. Das Outputwachstum pro Erwerbstätigen war zwischen 1971 und 1987 ungefähr genauso hoch wie in der folgenden Tigerperiode.[109] Walsh kommt daher zu folgender Schlussfolgerung:

„If attention had been focused on output per worker, rather than total output, the phrase „Celtic Tiger" might never have become popular."[110]

Das beobachtete Wachstum kann in unterschiedliche Teile untergliedert werden. Dabei kann der Teil des Wachstums, der durch eine steigende Produktivität entstanden ist, als *intensives Wachstum* bezeichnet werden, während der aus dem erhöhten Ressourceneinsatz resultierende Teil *extensives Wachstum* darstellt.[111] Clinch, Convery und Walsh gliedern das irische Wachstum in diese beiden Komponenten auf. Ihren Untersuchungen zufolge können über 60 Prozent des Outputwachstums auf das erfolgte Beschäftigungswachstum – und somit auf extensives Wachstum – zurückgeführt werden. Das im selben Zeitraum beobachtete jährliche Wachstum des Outputs pro Erwerbstätigen war zwar im internationalen Vergleich relativ hoch, jedoch war es weitaus weniger herausragend als das vielzitierte Wachstum des gesamten Outputs. Zudem weisen auf einen längeren Zeitraum ausgerichtete Schätzungen des Beitrags der Produktivität zum irischen Wirtschaftswachstum darauf hin, dass dieser in den 1990er Jahren nur

---

[107] Vgl. Clinch, P. / Convery, F. / Walsh, B. M. (2002), S. 43f. Vgl. hierzu auch die folgenden Ausführungen unter Abschnitt 3.2.

[108] Vgl. Clinch, P. / Convery, F. / Walsh, B. M. (2002), S. 44f.

[109] Vgl. Ó Gráda, C. (2002), S. 3.

[110] Walsh, B. M (1999), S. 3.

[111] Die folgenden Ausführungen stützen sich auf Clinch, P. / Convery, F. / Walsh, B. M. (2002), S. 44f.

leicht anstieg. Somit kam es im Laufe des Wirtschaftsbooms zu keinem wesentlichen Anstieg der Produktivität.

Das beobachtete Beschäftigungswachstum setzt sich dabei aus einem Zuwachs der Bevölkerung im arbeitsfähigen Alter und aus dem bereits erwähnten Anstieg des Anteils der erwerbstätigen Bevölkerung zusammen. Zwischen 1993 und 2000 stieg die Zahl derjenigen, die 15 und älter sind, im Jahr um durchschnittlich 1,6 Prozent. Auch das Verhältnis von Erwerbstätigen zur gesamten Bevölkerung erhöhte sich von 44,5 Prozent im Jahr 1993 auf 56,4 Prozent im Jahr 2000. Clinch, Convery und Walsh folgern daraus, dass sich der Wirtschaftsboom zusammensetzt aus

- einem Anstieg der Erwerbstätigenquote, der 42 Prozent des Wachstums ausmacht,
- einem Bevölkerungszuwachs, der für 20 Prozent des beobachteten Wachstums verantwortlich ist, und
- einem Produktivitätswachstum, welches 38 Prozent ausmacht.

Abbildung 3.1 stellt den Beitrag der einzelnen Faktoren zum zwischen 1993 und 2000 aufgetretenen Wachstum dar.

Abbildung 3.1: Anteil der einzelnen Faktoren am Wirtschaftswachstum zwischen 1993 und 2000

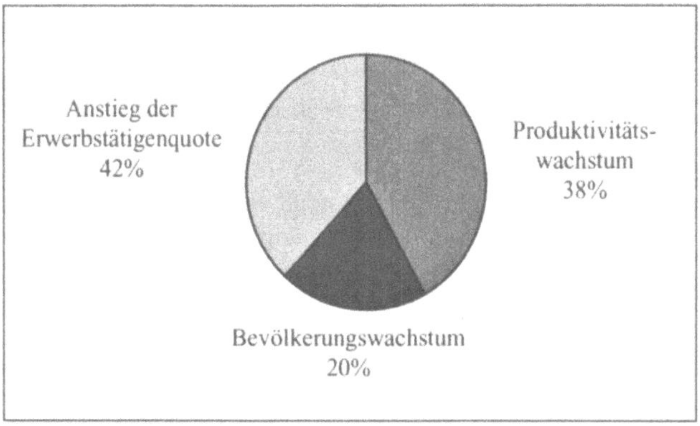

Quelle: Clinch, P. / Convery, F. / Walsh, B. M. (2002), S. 45.

Somit zeigt sich, dass das Produktivitätswachstum lediglich etwas mehr als ein Drittel des irischen Wirtschaftswachstums in der Tigerperiode erklärt und dass der schnelle Anstieg der Zahl der Erwerbstätigen das bedeutendste Merkmal des Wirtschaftsbooms darstellt. Es wird also deutlich, dass es in Irland zu keinem

Produktivitätswunder kam.[112] Der Faktor Technologie und Innovationen, der wie sich unter Abschnitt 3.2 zeigen wird den „Motor" für die technologische und somit wirtschaftliche Entwicklung eines Landes darstellt und durch den ein anhaltendes Wirtschaftswachstum erzielt werden kann, war für den irischen Wirtschaftsboom von geringerer Bedeutung. Es handelte sich hierbei also nicht in erster Linie um technologiegetriebenes Wachstum.

Darüber hinaus zeigt sich, dass die Produktivität vor allem in den irischen Unternehmen in den 1990er Jahren relativ gering war. Während in Irland lange Zeit die Ansiedlungsförderung ausländischer Unternehmen im Vordergrund stand, wurde der Auf- und Ausbau der technologischen Fähigkeiten der heimischen Unternehmen vernachlässigt. Daraus ergab sich einerseits, wie bereits erwähnt, eine intensive Ansiedlung ausländischer Niederlassungen in den modernen, technologiebasierten Sektoren und andererseits eine Konzentration der heimischen Unternehmen in den traditionellen und ressourcenbasierten Sektoren.[113] Wie sich zeigen wird, änderte sich während der Tigerperiode nur wenig an dieser Situation.

Untersuchungen haben gezeigt, dass die ausländischen Direktinvestitionen in Irland zu keiner messbaren Steigerung der technologischen Fähigkeiten des irischen verarbeitenden Gewerbes geführt haben – auch wenn sich die angesiedelten multinationalen Unternehmen, wie zum Beispiel *Dell Computer*, auf die Produktion und den Export technologiebasierter Produkte spezialisiert haben. Laut Monz können durch die im EU-Vergleich hohen Zuflüsse von ausländischen Direktinvestitionen im irischen verarbeitenden Gewerbe *„(...) keine positiven Wirkungen auf die Wachstumsrate der Produktion festgestellt werden. Die Direktinvestitionen haben in Irland somit auf die Faktoren, die die Wissensakkumulation und den technischen Fortschritt positiv beeinflussen, keinen empirisch nachweisbaren Einfluss gehabt."*[114] Dennoch kann es zu einem Anstieg der langfristigen Wachstumsraten kommen, da durch die ausländischen Direktinvestitionen ein Transfer von ausländischem Wissen in das Empfängerland erfolgt.[115] Im Fall Irlands wird sich jedoch zeigen, dass der Transfer und die Diffusion von Wissen und Technologie in den 1990er Jahren noch nicht effizient genug funktionierten, um in dieser Hinsicht einen größeren Nutzen aus den ins Land fließenden ausländischen Direktinvestitionen zu ziehen. Beispielsweise verfügte Irland zu dieser Zeit noch nicht über eine Vielzahl aufeinander abgestimmter Transfermittler, also von Organisationen, welche den Transfer von Wissen und Technologie unterstützen und fördern. Zudem ergaben sich die vorwiegenden Kontakte zwischen multinationalen und heimischen Unternehmen

[112] Vgl. auch Honohan, P. / Walsh, B. (2002), S. 1f.

[113] Vgl. Meyler, A. (1998), S. 1.

[114] Monz, I. (2000), S. 205.

[115] Vgl. Monz, I. (2000), S. 204f.

aus der Funktion der irischen Unternehmen als Zulieferer, jedoch nicht als gleichgestellte Partner bei der Generierung und Anwendung von Wissen und Technologie.

Ganz anders stellt sich der wirtschaftliche Erfolg Finnlands in den 1990er Jahren dar, der als wissens- und technologiebasiert bezeichnet werden kann:

„The Finnish experience in the 1990s represents one of the few examples of how knowledge can become the driving force in economic growth and transformation.“[116]

Bereits früh wurde in Finnland eine aktive Wissenschafts-, Technologie- und Innovationspolitik betrieben, durch welche Innovationen in zukunftsrelevanten Technologiebereichen gefördert wurden – nähere Ausführungen hierzu folgen unter Abschnitt 6.1.1.1. Schon in den 1970er Jahren war das industrielle Wachstum nicht mehr faktor- und ressourcengetrieben, sondern vielmehr technologiegetrieben.[117] Mitte der 1980er Jahre war Finnland sowohl wirtschaftlich als auch in technologischer Hinsicht derart erfolgreich, dass es oft als *„Japan des Nordens“* bezeichnet wurde.[118] Dieser Vergleich traf jedoch nicht mehr zu, als Finnland Ende der 1980er Jahre in eine tiefe Rezession geriet, die teilweise durch den Zusammenbruch der Sowjetunion und den damit einhergehenden Einbruch des Handels verursacht wurde.[119] Dabei handelte es sich um den stärksten wirtschaftlichen Abschwung, den seit dem Zweiten Weltkrieg ein OECD-Land zu verzeichnen hatte. Die Auswirkungen waren ein Rückgang des BIP um zehn Prozent in nur drei Jahren und ein Anstieg der Arbeitslosenquote von drei auf 17 Prozent.[120] Bedingt durch diese Entwicklungen verstärkte sich jedoch das Interesse an Technologie und Innovationen – und insbesondere am Bereich der Informations- und Kommunikationstechnologie (IKT).[121] Die Erholung der Wirtschaft und der folgende Aufschwung, der durch relativ hohe reale Wachstumsraten des BIP – und allerdings nur durch einen mäßigen Rückgang der Arbeitslosenquote – gekennzeichnet war, ist zu einem großen Teil auf die positive Entwicklung des IKT-Bereichs und des verarbeitenden Gewerbes insgesamt zurückzuführen. Dabei spielten innovations- und industriepolitische Maßnahmen eine bedeutende Rolle; allerdings waren es in erster Linie die privaten Unter-

[116] Ylä-Anttila, P. / Palmberg, C. (2005), S. 1.

[117] Vgl. Georghiou, L. et al. (2003), S. 57.

[118] Vgl. Lemola, T. (1999), S. 130.

[119] Vgl. Häyrinen-Alestalo, M. et al. (2005), S. 115.

[120] Vgl. Ylä-Anttila, P. / Palmberg, C. (2005), S. 1.

[121] Vgl. Häyrinen-Alestalo, M. et al. (2005), S. 115.

nehmen, allen voran Nokia, welche die Entwicklungen vorantrieben.[122] Während 1990 Holz, Zellstoff und Papier – also Produkte aus industriellen Bereichen, auf welche die finnische Volkswirtschaft bis dahin baute und die sich dem Low-Technology-Bereich zurechnen lassen – 40 Prozent der Exporte ausmachten, wandelte sich Finnland im Laufe der 1990er Jahre zu einem der wichtigsten Exporteure von Elektronik- und anderen High-Tech-Produkten. Im Jahr 2000 lag deren Anteil an den gesamten Exporten bei über 30 Prozent.[123] Innerhalb einer Dekade hat sich Finnland zu dem Land mit der weltweit stärksten Spezialisierung auf den IKT-Bereich entwickelt und hat die Transformation von einer ressourcenbasierten zu einer wissens- und innovationsbasierten Volkswirtschaft beendet.[124] Darüber hinaus erhöhte sich die Produktivität des finnischen verarbeitenden Gewerbes stark, so dass sie in den späten 1990er Jahren der US-amerikanischen Produktivität, welche zu der Zeit die höchste der Welt darstellte, entsprach.[125] Insbesondere an dieser Stelle wird der Unterschied zum irischen Wirtschaftsboom deutlich, der durch ein relativ geringes Produktivitätswachstum gekennzeichnet war. Im Folgenden wird die Bedeutung des Faktors Technologie für anhaltendes Wirtschaftswachstum eingehender betrachtet.

3.2 Überblick über Wachstumstheorien und deren Betrachtung des Faktors Technologie

Bei der Suche nach den Ursachen des langfristigen Wirtschaftswachstums standen bei den klassischen Ökonomen vor allem die Ressourcen – Land, Arbeit und Kapital – im Vordergrund.[126] Auch wenn die meisten Ökonomen technischen Fortschritt[127] als wichtige Ursache historischer Transformationen anerkannten,[128] stand in der klassischen Ökonomie, geleitet durch die Vorstellungen von Malthus und Ricardo, die Untersuchung anderer Möglichkeiten langfristigen Wirtschaftswachstums, wie beispielsweise die positiven Auswirkungen des Freihan-

[122] Vgl. Ylä-Anttila, P. / Palmberg, C. (2005), S. 2 und Dahlman, C. J. / Routti, J. / Ylä-Anttila, P. (2006), S. 7.

[123] Vgl. Georghiou, L. et al. (2003), S. 40.

[124] Vgl. Dahlman, C. J. / Routti, J. / Ylä-Anttila, P. (2006), S. 1.

[125] Vgl. Georghiou, L. et al. (2003), S. 45.

[126] Vgl. Landau, R. / Rosenberg, N. (1986a), S. 3.

[127] In dieser Arbeit werden die Begriffe „technischer bzw. technologischer Fortschritt", „technischer bzw. technologischer Wandel" sowie „technische Änderungen" als Synonyme verwendet.

[128] Vgl. Nelson, R. R. / Winter, S. G. (1982), S. 195.

dels, im Vordergrund. Der mögliche Beitrag technischen Fortschritts wurde hingegen nicht genauer analysiert.[129]

Der Fokus der neoklassischen Schulen, die gegen Ende des neunzehnten und während der ersten Jahrzehnte des zwanzigsten Jahrhunderts entstanden, verlagerte sich weg vom Problem des langfristigen Wachstums hin zu kurzfristigen Optimierungsproblemen in einem statischen Rahmen. Bei diesen Analysen wurde langfristiges Wachstum entweder außer Acht gelassen oder als selbstverständliches, von sich aus auftretendes Phänomen betrachtet. Stattdessen konzentrierten sich die Ökonomen auf kurzfristige Konjunkturphänomene.[130] Das Phänomen des technischen Fortschritts wurde sowohl bei den klassischen als auch den neoklassischen Ökonomen zumeist stiefmütterlich behandelt.[131] In den Worten Schmooklers:

„Technological change is the ***terra incognita*** *of modern economics."*[132]

Wenn Technologie und technischer Fortschritt jedoch betrachtet wurden, dann zumeist als exogener Faktor.[133] Rosenberg drückt dies folgendermaßen aus:

„Technological change, when it is considered at all, is usually treated as some exogenous, once-and-for-all, cost-reducing process innovation to which the economy subsequently adjusts."[134]

In den 1950er Jahren, als die Untersuchung langfristigen Wirtschaftswachstums wieder in den Vordergrund rückte, begannen einige Ökonomen, wie Solow[135] und Abramovitz[136] sowie Denison[137], der auf die Arbeiten der beiden zuvor genannten Ökonomen aufbaute, die einzelnen Determinanten bzw. Quellen von Wirtschaftswachstum genauer zu untersuchen. Bei dem Ansatz des so genannten *growth accounting* – der Zerlegung des Wachstums in seine einzelnen Kompo-

[129] Vgl. Rosenberg, N. (1986), S. 19.

[130] Bekannt ist vor allem das Konzept der aggregierten Nachfrage von Keynes, welches darauf abzielte, zyklische Fluktuationen und die daraus resultierende Arbeitslosigkeit zu reduzieren. Diese neue Sichtweise lag teilweise in den Auswirkungen der Weltwirtschaftskrise der 1930er Jahre begründet.

[131] Vgl. Landau, R. / Rosenberg, N. (1986a), S. 3 und Rosenberg, N. (1986), S. 20.

[132] Schmookler, J. (1966), S. 3 (Hervorhebung im Original).

[133] Vgl. Landau, R. / Rosenberg, N. (1986a), S. 3 und Rosenberg, N. (1986), S. 20 sowie Schmookler, J. (1966), S. 4.

[134] Rosenberg, N. (1986), S. 20.

[135] Vgl. Solow, R. M. (1957).

[136] Vgl. Abramovitz, M. (1956).

[137] Vgl. Denison, E. F. (1967).

nenten, zu deutsch auch *Wachstumsbuchhaltung* – ergab sich anhand empirischer Untersuchungen eine residuale Größe von großem Ausmaß, das heißt eine Lücke, die sich zwischen dem Wachstum des BSP eines Landes und dem Wachstum der Faktoren Arbeit und Kapital auftat. Noch größer war diese residuale Größe bei den Berechnungen des Wachstums des Outputs pro Arbeitnehmer. Dieses Residuum wird auch als *Solow Residuum* bezeichnet und oftmals als Maß für den Beitrag des technischen Fortschritts interpretiert.[138]

Durch den Ansatz des growth accounting war es nicht möglich, den Rückgang des Wirtschaftswachstums in den 1970er Jahren zu erklären. Landau und Rosenberg erwähnen anekdotisch, dass einige Ökonomen zu dieser Zeit davon ausgingen, dass die Verlangsamung des Wirtschaftwachstums durch das unerklärliche Verschwinden des technischen Fortschritts ausgelöst wurde – *„(...) the result of a mysterious disappearance (...) of technological progress“*[139]. Unter den Ökonomen kam die Sichtweise auf, dass nur eine weitere Aufschlüsselung und tiefergehende Untersuchung der residualen Größe es ermöglichen würden, den Faktor Technologie gezielt einzusetzen, um den Wohlstand einer Gesellschaft zu erhöhen.[140]

Die elementare neoklassische Theorie erwies sich somit nur als begrenzt geeignet, um die empirisch beobachtbaren Wachstumsprozesse zu erklären. Der technische Fortschritt, der in dieser Theorie die zentrale Bestimmungsgröße dauerhaften Wachstums des Pro-Kopf-Einkommens darstellt, wird in den neoklassischen Modellen jedoch nicht erklärt, sondern nur als exogene Größe angenommen[141], wie beispielsweise in dem grundlegenden neoklassischen Wachstumsmodell von Solow.[142] Die neueren neoklassischen Theorien hingegen, in Anlehnung an Schumpeter, gehen davon aus, dass Innovationen und der technische Fortschritt endogene Faktoren sind.

Schumpeter gilt nahezu als einziger der großen Ökonomen des zwanzigsten Jahrhunderts, der versuchte, den technologischen Wandel in seine Betrachtungen einzubauen. Eine wichtige Rolle in seinen Ausführungen spielten daneben der soziale und institutionelle Wandel – ebenfalls Aspekte, die in der Ökonomie im Allgemeinen vernachlässigt wurden. Trotz kritischer Anmerkungen zählt Freeman eine Reihe von Punkten auf, mit denen Schumpeter die Wirtschaftswissenschaften bereicherte. Hierzu zählen unter anderem Schumpeters starke Betonung von Innovationen als hauptsächliche Quelle der dynamischen Entwicklung in kapitalistischen Ländern, die Einbeziehung des historischen Kon-

[138] Vgl. Romer, D. (1996), S. 26 und Grossman, G. M. / Helpman, E. (1992), S. 6 sowie Nelson, R. R. / Winter, S. G. (1982), S. 197.

[139] Landau, R. / Rosenberg, N. (1986a), S. 4.

[140] Vgl. Landau, R. / Rosenberg, N. (1986a), S. 4.

[141] Vgl. Frenkel, M. / Hemmer, H.-R. (1999), S. 165.

[142] Vgl. Solow, R. M. (1970), S. 17ff.

texts in seine Werke, die konzeptionelle Unterscheidung zwischen Invention, Innovation und Diffusion von Innovationen sowie vor allem die starke Betonung und Hervorhebung der Bedeutung der Beziehungen zwischen organisatorischen, betrieblichen, sozialen und technischen Innovationen.[143] Bei seinen Ausführungen legte Schumpeter besondere Betonung darauf, dass Innovationen keinen e-xogenen Faktor oder eine residuale Größe darstellen, sondern dass es sich hierbei um einen endogenen Faktor handelt, der als ursächlich für die Entstehung von Konjunkturzyklen und Wirtschaftswachstum anzusehen ist:

„(...), innovation is readily seen to be a distinct internal factor of change. It is an ***internal*** *factor because the turning of existing factors of production to new uses is a purely economic process and, in capitalist society, purely a matter of business behavior."*[144]

Die Modelle der 1960er und frühen 1970er Jahre, die sich mit technischem Fortschritt befassten, bestanden hauptsächlich aus drei Elementen:

(1) gebundenem, genauer investitionsgebundenem, technischen Fortschritt, der aus den Investitionen in neue, effektivere Maschinen resultierte,
(2) investitionsunabhängigem technischen Fortschritt, der durch die relativ kostenlose Diffusion von Wissen entstand, und
(3) investitionsunabhängigem technischen Fortschritt, wobei die Produktivitätszuwächse aus *„learning by doing"* resultieren, das heißt, es erwächst ein kostenloser Vorteil aus der Produktionserfahrung.[145]

Es wurde allgemein angenommen, dass eine Kombination von steigender Nachfrage und Freihandel zu einer schnellen internationalen Diffusion von Technologie führen würde. Die Diffusion findet beispielsweise statt in Form von leicht transferierbaren Informationen, zum Beispiel Blaupausen und Bedienungsanleitungen, durch den Kauf neuer Maschinen oder in Form von Lernkurveneffekten durch Produktionserfahrung. Die Schlussfolgerung war, dass Westeuropa und Japan relativ problemlos das Technologie- und Effizienzniveau der USA, welche zu der Zeit die höchsten der Welt waren, erreichen könnten.[146] Allerdings wurden diese Erwartungen nur teilweise erfüllt; die Entwicklung in den einzelnen OECD-Ländern fiel dabei sehr unterschiedlich aus. Einige Länder, wie zum Beispiel Großbritannien, holten nur in einzelnen Bereichen auf, während andere Länder, darunter beispielsweise Japan und die Bundesrepublik Deutschland, in ihrer Entwicklung die im technologischen Bereich führende Weltmacht USA

---

[143] Vgl. Freeman, C. (1988), S. 5.

[144] Schumpeter, J. A. (1939), S. 86 (Hervorhebung im Original).

[145] Vgl. Patel, P. / Pavitt, K. (1994a), S. 10.

[146] Vgl. Patel, P. / Pavitt, K. (1994a), S. 10.

teilweise überholten.[147] Dennoch konvergierten die Wachstumspfade der OECD-Länder von den 1950er bis Mitte der 1970er Jahre. Seitdem ist ein derartiges Konvergenzmuster vor allem bezüglich des BIP pro Kopf allerdings nicht mehr zu beobachten; die Wachstumspfade divergieren seither.[148]

In den 1980er Jahren stieg das Interesse an der Wachstumstheorie wieder an. Seit Mitte der 1980er Jahre wurden zahlreiche Beiträge veröffentlicht, die eine Weiterentwicklung der elementaren Neoklassik darstellen und unter dem Oberbegriff *Endogene Wachstumstheorie* bekannt wurden. Grundlegende Arbeiten dieser Theorie stammen beispielsweise von Romer[149] und Lucas[150]. Die ersten Weiterentwicklungen stützen sich zum Beispiel auf die Arbeit von Grossman und Helpman[151].

Romer kam zu dem Schluss, dass ein Modell vom Solow-Typ mit einer konstanten exogenen Rate des technischen Fortschritts ein inadäquates Instrument für die Erklärung langfristiger wirtschaftlicher Entwicklungen darstellt.[152] Daher stellte Romer ein Gleichgewichtsmodell auf, das technologischen Wandel als endogenen Faktor berücksichtigt. In diesem Modell wird langfristiges Wachstum hauptsächlich durch die Akkumulierung von Wissen durch zukunftsorientierte, gewinnmaximierende Akteure erreicht.[153] Auch in seinen späteren Ausführungen wird die Wichtigkeit des technologischen Fortschritts für das Wirtschaftswachstum deutlich:

„Growth in this model is driven by technological change that arises from intentional investment decisions made by profit-maximizing agents."[154]

Diese neue wachstumstheoretische Ausrichtung ist sehr heterogen, so dass kaum von einer einheitlichen Theorie gesprochen werden kann. Allerdings weisen die unterschiedlichen Ansätze ein gemeinsames Merkmal auf: Jeder dieser Ansätze versucht, dauerhaftes Wachstum der Pro-Kopf-Einkommen aus dem Modell heraus, also endogen, zu begründen, und greift nicht auf exogene Prozesse zur Erklärung zurück, wie dies in der Neoklassik der Fall war.[155]

Im Laufe der Zeit wurden die ökonomischen Denkweisen, welche technischen Fortschritt als exogene Einflussgröße betrachten, immer häufiger in der Literatur

---

[147] Vgl. Nelson, R. R. (1990), S. 123ff.

[148] Vgl. Soete, L. / Verspagen, B. (1993), S. 118ff. und 124.

[149] Vgl. hierzu vor allem Romer, P. M. (1986) und (1990).

[150] Vgl. Lucas, R. (1988).

[151] Vgl. Grossman, G. M. / Helpman, E. (1992).

[152] Vgl. Helpman, E. (2004), S. 37.

[153] Vgl. Romer, P. M. (1986), S. 1003.

[154] Romer, P. M. (1990), S. S71.

[155] Vgl. Frenkel, M. / Hemmer, H.-R. (1999), S. 175f.

kritisiert. Dies wird beispielsweise in den Arbeiten von Dosi et al.[156] deutlich. Sie sind der Meinung, dass die hauptsächliche Schwäche der Gleichgewichtstheorie und der Theorien, die laut Dosi et al. der *„Mainstream-Ökonomie"* zuzuordnen sind, darin besteht, dass sie die sozialen Lernprozesse und insbesondere die Akkumulation von Technologie sowie die Rolle von Institutionen, die diese Prozesse beeinflussen, nicht in ihre Betrachtungen miteinbeziehen.[157] Die Autoren versuchen sich an einem neuen Ansatz, der es ermöglichen soll, technische und auch institutionelle Veränderungen in wirtschaftliche Analysen und in die Planung von Wirtschaftspolitik einzubeziehen, und der Gemeinsamkeiten aufweist mit Aspekten der Institutionen- und evolutorischen Ökonomie.[158] Das Ziel der Autoren ist es, die Rolle des technischen Wandels hinsichtlich Veränderungen des mikroökonomischen Verhaltens sowie in Hinsicht auf Anpassungsprozesse und makroökonomische Transformationsmuster des Wirtschaftssystems zu analysieren.[159] Ihr Ansatz zeichnet sich durch folgende Merkmale aus:

(1) Technischer Fortschritt beeinflusst stark die Transformationsmuster einer Volkswirtschaft.
(2) Es existieren *dynamische Anpassungsmechanismen*, die sich in ihren Eigenschaften stark von denen allokativer Mechanismen unterscheiden, welche von der traditionellen Ökonomie postuliert werden.
(3) Diese Mechanismen hängen zusammen mit sowohl technischem als auch institutionellem Wandel – oder aber dem Fehlen dieser.
(4) Der *sozio-institutionelle Rahmen* ist von großer Wichtigkeit: Er beeinflusst stets die Prozesse des technischen und strukturellen Wandels sowie ihre Koordinierung und die daraus folgenden dynamischen Anpassungsprozesse. Der sozio-institutionelle Rahmen kann diese Prozesse beispielsweise erleichtern und ankurbeln oder sie behindern und dadurch verlangsamen.

Diese Annahmen, die laut Freeman für Nicht-Ökonomen oder Anhänger Schumpeters keineswegs überraschend sind, wurden trotz allem in der Mainstream-Ökonomie der letzten beiden Jahrhunderte vernachlässigt. Solche oben angeführten Prozesse wurden hauptsächlich als residuale Faktoren – wie beispielsweise in der Praxis des growth accounting – oder als exogene Schocks betrachtet.[160]

---

[156] Vgl. Dosi, G. et al. (eds.) (1988).

[157] Vgl. Dosi, G. et al. (eds.) (1988), S. 3.

[158] Die Autoren beziehen sich hierbei hauptsächlich auf die Ausführungen von Nelson und Winter (1982) zur evolutorischen Theorie des wirtschaftlichen Wandels.

[159] Vgl. Freeman, C. (1988), S. 1ff.

[160] Vgl. Freeman, C. (1988), S. 2.

Besonders Punkt (4) zeigt, dass sich einige Ökonomen in den 1980er Jahren der Wichtigkeit des *sozialen* und *institutionellen Umfelds* für den technischen Fortschritt bewusst wurden. Landau und Rosenberg formulieren es folgendermaßen:

*„**Technology** has been **the** critical factor in the long-term economic growth of modern industrial societies. But it functions successfully only within a larger social environment that provides an effective combination of incentives and complementary inputs into the innovation process."*[161]

Vorher wurde die Bedeutung institutioneller und rechtlicher Faktoren kaum erkannt, und nur wenige Autoren gehen auf ihre Rolle im wirtschaftlichen Prozess ein. So schreibt beispielsweise Rose

„(...), daß Bevölkerungsentwicklung, Kapitalbildung und technischer Fortschritt zwar die unmittelbaren Determinanten des Wachstumsprozesses, aber nicht deren „letzte" Ursachen sind, da sie ihrerseits wieder von einer Reihe anderer Größen abhängen, die sozusagen an der Peripherie des Datenkranzes stehen. Institutionelle und politische Fakten spielen hier eine wichtige Rolle. So besteht z.B. ein wichtiger Zusammenhang zwischen Rechtsordnung und technischem Stand einer Volkswirtschaft."[162]

Obwohl die endogene Wachstumstheorie deutliche Erkenntnisfortschritte gegenüber der Neoklassik bietet, bestehen immer noch große Erkenntnislücken, wenn empirisch beobachtbare Wachstumsprozesse betrachtet werden. Es ist mittlerweile offenkundig, dass der Wachstumsprozess einer Volkswirtschaft nicht nur von der verwendeten Technologie und von ihrer Faktorausstattung abhängt, sondern auch durch andere Faktoren bestimmt wird, wie beispielsweise durch die betriebene Politik und die existierenden Institutionen.[163]

Um die bestehenden Wachstumsmuster erklären zu können, reicht eine Fokussierung auf Innovationen und Technologie somit nicht aus. Ein umfassenderer Ansatz, der versucht, die Ursachen unterschiedlicher wirtschaftlicher Entwicklungen unter Berücksichtigung einer Vielzahl anderer Faktoren – wozu unter anderem die in einem Land existierenden politischen Rahmenbedingungen sowie die Struktur und Wirkungsweise der existierenden Institutionen zählen – darzustellen und zu erklären, ist das Konzept der *nationalen Innovationssysteme*. Dieser Ansatz kann als systemisches Modell des Innovationsprozesses eines Landes bezeichnet werden, das sich aus den Fortschritten der Innovationstheorie heraus entwickelt hat. Um die Ursprünge des Konzepts nationaler Innovations-

[161] Landau, R. / Rosenberg, N. (1986b), S. vi (Hervorhebung im Original).

[162] Rose, K. (1973), S. 14.

[163] Vgl. Frenkel, M. / Hemmer, H.-R. (1999), S. 307.

systeme zu erkennen, wird im folgenden Abschnitt ein kurzer Einblick in die Innovationsökonomie gegeben, wobei grundlegende Begriffe erläutert und die wesentlichen Innovationsmodelle kurz vorgestellt werden.

4 Grundlagen der Innovationsökonomie

In der Ökonomie gibt es eine Reihe verschiedener theoretischer Ansätze, die sich mit dem Thema Innovation auseinandersetzen. Sie alle stimmen darin überein, dass Innovationen eine Grundvoraussetzung für die wirtschaftliche Entwicklung eines Landes sind. Stark beeinflusst wurden diese Theorien durch die Arbeit Schumpeters. Wie beschrieben, wird laut Schumpeter die wirtschaftliche Entwicklung eines Landes durch Innovationen vorangetrieben, wobei in einem dynamischen Prozess, den er als *„Prozeß der schöpferischen Zerstörung"* bezeichnete,[164] neue Technologien die alten ersetzen. Bei Innovationen handelt es sich hierbei um die Durchsetzung neuer Kombinationen von Dingen und Kräften. Schumpeter nennt fünf Arten von Innovationen:[165]

- die Herstellung eines neuen Produkts oder die qualitative Verbesserung eines bereits existierenden Produkts,
- die Einführung einer neuen Produktionsmethode, mit anderen Worten eine Prozessinnovation,
    - bei der Produktion von Produkten, die das Unternehmen bereits herstellt und anbietet, und
    - im Rahmen der Einführung komplett neuer Produktionstechniken (Beispiel *„Taylorization of work"*),
- die Erschließung neuer Absatzmärkte,
- die „Eroberung" neuer Bezugsquellen für Rohstoffe oder andere Inputs und
- Neuorganisationen von Marktstrukturen, beispielsweise die Schaffung einer Monopolstellung oder das Durchbrechen einer solchen.

Schumpeter weist hierbei jedoch darauf hin, dass die Begriffe *Invention* und *Innovation* aus verschiedenen Gründen streng voneinander zu trennen sind.[166] Während unter Invention die bloße Erfindung – sprich eine (neue) Idee, ein Entwurf oder ein Modell für ein neues oder verbessertes Produkt oder einen Prozess – verstanden werden kann, bedeutet Innovation die erfolgreiche Einführung einer Invention oder allgemeiner die Einführung einer Neuerung.[167] Genauere Definitionen und Abgrenzungen des Begriffs der Innovation und anderer Begrifflichkeiten folgen unter Abschnitt 4.1.

Mittlerweile ist es allgemein anerkannt, dass technischer Fortschritt und Innovationen notwendig sind für das Output-, Produktivitäts- und Beschäftigungs-

---

[164] Vgl. Schumpeter, J. A. (1987), Kapitel sieben.

[165] Vgl. Schumpeter, J. A. (1934), S. 100 und Schumpeter, J. A. (1939), S. 84.

[166] Vgl. Schumpeter, J. A. (1939), S. 84ff.

[167] Vgl. Freeman, C. / Soete, L. (1997), S. 6 und BMBF, Innovation – mehr als technischer Fortschritt, abrufbar unter http://www.bmbf.de/de/1316.php.

wachstum eines Landes. Darüber hinaus wird die Bedeutung von *Wissen* für die wirtschaftliche Entwicklung und den gesellschaftlichen Wohlstand immer deutlicher: Die Generierung, Diffusion und Anwendung von Wissen stellen fundamentale Voraussetzungen hierfür dar. Die Mechanismen, welche den Innovationsprozess fördern oder ihn behindern, wurden allerdings erst verhältnismäßig spät genauer untersucht. In den 1980er Jahren gelang es in theoretischen und empirischen Arbeiten, diese Mechanismen genauer einzugrenzen und darzustellen. Auf diese Arbeiten baute die Innovationspolitik vieler OECD-Länder auf. Es stellte sich jedoch weiterhin das Problem, dass qualitative und quantitative Daten, die benötigt wurden, um solche politischen Programme zu gestalten, oft nur sehr begrenzt vorhanden waren. Der Grund hierfür lag laut OECD darin, dass eine international standardisierte Methodik zur Messung von Innovationen fehlte, wodurch eventuell vorhandene Daten nicht vergleichbar waren. Die OECD schickte sich daher an, Richtlinien für die Sammlung von Daten im Innovationsbereich zu erarbeiten, welche sie 1992 im so genannten *Oslo Manual* veröffentlichte. Mithilfe der hierin enthaltenen Richtlinien ist es möglich, vergleichbare Innovationsindikatoren in den OECD-Ländern zu entwickeln, wodurch das Problem der Vergleichbarkeit der Daten nahezu gelöst ist.[168]

Das *Oslo Manual* gehört zu einer Reihe von Handbüchern, die als *„Frascati Familie"* bezeichnet werden[169] und sich mit der Messung und Interpretation von Daten in den Bereichen Wissenschaft, Technologie und Innovation befassen. Zu der Serie gehören des Weiteren das *Frascati Manual*, das den Bereich Forschung und Entwicklung abdeckt, das *Patent Manual*, welches die Bedeutung von und den Umgang mit Patentdaten als Indikatoren für Wissenschaft und Technologie erörtert, das *Canberra Manual*, das sich mit der Messung des Humankapitals im Wissenschafts- und Technologiebereich befasst, sowie das *TBP Manual*, welches Methoden zur Zusammenstellung und Interpretation der technologischen Zahlungsbilanz vorstellt.[170] Im Rahmen dieser Arbeit wird auf die in den Handbüchern der Frascati Familie angegebenen Definitionen zurückgegriffen. Darüber hinaus werden nach Möglichkeit hauptsächlich von der OECD bereitgestellte Daten verwendet, um eine Vergleichbarkeit zu ermöglichen. Im Folgenden werden einige wesentliche Begriffe gemäß der OECD-Definitionen vorgestellt.

---

[168] Vgl. OECD / Eurostat (1997), S. 3f.

[169] Der Name ergibt sich daraus, dass die ersten Richtlinien, welche als Frascati-Manual bekannt wurden, bei einem Treffen von Experten der OECD und anderer Organisationen 1963 in Frascati, Italien festgelegt wurden.

[170] Vgl. OECD (1990), OECD (1994a), OECD (1994b), OECD (1994c), OECD (1995) und OECD (2002a).

4.1 Definitionen relevanter Begriffe

Im Folgenden werden die in der Innovationsökonomie und in dieser Arbeit bereits verwendeten Begriffe, die eingangs nur grob definiert wurden, genauer definiert.

Unter einer *Innovation* versteht man die Implementierung eines neuen oder wesentlich verbesserten Produkts (oder einer Dienstleistung), eines Prozesses sowie einer neuen Marketing- oder Organisationsmethode in der Geschäftspraxis, der Arbeitsplatzorganisation oder den Außenbeziehungen.[171] Somit liegt bei jeder Innovation ein gewisser Grad an „Neuheit" vor. Der Grad der Neuheit kann in drei Kategorien eingeteilt werden: neu für das einführende Unternehmen, neu für den nationalen Markt oder weltweit neu. Um als Innovation zu gelten, muss eine Neuerung zumindest der minimalen Anforderung entsprechen, das heißt, sie muss für das sie einführende Unternehmen neu sein.[172]

Die Fülle der hervorgebrachten Innovationen veranlasste Ökonomen dazu, diese zu Analysezwecken in unterschiedliche Klassen einzuteilen. Die Einordnungen unterscheiden sich hauptsächlich dahingehend, wie fundamental die hervorgebrachten Innovationen im Vergleich zur derzeit existierenden Technologie waren bzw. sind. So betrachtet kann unterschieden werden zwischen *fundamentalen* und *inkrementalen* Innovationen. Laufende Verbesserungen oder Weiterentwicklungen einer bereits existierenden Technologie können dabei als *inkrementale* oder auch *marginale* Innovationen bezeichnet werden. Diese Art von Innovationen tritt mehr oder weniger kontinuierlich in jedem Industrie- oder Dienstleistungszweig auf. Unter einer *fundamentalen* Innovation versteht man hingegen die Einführung einer bis dahin unbekannten, komplett neuen Technologie – wie beispielsweise die Erfindung der Eisenbahn oder des Automobils.[173] Dabei sei angemerkt, dass einige Innovationen, die von ihrer technischen Seite her als inkrementale Innovationen bezeichnet werden können, einen genauso großen oder sogar weitreichenderen ökonomischen Einfluss haben können als einige fundamentale Innovationen.[174]

Da sich im Zeitablauf die Merkmale von Innovationen verändert haben, unterscheidet die OECD derzeit vier verschiedene Arten von Innovationen: *Produktinnovationen*, *Prozessinnovationen*, *Marketinginnovationen* und *organisatorische Innovationen* (auch *soziale Innovationen*). Vor dieser Unterteilung wurde lediglich eine Einteilung in *technologische Produkt-* und *Prozessinnovationen* vorgenommen.

---

171 Vgl. OECD / Eurostat (2005), S. 46.

172 Vgl. OECD / Eurostat (2005), S. 57.

173 Vgl. Fagerberg, J. (2005), S. 7f. und Freeman, C. / Perez, C. (1988), S. 45f.

174 Vgl. Lundvall, B.-Å. (1992b), S. 12.

Unter einer *Produktinnovation* versteht man die Einführung eines neuen Gutes bzw. einer neuen Dienstleistung oder die signifikante Verbesserung eines bereits existierenden Gutes bzw. einer Dienstleistung bezüglich der bestehenden Merkmale oder des Verwendungszwecks. Zu Letzterem zählen wesentliche Verbesserungen der technischen Eigenschaften, Komponenten und Materialien, der integrierten Software, Benutzerfreundlichkeit oder anderer funktionaler Merkmale.[175] Eine *Prozessinnovation* ist definiert als die Einführung einer neuen oder wesentlich verbesserten Produktions- oder Lieferungsmethode. Hierzu zählen signifikante Änderungen der angewandten Technik bzw. der Verfahren, Ausrüstung und / oder Software. Bei einer *Marketinginnovation* handelt es sich um die Einführung einer neuen Marketing-Methode, die wesentliche Veränderungen bezüglich der Produktgestaltung oder der Verpackung, bezüglich des *„product placement"* (auch bezeichnet als Schleichwerbung), der Reklame bzw. Verkaufsförderung oder der Preissetzung beinhaltet.[176] Als *soziale* oder *organisatorische* Innovation wird die Einführung einer neuen Organisationsmethode hinsichtlich der existierenden Unternehmenspraktiken bzw. die Veränderung bestehender Organisationsstrukturen, wie beispielsweise der Arbeitsorganisation innerhalb von Unternehmen oder auch im Bereich der Außenbeziehungen – sprich der Beziehungen und Regelungen innerhalb von Innovationssystemen –, bezeichnet.[177]

Die Unterscheidung zwischen Produkten und Prozessen und somit die Anwendung der einzelnen Definitionen ist relativ klar, sofern es sich um Güter handelt. Im *Dienstleistungsbereich* sind die einzelnen Konturen jedoch nicht ganz so klar umrissen. Zur besseren Unterscheidung sei daher Folgendes hier angemerkt: Beinhaltet die Innovation neue oder wesentlich verbesserte Eigenschaften einer dem Konsumenten angebotenen Dienstleistung, so handelt es sich um eine Produktinnovation. Eine Prozessinnovation umfasst dagegen neue oder wesentlich verbesserte Methoden, Ausrüstungen und / oder Fähigkeiten, die für die Ausführung der Dienstleistung benötigt werden.[178] Auf die genaueren Unterscheidungen zwischen Produkt-, Prozess- und Marketing-Innovationen sowie die Einteilung bezüglich organisatorischer Innovationen im Dienstleistungsbereich soll hier nicht detaillierter eingegangen werden, da im Rahmen dieser Arbeit das verarbeitende Gewerbe im Vordergrund stehen wird.

Wie bereits kurz erwähnt, handelt es sich bei einem *innovativen Unternehmen* laut der Grunddefinition um ein Unternehmen, das während eines Betrachtungszeitraums eine Neuerung bzw. Innovation eingeführt hat. Diese Definition lässt sich jedoch enger fassen, beispielsweise gemäß OECD als ein *produkt-* oder

[175] Vgl. OECD / Eurostat (2005), S. 48.

[176] Vgl. OECD / Eurostat (2005), S. 49.

[177] Vgl. OECD / Eurostat (2005), S. 51 und Welsch, J. (2005), S. 47.

[178] Vgl. OECD / Eurostat (2005), S. 53.

prozessinnovatives Unternehmen, womit ein Unternehmen gemeint ist, das während eines bestimmten Betrachtungszeitraums ein neues oder wesentlich verbessertes Produkt oder aber eine neue oder stark verbesserte Dienstleistung eingeführt hat.[179] Neben dieser Kategorisierung sind noch weitere Definitionen möglich, auf die hier jedoch nicht weiter eingegangen werden soll. Allgemein lässt sich festhalten, dass insbesondere die innovativen Unternehmer – oft auch als innovative Entrepreneure bezeichnet – durch die von ihnen hervorgebrachten Neuerungen maßgeblich zum Wirtschaftswachstum eines Landes beitragen.[180]

Die *Forschung und (experimentelle) Entwicklung* – kurz *FuE* – umfasst die systematische kreative Arbeit, mit dem Ziel, den vorhandenen Wissensbestand zu erhöhen und die Nutzung dieses Wissensbestands zu steigern, das heißt das generierte Wissen in neue Anwendungen umzusetzen.[181] Der Ausdruck FuE umfasst drei unterschiedliche Aktivitäten: die Grundlagenforschung, die angewandte Forschung und die (experimentelle) Entwicklung.

- Die *Grundlagenforschung* besteht aus experimenteller und theoretischer Arbeit, die mit dem vorrangigen Ziel der Gewinnung neuen Wissens durchgeführt wird. Hierbei steht die Erarbeitung grundlegend neuer Erkenntnisse im Vordergrund, während die praktische Anwendbarkeit dieses Wissens eher nachrangig ist.
- Auch bei der *angewandten Forschung* besteht das Ziel darin, neue wissenschaftliche Erkenntnisse zu gewinnen. Allerdings steht hierbei im Gegensatz zur Grundlagenforschung eine praktische Zielsetzung bzw. Anwendbarkeit, die zu erreichen angestrebt wird, im Vordergrund.
- Bei der *(experimentellen) Entwicklung* handelt es sich um systematische Arbeit, die auf bereits existierendes Wissen – gewonnen durch Grundlagen- oder angewandte Forschung und / oder praktische Erfahrung – zurückgreift. Die Entwicklung ist darauf ausgerichtet, neue Materialien oder Produkte zu produzieren, neue Prozesse, Systeme oder Dienstleistungen einzurichten oder bereits existierende Produkte, Prozesse etc. wesentlich zu verbessern.[182]

Um Produkt- und Prozessverbesserungen zu erreichen, versuchen gewinnmaximierende Unternehmen in der Regel, neues Wissen zu akquirieren. Eine Methode stellt hierbei die kommerzielle, formale Forschung und Entwicklung dar, wobei dies jedoch nicht die einzige Möglichkeit ist, um wichtige technische Informationen zu gewinnen. Viele der Unternehmensaktivitäten, die darauf ausgerichtet sind, (technologische) Neuerungen voranzutreiben, werden nicht als

[179] Vgl. OECD / Eurostat (2005), S. 47.

[180] Vgl. zum Beispiel Minniti, M. / Bygrave, W. D. / Autio, E. (2006), S. 24, 41.

[181] Vgl. OECD (1994b), S. 7 und OECD (2002a), S. 30.

[182] Vgl. OECD (1994b), S. 7 und OECD (2002a), S. 30, 77ff.

FuE klassifiziert. Hierzu zählen beispielsweise durchgeführte Tests – auch bekannt als die Versuch und Irrtum-Methode – zur Verbesserung der Effizienz von Produktionsverfahren und der gesamten Produktionslinie.[183]

Eine andere Möglichkeit für Unternehmen, neues Wissen und neue Technologien zu erhalten, besteht in Form des Technologietransfers. Eine relativ einfache Definition des Begriffs *Technologietransfer* lässt sich bei Dodgson und Bessant finden:

„The process through which technology moves from outside sources to the organization is what we term ‚technology transfer'."[184]

Der Begriff kann jedoch folgendermaßen genauer definiert werden:

„Als Technologietransfer bezeichnet man alle freiwilligen Prozesse der Übertragung von Know-how zwischen und innerhalb von Institutionen und letztlich zwischen Personen, die es danach zum produktiven Einsatz bringen. Demnach ist Technologietransfer eine geregelte, bilaterale Übertragung von Know-how, sowohl inter- als auch intrasystemar, zur Reduzierung der Diskrepanz von potentiellem und aktuellem Nutzungsgrad einer Technologie. Die Übertragung von Know-how kann in Form von Informationen, Personen oder Gütern erfolgen und wird durch finanzielle Transaktionen ermöglicht oder unterstützt."[185]

Unter *Know-how* versteht man dabei *„(...) anwendbares Wissen, welches vom Individuum zum Zweck der Nutzung erlernt, gesammelt, verstanden wurde sowie für einen spezifischen Zweck angewendet wird."*[186]

Der Wissens- und Technologietransfer zwischen der Wissenschaft und Wirtschaft kann weitaus vielfältigere Formen annehmen als die bloße Verwertung so genannter *„Spin-Off"-Erfindungen*, das heißt die Überführung von zufällig gewonnenen, praktisch anwendbaren Ergebnissen im Bereich der Grundlagenforschung. Folgende wesentliche Formen können festgehalten werden:[187]

- Auftrags- und kooperative Forschung,
- wissenschaftliche Publikationen,
- informeller Informationsaustausch,
- Ausbildung von Fachkräften,
- temporärer Personalaustausch,

---

[183] Vgl. Grossman, G. M. / Helpman, E. (1992), S. 8, 11f.

[184] Dodgson, M. / Bessant, J. (1996), S. 38.

[185] Betz, A. (1997), S. 33.

[186] Meißner, D. (2001), S. 21.

[187] Vgl. BMBF (Hrsg.) (2001), S. 130f.

- Diplom- und Doktorarbeiten,
- Unternehmensgründungen durch Wissenschaftler und
- Demonstrationszentren.

Anzumerken ist, dass diese Mechanismen parallel zueinander ablaufen, ineinander greifen und sich ergänzen. Keiner der Mechanismen stellt für sich betrachtet ein optimales Instrument dar, durch dessen Anwendung der Transfer über die anderen Mechanismen unnötig wird.

4.2 Determinanten unternehmerischer Innovationsaktivität

Der Grund, warum Unternehmen Neuerungen durchführen, liegt auf der Hand: Durch keinen anderen Faktor lässt sich die wirtschaftliche Entwicklung eines Unternehmens derart stark vorantreiben, wie durch die Einführung von (technologischen, organisatorischen etc.) Neuerungen, über die es möglich ist, die Nachfrage zu steigern oder die im Unternehmen entstehenden Kosten zu reduzieren. Ein neues Produkt oder ein neuer Prozess kann für das innovative Unternehmen einen Vorteil gegenüber seinen Konkurrenten bedeuten. Im Falle einer Produktinnovation kann sich das Unternehmen einen Wettbewerbsvorteil durch die Markteinführung des neuen Produkts sichern, wodurch wiederum eine Nachfragesteigerung zu erwarten ist und es dem Unternehmen möglich ist, einen höheren Preis zu verlangen. Im Falle einer produktivitätssteigernden Prozessinnovation ergibt sich für das Unternehmen ein Kostenvorteil gegenüber seinen Konkurrenten. Das Unternehmen kann hierbei einen höheren Aufschlag auf den vorherrschenden Marktpreis des Produkts festsetzen.[188]

Diversen Studien zufolge hängen Innovationen wesentlich von allgemeinen Anreizen ab, welche die unternehmerische Betätigung beeinflussen. Für die Innovationsdynamik, das heißt für die ökonomische Anwendung bzw. Nutzbarmachung von Innovationen, ist nicht nur der wissenschaftliche Fortschritt, sondern vielmehr auch der jeweils vorherrschende Zeitgeist von Bedeutung. Daraus ergibt sich, dass neben ökonomischen Anreizen auch ein gesellschaftspolitisch günstiges Klima vorherrschen sollte, welches die Innovationsdynamik ankurbeln kann.[189]

[188] Vgl. OECD / Eurostat (2005), S. 29.

[189] Vgl. Oberender, P. (1987), S. 13.

Es existieren unterschiedliche Determinanten der Innovationsaktivität der Unternehmer, auf die hier kurz eingegangen werden soll.[190]

- Eine Determinante der Innovationsaktivität der Unternehmer stellt die *Innovationsfähigkeit* dar, worunter die materiellen Voraussetzungen im weiteren Sinne verstanden werden. Die Fähigkeit eines Unternehmens, Innovationen hervorzubringen und diese in den Markt einzuführen hängt von verschiedenen Faktoren ab, zu denen unter anderem die vorhandenen finanziellen Ressourcen, der technische Spielraum und die existierenden Marktprozesse zählen.
- Die Innovationsfähigkeit stellt jedoch vielmehr eine notwendige, aber keine hinreichende Bedingung für innovative Aktivitäten von Unternehmen dar. Eine weitere wichtige Determinante ist die *Innovationswilligkeit.* Zwischen diesen beiden Größen besteht eine komplementäre Beziehung, und es kommt zu Rückkoppelungen zwischen beiden.
- Die Stimulierung der Innovationsaktivität hängt ferner ab vom *Erlösprofil*, das heißt vom zu erwartenden Erlös der eingeführten Innovation im Laufe der Marktentwicklung. Geht ein Unternehmen beispielsweise davon aus, dass die Innovationskosten durch den Erlös nicht oder nur teilweise gedeckt werden, so wird sich dies in der Regel hemmend auf die Innovationswilligkeit und dadurch auf die Innovationsaktivitäten auswirken.
- Doch nicht nur das Erlösprofil, sondern auch das *Gewinnpotenzial*, welches vor allem vom Risiko der Innovation bestimmt wird, ist von großer Bedeutung für die Innovationsaktivität. Hierbei ist es für ein Unternehmen vorteilhaft, wenn es auf Veränderungen der Marktsituation schnell und flexibel reagieren kann.
- Des Weiteren hängt die Innovationsaktivität vom vorhandenen *Nachfragepotenzial* ab. Für ein Unternehmen ist es von Bedeutung, in der Lage und bereit zu sein, solche Nachfragepotenziale, die unter anderem von der Marktgröße abhängen, zu entdecken und diese dann zu stimulieren.

Abschließend lässt sich festhalten, dass für innovative Unternehmen Anreize und Handlungsspielräume bestehen müssen, um das vorhandene technologische Wissen in Innovationen umzuwandeln und diese ökonomisch nutzbar zu machen. Grundvoraussetzungen hierfür stellen ein innovationsfreundliches Klima und im Zusammenhang hiermit bestimmte förderliche gesetzliche sowie institutionelle Rahmenbedingungen dar.[191]

---

[190] Vgl. Oberender, P. (1987), S. 13ff.

[191] Vgl. Oberender, P. (1987), S. 16f.

4.3 Die Entwicklung von Innovationsmodellen

Technischer Fortschritt wurde bis in die 1980er Jahre hinein *„(...) als „Residualfaktor“, der offenbar „wie Manna vom Himmel fällt“, behandelt.“*[192] Auch der Entstehungsprozess technologischer Innovationen wurde in der Ökonomie lange Zeit als eine Art *„black box“*, oder genauer als ein System, welches unbekannte Komponenten und Prozesse beinhaltet, angesehen. Es wurde versucht, die wichtigsten Inputfaktoren, die in das System eingebracht wurden, und, was sich schwieriger gestaltete, die innerhalb des Systems generierten Outputs zu identifizieren und zu messen. Allerdings wurde laut Kline und Rosenberg den komplexen Vorgängen und Prozessen, durch die innerhalb der black box bestimmte Inputs in gewünschte Outputs – in diesem Fall in neue Technologien – transformiert wurden, kaum Beachtung geschenkt.[193]

In den letzten Jahrzehnten gab es eine Reihe von Versuchen, den Innovationsprozess transparenter und dadurch in einem gewissen Maß vorhersehbar zu gestalten. Allerdings entstehen Innovationen nicht aus einem geordnet ablaufenden, linearen Prozess heraus, sondern es handelt sich hierbei vielmehr um einen komplexen, von Unsicherheit geprägten, ungeordnet ablaufenden, schwer messbaren Prozess, welcher den Veränderungen diverser Rahmenbedingungen ausgesetzt ist. Der Innovationsprozess an sich kann folglich vielmehr betrachtet werden als eine Aneinanderreihung von Veränderungen innerhalb eines Systems, welches nicht nur durch seine Kernelemente, sondern auch durch weitere, außerhalb des Systems herrschende Faktoren, wie beispielsweise Marktbedingungen, Produktionsmöglichkeiten sowie die sozialen und organisatorischen Rahmenbedingungen, beeinflusst wird.[194]

Seit den 1950er Jahren wurde ein Innovationsmodell allgemein anerkannt, das von einigen Ökonomen als *Lineares Modell* bezeichnet wurde. In diesem Modell werden folgende klar umrissene und abgrenzbare Abläufe unterstellt: Am Anfang steht die Forschung, welche dann zur Entwicklung führt. Aus der Entwicklung folgt die Produktion, an die sich der Absatz anschließt. Der Innovationsprozess stellt sich dabei dar, als ob die einzelnen Vorgänge reibungslos nacheinander in einer Art Einbahnstraße fließen würden.[195] Abbildung 4.1 skizziert dieses konventionelle Lineare Modell des Zusammenhangs zwischen Forschung und Produktion.

Aus diesem klar strukturierten Innovationsprozess ergeben sich am Ende vermarktbare Produkte und Prozesse. Dem Markt kommt bei dieser Art von Modell eine eher passive Rolle zu, mit anderen Worten er nimmt die aus der

---

[192] Welsch, J. (2005), S. 37.

[193] Vgl. Kline, S. J. / Rosenberg, N. (1986), S. 278.

[194] Vgl. Kline, S. J. / Rosenberg, N. (1986), S. 275 und 285.

[195] Vgl. Kline, S. J. / Rosenberg, N. (1986), S. 285.

FuE entstandenen Ergebnisse lediglich auf.[196] Dieser Typ von Modell wird daher auch als *technology push-* oder *science push-*Modell – also als technologie- oder wissenschaftsgetriebenes Innovationsmodell – bezeichnet. Somit werden Veränderungen auf der Angebotsseite als ursächlich für eine veränderte Zusammensetzung und neue Herstellungsmethoden des Outputs angesehen. Diese Betrachtungsweise herrschte bis Ende der 1960er Jahre vor. Zu dieser Zeit wurde eine Vielzahl empirischer Studien veröffentlicht, welche die Rolle des Marktes für den Innovationsprozess in den Vordergrund stellten.

Abbildung 4.1: Konventionelles Lineares Modell

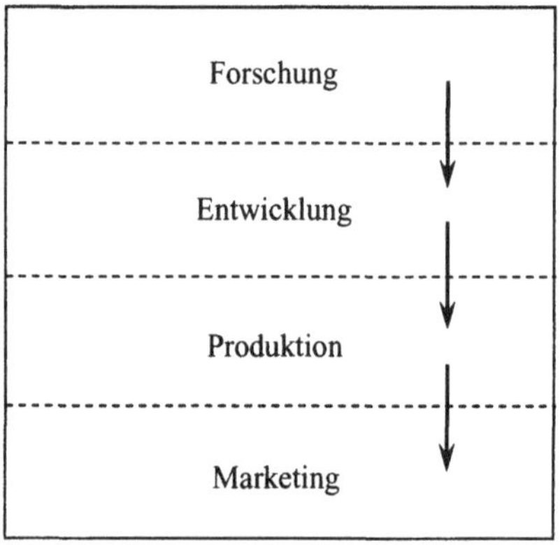

Quelle: Kline, S. J. / Rosenberg, N. (1986), S. 286.

Diese Modelle, bei denen die Markt- bzw. Konsumentennachfrage den maßgeblichen Anstoß für Innovationen darstellt, wurden als *demand pull-* oder *market pull-*Modelle – also als nachfrageinduzierte oder bedarfsgetriebene Innovationsmodelle – bezeichnet. Allerdings handelt es sich auch hierbei noch um lineare Modelle.[197]

Auch das *Kaskadenmodell*[198] stellt den Innovationsprozess stark vereinfachend dar. Seinem Aufbau nach kann es ebenfalls als lineares Modell bezeichnet werden, da keine Informationsrückflüsse bzw. Rückkoppelungen eingebaut sind. Abbildung 4.2 stellt diesen Modelltypus dar.

Das Kaskadenmodell teilt, wie das zuvor betrachtete Lineare Modell, den gesamten Innovationsprozess in verschiedene Abschnitte, Phasen oder Stufen ein. Diese sind einerseits streng voneinander abgegrenzt und andererseits auch einer

---

[196] Vgl. Rothwell, R. (1992), S. 221.

[197] Vgl. Freeman, C. (1979), S. 206 und Rothwell, R. (1992), S. 221.

[198] Der Begriff leitet sich aus dem Bild einer Kaskade ab. Als Kaskade wird die Form eines stufenförmigen Wasserfalls oder im Bereich der Chemie eine Anordnung nacheinandergeschalteter gleichartiger Gefäße bezeichnet. (Vgl. Welsch, J. (2005), S. 54.)

zeitlichen Struktur eindeutig zuzuordnen. Ist eine Phase beendet, beginnt darauf folgend die nächste Stufe bzw. Phase. Daneben sind die Stufen auch kausal miteinander verbunden, da die nachfolgende Stufe auf die vorangehende Stufe und die innerhalb dieser abgeschlossenen Abläufe aufbaut.[199]

Der gesamte Innovationsprozess wird in diesem Modell grob untergliedert in den *Inventions-* und den *Innovationsprozess*. Der Inventionsprozess umfasst die Bereiche Grundlagen- und angewandte Forschung sowie die Entwicklung. Die *Grundlagenforschung* dient hierbei der Produktion bzw. der Generierung neuen (technologischen) Wissens. Zu unterscheiden ist hierbei zwischen der *reinen Grundlagenforschung*, wobei es um die Gewinnung grundsätzlicher Erkenntnisse und nicht unbedingt um die Anwendbarkeit der Ergebnisse geht, und im Gegensatz hierzu der *anwendungsorientierten Grundlagenforschung*, die genau dieses zum Ziel hat, sprich in deren Rahmen neues Wissen in Bezug auf bestimmte Anwendungsgebiete generiert werden soll.

Abbildung 4.2: Kaskadenmodell des technischen Fortschritts

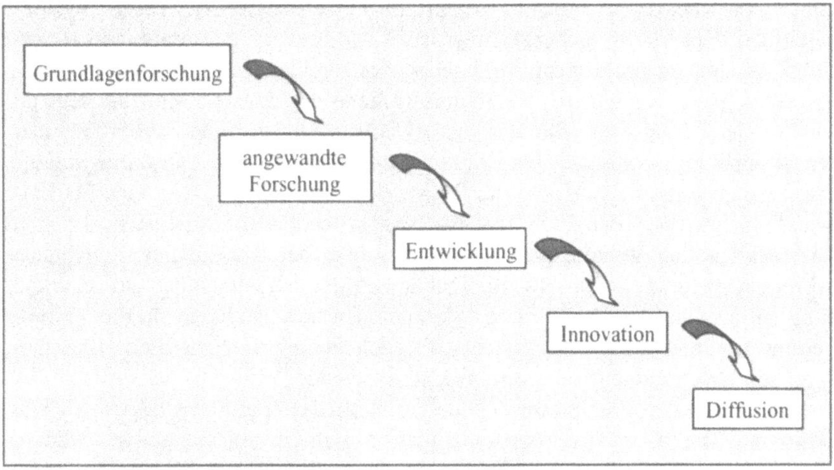

Quelle: Welsch, J. (2005), S. 55.

Durch die *angewandte Forschung* wird das gewonnene Grundlagenwissen für praktische Anwendungen nutzbar gemacht. Hieran schließt sich als nächste Stufe die *Entwicklung*, im Rahmen derer die Forschungsergebnisse in neue Produkte und Verfahren transformiert werden. Durch den Inventionsprozess werden Neuerungen hervorgebracht, die in der Form von neuem technologischem Wissen, neuen Konzepten oder neuen Ideen sowie in Form von Prototypen vorliegen

[199] Vgl. Welsch, J. (2005), S. 54.

können. Der *Innovationsprozess* beinhaltet die eigentliche Innovation und deren Diffusion. Unter *Innovation* werden hierbei die wirtschaftliche Nutzung der Ergebnisse der Inventionsphase und die Herstellung neuer Produktionsverfahren und neuer Produkte sowie deren Markteinführung verstanden.[200] Durch den Verkauf der neuen Produkte und Produktionsverfahren wird auch das in ihnen inkorporierte (technologische) Wissen für eine Reihe von Unternehmen, Institutionen, Personen etc. nutzbar, so dass mithilfe dessen die neuen Produkte und Verfahren imitiert und nachentwickelt werden können. Diese Verbreitung der Innovationen und des in ihnen enthaltenen (technologischen) Wissens wird als *Diffusion* bezeichnet.[201] Die Diffusion von Technologie ist dabei vor allem für Unternehmen des traditionellen verarbeitenden Gewerbes und des Dienstleistungsbereichs wichtig, welche in der Regel nicht selber FuE betreiben und somit auf Erkenntniszugewinne „von außen" angewiesen sind.[202]

Die linearen technology push- und demand pull-Modelle werden seit den 1970er Jahren verstärkt als zu stark vereinfachte, extreme und atypische Beispiele des Innovationsprozesses betrachtet, welcher in der Realität durch eine Reihe von Rückkoppelungen zwischen der Wissenschaft, dem Technologiebereich und dem Markt gekennzeichnet ist.[203] Mittlerweile existieren jedoch Modelle, die dem komplexen und oftmals konfus anmutenden Charakter von Innovationen Rechnung tragen. Die Hauptschwäche der linearen Modelle liegt im Nichtvorhandensein von Informationsrückflüssen, so genannten Feedbacks, oder Rückkoppelungsschleifen – im Englischen dem Fehlen von *„feedback paths"*. Es existieren beispielsweise keine Rückmeldungen darüber, wie weit der Entwicklungsprozess vorangeschritten ist. Ebenso werden Informationen, die zum Beispiel aus den Verkaufszahlen oder vonseiten der Konsumenten gewonnen werden können, in diesem Modell nicht an den Bereich Forschung und Entwicklung zurückgeleitet, obwohl diese Informationen unter anderem für die Verbesserung des Innovationsprozesses und folglich für die wirtschaftliche Entwicklung von Unternehmen von großer Wichtigkeit sind.[204]

Eine Alternative zu linearen Modellen stellt das *Chain-Linked-Modell* von Kline und Rosenberg dar. Hierbei handelt es sich um ein interaktives Modell, das die Komplexität des Innovationsprozesses berücksichtigt. Es besteht aus einer zentralen Innovationskette, in der Feedbacks, also Informationsrückflüsse, berücksichtigt werden. Hierdurch entstehen Innovationsanstöße nicht nur inner-

---

[200] Somit weicht die von Welsch gebrauchte Definition einer Innovation von der bereits vorgestellten Begriffserläuterung der OECD ab, welche die Markteinführung neuer Produkte oder Prozesse nicht zwingend als Merkmal einer Innovation ansieht.

[201] Vgl. Welsch, J. (2005), S. 54ff.

[202] Vgl. Chang, P.-L. / Shih, H.-Y. (2004), S. 530.

[203] Vgl. Rothwell, R. (1992), S. 222.

[204] Vgl. Kline, S. J. / Rosenberg, N. (1986), S. 286 und 288.

halb der Forschung, sondern beispielsweise auch durch Anregungen vonseiten des Marktes bzw. der Konsumenten. Abbildung 4.3 stellt das Chain-Linked-Modell, welches auch als *Rückkoppelungsmodell* bezeichnet werden kann,[205] dar.

Abbildung 4.3: Das Chain-Linked-Modell von Kline und Rosenberg

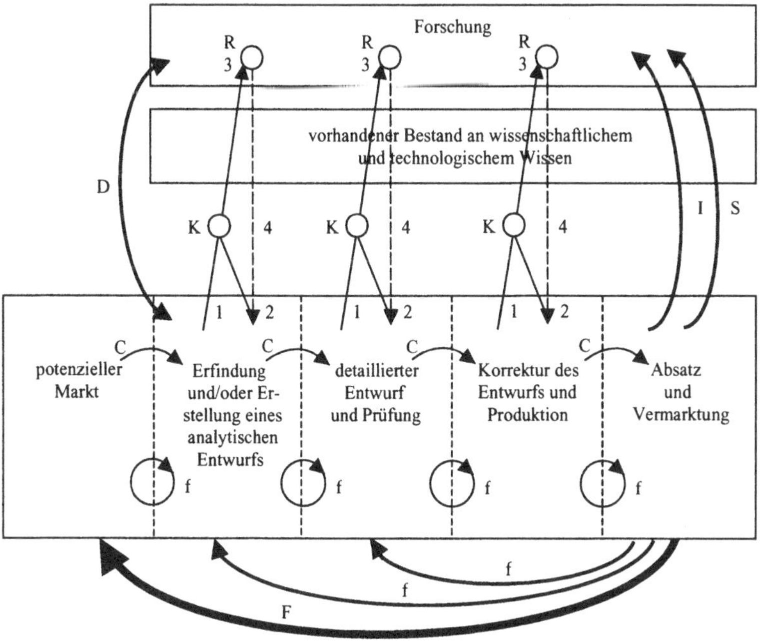

Quelle: Kline, S. J. / Rosenberg, N. (1986), S. 290 und OECD (1992), S. 25.

Erläuterungen zum Chain-Linked-Modell, welches Informationsflüsse und -rückflüsse sowie Kooperationen abbildet:
Symbole an den Pfeilen im unteren Segment der Abbildung:

- C: zentrale Innovationskette
- f: Feedback- oder Rückkoppelungsschleifen
- F: Feedback bzw. Informationsrückfluss von besonderer Bedeutung

Symbole an vertikalen Verbindungen:

- K-R: Verbindung durch Wissen zur Forschung und Rückflusswege;
  Ist das Problem im Knotenpunkt K bereits gelöst, wird die Verbindung 3 zum Punkt R nicht aktiviert. Der Informationsrückfluss ausgehend von der Forschung (Verbindung 4) ist problematisch und daher gestrichelt dargestellt.
- D: Direkte Verbindung zu und von der Forschung für Probleme im Bereich Erfindung und Entwurf

[205] Vgl. Welsch, J. (2005), S. 56.

- I: Unterstützung der wissenschaftlichen Forschung durch den Produktionsbereich in Form von Instrumenten, Maschinen, Werkzeugen und technologischen Verfahren
- S: Finanzielle Unterstützung der Forschung im wissenschaftlichen Bereich, der sich direkt auf Produkte bezieht, durch Unternehmen mit dem Ziel der direkten Informationsgewinnung und der besseren Beobachtbarkeit von Prozessen, die außerhalb der Forschung stattfinden. Die so gewonnenen Informationen können überall in der Kette angewendet werden.

Im Chain-Linked-Modell existiert nicht – wie in den zuvor vorgestellten linearen Innovationsmodellen – ein einziger Handlungspfad, sondern insgesamt fünf. Der erste Pfad wird als die zentrale Innovationskette bezeichnet und in Abbildung 4.3 mit C bezeichnet. Dieser Pfad beginnt mit einem Entwurf und geht weiter über die Entwicklung und Produktion bis hin zum Marketing. Der zweite Pfad besteht aus den Informationsrückflüssen bzw. den Feedbacks – auch Rückkoppelungsschleifen –, die in Abbildung 4.3 mit f und F bezeichnet sind. Diese Feedbacks innerhalb eines Bereichs und von außerhalb sind von großer Wichtigkeit für Verbesserungen produzierter Produkte oder verwendeter Verfahren. Der dritte Pfad wird durch die Symbole D und K bis R gekennzeichnet. Hierdurch wird verdeutlicht, dass die Verbindung zwischen Forschung und Innovationen nicht nur am Anfang von deren Generierung steht, sondern sich durch den gesamten Prozess zieht. Die Forschung begleitet den gesamten Entwicklungsprozess. Durch diese Verbindungen erhält das Modell seinen Namen Chain-Linked. Der vierte Pfad ist relativ selten anzutreffen: Es handelt sich hierbei um die mit D gekennzeichnete Verbindung, die anzeigt, dass fundamentale, bahnbrechende Innovationen durch neue wissenschaftliche Erkenntnisse ermöglicht werden. Diese sind zwar selten, können aber falls sie auftreten komplett neue Industriezweige schaffen. Der letzte Pfad, angezeigt durch den Buchstaben I, besteht aus den Rückflüssen vom Bereich der in Produkte umge-wandelten Innovationen hin zur Forschung und stellt somit eine wichtige Verbindung her.[206]

Abschließend lässt sich festhalten, dass jede eindimensionale Sichtweise, die den Innovationsprozess als einen einzigen, zentralen Pfad betrachtet, oder die davon ausgeht, dass die Forschung die zentrale Rolle innerhalb des Innovationsprozesses einnimmt, als zu einfach bezeichnet werden kann.[207] Das Chain-Linked-Modell stellt im Vergleich hierzu eine Verbesserung dar, auch wenn viele Faktoren, die den Innovationsprozess beeinflussen, nicht in dieses mit einfließen. Ein Beispiel für einen solchen Faktor stellen die gesetzlichen Rahmenbedingungen dar. Werden Innovationen vonseiten des Staates gefördert oder existieren Gesetze, durch die Innovationen gehemmt werden? Somit ergibt sich, dass ein breiterer Ansatz vonnöten ist, um eine noch größere Anzahl von Ein-

[206] Vgl. Kline, S. J. / Rosenberg, N. (1986), S. 289ff.

[207] Vgl. Kline, S. J. / Rosenberg, N. (1986), S. 293.

flussfaktoren einzubeziehen und deren Auswirkungen auf den Innovationsprozess zu untersuchen.

Seit Beginn der 1990er Jahre wird der Innovationsprozess in der Literatur teilweise in Form eines *Netzwerkmodells* dargestellt. In diesem Modell, das auf dem Chain-Linked-Modell von Kline und Rosenberg aufbaut, werden auch die Einflüsse unterschiedlicher Institutionen, wie zum Beispiel kooperierender Unternehmen, staatlicher Forschungseinrichtungen und anderer öffentlicher Institutionen, miteinbezogen. Dabei werden manche dieser Akteure kontinuierlich mit unterschiedlicher Intensität in die einzelnen Phasen des gesamten Innovationsprozesses einbezogen, wie beispielsweise die kooperierenden Unternehmen, während andere Akteure nur in bestimmten Phasen des Prozesses eingebunden sind.[208]

Mittlerweile werden im Rahmen von Untersuchungen immer häufiger die unterschiedlichen Akteure bzw. Institutionen und die vorherrschenden ökonomischen und politischen Rahmenbedingungen berücksichtigt. So verwendet beispielsweise die OECD den in Abbildung 4.4 dargestellten Rahmen zur Analyse des Wirtschaftswachstums und dessen Ursachen in den OECD-Ländern.

Dabei hat die OECD, wie aus Abbildung 4.4 zu entnehmen ist, ihre Untersuchung in drei Abschnitte aufgeteilt: Zunächst werden einige der unmittelbaren Quellen des Wirtschaftswachstums untersucht, welche sich auf die grundlegenden Faktoren Arbeit, Kapital und auf ihre Produktivität beziehen. Der zweite und zentrale Teil des Analyserahmens untersucht einige der wesentlichen Determinanten des ökonomischen Wachstums, wobei vor allem solche Determinanten im Vordergrund stehen, welche den Innovationsprozess und, allgemein gesprochen, den technischen Fortschritt beeinflussen. Der dritte Teil steht in enger Beziehung zum zentralen Teil und berücksichtigt den Einfluss politischer und institutioneller Faktoren auf die ausgewählten Determinanten des Wirtschaftswachstums.[209]

Zusätzlich wurde in die Abbildung 4.4 eine Rückkoppelungsschleife eingebaut (der Pfeil, der vom Wirtschaftswachstum aus zu den drei betrachteten Bereichen weist), die darauf hindeutet, dass nicht nur diese drei Bereiche das Wirtschaftswachstum beeinflussen, sondern dass auch das Wirtschaftswachstum an sich wiederum einen Einfluss auf die unmittelbaren Quellen, die Determinanten und die existierenden Rahmenbedingungen ausübt. Anders als bei einer rein statischen Betrachtung wird dabei deutlich, dass durch das Wirtschaftswachstum im Zeitablauf auch die ihm zugrundeliegenden Faktoren beeinflusst und verändert werden.

---

208 Vgl. Rothwell, R. (1992), S. 236 und Meißner, D. (2001), S. 86.

209 Vgl. OECD (2000a), S. 18.

Abbildung 4.4: Rahmen zur Analyse des Wirtschaftswachstums und seiner Ursachen

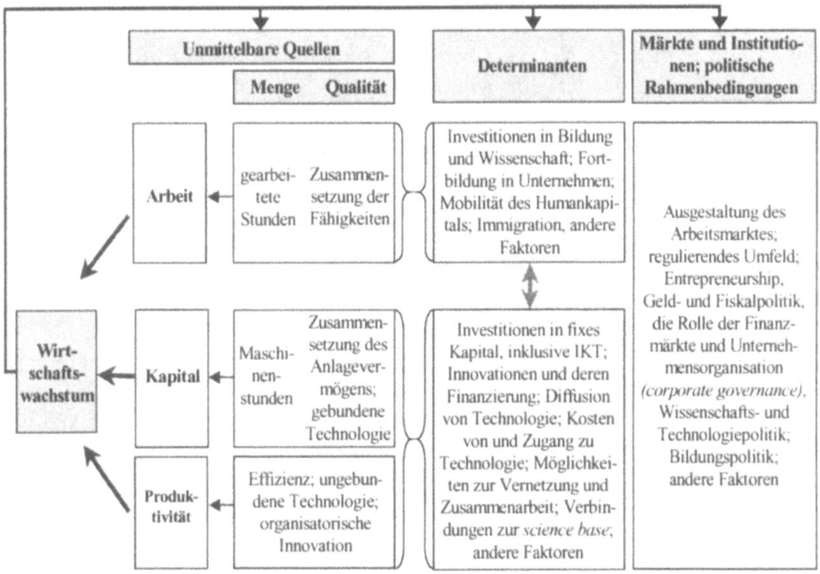

Quelle: eigene Darstellung in Anlehnung an OECD (2000a), S. 18.

Ein Ansatz, der den Innovationsprozess und die ihn beeinflussenden Akteure und Rahmenbedingungen sowie deren Interaktionen darstellt, analysiert und bewertet, ist das Konzept *nationaler Innovationssysteme*, welches im Folgenden vorgestellt wird.

5 Nationale Innovationssysteme

Bei dem Konzept eines nationalen Innovationssystems – im Folgenden kurz als *NIS* bezeichnet[210] – handelt es sich um ein systemisches Modell des Innovationsprozesses eines Landes. Dabei umfasst das Innovationssystem all jene in einem Land existierenden Institutionen und Organisationen sowie deren Interaktionen, die darauf ausgerichtet sind, neues Wissen zu generieren, zu transferieren und anzuwenden, und die dadurch dazu beitragen, dass Innovationen und folglich neue oder verbesserte Produkte oder Prozesse hervorgebracht werden. Im Folgenden wird dieser Ansatz eingehender vorgestellt.

5.1 Die Theorie nationaler Innovationssysteme

Die existierenden Innovationsmodelle haben sich, wie in Kapitel 4 erläutert, in den letzten Jahrzehnten vom Linearen Modell hin zum Chain-Linked- und Netzwerkmodell entwickelt. Eine Weiterentwicklung stellt das Konzept der NIS dar. Abbildung 5.1 gibt einen kurzen Überblick über diese Entwicklungen.

Abbildung 5.1: Entwicklung des Konzepts nationaler Innovationssysteme

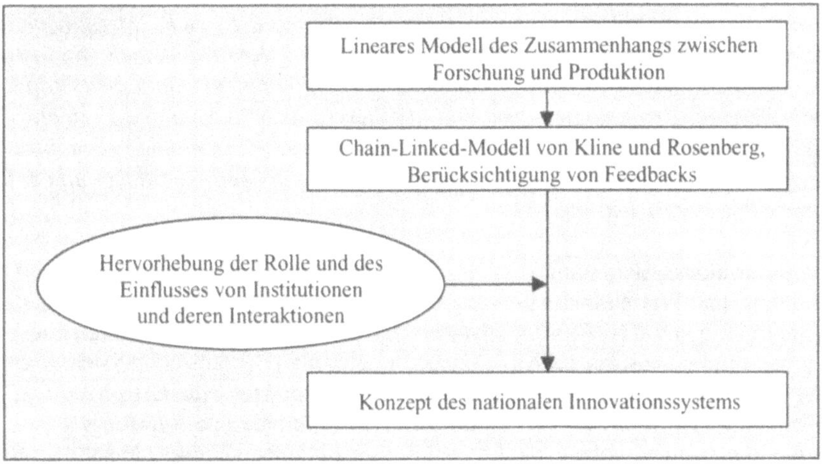

Quelle: eigene Darstellung.

[210] Im Rahmen dieser Arbeit wird die Abkürzung *NIS* sowohl für den Singular (ein nationales Innovationssystem) als auch für den Plural (nationale Innovationssysteme) verwendet.

5.1.1 Überblick über das Konzept nationaler Innovationssysteme

Wissenschaftler und Politiker gelangten in den letzten Jahrzehnten zu der Überzeugung, dass eine stärkere Fokussierung auf Technologie und Innovationen – zum Beispiel in Form gesteigerter FuE-Aufwendungen – alleine nicht ausreichend ist, um langfristiges Wirtschaftswachstum zu generieren. Wie in Kapitel 4 deutlich wurde, ist für das Entstehen einer Innovation nicht nur der Bereich der Forschung und Entwicklung von Bedeutung. Auch wenn diesem eine wichtige Rolle zukommt, beeinflussen noch weitere Faktoren den Innovationsprozess eines Landes. Eine große Bedeutung kommt dabei beispielsweise den existierenden politischen Rahmenbedingungen sowie den Institutionen und ihren Interaktionen zu. Diese Faktoren beeinflussen den Innovationsprozess und somit den technischen Fortschritt direkt und indirekt. Folglich liegt dem ganzen ein systemischer Charakter zu Grunde, das heißt, es handelt sich um ein *System* – oder genauer um ein *Innovationssystem.*

Das Systemkonzept des Innovationsprozesses wurde Mitte der 1980er Jahre erstellt. Lundvall verwendete den Begriff eines *Innovationssystems* erstmals 1985, um die Bedeutung von Interaktionen zwischen Unternehmen und Institutionen für die Generierung von Wissen hervorzuheben.[211] Eine Definition eines Innovationssystems aus dem deutschsprachigen Raum stammt von Kuhlmann:

„Das ***„Innovationssystem“*** *einer Gesellschaft umfasst nach international akzeptiertem Verständnis die „Kulturlandschaft“ all jener Institutionen, die wissenschaftlich forschen, Wissen akkumulieren und vermitteln, die Arbeitskräfte ausbilden, die Technologie entwickeln, die innovative Produkte und Verfahren hervorbringen sowie verbreiten; hierzu gehören auch einschlägige regulative Regimes (Standards, Normen, Recht) sowie die staatlichen Investitionen in entsprechende Infrastrukturen.“*[212]

Ein Innovationssystem umfasst diverse Subsysteme, zu denen beispielsweise das Bildungs- und Wissenschaftssystem, sprich Schulen, Universitäten, Forschungsinstitute etc., und das Wirtschaftssystem, das sich aus den industriellen Unternehmen zusammensetzt, zählen. Daneben existieren das politische System, das laut Kuhlmann *„(...) die in diesem Felde tätigen politisch-administrativen und intermediären Instanzen (...)“*[213] umfasst, sowie formelle und informelle Netzwerke, die sich zwischen den Akteuren der Institutionen gebildet haben.[214] Das „Herzstück“ bildet jedoch das FuE-System, innerhalb dessen ein Großteil der

---

[211] Vgl. Lundvall, B.-Å. (1985), S. 55.

[212] Kuhlmann, S. (1999), S. 12f. (Hervorhebung im Original).

[213] Kuhlmann, S. (1999), S. 13.

[214] Vgl. Kuhlmann, S. (1999), S. 13.

neuen und verbesserten Produkte und Prozesse generiert wird. Genauere Ausführungen zum FuE-System folgen unter Abschnitt 5.1.2.3.

Für die Abgrenzung und Betrachtung von Innovationssystemen existieren unterschiedliche Ansätze. Hauptsächlich werden hierfür die drei folgenden Konzepte angewendet:

- regionale Innovationssysteme,
- technologische oder sektorale Innovationssysteme und
- nationale Innovationssysteme.

Diese drei Betrachtungsmöglichkeiten können zusammengefasst werden als *„(...) variants of a single generic „systems of innovation" approach."*[215] Bei der Analyse *regionaler Innovationssysteme* – teilweise auch als *lokale Innovationssysteme* bezeichnet – steht die Betrachtung einzelner Regionen innerhalb eines oder mehrerer Länder im Vordergrund. Ein Beispiel für den regionalen Ansatz stellt die Studie von Saxenian dar, in welcher die Regionen Silicon Valley und Route 128 in Massachusetts betrachtet werden.[216] Der Ansatz der *technologischen Innovationssysteme* konzentriert sich auf unterschiedliche technologische Bereiche oder Sektoren und orientiert sich nicht vornehmlich an nationalen Grenzen oder Gesichtspunkten. Carlsson und Stankiewicz definieren ein technologisches System folgendermaßen:

*„A **technological system** may be defined as a network of agents interacting in a specific **economic/industrial area** under a particular **institutional infrastructure** or set of infrastructures and involved in the generation, diffusion, and utilization of technology."*[217]

Werden die Grenzen eines solchen technologischen Innovationssystems anhand der nationalen institutionellen Infrastruktur festgelegt, dann ähneln sie dem Ansatz der *nationalen* Innovationssysteme.[218] Im Rahmen der vorliegenden Arbeit wird der dritte Ansatz verwendet, weshalb in Kapitel 6 eine Analyse der Institutionen und ihrer Interaktionen innerhalb der nationalen Grenzen Irlands und Finnlands erfolgt.

Anzumerken ist außerdem, dass die Bedeutung von *Wissen* immer größer wird. Dabei hängt das reibungslose Funktionieren eines (nationalen) Innovationssystems davon ab, wie flüssig und leicht die Wissensströme zwischen den Unternehmen, Universitäten und Forschungseinrichtungen sowie anderen innerhalb des Systems existierenden Institutionen fließen können. In Bezug auf Inno-

---

[215] Edquist, C. (2005), S. 184.

[216] Vgl. Saxenian, A. (1994).

[217] Carlsson, B. / Stankiewicz, R. (1995), S. 49 (Hervorhebung im Original).

[218] Vgl. Carlsson, B. / Stankiewicz, R. (1995), S. 49.

vationen sind zwei Arten von Wissen wichtig: zum einen das *„tacit knowledge"*, sprich *implizites Wissen*, wobei es sich um personengebundenes Know-how handelt, das über informelle Kanäle ausgetauscht wird.[219] Einen wichtigen Kanal zum Transfer dieser Art von Wissen stellt dabei die Mobilität des Personals dar, welches ein Träger von implizitem Wissen ist.[220] Zum anderen spielt das *„codified knowledge"*, also das *explizite, kodifizierbare Wissen*, bei dem die Informationen in Veröffentlichungen, Patenten und anderen Quellen enthalten sind, eine wichtige Rolle. Zu den Mechanismen, über die Wissen im Allgemeinen fließen kann, zählen neben der Mobilität von Arbeitskräften beispielsweise gemeinsame Forschungsaktivitäten von Unternehmen im industriellen Bereich und so genannte *„public/private sector partnerships"* – also partnerschaftliche Aktivitäten zwischen dem staatlichen und dem privaten Sektor.[221]

Seit Mitte des zwanzigsten Jahrhunderts basiert der Produktionsprozess zunehmend auf wissensbasierten Aktivitäten. Der Anteil des Faktors Arbeit, der sich mit der Produktion realer Güter befasst, ist mittlerweile kleiner als der Anteil, der mit der Produktion bzw. Generierung, der Distribution und der Verarbeitung von Wissen beschäftigt ist. Die Ausweitung des wissensintensiven Sektors im Vergleich zu anderen Produktionsbereichen ist eines der Hauptmerkmale der heutigen wirtschaftlichen Entwicklung von Volkswirtschaften, weshalb der Begriff einer *„wissensbasierten Volkswirtschaft"* entstand. Lundvall und Borrás merken jedoch an, dass der Begriff einer *„lernenden Volkswirtschaft"* weitaus passender sei, da spezielles (Fach-)Wissen durch den immer schneller werdenden technologischen und wirtschaftlichen Wandel zu einer kurzlebigen Ressource wird und folglich vielmehr die Lern- und Anpassungsfähigkeit an veränderte Rahmenbedingungen die Entwicklung von Individuen, Unternehmen, Regionen und Ländern bestimmt.[222] Mittlerweile hat sich in der Literatur der feststehende Ausdruck einer *„Learning Economy"* oder *„Learning Society"*[223] herausgebildet. Durch diese Entwicklungen ändern sich die Ansprüche an die Akteure einer Volkswirtschaft und insbesondere eines NIS, so dass die Lernfähigkeit im Vordergrund steht. Die Lernfähigkeit ist vor allem aus zwei Gründen wichtig: einerseits, um sich an schnell verändernde Markt- und technologische Bedingungen anpassen zu können, und andererseits, um selbst Innovationen hervorbringen zu können.[224] Lundvall und Borrás gelangen zu folgender Schlussfolgerung:

---

[219] Vgl. OECD (1997a), S. 3.

[220] Vgl. Chang, P.-L. / Shih, H.-Y. (2004), S. 530.

[221] Vgl. OECD (1997a), S. 3.

[222] Vgl. Lundvall, B.-Å. / Borrás, S. (1997), S. 31.

[223] Vgl. hierzu zum Beispiel Lundvall, B.-Å. / Johnson, B. (1994) oder Schienstock, G. / Kuusi, O. (eds.) (1999) (und dort insbesondere Lundvall, B.-Å. (1999)) sowie Conceição, P. / Heitor, M. V. / Lundvall, B.-Å. (2003).

[224] Vgl. Lundvall, B.-Å. / Borrás, S. (1997), S. 13.

„Neither firms nor regions can establish sustainable growth without innovation and learning.“[225]

5.1.1.1 Die Bedeutung des Konzepts nationaler Innovationssysteme

Nelson und Rosenberg nennen eine Vielzahl von Gründen, die dazu führten, dass das Interesse am NIS-Konzept in den beiden letzten Jahrzehnten stieg. Hierzu zählen unter anderem die Anfang der 1970er Jahre einsetzende Verlangsamung des Wirtschaftswachstums in nahezu allen entwickelten Industrienationen, der Aufstieg Japans zu einer der größten Wirtschaftsmächte vor allem im Technologiebereich und die gleichzeitige zunehmende Schwächung der wirtschaftlichen Stellung der USA. In Europa führte das stärker werdende Bewusstsein, hinter diesen beiden Mächten zurückzuliegen, zu vermehrten Forderungen, die technischen bzw. innovativen Fähigkeiten nationaler Unternehmen zu stärken. Gab es zuvor kaum Konkurrenz in einigen Technologiebereichen, so änderte sich dieser Zustand, als vermehrt Unternehmen mit hohem technischem Entwicklungsstand aus Ländern wie beispielsweise Südkorea, Taiwan oder anderen damaligen Schwellenländern auf den Markt drängten. Diese Entwicklungen verhalfen einerseits vielen Schwellenländern zu wirtschaftlichem Erfolg und regten andererseits diejenigen Länder, deren Produktionssektor heutzutage eher als schwach zu bezeichnen ist, zu Überlegungen an, wie sich dieser Erfolg nachahmen lässt.[226]

Es wird somit deutlich, dass der technologische Entwicklungsstand und die innovativen Fähigkeiten nationaler Unternehmen immer mehr in den Vordergrund rückten. Nelson und Rosenberg drücken es folgendermaßen aus:

„There clearly is a new spirit of what might be called „technonationalism" in the air, combining a strong belief that the technological capabilities of a nation's firms are a key source of their competitive prowess, with a belief that these capabilities are in a sense national, and can be built by national action."[227]

Das Vorherrschen dieser neuen Einstellung – für die Nelson und Rosenberg den Begriff des *„Technonationalism"* prägten – führte zu einem starken Interesse an den in verschiedenen Ländern existierenden NIS. Ökonomen begannen, die Gemeinsamkeiten und Unterschiede nationaler Innovationssysteme zu untersuchen und über diese die unterschiedliche wirtschaftliche Entwicklung der Län-

225 Lundvall, B.-Å. / Borrás, S. (1997), S. 14.

226 Vgl. Nelson, R. R. / Rosenberg, N. (1993), S. 3.

227 Nelson, R. R. / Rosenberg, N. (1993), S. 3.

der zu erklären.[228] Patel und Pavitt zufolge stellt das NIS-Konzept einen Ansatz dar, mithilfe dessen es möglich sein könnte,

(1) die Eigenschaften und Determinanten der Investitionen von Ländern und Unternehmen in Lernaktivitäten bzw. -prozesse, die den technischen Fortschritt fördern, zu definieren und zu beschreiben und
(2) die Unterschiede zwischen Ländern bezüglich der Höhe und Muster dieser Investitionen zu messen und zu erklären.[229]

Diese Vorzüge werden besonders vor dem Hintergrund bisher existierender Modelle deutlich, welche zwar teilweise den technischen Fortschritt als endogenen Faktor betrachten, die Einflüsse vorhandener Institutionen und der bestehenden sozialen sowie politischen Rahmenbedingungen jedoch außer Acht lassen.

Das NIS-Konzept stützt sich auf die Annahme, dass den Beziehungen zwischen den Akteuren, die in den Innovationsprozess eingebunden sind, eine Schlüsselfunktion zukommt. Daher liegt eine Grundvoraussetzung zur Verbesserung der technologischen Leistung bzw. Entwicklung eines Landes darin, diese Beziehungen zu erkennen und zu untersuchen. Innovationen und technischer Fortschritt sind das Ergebnis komplexer Interaktionen und Beziehungen zwischen den einzelnen Akteuren eines NIS, welche diverse Formen von Wissen generieren, verbreiten und anwenden. Zu den Hauptakteuren eines NIS zählen private Unternehmen, Universitäten und öffentliche Forschungsinstitute sowie die in ihnen beschäftigten Personen. Die Beziehungen zwischen den Akteuren können in Form von gemeinsamen Forschungsprojekten, dem Austausch von Personal etc. bestehen.[230] Um Wirtschaftswachstum, soziale Stabilität und gesicherte Arbeitsplätze zu schaffen, genügt es jedoch nicht, wenn die einzelnen Akteure für sich eine hohe Leistungsfähigkeit erreichen, sondern erst durch ihre enge, reibungsarme Zusammenarbeit wird ein effizienter Innovationsprozess ermöglicht. Diese Zusammenarbeit findet wiederum innerhalb der gesetzlichen und ökonomischen Rahmenbedingungen statt, die darauf ausgerichtet sein sollten, den Innovationsprozess zu fördern und zu unterstützen.[231] Niosi hat die Bedeutung des NIS-Konzepts in einem Satz zusammengefasst:

„The concept of national system of innovation is the key to explaining the behavior and the performance of the set of institutions on which long-term economic growth and sustainable development are based."[232]

[228] Vgl. Nelson, R. R. / Rosenberg, N. (1993), S. 3 und Nelson, R. R. (1992), S. 348.

[229] Vgl. Patel, P. / Pavitt, K. (1994a), S. 11.

[230] Vgl. OECD (1997a), S. 9 unter Abschnitt „Introduction".

[231] Vgl. Meißner, D. / Sabisch, H. (2001), S. 19.

[232] Niosi, J. (2002), S. 300.

5.1.1.2 Definitionen des Begriffs des nationalen Innovationssystems

Der Ansatz eines *nationalen Innovationssystems* wurde erstmals explizit 1987 von Freeman in seinen Ausführungen über die Technologiepolitik und die wirtschaftliche Entwicklung Japans angewendet. Seither wurde dieser Ansatz eingehend in der Literatur[233] betrachtet und häufig als Ausgangspunkt für Analysen verwendet. Laut Freeman und Lundvall geht die Idee des nationalen Innovationssystems auf List zurück. Nach Meinung Freemans hätte Lists Werk *„Das nationale System der politischen Ökonomie"*[234] von 1841 genauso gut den Titel *„Das nationale Innovationssystem"* tragen können. In der modernen Ökonomie lässt sich noch Lists Argument eines Schutzzolls für so genannte *„infant-industries"* finden. In seinen Ausführungen ging List jedoch auch auf die Rolle des Staates ein, die darin bestehen sollte, Aus- und Weiterbildung zu fördern und eine Infrastruktur aufzubauen, welche die industrielle Entwicklung unterstützen und vorantreiben soll.[235]

Für den Begriff des NIS existiert keine einheitliche Definition. Diverse Wissenschaftler, die sich mit diesem Ansatz beschäftigen, haben sich an einer Begriffsdefinition versucht. Gemeinsam ist den unterschiedlichen Definitionen die Hervorhebung der Bedeutung der zwischen den Akteuren stattfindenden Interaktionen, also des systemischen Charakters. Die Sichtweisen und Betonungen der jeweiligen Autoren weichen jedoch teilweise voneinander ab. In Freemans Definiton werden NIS beispielsweise vordergründig als *Netzwerke* betrachtet:

„The network of institutions in the public and private sectors whose activities and interactions initiate, import, modify and diffuse new technologies may be described as ‚the national system of innovation'."[236]

In dieser Definiton stehen die Institutionen, die ein Netzwerk bilden, und ihre Beziehungen zueinander im Vordergrund. Zweck dieses Netzwerks ist die Generierung und Diffusion von neuem Wissen und neuen Technologien. Stärker noch als in Freemans Definition liegt bei der folgenden Definition von Lundvall der Fokus auf den *Beziehungen* zwischen den Elementen bzw. zwischen den Akteuren des NIS:

[233] Vgl. hierzu zum Beispiel Freeman, C. (1987), Lundvall, B.-Å. (1992a), Nelson, R. R. (1993), Niosi, J. et al. (1993), Niosi, J. / Bellon, B. (1994), Patel, P. / Pavitt, K. (1994a), Archibugi, D. / Michie, J. (1995), Freeman, C. (1995), Archibugi, D. / Michie, J. (1997), Edquist, C. (1997a).

[234] Vgl. List, F. (1841).

[235] Vgl. Freeman, C. (1995), S. 5 und Lundvall, B.-Å. (1992b), S. 16.

[236] Freeman, C. (1987), S. 1.

„(...) a system of innovation is constituted by elements and relationships which interact in the production, diffusion and use of new, and economically useful, knowledge and (...) encompasses elements and relationships, either located within or rooted inside the borders of a nation state.“[237]

Hierbei wird deutlich, dass den Beziehungen eine mindestens genauso große Bedeutung zukommt wie den Elementen selbst. Besonders betont wird in dieser Definition jedoch auch der nationale Aspekt, das heißt die Tatsache, dass das System durch (politisch) festgelegte Grenzen definiert wird. Darüber hinaus stehen Innovationen und interaktives Lernen im Vordergrund. Eine ähnliche Definition, in welcher jedoch die Elemente bzw. Akteure eines NIS genau bezeichnet werden und die dadurch detaillierter ist, lässt sich bei Niosi et al. finden:

„A national system of innovation is the system of interacting private and public firms (either large or small), universities, and government agencies aiming at the production of science and technology within national borders. Interaction among these units may be technical, commercial, legal, social, and financial, inasmuch as the goal of the interaction is the development, protection, financing, or regulation of new science and technology.“[238]

Auch in anderen Definitionen stehen die in einem NIS existierenden Institutionen im Mittelpunkt. Bei Nelson und Rosenberg lässt sich keine explizite Definition des NIS-Begriffes finden, sondern vielmehr eine Abgrenzung der drei Begriffe *Innovation*, *System* und *national*. Dabei wird unter dem Punkt *System* folgende Formulierung erwähnt, die in der weiterführenden Literatur[239] stets als Definition eines NIS aufgeführt wird:

„(...) the concept is of a set of institutions whose interactions determine the innovative performance, (...), of national firms.“[240]

Edquist und Lundvall fügen dem institutionellen Aspekt eine ökonomische Dimension hinzu und definieren den Begriff NIS folgendermaßen:

---

[237] Lundvall, B.-Å. (1992b), S. 2.

[238] Niosi, J. et al. (1993), S. 212.

[239] Vgl. zum Beispiel OECD (1997a), S. 10 unter Abschnitt „Introduction“; Niosi, J. (2002), S. 292.

[240] Nelson, R. R. / Rosenberg, N. (1993), S. 4.

„The national system of innovation is constituted by the institutions and economic structures affecting the rate and direction of technological change in the society."[241]

In der folgenden Definition von Patel und Pavitt wird die Fokussierung auf die nationalen Institutionen besonders deutlich:

„(...) the national institutions, their incentive structures and their competencies, that determine the rate and direction of technological learning (or the volume and composition of change-generating activities) in a country."[242]

Bei dieser Definition fällt außerdem auf, dass die Begriffe „*learning*" und „*incentive*" verwendet werden. Zwar geht auch Lundvall in seiner Definition von 1992 auf die Generierung, den Gebrauch und die Diffusion von Wissen ein, benutzt allerdings noch nicht den Begriff des Lernens. Wie in den vorangegangenen Ausführungen deutlich wurde, hat der Aspekt des Lernens in den letzten Jahren stark an Bedeutung gewonnen. Auch wird in dieser Definition von Patel und Pavitt deutlich, dass dem Vorhandensein von zielgerichtet gewählten *Anreizen* eine große Rolle bei der wirtschaftlichen Entwicklung eines Landes zukommt. Diese können das technologische und somit das wirtschaftliche Vorankommen eines Landes entweder – wenn sie passend ausgewählt und aufeinander abgestimmt sind – unterstützen oder dieses behindern und verlangsamen. Abschließend wird eine Definition von Metcalfe vorgestellt, die zu den wohl umfassendsten zählt und in deren Mittelpunkt ebenfalls die *Institutionen* stehen:

„A national system of innovation is that set of distinct institutions which jointly and individually contribute to the development and diffusion of new technologies and which provides the framework within which governments form and implement policies to influence the innovation process. As such it is a system of interconnected institutions to create, store and transfer the knowledge, skills and artefacts which define new technologies."[243]

In Metcalfes Definition wird ansatzweise eine der Rollen deutlich, die in einem NIS dem Staat zukommt. In der Regel stellt der Staat in den meisten OECD-Ländern durchschnittlich nahezu die Hälfte der Ressourcen des Systems bereit. Darüber hinaus übernimmt der Staat eine Vielzahl von Aufgaben, wie zum Beispiel die Bereitstellung diverser öffentlicher Güter, unter anderem in den Bereichen Verteidigung, Gesundheitswesen und Umwelt, er setzt Innovationsanreize,

---

[241] Edquist, C. / Lundvall, B.-Å. (1993), S. 267.

[242] Patel, P. / Pavitt, K. (1994a), S. 12.

[243] Metcalfe, S. (1995), S. 462f.

beispielsweise in der Form von Subventionen oder Steuervergünstigungen für FuE-betreibende Unternehmen, stellt diverse finanzielle Mittel zur Verfügung und schafft durch Gesetze, zum Beispiel zum Schutz des geistigen Eigentums, den Rahmen, in dem sich die unterschiedlichen Akteure bewegen.[244] Metcalfes Definition hebt hervor, dass die Regierungen durch die von ihnen gewählten politischen Maßnahmen und Gesetze den Rahmen bilden, der maßgeblich den Innovationsprozess beeinflusst. Landau und Rosenberg drücken es folgendermaßen aus:

„The political sphere establishes the larger societal framework (including the legal structure) within which technological change and economic growth take place."[245]

In der zuletzt genannten Definition von Metcalfe wird bereits deutlich, wie und zu welchem Zweck der Ansatz des NIS in der Praxis genutzt wird: Oftmals gibt die Regierung eines Landes eine Studie in Auftrag, die den Stand und die Entwicklung des NIS des entsprechenden Landes untersuchen soll. Ziel ist es, Hinweise darauf zu erhalten, welcher politische Kurs in den technologieorientierten Bereichen – also insbesondere in der Innovationspolitik – eingeschlagen werden sollte, um Innovationen und die technologische Entwicklung des Landes voranzutreiben und dadurch dauerhaftes Wirtschaftswachstum und eine Steigerung des Wohlstands der Gesellschaft zu erzielen.

Aufgrund der Vielzahl von existierenden Definitionen wird in der vorliegenden Arbeit folgende Definition eines NIS verwendet:

Ein nationales Innovationssystem besteht aus einem Gefüge unterschiedlicher Elemente, die sich in Form von Institutionen und Organisationen aus dem Unternehmens-, dem universitären und dem staatlichen Bereich zusammensetzen, und den Beziehungen zwischen diesen Elementen. Dieses Gefüge von Elementen, deren (Zusammen-)Wirken auf die Generierung und Diffusion neuen Wissens und neuer Technologien ausgerichtet ist, stellt dabei den Rahmen dar, innerhalb dessen der Staat über Gesetze Anreize zur Förderung des Innovationsprozesses schaffen kann.

5.1.1.3 Die Bedeutung der einzelnen Komponenten

Der Begriff eines nationalen Innovationssystems setzt sich aus mehreren Komponenten zusammen. Für das bessere Verständnis ist es wichtig, diese genauer

[244] Vgl. Niosi, J. (2000), S. 131.

[245] Landau, R. / Rosenberg, N. (1986b), S.vi.

zu betrachten, da jede Komponente für sich auf unterschiedliche Weise interpretiert werden kann. Daneben stellt sich die Frage, ob der Begriff des nationalen Innovationssystems in Zeiten zunehmender Globalisierung und Transnationalität überhaupt noch von Bedeutung sein kann.

Der Begriff *Innovation* wird im Konzept des NIS eher breit ausgelegt. Für Nelson und andere Ökonomen umfasst er die Gesamtheit aller Prozesse, durch die Unternehmen in die Lage versetzt werden, für sie bislang neue Produktdesigns und Herstellungsmethoden anzuwenden. Hierbei wird außer Acht gelassen, ob diese weltweit oder national neu sind, wofür es zwei Gründe gibt: Erstens sind die Aktivitäten und Investitionen, die notwendig sind, damit ein Unternehmen führend im Technologiebereich ist – sprich das erste Unternehmen ist, welches ein neues Produkt oder einen neuen Prozess einführt – weniger scharf von einander abgrenzbar als bisher vermutet. Zweitens geht es im Ansatz des NIS nicht vorrangig darum, die innovativen Fähigkeiten von Unternehmen zu untersuchen, die sich an der technologischen Spitze befinden, sondern vielmehr um eine Betrachtung relativ breit gefächerter Faktoren, welche die technologischen Fähigkeiten auf nationaler Ebene – und somit die wirtschaftliche Entwicklung eines Landes – beeinflussen.[246]

In der heutigen Zeit, die durch zunehmende Globalisierung geprägt ist, stellt sich die Frage, ob eine *nationale* Abgrenzung eines Innovationssystems noch sinnvoll ist. Bei der Betrachtung von Innovationssystemen werden Institutionen bzw. Akteure und deren Interaktionen betrachtet, wobei sich teilweise eine regionale oder sektorale Abgrenzung als vorteilhaft erweist. Beispielsweise sind die relevanten Institutionen in der Pharmazie andere als im Flugzeugbau, und es kommt kaum zu Überschneidungen. In diesem Fall ist es fraglich, ob der *nationale* Ansatz ein passendes Konzept darstellt. Des Weiteren agieren die in einem Technologiebereich existierenden Akteure häufig international, was sowohl für den Bereich Pharmazie als auch Flugzeugbau zutrifft.[247] Laut Kuhlmann haben sich im Laufe des zwanzigsten Jahrhunderts die Innovationssysteme der Industrieländer *„(...) ko-evolutionär mit ihren nationalen politischen Systemen (...)“*[248] entwickelt. Aufgrund dieser engen Verflechtung des Innovationssystems eines Landes mit dem dort vorherrschenden politischen System kann auch heutzutage von einem *nationalen* Innovationssystem gesprochen werden.

Durch die zunehmende Globalisierung entsteht ein starker Anpassungsdruck für die nationalen Innovationssysteme, auf welchen die einzelnen Innovationskulturen sehr unterschiedlich reagieren. Zu einer Angleichung der einzelnen NIS aneinander – und somit letztlich zu ihrer Aufhebung – ist es jedoch noch nicht

[246] Vgl. Nelson, R. R. (1992), S. 349.

[247] Vgl. Nelson, R. R. (1992), S. 350.

[248] Kuhlmann, S. (1999), S. 14.

gekommen.[249] Zudem haben empirische Studien ergeben, dass die nationale Analyseebene für das bessere Verständnis des Innovationsprozesses nach wie vor relevant bleibt. Dabei stehen nicht nur kleine und mittelständische Unternehmen im Vordergrund, sondern auch große und sehr große, zumeist multinationale Unternehmen. Diese Großunternehmen generieren in einigen Ländern einen Großteil der gesamten FuE-Aktivitäten, wobei der Hauptteil dieser FuE-Aktivitäten noch immer in den Heimatländern durchgeführt wird.[250] Auch aus diesem Grund erscheint eine nationale Betrachtung nach wie vor sinnvoll.

Der Begriff *System* mag an etwas erinnern, das bewusst aufgebaut und gestaltet wurde. Dies ist aber beim Konzept des NIS nicht der Fall, da es sich bei diesem vielmehr um eine Ansammlung von Institutionen handelt, deren Interaktionen die innovative Performanz nationaler Unternehmen bestimmen. Es existiert bei diesem Ansatz keine Annahme, dass das System in irgendeiner Art und Weise bewusst entworfen und gestaltet wurde oder dass die vorhandenen Institutionen reibungslos und aufeinander abgestimmt interagieren. Durch die oben angeführte breite Auslegung des Begriffs Innovation ist es nicht ausreichend, die FuE-betreibenden Akteure zu betrachten, sondern es müssen weitaus mehr Aspekte bzw. Faktoren in die Untersuchungen mit einfließen. Daraus ergibt sich das Problem, das aus einer breiteren Auslegung von Innovation resultiert: Es ist nicht klar abgrenzbar, was genau in einem Innovationssystem enthalten ist und was nicht.[251]

Mittlerweile stellt das NIS-Konzept einen weitverbreiteten Analyserahmen für den Innovationsprozess eines Landes dar, mithilfe dessen es auch möglich wird, die unterschiedliche technologische und wirtschaftliche Entwicklung einzelner Länder genauer zu untersuchen und zu erklären. Dabei kann ein besseres Verständnis der verschiedenen Systeme zum Beispiel Politikern bei der Entwicklung von Ansätzen helfen, durch welche der Innovationsprozess in den wissensbasierten Ökonomien von heute unterstützt und angekurbelt werden kann.[252] Wie erwähnt können die mithilfe des NIS-Konzepts gewonnenen Erkenntnisse Politikern als Grundlage für die Formulierung und Implementierung staatlicher Innovationspolitik dienen.

[249] Vgl. Kuhlmann, S. (1999), S. 14f.

[250] Vgl. Godinho, M. M. / Mendonça, S. F. / Pereira, T. S. (2003), Absatz 3.1.

[251] Vgl. Nelson, R. R. (1992), S. 349.

[252] Vgl. OECD (1997a), S. 3.

5.1.2 Elemente und Struktur nationaler Innovationssysteme

Aus dem Begriff des Systems geht hervor, dass eine Eingrenzung – und damit automatisch eine Ausgrenzung – vorgenommen wird. Zu den innerhalb des Systems existierenden Elementen zählen all jene, die den Innovationsprozess eines Landes beeinflussen. Als ein Beispiel für ein Element, dessen Zuordnung unklar ist, können die politischen und gesetzlichen Rahmenbedingungen genannt werden. Sollen diese als innerhalb des NIS existierend betrachtet werden oder vielmehr als ein exogenes Element, welches das NIS in seiner Gesamtheit beeinflusst?

Während eine Vielzahl von Definitionen eines NIS existiert, ist es schwierig, in der Literatur detaillierte Abgrenzungen und Definitionen der innerhalb des Systems existierenden Elemente zu finden. Der in dieser Arbeit verwendeten breiten Definition eines NIS folgend umfasst ein NIS nicht nur die unterschiedlichen Akteure, ihre Beziehungen zueinander und die daraus resultierende Generierung, Diffusion und Anwendung von Wissen, sondern auch all die Aktivitäten, Gesetze etc. – kurz Rahmenbedingungen –, die vor allem die Unternehmen darin unterstützen, neue Technologien anzuwenden, anzupassen oder eigens zu entwickeln, um so schließlich neue Produkte oder Prozesse hervorzubringen. Abbildung 5.2 gibt einen Überblick über die einzelnen Akteure bzw. Elemente eines Innovationssystems, ihre Beziehungen zueinander und andere sie beeinflussende Größen.

In Abbildung 5.2 werden die wichtigsten Akteure eines Innovationssystems aus Sicht der OECD dargestellt. In der Regel zählen zu diesen die im Land existierenden Unternehmen, Einrichtungen des Hochschulwesens, staatliche und private Forschungsinstitute sowie unterschiedliche staatliche Institutionen. Diese Akteure oder Elemente werden von einer Vielzahl von *länderspezifischen Faktoren* beeinflusst, zu denen das vorherrschende Finanzsystem, rechtliche Rahmenbedingungen und der Ordnungsrahmen, der Ausbildungsstand und die vorhandenen Fähigkeiten der Erwerbsbevölkerung – also das vorhandene Humankapital –, der Mobilitätsgrad der Beschäftigten, die Beziehungen zwischen den Arbeitgebern und Arbeitnehmern etc. gerechnet werden können.[253] Kurz zusammengefasst zählen zu den wichtigsten Akteuren eines NIS, die in der Literatur einheitlich genannt werden, private Unternehmen, Universitäten und Fachhochschulen sowie staatliche Forschungseinrichtungen.[254]

---

[253] Vgl. OECD (1999b), S. 22.

[254] Vgl. zum Beispiel OECD (1997a), S. 7 unter Abschnitt „Summary“.

Abbildung 5.2: Akteure und Beziehungen eines Innovationssystems

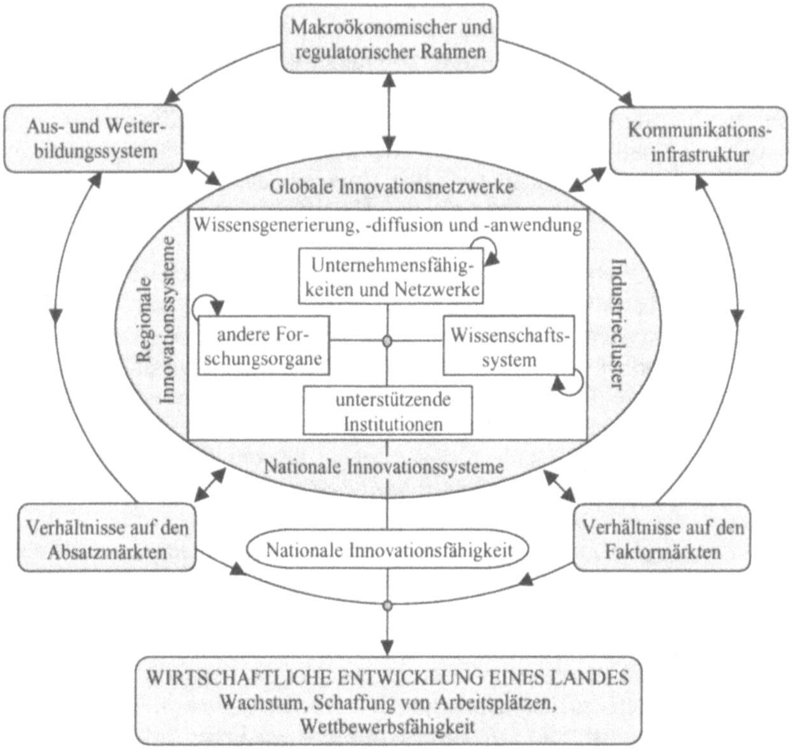

Quelle: OECD (1999b), S. 23.

5.1.2.1 Die in einem nationalen Innovationssystem existierenden Institutionen

Obwohl sich der Innovationsprozess unterschiedlicher Länder hinsichtlich diverser Faktoren ähnelt, existiert dennoch eine Vielzahl von Unterschieden. Diese internationalen Unterschiede lassen sich teilweise durch die landesspezifische *institutionelle Struktur* des NIS erklären. Dabei wird das institutionelle Gefüge eines NIS durch verschiedene Faktoren beeinflusst, wie beispielsweise durch den Anteil der einzelnen Institutionen an den gesamten FuE-Aktivitäten eines Landes, durch die unterschiedliche finanzielle Beteiligung des privaten und öffentlichen Sektors, durch die Ziele und Instrumentarien einer Regierung zur

Förderung industrieller Technologie oder durch die wissenschaftliche, technologische und industrielle Spezialisierung des Landes.[255]

In der Literatur wird teilweise zwischen Institutionen und Organisationen unterschieden, wobei unter Institutionen Gesetze, Regeln, Gewohnheiten etc. verstanden werden, welche die Beziehungen und Interaktionen zwischen Individuen und Gruppen regeln.[256] Eine mögliche Definition des Begriffs Institution lässt sich bei Johnson und Lundvall finden:

„Institutions are sets of habits, routines, rules, norms and laws, which by reducing the amount of information necessary for individual and collective action, make reproduction and change of society possible."[257]

Im alltäglichen Sprachgebrauch nehmen Institutionen jedoch eine greifbarere Gestalt an und umfassen beispielsweise Gerichte, Schulen etc.[258] Nelson und Sampat führen als Synonym für Institutionen den Begriff der *„social technologies"* ein. Diese Sichtweise stimmt überein mit der Aussage, dass Institutionen so etwas wie die „Spielregeln" darstellen.[259] Zu solchen social technologies können das vorherrschende politische System, das Ausbildungs- und Finanzsystem, das in einem Land existierende Rechtssystem und der ordnungspolitische Rahmen sowie die Einflüsse der nationalen Kultur zählen.[260]

Allgemein können Institutionen somit als Regelwerk des sozialen Verhaltens betrachtet werden, welche Stabilität in eine Gesellschaft bringen. Dabei übernehmen sie eine informative Funktion: Sie dienen als eine Art „Wegweiser" für soziale Beziehungen zwischen Individuen. Diese Wegweiserfunktion kann unterteilt werden in drei unterschiedliche grundlegende institutionelle Funktionen: Institutionen

- reduzieren Unsicherheiten,
- vermitteln im Konfliktfall und
- stellen ein Anreizsystem bereit.[261]

Durch das Ausüben dieser drei Funktionen schaffen Institutionen die Bedingungen für kreative Aktivitäten, zu denen beispielsweise lernen und innovieren zählen. Diese Aktivitäten wären ohne einen geeigneten Rahmen schwer durchführbar, da anzunehmen ist, dass dann Konflikte nicht eingedämmt, Unsicherheiten

[255] Vgl. OECD (1999b), S. 30ff.

[256] Vgl. zum Beispiel Edquist, C. / Johnson, B. (1997), S. 46f.

[257] Johnson, B. / Lundvall, B.-Å. (1989), S. 93.

[258] Vgl. Johnson, B. (1988), S. 280.

[259] Vgl. Nelson, R. R. / Sampat, B. N. (2001), S. 40.

[260] Vgl. Pontikakis, D. / McDonnell, T. / Geoghegan, W. (2005), S. 3.

[261] Vgl. Johnson, B. (1988), S. 280ff.

nicht reduziert und die Aktivitäten nicht mittels eines Anreizsystems zum Wohl der gesamten Gesellschaft durchgeführt würden.[262] Somit stellen Institutionen die für (technologischen) Wandel und Veränderungen nötige Stabilität her. Das in einem Land existierende institutionelle Gefüge sollte technologische Innovationen nicht nur zulassen, sondern diese auch fördern. Gleichzeitig müssen die Institutionen an sich auf Veränderungen reagieren und sich anpassen. So wie die Institutionen den technischen Fortschritt und somit das Wirtschaftswachstum beeinflussen, gibt dieser umgekehrt Impulse für den institutionellen Wandel.[263] Anzumerken ist, dass in dieser Arbeit, unter anderem den eingängigen Veröffentlichungen der OECD folgend, die Begriffe Institution und Organisation als Synonyme verwendet werden.

5.1.2.2 Funktionale Betrachtung nationaler Innovationssysteme

Da sich die institutionelle Abgrenzung, das heißt die Identifizierung der Hauptakteure eines NIS, oftmals als schwierig erweist, ist es auch möglich, im Rahmen der Betrachtung und Analyse von NIS eine Unterscheidung der einzelnen Institutionen hinsichtlich ihrer *wesentlichen Funktionen* vorzunehmen. Die OECD unterscheidet dabei Institutionen, die

- politische Maßnahmen und Zielsetzungen formulieren und koordinieren,
- FuE finanzieren,
- eine Mittlerfunktion einnehmen und solche die
- mit dem Innovationsprozess in Zusammenhang stehende Funktionen ausführen (Technologietransfer und Diffusion, Förderung technologiebasierter Unternehmen, Mobilität der Humanressourcen).[264]

Die wesentlichen *Institutionen* sind in diesem Betrachtungsrahmen

- der Staat bzw. die Regierungen (auf lokaler, regionaler, nationaler und internationaler Ebene, mit einer in jedem Land unterschiedlichen Gewichtung), die eine Schlüsselposition bei politischen Zielsetzungen einnehmen,
- so genannte Brücken- oder Mittlerinstitutionen *(„bridging institutions")*, wie beispielsweise Forschungsräte oder Forschungsvereinigungen, die als Mittler zwischen den Regierungen und den FuE-betreibenden Akteuren agieren,
- private Unternehmen und von diesen finanzierte Forschungsinstitute,

---

[262] Vgl. Johnson, B. (1988), S. 281f.

[263] Vgl. Johnson, B. (1988), S. 282ff, 292.

[264] Vgl. OECD (1999b), S. 32.

- Universitäten und daran angeschlossene Institutionen, welche spezielles Wissen und Fähigkeiten bereitstellen, sowie
- andere öffentliche und private Organisationen, die für das NIS von Bedeutung sind, wie beispielsweise öffentliche Forschungseinrichtungen, Technologietransfer-Organisationen, gemeinsame Forschungseinrichtungen oder Patentämter.[265]

Schienstock und Hämäläinen schlagen eine Fokussierung auf die speziellen Funktionen innerhalb des Innovationsprozesses vor. Demzufolge kann zwischen den folgenden Funktionen unterschieden werden:

- Wissensgenerierung,
- Wissensaneignung,
- Wissensverbreitung,
- Wissensregulierung und -standardisierung,
- Wissensanwendung und
- Wissensnutzung.[266]

Diese funktionale Strukturierung bietet einen bedeutenden Vorteil gegenüber der reinen Betrachtung von Organisationen: Die unterschiedlichen Aufgaben innerhalb des Innovationsprozesses sind nicht gezielt den einzelnen Organisationen zugeordnet. Die Organisationen können somit gleichzeitig mehrere Funktionen innerhalb des Innovationssystems ausführen und dadurch zu verschiedenen Subsystemen beitragen. Das heißt, sie können Funktionen ausüben, die für den Innovationsprozess relevant sind, und sich daneben noch anderen Funktionen widmen. Ein Beispiel hierfür sind die unterschiedlichen Funktionen einer Universität: Sie ist nicht nur für die Ausbildung zuständig, sondern betreibt daneben Forschung, wodurch sie direkt in den Innovationsprozess eingegliedert ist. In diesen Fällen kann sich eine institutionelle Abgrenzung in Bezug auf die oben genannten Funktionen als schwierig erweisen, da es eventuell zu funktionalen Überschneidungen kommen kann.[267] Eine Möglichkeit, ein NIS mit den in ihm existierenden Akteuren und Teilsystemen darzustellen, zeigt Abbildung 5.3. Dabei wird deutlich, *„(...) dass die einzelnen Akteure eine unterschiedliche Funktion und Verantwortung in den Stufen des Innovationsprozesses aufweisen.“*[268]

---

[265] Vgl. OECD (1999b), S. 32.

[266] Vgl. Schienstock, G. / Hämäläinen, T. (2001), S. 79.

[267] Vgl. Schienstock, G. / Hämäläinen, T. (2001), S. 79 und Welsch, J. (2005), S. 70.

[268] Meißner, D. (2001), S. 36.

Abbildung 5.3: Elemente eines nationalen Innovationssystems

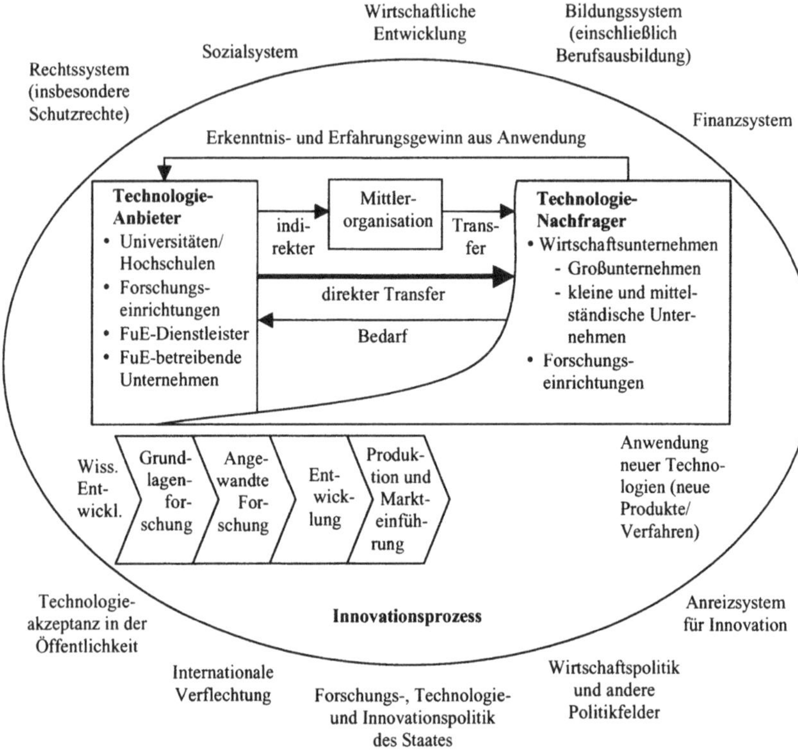

Quelle: Meißner, D. / Sabisch, H. (2001), S. 21.

5.1.2.3 Subsysteme eines nationalen Innovationssystems

Anhand von Abbildung 5.3 wird nicht nur deutlich, dass die einzelnen Akteure unterschiedliche Funktionen ausüben, sondern auch, dass ein NIS, wie eingangs erwähnt, aus mehreren Sub- oder Teilsystemen, wie zum Beispiel dem Bildungs- und dem Rechtssystem, besteht. Der Kreis in Abbildung 5.3 bildet dabei das „Herzstück" des NIS ab: das *FuE-System*, teilweise auch als Wissenschaftssystem[269] oder Wissens- und Technologiegewinnungssystem[270] bezeichnet. Freeman und Soete heben die Bedeutung des FuE-Systems für die technolo-

[269] Vgl. zum Beispiel OECD (1996), S. 21 und OECD (1999b), S. 66.

[270] Vgl. Meißner, D. (2001), S. 36.

gische und wirtschaftliche Entwicklung einer Volkswirtschaft hervor. Diese basiert darauf, dass innerhalb des FuE-Systems ein Großteil der neuen und verbesserten Produkte und Prozesse generiert wird, welche heutzutage die Quelle für Wirtschaftswachstum darstellen. Daneben kommt zwar auch der Verbreitung von Wissen mithilfe des Bildungssystems und anderen Medien sowie den Feedbacks aus der Produktion und vonseiten des Marktes eine wichtige Rolle zu, dennoch handelt es sich beim FuE-System um das wesentliche Subsystem.[271]

Die Analyse von FuE-Systemen erfolgt zumeist anhand von Input- und Outputindikatoren. Zu den wichtigsten Inputs des Innovationsprozesses zählen dabei die Ausgaben eines Landes für FuE und der Personaleinsatz im FuE-Bereich. Der Output des Teilsystems wird vor allem anhand der Zahl der wissenschaftlichen Veröffentlichungen, auch als Publikationsproduktion bezeichnet, und des Umfangs der Patentanmeldungen festgemacht. Allerdings wird aus dem Konzept des NIS deutlich, dass für Innovationen und somit für die technologische und wirtschaftliche Entwicklung eines Landes mehrere Faktoren bedeutend sind. Technologien und Wissen werden nicht nur entwickelt, sondern auch produziert, verbreitet und angewendet – alles Vorgänge, die laut Edquist in einem NIS ablaufen, aber nicht im Teilsystem FuE.[272] FuE ist somit nicht der einzige Bestimmungsfaktor für Innovationen; in den Worten der OECD: *„Innovation requires more than R&D.“*[273] Daher sollte bei der Beschreibung und Analyse eines NIS nicht ausschließlich das FuE-System untersucht werden. Gegen eine ausschließliche Untersuchung des FuE-Systems spricht außerdem noch, dass viele der schnell wachsenden Dienstleistungsbereiche, wie beispielsweise der Softwarebereich, zwar zu den innovativsten Bereichen einer Volkswirtschaft, jedoch nicht zu den FuE-intensiven Bereichen zählen.[274]

Mithilfe des in dieser Arbeit verwendeten Analyserahmens werden die unterschiedlichen Funktionen und Interaktionen der Akteure des irischen und finnischen NIS betrachtet und analysiert. Ein Großteil der dabei untersuchten Funktionen gehört jedoch zum Bereich des FuE- und Ausbildungssystems, so dass für die Analyse die oben erwähnten Input- und Outputfaktoren herangezogen werden. Eine detaillierte Darstellung und Untersuchung der einzelnen Subsysteme der beiden NIS und deren Vergleich bleibt jedoch aus, da es dabei zu einer Reihe von Überschneidungen käme.

---

[271] Vgl. Freeman, C. / Soete, L. (1997), S. 5.

[272] Vgl. Edquist, C. (1997b), S. 17.

[273] OECD (1999b), S. 16.

[274] Vgl. OECD (1999b), S. 16.

5.1.3 Die Rolle der Politik in nationalen Innovationssystemen

In den letzten beiden Jahrzehnten ist die Rolle der Politik immer wichtiger geworden. Aufgrund der veränderten Rahmenbedingungen haben sich weitreichendere Betätigungsfelder für die Politik aufgetan, wobei vor allem die interaktiven und systemischen Eigenschaften des Innovationsprozesses im Vordergrund stehen.[275]

5.1.3.1 Politik im Bereich Wissenschaft, Technologie und Forschung

Dem Staat kommt eine wichtige Rolle bei der Gestaltung und Entwicklung nationaler Innovationssysteme zu. In diesem Zusammenhang existiert eine Vielzahl von politischen Bereichen, die für die technologische – und somit wirtschaftliche – Entwicklung eines Landes von Bedeutung ist. Betz bezeichnet diese Bereiche als *„innovationsrelevante Politikbereiche“*[276]. Dabei kann der Staat mithilfe der folgenden Instrumente aus den für Innovationen relevanten Politikbereichen auf den privaten und öffentlichen Sektor und somit auf den Innovationsprozess Einfluss nehmen:[277]

- durch die *Wirtschaftspolitik* und deren Instrumentarien,
- mithilfe der *Industriepolitik*, im Rahmen derer die produktiven Strukturen einer Volkswirtschaft errichtet und an Entwicklungen angepasst werden,
- im Rahmen der *Forschungs- und Wissenschaftspolitik*, die Maßnahmen zur Errichtung und Erhaltung von Forschungs- und Entwicklungskapazitäten, das heißt einer Forschungsinfrastruktur, umfasst,
- durch die *Technologiepolitik* und die in ihrem Rahmen stattfindenden diversen Aktivitäten zur Schaffung, Stimulierung und Regulierung von Technologien,
- mithilfe der *Innovationspolitik*, die den politischen Bereich darstellt, in dem sich die Industrie-, Forschungs- und Wissenschaftspolitik sowie die Technologiepolitik vermischen (dieser Bereich wird im Folgenden genauer erläutert), und
- durch die *Technologieförderungspolitik*, die einen Bestandteil der Innovationspolitik darstellt und der Förderung anwendungsorientierter Neuerungen dient, mit dem Ziel, diese kommerziell nutzen zu können.

---

[275] Vgl. Lundvall, B.-Å. / Borrás, S. (1997), S. 42.

[276] Betz, A. (1997), S. 29.

[277] Vgl. Betz, A. (1997), S. 29f.

Dazu lässt sich anmerken, dass auch der *Bildungspolitik*, durch welche der Staat zunächst den öffentlichen und später auch den privaten Bereich beeinflusst, eine große Bedeutung im Rahmen des Innovationsprozesses zukommt.

Aufgrund der großen Bedeutung der *Innovationspolitik* bei der derzeitigen Betrachtung von NIS und der Entwicklung von Volkswirtschaften soll dieser politische Bereich im Folgenden genauer betrachtet werden. Der Begriff der *Innovationspolitik* entstand erst in den letzten Jahrzehnten. Laut OECD besteht die Innovationspolitik aus einer Vermischung der Wissenschafts- und Technologiepolitik, der Wirtschafts- sowie der Industriepolitik.[278] Betz beschreibt sie als *„(...) die Schnittmenge aus der Technologie-, der Wirtschafts- bzw. Industrie- und der Forschungs-/Wissenschaftspolitik (...)“*[279]. Daneben wird der Bereich der Technologieförderungspolitik – und somit die Innovationspolitik – auch durch Instrumente aus den Bereichen der Regionalentwicklungs- und Finanzpolitik beeinflusst. Aufgrund dieser Vermischung verschiedener politischer Bereiche und Aufgaben wird die Innovationspolitik des öfteren mit dem Begriff des *„policy-mix“* – also einer Kombination politischer Mittel – in Verbindung gebracht. Der enstehende policy-mix habe laut Betz allerdings häufig negative Folgen, da sich diverse Fachressorts an der betriebenen Innovationspolitik beteiligen und vorab keine klare Kompetenzabgrenzung und Aufgabenverteilung stattfinden.[280] Abbildung 5.4 stellt die politischen Bereiche, die sich auf Innovationen und den Innovationsprozess auswirken, dar. Lundvall und Borrás definieren Innovationspolitik folgendermaßen:

„(...) innovation policy refers to elements of science, technology and industrial policy that explicitly aim at promoting the development, spread and efficient use of new products, services and processes in markets or inside private and public organisations. The main focus is on the impact on economic performance and social cohesion. Innovation policy has wider objectives than those of science policy and technology policy. (...) innovation policy includes policies which aim at organisational change and the marketing of new products.”[281]

Die Entstehung dieses neuen politischen Wirkungsbereichs signalisiert, dass die Bedeutung von Innovationen bzw. von Technologie und Wissen für den technologischen und wirtschaftlichen Fortschritt immer stärker anerkannt wird. Außerdem wird der Fokus der Politik auf die Beziehungen und Interaktionen zwischen den einzelnen Institutionen gelenkt. Im Vordergrund stehen nunmehr *interaktive*

---

[278] Vgl. OECD / Eurostat (1997) und (2005), jeweils S. 15.

[279] Betz, A. (1997), S. 32.

[280] Vgl. Betz, A. (1997), S. 30f.

[281] Lundvall, B.-Å. / Borrás, S. (1997), S. 37.

Prozesse, sowohl in der Generierung von Wissen als auch in seiner Diffusion und Anwendung.[282]

Abbildung 5.4: Innovationsrelevante Politikbereiche

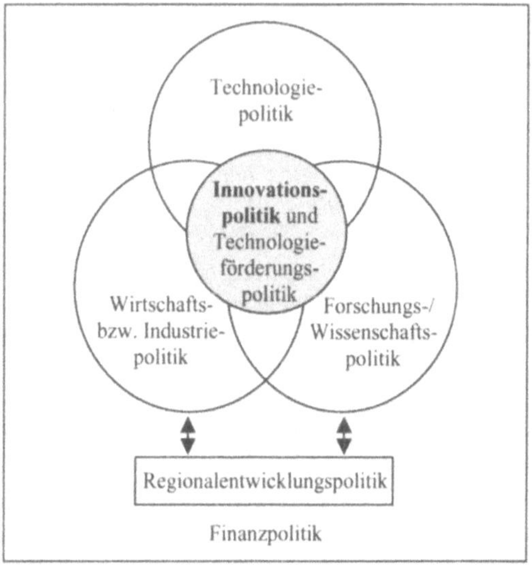

Quelle: Betz, A. (1997), S. 32.

Auch Lundvall und Borrás, in deren Arbeit die Lernfähigkeit von Individuen und Volkswirtschaften im Vordergrund steht, heben die Bedeutung der Innovationspolitik hervor. Diese müsse vor allem zur Verbesserung der Lernfähigkeit von Unternehmen und Wissen generierenden Institutionen beitragen und gleichzeitig auf die negativen Auswirkungen der Learning Economy, wie zum Beispiel eine auftretende soziale und regionale Polarisierung, eingehen. Des Weiteren werden die Autonomie und Wirksamkeit allgemeiner Wirtschaftspolitik durch die zunehmende Globalisierung stark eingeschränkt. Somit werden spezielle politische Bereiche, wie beispielsweise die Arbeitsmarkt-, Sozial- oder Bildungspolitik und vor allem die Innovationspolitik, immer bedeutender, um unter diesen neuen Rahmenbedingungen anhaltendes Wirtschaftswachstum zu schaffen.[283]

[282] Vgl. OECD / Eurostat (1997) und (2005), jeweils S. 15.

[283] Vgl. Lundvall, B.-Å. / Borrás, S. (1997), S. 14.

Zu den Aufgaben der staatlichen Technologiepolitik – und somit der Innovationspolitik – zählen[284]

- der Aufbau und die weitere Strukturierung der Forschungslandschaft eines Landes,
- der Aufbau und die Strukturierung einer auf Innovationen ausgerichteten Infrastruktur („*innovationsorientierte Infrastruktur*"),
- die Einflussnahme auf die Technologieentwicklung eines Landes in Bezug auf bestimmte Ziele (allgemeine Lebensbedingungen, Wettbewerbsfähigkeit eines Landes etc.) sowie
- die Schaffung monetärer und anderer Rahmenbedingungen für die Grundlagenforschung, für die langfristig anwendungsorientierte Forschung sowie für die Industrieforschung, sprich für das FuE-System.

Die OECD nennt weitere Aufgaben und Ziele der Technologie- und Innovationspolitik:[285]

- den Aufbau einer *Innovationskultur*, das heißt Anreize und Unterstützung zu bieten für Unternehmen, die Schwierigkeiten bei der Anpassung an veränderte technologische und wirtschaftliche Bedingungen haben,
- das Vorantreiben der *Diffusion von Technologien*, wobei die Förderungen der Diffusion weit gestreut sein sollten, beispielsweise von Unternehmen im High-Tech-Sektor bis hin zu Firmen, die im technologischen Bereich geringere Fähigkeiten aufweisen,
- die Förderung der Bildung von *Netzwerken und Clustern*[286, 287], was bedeutet, dass die Technologie- und Innovationspolitik sich nicht aus-

[284] Vgl. Meyer-Krahmer, F. (1999), S. 43.

[285] Vgl. OECD (1999b), S. 11.

[286] Eine umfassende Definition des Cluster-Begriffs stammt von Michael E. Porter: „*Clusters are geographic concentrations of interconnected companies and institutions in a particular field. Clusters encompass an array of linked industries and other entities important for competition. They include, for example, suppliers of specialized inputs such as components, machinery, and services, and providers of specialized infrastructure. Clusters also often extend downstream to channels and customers and laterally to manufacturers of complementary products and to companies in industries related by skills, technologies, or common inputs. Finally, many clusters include governmental and other institutions – such as universities, standards-setting agencies, think tanks, vocational training providers, and trade associations – that provide specialized training, education, information, research, and technical support.*" (Porter, M. E. (1998a), S. 78.) Als Beispiel führt Porter das in Californien existierende Wein-Cluster an, dem Ende der 1990er Jahre 680 Weinkellereien und einige tausend unabhängige Traubenzüchter angehörten. (Vgl. Porter, M. E. (1998a), S. 78f.) Für weitere Informationen über das Zusammenschließen von Unternehmen, die bestimmten Industriezweigen angehören, zu Clustern siehe Porter, M. E. (1998b), S. 148ff.

[287] Im allgemeinen Sprachgebrauch und auch teilweise in der Literatur werden die Begriffe Netzwerk und Cluster synonym verwandt. Allerdings bestehen neben den Gemeinsamkei-

schließlich auf einzelne Unternehmen konzentrieren, sondern deren Fähigkeit zur Zusammenarbeit stärken sollte,

- die Ankurbelung von *Forschung und Entwicklung*: Unter den heutigen Rahmenbedingungen werden neue Ansätze benötigt, die durch Anreize die Initiative der privaten Unternehmen fördern und sich weniger auf die direkte finanzielle Unterstützung vonseiten des Staates stützen. Im Vordergrund sollte hierbei die Unterstützung der Zusammenarbeit zwischen den Akteuren eines NIS stehen.
- *Globalisierung* und ihre Folgen miteinbeziehen: Mithilfe der Technologie- und Innovationspolitik können Länder ihre Fähigkeit, neues Wissen und Technologien zu absorbieren, erhöhen. Darüber hinaus kann es ihnen gelingen, sich zu einem attraktiven Standort für FuE-betreibende Unternehmen zu entwickeln.

Die Gründe für eine Beeinflussung des Innovationsprozesses vonseiten des Staates sind vielfältig. Ein Grund besteht darin, dass die Ergebnisse von Innovationsaktivitäten eventuell zwar aus betriebswirtschaftlicher, also einzelwirtschaftlicher, Sicht zufriedenstellend sind, allerdings nicht aus gesamtwirtschaftlicher Sicht. Ein Beispiel hierfür wären durch den Innovations- bzw. Produktionsprozess entstehende negative externe Effekte, wie Umweltschäden und die daraus resultierenden, von der Allgemeinheit zu tragenden Kosten. Als ein weiterer Grund können die möglicherweise zu niedrigen Innovationsaktivitäten innerhalb einer Volkswirtschaft angeführt werden, wodurch der technische Fortschritt nicht oder nur langsam vorankommt. Die staatliche Forschungs- und Technologiepolitik kann in diesem Fall die Generierung und Anwendung neuer Technologien unterstützen und anregen. Ein dritter Grund könnte darin bestehen, dass der Staat durch eine selektive Innovationsförderung bestimmter Wirtschaftssektoren die Anpassung der Unternehmen an den eintretenden Strukturwandel erleichtern möchte.[288] Letztendlich kann davon ausgegangen werden, dass die Beeinflussung des Innovationsprozesses durch den Staat darauf abzielt, einen Verlust an Wettbewerbsfähigkeit zu vermeiden bzw. eine Verbesserung der Wettbewerbsposition zu erreichen. Anzumerken ist, dass die *Konstanz* der betriebenen Wirtschaftspolitik eine Grundbedingung für Innovationsaktivitäten seitens der Unternehmen darstellt, da eine stetige und somit vorhersehbare Wirtschaftspolitik zu einem innovationsfreundlichen Klima beiträgt. Somit ist es wichtig, dass die politisch Verantwortlichen nicht aus tagespolitischen – und

ten auch einige Unterschiede zwischen Netzwerken und Clustern, wie beispielsweise der regionale Aspekt. Während bei Clustern zumeist ein regionaler und sektoraler Fokus vorliegt, sind Netzwerke in der Regel nicht an eine bestimmte Region gebunden. Daneben bestehen Netzwerke im Allgemeinen aus einer beschränkten Zahl von Mitgliedern, während Cluster offener sind für neue Mitglieder. (Vgl. Forfás (2004a), S. 9f.)

[288] Vgl. Peters, H.-R. (1987), S. 39.

somit in der Regel kurzfristigen – Überlegungen heraus in die Marktabläufe eingreifen, sondern dass sie sich vielmehr auf die Schaffung marktwirtschaftlicher Rahmenbedingungen beschränken.[289]

5.1.3.2 Grenzen staatlicher Innovationsförderung

Es kann argumentiert werden, dass, wenn der Staat eine induzierende Innovationspolitik – unabhängig davon, ob als direkte oder indirekte Innovationsförderung – betreibt, dieser automatisch von der Annahme ausgeht, zu wissen, durch welche Innovationen Nachfragepotenziale geschaffen werden können. Aufgrund der Komplexität der Realität ist es dem Staat jedoch in der Regel nicht möglich, die Konsumentenwünsche und Nachfrageentwicklungen richtig einzuschätzen. Eine Ausnahme besteht, wenn der Staat selber als Nachfrager auftritt, wie zum Beispiel im Rüstungsbereich, und somit das Nachfragepotenzial und die notwendigen Gewinnmöglichkeiten für die Unternehmen schafft. Generell sollte die staatliche Innovationsförderung nicht störend oder hemmend auf die Marktkräfte wirken.[290]

Dieser Argumentation folgend ergibt sich, dass eine staatliche Innovationsförderung um so weniger zu Wettbewerbsverzerrungen führt je grundlegender und allgemeiner sie ansetzt. Auch wenn in der Realität kaum festzustellen ist, ob sich eine Fördermaßnahme tatsächlich nur auf den Grundlagenbereich bezieht und keine Auswirkungen auf daran angegliederte Bereiche hat, kann eine staatliche Förderung der Grundlagenforschung dennoch befürwortet werden. Der Vorzug sollte hierbei allerdings aus ordnungs- und wettbewerbspolitischen Gründen einer indirekten Forschungsförderung eingeräumt werden, welche beispielsweise in einer Verbesserung der Infrastruktur oder der im Bildungswesen existierenden Strukturen bestehen könnte. Durch die Förderung der Grundlagenforschung können die Innovationsaktivitäten von Unternehmen unterstützt werden. Anzumerken ist, dass auch in diesem Bereich keine direkte Förderung bestimmter Projekte erfolgen, sondern dass vielmehr eine Aufteilung der Förderung auf mehrere unterschiedliche, unabhängige Forschungsinstitute, die ihre Forschungsziele autark bestimmen, stattfinden sollte.[291] Auf die in Irland existierenden Maßnahmen zur Förderung von FuE-Aktivitäten wird unter Abschnitt 6.1.2.2 genauer eingegangen.

---

[289] Vgl. Oberender, P. (1987), S. 20.

[290] Vgl. Oberender, P. (1987), S. 17.

[291] Vgl. Oberender, P. (1987), S. 19.

5.1.4 Die Leistungsfähigkeit nationaler Innovationssysteme

Es ist anzunehmen, dass kein NIS eines Landes dem eines anderen Landes gleicht. Es mag Gemeinsamkeiten in der Ausgestaltung und Leistungsfähigkeit diverser NIS geben, jedoch auch etliche Unterschiede. Laut Kuhlmann entfalten *„(l)eistungsfähige (nationale) Innovationssysteme (...) ihre besonderen Profile und Stärken nur langsam, im Laufe von Jahrzehnten oder sogar Jahrhunderten. (...) Sie ermöglichen die Ausprägung eines für das jeweilige System charakteristischen Spektrums von verschiedenartigen, unverwechselbaren Rollendefinitionen der hier tätigen Akteure (...).“*[292] Hinzu kommt, dass sich NIS im Zeitablauf stetig verändern. Somit existiert auch nicht das „optimale“ oder „ideale“ NIS, welches bei der Gestaltung und Formung als Vorbild dienen kann. Allerdings ist es durchaus möglich, die NIS technologisch und wirtschaftlich erfolgreicher Länder genauer zu analysieren und daraufhin den Versuch zu unternehmen, Elemente der dort existierenden NIS in anderen Ländern nachzugestalten und zu etablieren.

Hierbei stellt sich die Frage, ob es sich bei nationalen Innovationssystemen überhaupt um zielgerichtet geplante Systeme handelt. Wie bereits kurz erwähnt, kann davon ausgegangen werden, dass NIS nicht zielorientiert aufgebaut und gestaltet werden können. Hierzu existieren allerdings unterschiedliche Sichtweisen: Einerseits kann argumentiert werden, dass NIS aus der operativen Tätigkeit und der Interaktion der wichtigsten wissenschaftlichen und politischen Entscheidungsträger heraus entstanden sind,[293] also nicht bewusst geformt wurden. Andererseits kann der Standpunkt vertreten werden, dass Innovationssysteme und die zugrunde liegenden Netzwerke nicht ungeplant – *„(...) nicht spontan und ungesteuert (...)“*[294] – entstehen, sondern in den vergangenen 150 Jahren durch nationalstaatliche politische Interventionen geformt und gestaltet wurden. *„Die nationalen **politischen Systeme** (...) entfalteten innovationspolitische Aktivitäten, indem sie als Katalysator, Förderer und Regulator der vielerorts entstehenden Innovationsinstanzen wirkten (...).“*[295] Es ist jedoch fraglich, ob ein gesamtes, komplexes NIS zielgerichtet plan- und formbar ist. Laut Mjøset, *„(...) no national system of innovation was constructed by deliberate decision or choice.“*[296] Es ist jedoch davon auszugehen, dass die Ausgestaltung und Entwicklung der einzelnen innerhalb des NIS existierenden Subsysteme, wie beispielsweise des FuE-Systems oder des Bildungssystems, durch staatliche Eingriffe beeinflusst werden können, wodurch wiederum Einfluss auf das gesamte

[292] Kuhlmann, S. (1999), S. 13.

[293] Vgl. Meißner, D. (2001), S. 41.

[294] Kuhlmann, S. (1999), S. 14.

[295] Kuhlmann, S. (1999), S. 14 (Hervorhebung im Original).

[296] Mjøset, L. (1992), S. 17.

NIS ausgeübt wird. Häyrinen-Alestalo et al. beispielsweise verwenden in Bezug auf das finnische NIS das englische Verb *„to create"*, woraus sich schließen lässt, dass die Autoren die Ansicht vertreten, dass das NIS bewusst und zielgerichtet entworfen und gestaltet wurde:

„The Finnish innovation system was created to favour a hybrid mode of knowledge production where the borders between science and technology tend to disappear."[297]

Wie deutlich wurde, existiert hinsichtlich der Frage, ob ein NIS in seiner existierenden Ausprägung das Resultat einer bewussten, zielorientierten Gestaltung ist oder nicht, eine Reihe unterschiedlicher Ansichten.

Weitaus schwieriger scheint allerdings die gezielte Ausgestaltung der zwischen den einzelnen Institutionen bzw. Akteuren eines NIS stattfindenden *Interaktionen* zu sein, die für die Entwicklung und Leistungsfähigkeit des Systems eine große Rolle spielen.[298] Hierfür gibt es verschiedene Gründe. So ist es zum Beispiel bisher schwierig, die in einem NIS stattfindenden Interaktionen zu analysieren und zu messen, was für eine gezielte Einflussnahme und Lenkung jedoch vonnöten wäre. Darüber hinaus scheint es sogar unmöglich, einen Großteil der stattfindenden Interaktionen überhaupt zu beobachten und festzumachen. Ein Beispiel hierfür stellt die informelle, persönliche Zusammenarbeit von Akteuren – beispielsweise im Unternehmenssektor bei der Durchführung gemeinschaftlicher FuE-Projekte – dar.

5.1.4.1 Die Struktur und Leistungsfähigkeit bestimmende Faktoren

Die Struktur und die Leistungsfähigkeit eines NIS werden durch eine Reihe unterschiedlicher Faktoren bestimmt. Archibugi und Michie nennen sechs wichtige Aspekte, die die Struktur eines NIS bestimmen und somit die wirtschaftliche Entwicklung eines Landes beeinflussen und erklären können:[299]

(1) *Aus- und Weiterbildung*
Aus- und Weiterbildung bestimmen maßgeblich die wirtschaftliche Entwicklung einer Volkswirtschaft. Unterschiede zwischen den Ländern bestehen unter anderem hinsichtlich des Anteils an Studenten und bezüglich der Verteilung der Studenten auf die einzelnen Studiengänge.

---

[297] Häyrinen-Alestalo, M. et al. (2005), S. 121.

[298] Vgl. Meißner, D. (2001), S. 41.

[299] Vgl. Archibugi, D. / Michie, J. (1997), S. 127f.

(2) *Leistungsvermögen im Bereich Wissenschaft und Technologie*
Ein Bestandteil eines NIS sind die Anstrengungen des Landes bezüglich der Förderung von Innovationen. So ist beispielsweise der Anteil des BIP, der für FuE aufgewendet wird, in den Ländern unterschiedlich hoch. Unterschiede bestehen ebenfalls bezüglich anderer Faktoren, die für den Innovationsprozess vonnöten sind, wie zum Beispiel Arbeitstechniken, die Ausstattung mit Werkzeugen, unterschiedliche Designs etc. Ein weiterer Unterschied liegt in der Aufteilung der FuE-Ausgaben zwischen dem Staat und dem Unternehmenssektor, worauf später noch genauer eingegangen wird.

(3) *Industrielle Struktur*
Die Unternehmen eines Landes stellen ein Hauptelement eines NIS dar, da hauptsächlich sie es sind, die technologische Innovationen generieren. Die industrielle Struktur eines Landes beeinflusst signifikant das FuE-System. So ist es beispielsweise von Interesse, die Anteile großer und kleinerer Unternehmen an der gesamten Unternehmenszahl zu kennen, da vor allem große Unternehmen verstärkt in FuE investieren. Daneben beeinflusst auch der Grad des Wettbewerbs, dem sich die Unternehmen auf dem heimischen Markt gegenübersehen, die Ergebnisse der Investitionen in FuE. Weitere Merkmale der jeweiligen nationalen Industriestruktur sind darüber hinaus die Technologieintensität, das heißt die Höhe des Anteils von High-Tech- und Low-Tech-Produkten, der Internationalisierungsgrad sowie die Kapital- und Personalintensität.[300]

(4) *Stärken und Schwächen im Bereich Wissenschaft und Technologie*
Kein Land kann in allen Wissenschafts- und Technologiebereichen gleich stark sein; jedes Land entwickelt in einigen dieser Bereiche Stärken, in anderen wiederum Schwächen. Wichtig ist, ob eine Spezialisierung beispielsweise in einem Gebiet führender, hochentwickelter Technologie vorliegt, oder aber in Bereichen, in denen in Zukunft eher abnehmende Erträge zu erwarten sind. Im Unterschied zu großen Volkswirtschaften haben sich kleine offene Volkswirtschaften oftmals hochgradig in wenigen Nischenbereichen spezialisiert. Wissenschaft und Technologie, oder genauer die Spezialisierung eines Landes auf diesen Gebieten, werden von einer Vielzahl von Determinanten beeinflusst. Hierzu zählen unter anderem die Größe eines Landes, die FuE-Intensität[301], die vorliegende Marktstruktur sowie die internationale Arbeitsteilung. Diese Determinanten bestimmen somit auch maßgeblich die wirtschaftliche Entwicklung eines Landes.

---

[300] Vgl. Meißner, D. (2001), S. 52.

[301] Als FuE-Intensität wird der Anteil der gesamten Bruttoinlandsausgaben für FuE am BIP bezeichnet. Genauere Erläuterungen folgen unter Abschnitt 6.1.2.

(5) *Interaktionen innerhalb des NIS*
Die Fähigkeit der unterschiedlichen Institutionen, untereinander und mit anderen Akteuren des NIS zu kooperieren und ihre Aktivitäten aufeinander abzustimmen, ist in jedem Land – und somit in jedem NIS – unterschiedlich. Reibungsfreie Interaktionen fördern den Informationsfluss und beeinflussen somit die Diffusion von Wissen und Innovationen und folglich den gesamten Innovationsprozess positiv. Fehlende Interaktionen können jedoch den Innovationsprozess hemmen und sich negativ auf die Entwicklung des Bereichs Wissenschaft und Technologie auswirken, wodurch indirekt die wirtschaftliche Entwicklung des Landes behindert würde.

(6) *Fähigkeit internationales Wissen zu absorbieren*
Mittlerweile wird es immer wichtiger, NIS im Kontext steigender internationaler Integration zu betrachten. Die Fähigkeit, ausländische Technologie- und Wissenstransfers zu absorbieren und dieses neu gewonnene Wissen anzuwenden, rückt immer weiter in den Vordergrund.

Abschließend bleibt anzumerken, dass es sich bei der Darstellung und Analyse des NIS eines Landes lediglich um eine „Momentaufnahme" handelt, da das NIS an sich – seine Charakteristika, Elemente, die Beziehungen zwischen diesen, die (Wissens-)Ströme etc. – einem steten Wandel unterliegt. Dabei wird das NIS durch Veränderungen sowohl innerhalb als auch außerhalb des Systems beeinflusst.

5.1.4.2 Merkmale unterschiedlicher nationaler Innovationssysteme in den 1970er und 1980er Jahren

Um einen Überblick über NIS und ihre Struktur zu bekommen, werden in diesem Abschnitt einige in den 1970er und 1980er Jahren vorherrschende Innovationssysteme und deren Merkmale vorgestellt. Der technologische und wirtschaftliche Erfolg einiger Länder, vor allem Japans und der USA, trug dazu bei, dass der Entwicklung des industriellen FuE-Bereichs und dem Innovationsprozess im Allgemeinen größere Aufmerksamkeit geschenkt wurde. Anhand empirischer Analysen wurde immer deutlicher, dass der Erfolg von Innovationen, die Diffusionsrate dieser und die daraus resultierenden Produktivitätszuwächse nicht ausschließlich von formalen FuE-Aktivitäten, sondern darüber hinaus von einer Vielzahl anderer Faktoren abhingen. So wurden inkrementale Innovationen beispielsweise nicht nur im Forschungslabor „geboren", sondern entstanden darüber hinaus aufgrund von Anregungen seitens der im Produktionsbereich beschäftigten Ingenieure, von Technikern im Unternehmen und in den Werkstätten. Es zeigte sich außerdem, dass diese Innovationen in einer engen Beziehung zu den verschiedenen Formen der Arbeitsorganisation standen und stehen. Darüber hinaus ergaben sich aus den Interaktionen mit den betreffenden Märkten und mit anderen Unternehmen, wie zum Beispiel den Zulieferern, eine Vielzahl von Verbesserungen der von einem Unternehmen hergestellten Produkte und angebotenen Dienstleistungen. Des Weiteren ergaben Untersuchungen der Diffusion von Innovationen, dass die systemischen Aspekte des Innovationsprozesses einen zunehmenden Einfluss auf die Rate der Diffusion und die Produktivitätszuwächse hatten. Diese systemischen Aspekte traten immer mehr in den Vordergrund, als es während der 1970er, 1980er und 1990er Jahre zu einer weltweiten Diffusion drei neuer Technologien – der Informationstechnologie, Biotechnologie und der Technologie neuer Materialien – kam.[302]

In den 1980er Jahren weckten zwei grundverschiedene Entwicklungen das Interesse von Wissenschaftlern und Politikern: einerseits der außergewöhnliche Erfolg Japans und darauf folgend Südkoreas, durch den diese Länder in technologischer und wirtschaftlicher Hinsicht stark aufholten, und andererseits der Zusammenbruch der sozialistischen Ökonomien der osteuropäischen Länder.[303] Der Erfolg Japans wurde in den 1950er und 1960er Jahren zunächst mit dem Import ausländischer Technologien und mit dem Kopieren und Imitieren dieser in Verbindung gebracht. Diese Erklärung wurde auch durch die Entwicklung der technologischen Zahlungsbilanz gestützt, welche für Japan ein großes Defizit aufgrund hoher Know-how-Importe und für die USA einen entsprechend hohen Überschuss aufwies. Als die japanischen Produkte und Prozesse in einer Vielzahl von Industrien allerdings denen aus den USA und Europa den Rang abliefen, wurde immer deutlicher, dass die eben genannte Erklärung allein nicht ausreichte. Auf der Suche nach möglichen Ursachen dieses Erfolgs zeigte sich, dass der Anteil der gesamten Ausgaben für zivile FuE am BIP in den 1980er Jahren in Japan deutlich höher war als in den USA. Der Erfolg Japans wurde daraufhin vor allem durch die hohe FuE-Intensität erklärt. Darüber hinaus zeigte sich anhand von Patentstatistiken, dass die führenden japanischen Unternehmen im Elektronikbereich die in diesem Bereich aktiven amerikanischen und europäischen Unternehmen längst überholt hatten.[304]

Die Entwicklung dieser Indikatoren zeigte zwar die große Zunahme der wissenschaftlichen und technologischen Aktivitäten in Japan an, allerdings wurden andere Merkmale des japanischen Erfolgs, wie beispielsweise die höhere Qualität der in Japan entwickelten und produzierten Produkte und Prozesse, nicht erklärt. Darüber hinaus wurde anhand des gegenläufigen Beispiels der ehemaligen Sowjetunion und anderer osteuropäischer Staaten deutlich, dass eine alleinige Erhöhung der Ressourcen für FuE kein ausreichender Garant für er-

[302] Vgl. Freeman, C. / Soete, L. (1997), S. 301f.

[303] Vgl. Freeman, C. / Soete, L. (1997), S. 302.

[304] Vgl. Freeman, C. / Soete, L. (1997), S. 302.

folgreiche Innovationen, deren Diffusion und Produktivitätszuwächse – und somit für wirtschaftliches Wachstum – ist. Daher verbreitete sich die Ansicht immer mehr, dass andere, qualitative Faktoren, welche das NIS eines Landes beeinflussen, genauso in die Betrachtungen und Untersuchungen miteinbezogen werden müssen wie die quantitativen Faktoren.[305] Tabelle 5.1 zeigt einige wesentliche Unterschiede zwischen nationalen Innovationssystemen in den 1970er Jahren am Beispiel Japans und der Sowjetunion auf.

Tabelle 5.1: Unterschiedliche Merkmale nationaler Innovationssysteme in den 1970er Jahren

Japan	Sowjetunion
Hohe FuE-Intensität (2,5%), dabei sehr geringer Anteil der Bereiche Militär und Weltraumforschung an FuE (<2%)	Sehr hohe FuE-Intensität (circa 4%), dabei jedoch extrem hoher Anteil der Bereiche Militär und Weltraumforschung an FuE (>70%)
Hoher Anteil des Unternehmenssektors an den gesamten FuE-Aktivitäten und an der Finanzierung der gesamten FuE (circa zwei Drittel)	Geringer Anteil des Unternehmenssektors an den gesamten FuE-Aktivitäten und an der Finanzierung der gesamten FuE (<10%)
Starke Integration von FuE, Produktion und dem Import von Technologien im Unternehmenssektor	Trennung von FuE, Produktion und dem Import von Technologien sowie schwache institutionelle Verflechtungen
Starke Netzwerk-Verflechtungen zwischen Nutzern, Produzenten und Subunternehmen	Schwache oder keine Verflechtungen zwischen Marketing, Produktion und Beschaffung
Starke Innovationsanreize für den Unternehmenssektor auch in Bezug auf das Management und die Beschäftigten	Einige starke Innovationsanreize in den 1960er und 1970er Jahren, die allerdings ihre Wirkung aufgrund existierender negativer Fehlanreize, die das Management und die Beschäftigten betrafen, verloren
Intensive Wettbewerbserfahrungen auf internationalen Märkten	Relativ schwach dem internationalen Wettbewerb ausgesetzt

Quelle: Freeman, C. / Soete, L. (1997), S. 303.

Wie aus Tabelle 5.1 deutlich wird, bestand der wesentliche Unterschied zwischen diesen beiden NIS in den großen Aufwendungen seitens der ehemaligen Sowjetunion in den Bereichen Militär und Raumfahrt, woraus nur wenige oder keine Erkenntnisse für die zivile Ökonomie resultierten. Durch die Anstrengungen der Sowjetunion, im Wettrüsten mit den USA Schritt zu halten, flossen rund drei Viertel der gesamten sowjetischen FuE-Ressourcen in die für die Verteidigung und Raumfahrt unternommene Forschung. Die hierfür ausgegebenen Beträge beliefen sich auf knapp drei Prozent des sowjetischen BSP, so dass nur noch ungefähr ein Prozent für zivile FuE vorhanden war. Das Verhältnis von

[305] Vgl. Freeman, C. / Soete, L. (1997), S. 303.

ziviler FuE zum BSP des Landes war weniger als halb so groß wie in den meisten westeuropäischen Ländern und weitaus kleiner als der japanische Wert.[306]

Auch unter den oben genannten Umständen hätte das sowjetische NIS weitaus produktiver und erfolgreicher sein können als es tatsächlich war, wenn die sozialen, technischen und ökonomischen Verflechtungen innerhalb des Systems und die Anreize bezüglich einer effizienten Entwicklung stärker ausgeprägt gewesen wären. So existierten innerhalb des sowjetischen Systems beispielsweise strikt voneinander getrennte Forschungseinrichtungen innerhalb des akademischen Bereichs, die parallel in der Grundlagenforschung tätig waren. Ähnliches galt für die angewandte FuE: Auch für diesen Bereich waren einzelne, voneinander unabhängig arbeitende Forschungsinstitute, die jeweils auf einen industriellen Sektor spezialisiert waren, verantwortlich. Zudem gab es eigenständig arbeitende Einrichtungen, die für den Entwurf von Industrieanlagen und den Import von Technologie zuständig waren. Trotz Reform- und Verbesserungsversuchen in den 1960er und 1970er Jahren konnte keine Intensivierung der Verflechtungen und Verbindungen zwischen diesen einzelnen Institutionen und den Forschungsabteilungen auf Unternehmensebene erreicht werden. Auch der gesamte zivile FuE-Bereich des Unternehmenssektors blieb schwach.[307]

Die schwache Ausgestaltung des unternehmensinternen FuE-Bereichs lässt sich auf eine Reihe negativer Anreizstrukturen zurückführen, zu denen beispielsweise die Erreichung vorgegebener Plan- bzw. Produktionsziele zählt. Mit Ausnahme des Flugzeugbaus und anderer dem Verteidigungsbereich zugeordneter Industrien bestand im Allgemeinen kaum eine Integration von FuE, der Produktion und Technologieimporten auf Unternehmensebene. Gerade diese Integration war jedoch das stärkste Merkmal des japanischen NIS. Auch die in Japan und in anderen Ländern so wichtigen Verbindungen und Rückkoppelungen zwischen den Nutzern und den Produzenten waren in der Sowjetunion entweder nur schwach ausgeprägt oder gar nicht vorhanden. Neben diesen Unterschieden ähnelten sich die beiden NIS jedoch auch in mancher Hinsicht. Ein Merkmal, welches beide NIS aufwiesen, ist beispielsweise das hochentwickelte Ausbildungssystem mit einer hohen Beteiligungsrate im Hochschulwesen und einer starken Betonung der Bereiche Wissenschaft und Technologie.[308]

Im Folgenden sollen zwei weitere unterschiedliche Typen von NIS vorgestellt werden, die in den 1980er Jahren vorherrschend waren. Bei dem einen handelt es sich um die Form von NIS, die zu dieser Zeit in den lateinamerikanischen Ländern vorherrschte, bei dem anderen um jenen Typus, der in den Tigerstaaten Ostasiens anzutreffen war. Tabelle 5.2 stellt die Merkmale dieser unterschiedlichen NIS dar.

---

306 Vgl. Freeman, C. / Soete, L. (1997), S. 303.

307 Vgl. Freeman, C. / Soete, L. (1997), S. 303f.

308 Vgl. Freeman, C. / Soete, L. (1997), S. 304.

Tabelle 5.2: Unterschiedliche Ausprägungen nationaler Innovationssysteme in den 1980er Jahren

Ostasien	Lateinamerika
Ausweitung des allgemeinen Bildungssystems mit hohen Beteiligungsquoten im Tertiärbereich[309] und mit einem hohen Anteil von Absolventen der Ingenieurwissenschaften	Verschlechterung des Ausbildungssystems; vergleichsweise niedriger Anteil von Absolventen der Ingenieurwissenschaften
Technologieimport typischerweise in Verbindung mit lokalen Initiativen zur Förderung des technischen Wandels; später schnell ansteigender Umfang der FuE-Aktivitäten	Umfangreicher Technologietransfer, vor allem aus den USA, aber geringer Umfang der FuE-Aktivitäten auf Unternehmensebene und kaum Integration des Technologietransfers
Industrielle FuE steigt typischerweise auf über 50 Prozent der gesamten FuE an	Industrielle FuE verbleibt typischerweise bei unter 25 Prozent der gesamten FuE
Entwicklung einer starken Infrastruktur in den Bereichen Wissenschaft und Technologie; später starke Verflechtungen mit der industriellen FuE	Verschlechterung der Infrastruktur in den Bereichen Wissenschaft und Technologie; schwache Verflechtungen mit dem industriellen Bereich
Hohes Investitionsniveau; hauptsächlich fließen japanische Investitionen und Technologien in die ostasiatischen Länder; starker Einfluss der japanischen Modelle des Managements und Netzwerk-Organisation	Abnahme der (vor allem US-amerikanischen) ausländischen Investitionen und niedrigeres Investitionsniveau im Allgemeinen; wenig Teilnahme an internationalen Netzwerken im Technologiebereich
Umfassende Investitionen im Bereich der weiterentwickelten Telekommunikations-Infrastruktur	Langsame Entwicklung der modernen Telekommunikation
Starke und schnell wachsende Industrien im Elektronikbereich mit hohen Exportquoten und extensivem Feedback seitens der Nutzer auf internationalen Märkten	Schwache Industrien im Elektronikbereich mit niedrigen Exporten und geringen Lerneffekten durch Präsenz auf internationalen Märkten

Quelle: Freeman, C. / Soete, L. (1997), S. 305.

Anzumerken ist hierbei, dass die asiatischen Länder von einem niedrigeren Industrialisierungsniveau und einem niedrigeren Wert des BIP pro Kopf in den 1950er Jahren „starteten" als die lateinamerikanischen Länder. Während diese beiden Ländergruppen in den 1960er und 1970er Jahren häufig zusammen als sehr schnell wachsende Schwellenländer klassifiziert wurden, begann sich in den 1980er Jahren eine Lücke zwischen ihnen aufzutun: Während in den meisten lateinamerikanischen Ländern das durchschnittliche jährliche Wachstum des BSP auf unter zwei Prozent fiel, stieg die Wachstumsrate der ostasiatischen Län-

309 Der Tertiärbereich umfasst Universitäten, Fachhochschulen und andere spezialisierte Einrichtungen (wie beispielsweise pädagogische Hochschulen oder Sporthochschulen).

der auf über acht Prozent.[310] Für diese stark divergierende wirtschaftliche Entwicklung der Länder gibt es zahlreiche Erklärungsansätze. So führten einige der asiatischen Länder beispielsweise tiefgreifendere soziale Veränderungen, wie zum Beispiel Landreformen und die Einführung der allgemeinen Schulpflicht, herbei als es in den lateinamerikanischen Ländern der Fall war.

Freeman und Soete ziehen die NIS zweier Schwellenländer als Beispiele heran: das NIS Brasiliens und Südkoreas. Bei ihrem Vergleich heben sie vor allem die Unterschiede in den Ausbildungssystemen und im Umfang der FuE-Aktivitäten im Unternehmenssektor sowie Unterschiede bezüglich der Infrastruktur im Bereich Telekommunikation und Unterschiede bezüglich der Diffusion neuer Technologien in den beiden Ländern hervor. Während Südkorea in den 1980er Jahren in diesen Bereichen stark war, war die schwache Ausgestaltung dieser Merkmale ursächlich für die langsame wirtschaftliche Entwicklung Brasiliens.[311]

Wie sich den Tabellen 5.1 und 5.2 entnehmen lässt, existierten zwischen den einzelnen Typen von NIS in den 1970er und 1980er Jahren große Unterschiede. Es scheint jedoch, als wenn diese starken Abweichungen im Laufe der 1990er Jahre allmählich schwächer geworden sind und sich die NIS weltweit stärker aneinander angeglichen haben. Ein absolutes Angleichen der Systeme scheint jedoch nicht realistisch, so dass zwischen einzelnen NIS auch heutzutage noch immer eine Reihe von (teilweise geringen) Unterschieden besteht. Ein gut funktionierendes, leistungsfähiges NIS der heutigen Zeit, welches oft zu „kopieren“ versucht und an späterer Stelle zum Vergleich herangezogen wird, stellt das finnische NIS dar.

5.2 Der Vergleich unterschiedlicher nationaler Innovationssysteme

Wie sich zeigte, verfügt jedes NIS über charakteristische Merkmale, durch die es sich von den NIS anderer Länder abgrenzt. Durch einen direkten Vergleich unterschiedlicher NIS kann herausgefiltert werden, welche Merkmale der betrachteten NIS als besonders positiv oder aber als negativ und damit als verbesserungswürdig anzusehen sind.

[310] Vgl. Freeman, C. / Soete, L. (1997), S. 304.

[311] Vgl. Freeman, C. / Soete, L. (1997), S. 304ff.

5.2.1 Methodologie des Vergleichs nationaler Innovationssysteme

Für den Vergleich einzelner NIS existieren unterschiedliche Methoden. In den anfänglichen Arbeiten, die eine komparative Analyse durchführten, wurden länderspezifische politische, sozioökonomische, institutionelle und teilweise historische Faktoren betrachtet, welche den Innovationsprozess des jeweiligen Landes beeinflussten. Bei diesen Studien standen hauptsächlich die wesentlichen Institutionen bzw. Akteure eines NIS im Vordergrund.

Eine der ersten Studien, welche das NIS und die Wirtschaft eines Landes anhand eines komparativen Ansatzes analysiert, stammt von Mjøset aus dem Jahr 1992 und behandelt die langfristige wirtschaftliche Entwicklung Irlands und die dort existierenden institutionellen Ausprägungen im Vergleich zu anderen europäischen Ländern.[312] Allerdings geht Mjøset nur ansatzweise auf die Ausgestaltung und Entwicklung des FuE-Systems und des Ausbildungssystems ein; Inputs und Outputs dieser beiden Subsysteme werden nur oberflächlich angesprochen.

Darauf folgende Arbeiten konzentrierten sich hauptsächlich auf die Analyse der existierenden FuE-Systeme, wobei die bereits kurz erwähnten *Input-* und *Outputfaktoren* als Indikatoren für den Entwicklungsstand eines NIS verwendet wurden. Als typische zu Analysezwecken herangezogene Inputfaktoren gelten in diesem Zusammenhang der Anteil am BIP, der für FuE ausgegeben wird, der Anteil der FuE-Ausgaben, der vom Unternehmenssektor getragen wird, die Zahl der Wissenschaftler, die im FuE-Bereich tätig sind etc. Als typischer Outputfaktor werden beispielsweise Patentanmeldungen verwendet. Eine vergleichende Analyse, die sich auf die Auswertung dieser Input- und Outputmaßzahlen stützt, stammt von Patel und Pavitt. Dabei betrachten die Autoren beispielsweise den Unternehmenssektor eines Landes und dessen Beitrag zu den FuE-Aktivitäten. Als Maßzahlen werden hierbei der Anteil der unternehmensfinanzierten FuE-Aktivitäten sowie Daten zu Patentanmeldungen und zur sektoralen Zusammensetzung der Industrie verwendet. Daneben wird die Rolle der Universitäten und ähnlicher Institutionen anhand von Input- und Outputfaktoren bezüglich der Grundlagenforschung untersucht, wofür unter anderem Daten zur beruflichen Qualifikation der Arbeitskräfte herangezogen werden.[313]

Doch es existieren auch zahlreiche Studien, deren Fokus auf anderen Subsystemen liegt, wie zum Beispiel dem Bildungssystem oder dem so genannten *„Governance System"*, welches den politischen Bereich umfasst. Während in den letzten Jahren immer mehr Studien zum Governance System erschienen sind, bildete die Betrachtung des FuE-Systems für lange Zeit und auch teilweise heute noch den Kern zahlreicher vergleichender Studien. Wie bereits erwähnt, stellt das in einem Land existierende FuE-System – genau wie jedes andere Sub-

[312] Vgl. Mjøset, L. (1992).

[313] Vgl. Patel, P. / Pavitt, K. (1994b), S. 81ff.

system – jedoch lediglich einen Teilbereich eines NIS dar. Eine tiefgehende, aber ausschließliche Analyse eines einzelnen Teilsystems umfasst folglich nur ein Bruchstück des gesamten NIS und stellt eine eingeschränkte Betrachtung dar. Daher kann in einer umfassenden Analyse zwar auf das vorherrschende Wissens- und Technologiegewinnungssystem eingegangen werden, es sollte jedoch nicht den ausschließlichen Analyserahmen darstellen.

Mittlerweile existiert eine Vielzahl empirischer Arbeiten, die sich als *Fallstudien* einordnen lassen. Möglich ist hierbei die detaillierte Untersuchung eines einzigen NIS – wobei eine genauere Analyse der NIS anderer Länder weitestgehend ausgegrenzt wird –,[314] der direkte Vergleich zweier oder mehrerer NIS[315] oder auch die Analyse des NIS eines Landes in Bezug auf die NIS einer Vielzahl von Ländern bzw. eine Gruppe von NIS.[316] In den vergleichenden Fallstudien werden verschiedene Bereiche des NIS eines Landes mit denen anderer Länder verglichen, so dass Stärken und Schwächen des untersuchten NIS deutlich werden. Die Methode, die in den einzelnen Fallstudien für den Vergleich verwendet wird, ist jedoch unterschiedlich. Sie reicht von der Auswertung von Befragungen, über die Verwendung wesentlicher und komplexer Input- und Outputindices bis hin zur Erstellung neuer Analyserahmen, beispielsweise zur Beurteilung des Einflusses der innerhalb des NIS existierenden Institutionen auf den Innovationsprozess.

Eine mögliche weitere Unterteilung der Studien ist die Einteilung in *politikorientierte Studien* und Studien, die *deskriptive* oder *analytische Modelle* verwenden.[317] Die wachsende Zahl *politikorientierter Studien* weist darauf hin, dass die Schaffung innovationsfördernder Rahmenbedingungen einen immer größeren Stellenwert einnimmt und bereits zu einem zentralen Ziel von Politikern geworden ist.[318] Der systemische NIS-Ansatz wird dabei verstärkt für die Ausgestaltung technologie- oder innovationspolitischer Maßnahmen herangezogen. Hierfür sind breit angelegte internationale Vergleiche der innovativen Stärken und der existierenden institutionellen Rahmen – und dabei insbesondere der in den NIS vorhandenen, auf die innovativen Aktivitäten wirkenden Anreizmechanismen – vonnöten.[319] Aus dem gestiegenen, vor allem politischen Interesse am NIS-Konzept heraus entwickelten sich *nationale Benchmarking-Studien*. Diese

---

[314] Vgl. hierzu zum Beispiel Lundvall, B.-Å. (2002) oder Niosi, J. (2000)

[315] Vgl. hierzu zum Beispiel Edquist, C. / Lundvall, B.-Å. (1993) oder Chang, P.-L. / Shih, H.-Y. (2004).

[316] Vgl. hierzu zum Beispiel Melo, A. (2001) oder Darroch, J. / Engelbrecht, H.-J. (1998).

[317] Vgl. Balzat, M. / Hanusch, H. (2004), S. 199ff.

[318] Ein Beispiel für eine breit angelegte politikorientierte Analyse von NIS stellen das MONIT-Projekt und die daraus resultierenden Veröffentlichungen der OECD dar. (Vgl. hierzu OECD (2005b), (2005c) und (2005d).)

[319] Vgl. Balzat, M. / Hanusch, H. (2004), S. 199.

Studien folgen einem bestimmten Muster: In einem ersten Schritt werden anhand diverser Indikatoren, welche die innovative Leistungsfähigkeit zum Ausdruck bringen, die am besten geeigneten politischen Maßnahmen aller betrachteten Länder herausgefiltert. Diese werden dann als Benchmark – also als Referenzgröße – betrachtet.[320] Allgemein versteht man unter Benchmarks *„(...) indicators, or operating statistics, that reveal best practices."*[321] In einem zweiten Schritt werden in Bezug auf diese besten Ergebnisse Empfehlungen für eine innovationsbezogene Politik für die einzelnen Länder erarbeitet und ausgesprochen.[322, 323] Diese Methode wird beispielsweise von der Europäischen Kommission verwendet, um die innovative Leistung und die verwendeten innovationspolitischen Maßnahmen der Mitgliedsländer zu analysieren, zu vergleichen und zu bewerten. Die daraus resultierenden Ergebnisse finden Eingang in einzelne Länderstudien.[324] In diesem Zusammenhang stellt das *Trend Chart on Innovation in Europe* unter anderem ein Forum für das Benchmarking und für den Austausch geeigneter Vorgehensweisen im Bereich der Innovationspolitik dar.[325] Benchmarking-Studien werden jedoch nicht nur im Bereich der Innovationspolitik angewendet, sondern auch in vielen weiteren Bereichen.[326] In Irland werden beispielsweise vom *National Competitiveness Council* im Auftrag der Regierung jährliche Berichte zur irischen Wettbewerbsfähigkeit mithilfe der Benchmarking-Methode vorbereitet. In der achten Ausgabe des *Annual Competitiveness Report (ACR)* von 2005 wird die Entwicklung Irlands anhand von 171 wesentlichen Indikatoren der Wettbewerbsfähigkeit im Vergleich zu 15 anderen hochentwickelten Ländern bewertet.[327]

Als Beispiele für *deskriptive Modelle* können die Arbeiten von Liu und White und von Chang und Shih angeführt werden. Liu und White untersuchen mit der von ihnen vorgestellten Methode in einem intertemporalen Vergleich das chinesische NIS, wobei das NIS zu Zeiten zentraler Planung und nach der Durchführung der tiefgreifenden Reformen analysiert wird.[328] Für den von ihnen entwi-

[320] Vgl. Balzat, M. / Hanusch, H. (2004), S. 199f.

[321] Niosi, J. (2002), S. 298.

[322] Vgl. Balzat, M. / Hanusch, H. (2004), S. 199f.

[323] Für einen tiefergehenden Einblick in die Methode des Benchmarking und ihr Für und Wider vgl. Balzat, M. (2003).

[324] Vgl. hierzu zum Beispiel European Commission (2005a) und (2005b).

[325] Vgl. European Commission (2005), Einführung.

[326] Ein ausführliches Beispiel für eine Benchmarking-Studie, anhand derer die Beziehungen zwischen dem Unternehmenssektor und dem Wissenschaftssektor (Universitäten, andere staatliche Forschungseinrichtungen) untersucht werden, resultierte aus einem Forschungsprojekt im Auftrag der Europäischen Kommission, der Enterprise DG und dem österreichischen Bundesministerium für Wirtschaft und Arbeit. (Vgl. hierzu Polt, W. et al. (2001).)

[327] Vgl. National Competitiveness Council (2005).

[328] Vgl. Liu, X. / White, S. (2001), S. 1091.

ckelten, allgemeinen Rahmen zur Analyse von Innovationssystemen werden fünf in diesem Zusammenhang wesentliche Aktivitäten als „Grundpfeiler“ verwendet: Forschung (Grundlagen, Entwicklung, Technik), Implementierung (Produktion), Endnutzung (Nutzer der aus der Produktion oder aus den Prozessen resultierenden Ergebnisse), Verbindungen (Zusammenführung komplementären Wissens) und Ausbildung. Dabei reichen diese Aktivitäten jedoch weit über das FuE-System hinaus: In diesem Modell werden sowohl wesentliche Inputs für die Forschungsaktivitäten als auch die aus der Forschung entstehenden Outputs betrachtet.[329] Im Vordergrund stehen dabei die Implikationen bezüglich der Leistungsfähigkeit, die sich aus der Struktur und der Dynamik des Systems ergeben. Dieser Ansatz konzentriert sich auf die Analyse der Merkmale einzelner Systemebenen – im Gegensatz zu der bis dahin gängigen Methode, die vor allem die Rolle und Leistungsfähigkeit spezieller Akteure, Institutionen und politischer Maßnahmen beschreibt. Für die Analyse einzelner Systemebenen spielen die Struktur des Systems, die Dynamik und die Leistungsfähigkeit eine Rolle.[330] Beispiele für zu untersuchende Merkmale von Systemebenen sind hierbei die Organisation und die Verteilung der Aktivitäten im Innovationsprozess, Kontroll- und Koordinationsmechanismen sowie Informationsflüsse, welche die Ergebnisse des Prozesses beeinflussen.[331]

Auch als die Forschung im Bereich der NIS noch verhältnismäßig schwach ausgeprägt war, wurden Äußerungen laut, dass eine bloße Darstellung der in einem NIS existierenden Akteure und der Vergleich bestimmter, den Innovationsprozess betreffender Daten, nicht ausreichend sei für den Vergleich einzelner NIS oder die Messung und Beurteilung ihrer Leistungsfähigkeit. Laut OECD sind hierfür vier Arten von Wissens- und Informationsflüssen zentral:[332]

- *Interaktionen zwischen Unternehmen*, hauptsächlich gemeinsame Forschungsaktivitäten und andere technische Zusammenarbeit,
- *Interaktionen zwischen Unternehmen, Universitäten und staatlichen Forschungsinstituten*, zu denen gemeinsame Forschungsprojekte, Ko-Patente, Ko-Publikationen und andere informale Verbindungen zählen,
- die *Wissens- und Technologiediffusion in Richtung der Unternehmen*, inklusive der Fähigkeit zur Adaption von neuen Technologien und der Diffusion durch den Kauf von Maschinen und Ausrüstung, und
- die *Mobilität der Beschäftigten*, wobei die Bewegungen des technischen Personals innerhalb und zwischen den privaten und staatlichen Sektoren im Vordergrund stehen.

---

[329] Vgl. Liu, X. / White, S. (2001), S. 1094.

[330] Vgl. Liu, X. / White, S. (2001), S. 1091, 1095.

[331] Vgl. Liu, X. / White, S. (2001), S. 1111.

[332] Vgl. OECD (1997a), S. 7 unter Abschnitt „Summary”.

Studien, welche auf der Untersuchung der genannten Wissens- und Informationsflüsse basieren, kamen zu der Schlussfolgerung, dass ein hohes Maß an technischer Zusammenarbeit, Technologiediffusion und Mobilität der Beschäftigten zu verbesserten Innovationsfähigkeiten und -kapazitäten der Unternehmen in Bezug auf die Herstellung von Produkten, die Anmeldung von Patenten und bezüglich der Produktivität beiträgt.[333]

Um ein NIS umfassend darzustellen und seine Leistungsfähigkeit zu analysieren, müssen neben der Betrachtung der Wissens- und Informationsflüsse auch die Akteure bzw. Institutionen tiefgehender in die Untersuchung miteinbezogen werden. Der Grund hierfür liegt darin, dass die Leistungsfähigkeit von NIS hauptsächlich davon abhängt, wie die einzelnen Akteure bzw. Institutionen „funktionieren" und miteinander interagieren, um innovatives Wissen zu entwickeln und anzuwenden. Daher stellen die Funktionen und die Interaktionen der Institutionen eines NIS den Schwerpunkt für Studien von NIS dar.[334]

Wie bereits unter Abschnitt 5.1.2.2 erwähnt, schlägt die OECD eine Analyse und Unterscheidung der einzelnen Institutionen hinsichtlich ihrer *wesentlichen Funktionen* vor, wobei sich eine Unterteilung in Institutionen, die politische Maßnahmen und Zielsetzungen formulieren und koordinieren, FuE finanzieren, eine Mittlerfunktion einnehmen und dazu in Beziehung stehende Funktionen ausführen (Technologietransfer und Diffusion, Förderung technologiebasierter Unternehmen, Mobilität der Humanressourcen) vornehmen lässt. Als wesentliche *Institutionen* wurden dabei der Staat, Brücken- oder Mittlerinstitutionen, private Unternehmen und von diesen finanzierte Forschungsinstitute, Universitäten und dazu in Beziehung stehende Institutionen sowie andere öffentliche und private Organisationen, die für das NIS von Bedeutung sind, identifiziert.[335] In diese Betrachtung fließen die eben genannten von der OECD betitelten Wissens- und Informationsflüsse teilweise mit ein.

Basierend auf dieser Einteilung der OECD stellen Chang und Shih einen analytischen Rahmen vor, mithilfe dessen es möglich ist, sowohl ein einziges NIS zu analysieren als auch Innovationssysteme unterschiedlicher Länder zu untersuchen und zu vergleichen. Vordergründig ist hierbei die Aussage, dass die Funktionen und Interaktionen der Akteure maßgeblich die Entwicklung und Leistungsfähigkeit von NIS bestimmen. Daher dienen bei diesem Ansatz die Funktionen und Interaktionen der einzelnen Institutionen als die beiden analytischen und komparativen Dimensionen. Dabei werden die Funktionen der im Allgemeinen in NIS existierenden Typen von Institutionen, die in den Innovationsprozess involviert sind, einzeln untersucht und verglichen, um so die Merkmale der Struktur und Leistungsfähigkeit der NIS herauszuarbeiten. Des Weite-

[333] Vgl. OECD (1997a), S. 7 unter Abschnitt „Summary".

[334] Vgl. Chang, P.-L. / Shih, H.-Y. (2004), S. 530.

[335] Vgl. OECD (1999b), S. 32.

ren werden die Interaktionen zwischen den Institutionen analysiert, um so die ihnen zugrundeliegende Dynamik und Effizienz aufzuzeigen.[336] Um die strukturellen Merkmale von NIS zu erfassen, untersuchen Chang und Shih sechs wesentliche *Funktionen* der Institutionen:[337]

- die Formulierung politischer Maßnahmen und Ziele,
- die Durchführung von FuE,
- die Finanzierung von FuE,
- die Förderung der Entwicklung der Humanressourcen,
- das so genannte *„Technology bridging"*, also die Wahrnehmung der Mittlerfunktion im Technologiebereich, sowie
- die Förderung technologiebasierten Unternehmertums.

Darüber hinaus werden vier wesentliche zwischen den betrachteten Institutionen stattfindende *Interaktionen* untersucht, um die Dynamik und Effizienz der NIS darzustellen:[338]

- die Zusammenarbeit im FuE-Bereich,
- informelle Interaktionen,
- die Diffusion von Technologie und technologischem Wissen und
- die Personalmobilität.

Für die Analyse der Interaktionen fassen Chang und Shih die beiden ersten von der OECD genannten Bereiche (Interaktionen zwischen Unternehmen; Interaktionen zwischen Unternehmen, Universitäten und staatlichen Forschungsinstituten) zu einem einzigen Bereich, nämlich Zusammenarbeit im FuE-Bereich, zusammen. Die beiden Rubriken Wissens- und Technologiediffusion in Richtung der Unternehmen und Mobilität der Beschäftigten werden als Untersuchungskriterien übernommen, und eine neue Größe – informelle Interaktionen – wird hinzugefügt.[339]

Zwischenstaatliche Vergleiche in Bezug auf die innovative Leistung sind auch auf *formalem* Wege möglich. Als Beispiel hierfür kann unter anderem das von Furman, Porter und Stern entwickelte Konzept der *„nationalen innovativen Kapazität"* – im Original *„national innovative capacity (NIC)"* – angeführt werden. Ausgangspunkt für die Analyse sind die bestehenden Unterschiede in der Innovationsintensität entwickelter Volkswirtschaften. Die Autoren suchten daher nach einer Möglichkeit, die Determinanten der nationalen Generierung internationaler Patente empirisch zu untersuchen.[340] Dieser Ansatz stützt sich

[336] Vgl. Chang, P.-L. / Shih, H.-Y. (2004), S. 538.

[337] Vgl. Chang, P.-L. / Shih, H.-Y. (2004), S. 529f.

[338] Vgl. Chang, P.-L. / Shih, H.-Y. (2004), S. 529.

[339] Vgl. Chang, P.-L. / Shih, H.-Y. (2004), S. 530f.

[340] Vgl. Furman, J. L. / Porter, M. E. / Stern, S. (2002), S. 899.

auf drei unterschiedliche theoretische Konzepte: die endogene Wachstumstheorie,[341] die clusterbasierte, von Porter entwickelte Theorie der nationalen industriellen Wettbewerbsvorteile[342] und auf die bisherige Forschung im Bereich nationaler Innovationssysteme. Durch jede dieser Theorien können länderspezifische Faktoren, die den Fluss von Innovationen beeinflussen, herausgearbeitet werden.[343] Furman, Porter und Stern kombinieren diese Theorien. Die nationale innovative Kapazität ergibt sich dabei als die Fähigkeit, einen Strom von innovativer Technologie auf lange Sicht zu generieren und zur Marktreife zu bringen. Dabei hängt die NIC von verschiedenen Faktoren ab: von der Stärke bzw. der Ausgestaltung der im Land vorhandenen, auf Innovationen ausgerichteten Infrastruktur, die in den industriellen Clustern herrschenden Bedingungen für Innovationen und von der Stärke und Ausgestaltung der Verbindungen zwischen diesen beiden Faktoren.[344] Für die Berechnungen werden jedem dieser Faktoren diverse direkte und indirekte Maßzahlen zugeordnet, die dann Eingang in die Regressionsgleichung finden.[345]

Eine weitere Methode, strukturelle und organisatorische Unterschiede verschiedener NIS hervorzuheben und zu analysieren, stellt das so genannte *„Mapping"* (nationaler) Innovationssysteme dar. Wie dem Namen zu entnehmen ist, wird hierbei eine Art Landkarte (deren grafische Form einem Spinnennetz ähnelt) anhand einer Vielzahl von Indikatoren erstellt. Mithilfe dieser Methode gelingt es, die wesentlichen Dimensionen von NIS zu quantifizieren und grafisch in einem zweidimensionalen Raum darzustellen, wodurch der Vergleich unterschiedlicher NIS vereinfacht wird. Darüber hinaus können die schwächer und stärker ausgeprägten Dimensionen einzelner NIS identifiziert und die Entwicklung des Systems zu einem Zeitpunkt im Vergleich zu einem anderen beurteilt werden.[346] Godinho, Mendonça und Pereira verwenden hierfür acht Dimensionen, welche als repräsentativ für die Multidimensionalität von NIS angesehen werden:[347]

- Angebot an Ressourcen,
- Akteure eines NIS und ihr Verhalten,
- Interaktivität und Verbindungen,
- institutionelle Vielfältigkeit und Entwicklung,
- externe Kommunikation („Absorption"),
- ökonomische Struktur,

[341] Vgl. hierzu zum Beispiel Romer, P. M. (1990) oder Abschnitt 3.2 der vorliegenden Arbeit.

[342] Vgl. Porter, M. E. (1998b).

[343] Vgl. Furman, J. L. / Porter, M. E. / Stern, S. (2002), S. 900.

[344] Vgl. Furman, J. L. / Porter, M. E. / Stern, S. (2002), S. 899 und in Detail S. 900.

[345] Vgl. Furman, J. L. / Porter, M. E. / Stern, S. (2002), S. 914ff.

[346] Vgl. Godinho, M. M. / Mendonça, S. F. / Pereira, T. S. (2003), Abstract, Introduction.

[347] Vgl. Godinho, M. M. / Mendonça, S. F. / Pereira, T. S. (2003), Abschnitt 3.2.

- Innovation und
- Diffusion.

Diese Dimensionen werden mithilfe einer Vielzahl von Variablen (insgesamt 38 relevante plus einige Hilfsvariablen)[348] analysiert und später grafisch dargestellt. Godinho, Mendonça und Pereira stellen die Ergebnisse für die 14 untersuchten Länder im Jahr 1996 und 2000 grafisch dar, wobei allerdings aufgrund der relativ hohen Länder- und somit Linienzahl die Übersichtlichkeit verloren geht. In Abbildung 5.5, die einen Überblick darüber gibt, wie so eine „Map" aussieht, werden daher nur vier der untersuchten Länder (Irland, Finnland, Deutschland und die USA) dargestellt.

Abbildung 5.5: Mapping der unterschiedlichen Dimensionen von NIS im Jahr 2000

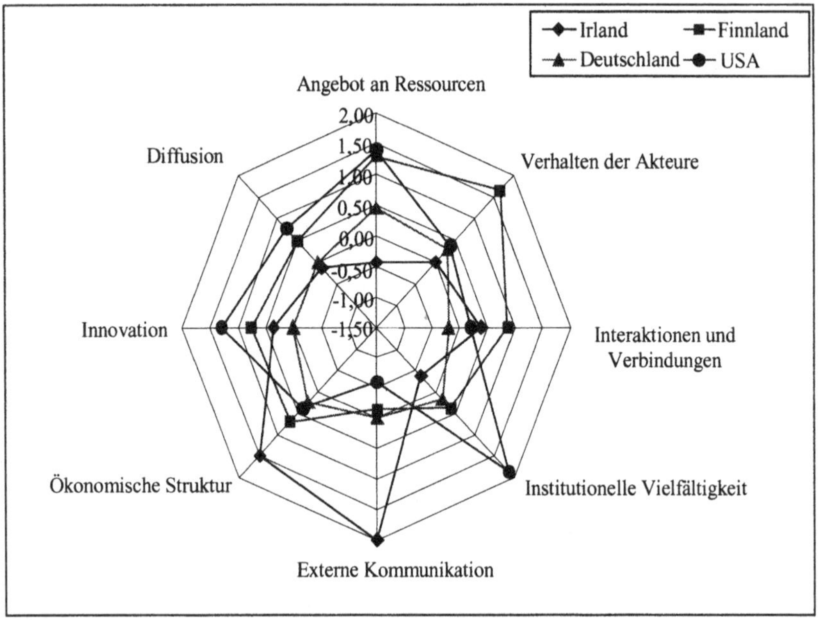

Quelle: eigene Darstellung in Anlehnung an Godinho, M. M. / Mendonça, S. F. / Pereira, T. S. (2003), Abschnitt 4., Abbildung 1.

348 Als Variablen für das Angebot an Ressourcen werden beispielsweise der Anteil der vom Staat finanzierten FuE am BIP, der Anteil der vom Unternehmenssektor finanzierten FuE am BIP oder die Zahl der Forscher pro 10.000 Arbeitskräfte verwendet. Die gesamten verwendeten Variablen lassen sich entnehmen aus Godinho, M. M. / Mendonça, S. F. / Pereira, T. S. (2003), Abschnitt 3.2., Tabelle 1.

Die Linien in Abbildung 5.5 stellen hierbei jeweils das NIS eines Landes dar; die Symbole auf den Linien stehen für den Wert, den das jeweilige NIS bei einer Dimension „erreicht“ hat. Genauere Erläuterungen zur grafischen Darstellung des irischen und finnischen NIS und ihrer zugrunde liegenden Methodik folgen unter Abschnitt 5.2.2.

Um die Entwicklung der einzelnen NIS aufzuzeigen, erstellten Godinho, Mendonça und Pereira zunächst eine Karte für das Jahr 1996 und darauf folgend eine Karte für 2000. Hierdurch wird die Entwicklung der einzelnen NIS hinsichtlich der unterschiedlichen Dimensionen und im Vergleich zu den anderen NIS deutlich. An dieser Stelle sei kurz angemerkt, dass vor allem das finnische NIS zu beiden Zeitpunkten eine hohe Leistungsfähigkeit in nahezu allen Dimensionen aufweist. Doch auch das irische NIS gehörte sowohl 1996 als auch 2000 zu den neun leistungsfähigsten NIS.[349] Genauer wird auf die Studie von Godinho, Mendonça und Pereira und ihre Aussagen bezüglich des irischen und finnischen NIS im folgenden Abschnitt 5.2.2 eingegangen.

5.2.2 Bisherige Analysen des irischen und finnischen nationalen Innovationssystems

Es lässt sich feststellen, dass sich Irland und Finnland hinsichtlich ihrer wirtschaftlichen, historischen und geografischen Merkmale ähneln. Bei beiden handelt es sich um kleine offene Volkswirtschaften, die in einer peripheren Lage im Vergleich zum Rest von Europa gelegen sind, und lange Zeit unter fremder Herrschaft standen. Betrachtet man die wirtschaftliche Entwicklung beider Länder, so zeigt sich, dass sowohl Irland als auch Finnland in den 1990er Jahren hohe Wachstumsraten aufzuweisen hatte. Allerdings muss hierbei angemerkt werden, dass die hinter dem Wirtschaftswachstum stehende Strategie jeweils eine andere war. Während Irland, wie erläutert, ab den 1960er Jahren das Wachstum durch die Attrahierung ausländischer Direktinvestitionen und durch hohe Exporte vorantrieb, war das Wachstum in Finnland vielmehr technologiebasiert und von einer starken heimischen Industrie vorangetrieben. Tabelle 5.3 fasst die wesentlichen Gemeinsamkeiten und Unterschiede zwischen den beiden Ländern kurz zusammen.

Wie bereits eingangs erwähnt, verfügt Finnland – das mittlerweile als das Land mit der höchsten Spezialisierung auf den Bereich der Informations- und

349 Vgl. Godinho, M. M. / Mendonça, S. F. / Pereira, T. S. (2003), Abschnitt 4, Abbildung 3 und 5.

Kommunikationstechnologie (IKT) weltweit gilt –[350,351] über ein hochentwickeltes und wirkungsvolles NIS. Es stellt sich nun die Frage, inwieweit sich das NIS Irlands in den letzten Jahrzehnten entwickelt hat und wie seine Leistungsfähigkeit im Vergleich zum finnischen NIS zu beurteilen ist. Die folgenden Abschnitte geben einen Überblick über die bisher existierenden Studien des irischen NIS.

Tabelle 5.3: Überblick über Merkmale Irlands und Finnlands

Irland	Finnland
kleine offene Volkswirtschaft	kleine offene Volkswirtschaft
periphere Lage in Bezug auf Europa	periphere Lage in Bezug auf Europa
Vorherrschaft Großbritanniens, dadurch politische und wirtschaftliche Abhängigkeit; Kampf um Unabhängigkeit	Vorherrschaft Russlands, allerdings eigene finnische Verfassung; Kampf um Unabhängigkeit
Nähe zu USA (Sprache, Kultur)	Prägung durch russische Kultur
agrarisch geprägt (wie Dänemark)	ressourcenbasiert (wie Schweden)
Wachstum unter anderem durch ausländische Direktinvestitionen und Exporte	technologiebasiertes Wachstum
hoher Anteil ausländischer Unternehmen und relativ schwache heimische Industrie	niedriger Anteil ausländischer Unternehmen und starke heimische Industrie

Quelle: eigene Darstellung.

Während der Arbeit an diesem Thema fiel vor allem auf, dass das finnische NIS seit den frühen 1990er Jahren ausgiebig in der Literatur behandelt wurde. Dem irischen NIS kam hingegen weitaus weniger Beachtung zu – trotz der „warnenden" Aussagen und Ratschläge zum Ausbau des irischen NIS, die Mjøset bereits 1992 in seiner Studie äußerte. Erst seit Anfang der 2000er Jahre lassen sich verstärkt Betrachtungen und Analysen des irischen NIS finden, die sich jedoch meistens auf einzelne Teilbereiche des Systems konzentrieren. So existieren zum Beispiel Studien zu den in Irland bestehenden Innovationsnetzwerken,[352] zur Bedeutung der Grundlagenforschung für das irische NIS,[353] zur Entwicklung des irischen Clusters im IKT-Bereich,[354] zum Zusammenhang zwischen dem NIS – oder genauer dem nationalen technologischen Innovationssystem (NTIS) – und ausländischen Direktinvestitionen[355] oder zum Einfluss des NIS

[350] Vgl. Koski, H. / Rouvinen, P. / Ylä-Anttila, P. (2001), S. 4ff. und Ylä-Anttila, P. / Palmberg, C. (2005), S. 1 sowie Ylä-Anttila, P. (2005), unter Abschnitt „Economic and innovation performance".

[351] Dabei ist anzumerken, dass Irland mittlerweile ebenfalls zu den Ländern mit der höchsten IKT-Spezialisierung zählt und gemeinsam mit Finnland diesbezüglich an der Spitze liegt.

[352] Vgl. Forfás (2004a).

[353] Vgl. Arnold, E. / Thuriaux, B. (2001).

[354] Vgl. Green, R. (2000).

[355] Vgl. Calliano, R. / Carpano, C. (2000).

eines Landes auf das Unternehmertum[356]. Daneben wurde bereits eine Reihe politikorientierter Studien, welche das irische *„innovation governance system“* untersuchen, veröffentlicht.[357] Umfassende Studien, welche das irische NIS in seiner Gänze betrachten und analysieren, sind jedoch bisher relativ rar.

Die erste umfassende komparative Analyse der irischen Wirtschaft und des NIS stellt die bereits erwähnte, von Mjøset verfasste Studie aus dem Jahr 1992 dar. Somit wurde die Studie zu einem Zeitpunkt veröffentlicht, als der Wirtschaftsboom noch nicht unbedingt absehbar und das NIS relativ rudimentär ausgeprägt war. Im Rahmen der Untersuchungen wurde die langfristige sozioökonomische Entwicklung Irlands im Vergleich zu fünf anderen europäischen Ländern – Dänemark, Finnland, Österreich, Schweden und der Schweiz – analysiert. Im Vordergrund der Betrachtung stehen die irische Wirtschaft und ihre Institutionen, die denen anderer Länder gegenübergestellt werden. Mjøset geht dabei insbesondere auf länderspezifische Faktoren ein, die sich aus dem historischen Kontext ergeben bzw. entwickelt haben. Der Grund für die jahrzehntelange schlechte Entwicklung der irischen Wirtschaft lag Mjøset zufolge vor allem in der schwachen Präsenz und Entwicklung der heimischen Industrie. Die von ihm betrachteten Vergleichsländer bauten hingegen einen leistungsstarken industriellen Sektor auf, was durch die jeweiligen bereits weiter entwickelten NIS unterstützt wurde. Mjøset weist in seiner Studie des öfteren auf das zur damaligen Zeit schwach ausgeprägte irische NIS hin, das somit nicht in der Lage war, die wirtschaftlichen Krisen des Landes abzumildern. Irland hatte seit den 1950er Jahren versucht, ein fremdes Innovationssystem zu importieren, welches vor allem auf amerikanischen, britischen und deutschen Einflüssen basierte. Als nachteilig erwies sich dabei, dass die heimischen Unternehmen kaum in der Lage waren, Verbindungen zu den ausländischen, im Land ansässigen Unternehmen herzustellen und somit aus deren Präsenz im Land nur wenig profitierten. Laut Mjøset bestand die „Hauptaufgabe“ Irlands in den 1990er Jahren darin, ein NIS aufzubauen und zu stimulieren.[358]

Eine der wenigen aktuellen Studien, in denen versucht wird, das komplexe irische NIS in seiner Gesamtheit zu analysieren, stammt von Pontikakis, McDonnell und Geoghegan.[359] Der von ihnen vorgeschlagene Analyserahmen konzentriert sich auf die Betrachtung der für den Wissenschafts-, Technologie- und Innovationsbereich wichtigen Akteure – im Englischen Science, Technology and Innovation, kurz STI-Akteure. Hierbei unterteilen sie diese Akteure ihren Funktionen bzw. den von ihnen im NIS eingenommenen Rollen entsprechend in

[356] Vgl. Golden, W. / Higgins, E. / Lee, S. H. (2003).

[357] Vgl. hierzu zum Beispiel Hilliard, R. / Green, R. (2005), Ramirez, P. / Scott, M. / Golden, W. (2005) oder European Commission (2005a) und (2005b).

[358] Vgl. Mjøset, L. (1992), S. 17f.

[359] Vgl. Pontikakis, D. / McDonnell, T. / Geoghegan, W. (2005).

- *Policy Makers*, die einerseits für die Formulierung und Implementierung innovationspolitischer Instrumente und andererseits für die Finanzierung bzw. finanzielle Unterstützung der Innovationsaktivitäten zuständig sind,
- *Policy Enactors*, zu denen all diejenigen öffentlichen Institutionen zählen, welche die beschlossenen politischen Maßnahmen umsetzen oder ausführen und die in einem direkten Kontakt zu den FuE-betreibenden Organisationen stehen,
- *Technology Producers*, welche, wie der Name bereits verrät, neue Technologien und neues Wissen produzieren,
- *Technology Users*, die das neu gewonnene Wissen oder die neuen Technologien an- oder verwenden, und
- *Technology Lobbyists*, wobei unter *„Technology Lobbying"* so etwas wie der Feedback-Mechanismus des NIS zu verstehen ist. Die zu dieser Gruppe zählenden Institutionen leiten Informationen, die für Veränderungen im institutionellen Rahmen ausschlaggebend sind, an die Policy Makers und Enactors.[360]

Dabei kommen Pontikakis, McDonnell und Geoghegan zu dem Schluss, dass das irische NIS, das über eine Vielzahl unterschiedlicher STI-Akteure verfügt, zunehmend produktiv und durch die Anstrengungen seitens der Regierung in seiner Entwicklung weiter vorangetrieben wird.[361]

In einer bisher unveröffentlichten Studie von Romanainen[362], die im Auftrag der *Enterprise Strategy Group* durchgeführt wurde, wird das irische NIS mit Blick auf die wesentlichen Systemeigenschaften analysiert und teilweise mit dem NIS Finnlands und anderer Länder verglichen. Im Vordergrund stehen dabei die Anforderungen an das NIS, welche sich aus dem Übergang zu einer wissensbasierten Volkswirtschaft ergeben. Folgende Systemeigenschaften werden untersucht: die existierende Wissensbasis, die vorherrschenden Rahmen- und Marktbedingungen, der Wissenstransfer und die Anpassungs- und Lernfähigkeit.[363] Bei der Betrachtung der einzelnen Punkte gelangt Romanainen zu diversen Schlussfolgerungen und spricht eine Reihe von Empfehlungen aus.

Sowohl das finnische als auch das irische NIS zählten 1996 und 2000 laut Godinho, Mendonça und Pereira zu den leistungsfähigsten NIS der OECD.[364] Unter Abschnitt 5.2.1 wurde bereits eine Karte vorgestellt, in welcher die NIS Irlands, Finnlands, Deutschlands und der USA gemeinsam dargestellt wurden.

---

[360] Vgl. Pontikakis, D. / McDonnell, T. / Geoghegan, W. (2005), S. 3 und 8ff.

[361] Vgl. Pontikakis, D. / McDonnell, T. / Geoghegan, W. (2005), S. 19.

[362] Vgl. Romanainen, J. (2004).

[363] Vgl. Romanainen, J. (2004), S. 1.

[364] Vgl. Godinho, M. M. / Mendonça, S. F. / Pereira, T. S. (2003), Abschnitt 4., Abbildung 3 und 5.

Zur Verdeutlichung der unterschiedlichen Ausprägungen der einzelnen NIS werden in Abbildung 5.6 die Karten für die vier genannten Länder noch einmal einzeln für das Jahr 2000 dargestellt.

Abbildung 5.6: Karten des NIS Irlands, Finnlands, Deutschlands und der USA für 2000

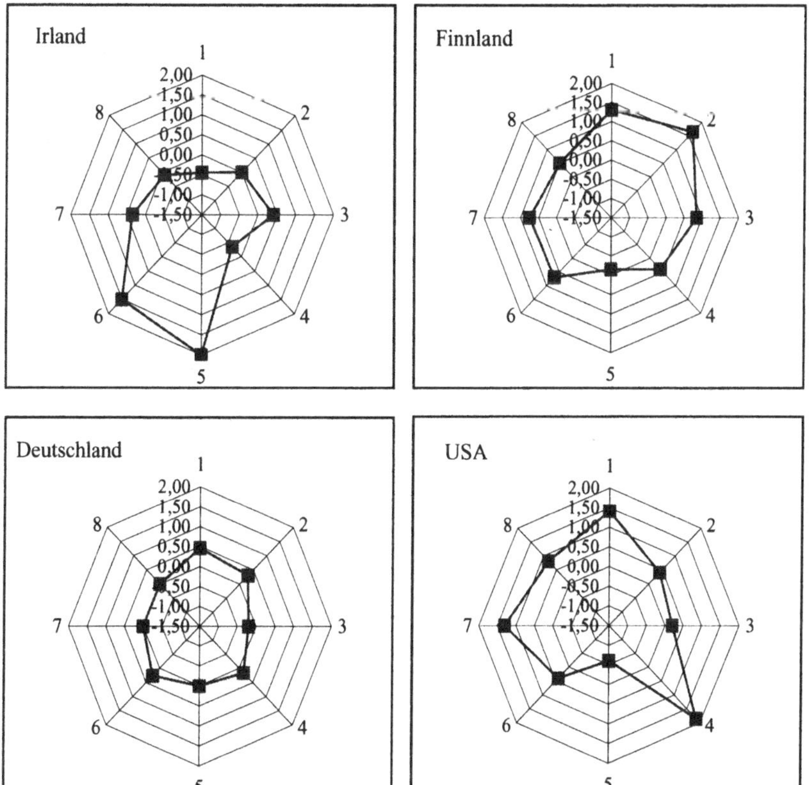

Quelle: eigene Darstellung in Anlehnung an Godinho, M. M. / Mendonça, S. F. / Pereira, T. S. (2003), Abschnitt 4., Abbildung 5.

Anmerkung: Aus Platzgründen wurden die einzelnen Dimensionen nur mithilfe von Ziffern dargestellt; 1: Angebot an Ressourcen, 2: Verhalten der Akteure, 3: Interaktionen und Verbindungen, 4: Institutionelle Vielfältigkeit, 5: Externe Kommunikation, 6: Ökonomische Struktur, 7: Innovation und 8: Diffusion.

Aus Abbildung 5.6 wird deutlich, dass die acht Dimensionen in jedem der betrachteten NIS unterschiedlich stark ausgeprägt sind und sich daher unterschiedliche grafische Formen ergeben. Obwohl es sich bei jedem der vier Länder um eine Industrienation mit einem relativ hohen Pro-Kopf-Einkommen handelt, sind die NIS der Länder einander kaum oder gar nicht ähnlich.

Im Folgenden wird betrachtet, ob und wie sich die Ausprägungen des irischen und finnischen NIS im Jahr 2000 im Vergleich zu 1996 verändert haben. Abbildung 5.7 und 5.8 stellen anhand der Methode des Mapping das NIS Irlands und Finnlands jeweils für die Jahre 1996 und 2000 grafisch dar.

Abbildung 5.7: Das irische NIS 1996 und 2000

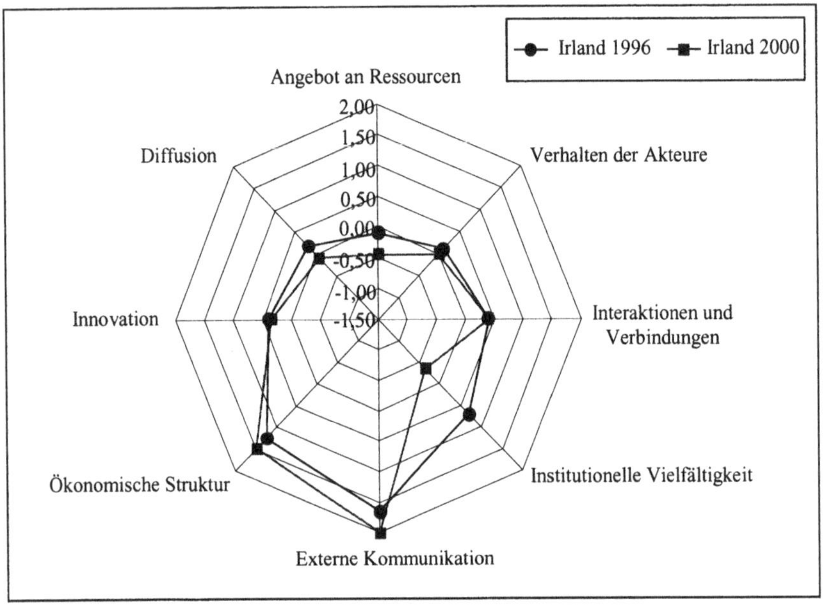

Quelle: eigene Darstellung in Anlehnung an Godinho, M. M. / Mendonça, S. F. / Pereira, T. S. (2003), Abschnitt 4., Abbildung 3 und 5.

Vergleicht man die Form des irischen NIS im Jahr 2000 mit der Ausgestaltung des NIS im Jahr 1996, so wird deutlich, dass sich das NIS innerhalb dieser vier Jahre in den Dimensionen externe Kommunikation und ökonomische Struktur leicht verbessert hat. Gleich stark geblieben ist die Ausprägung der Dimension Interaktionen und Verbindungen; in den übrigen fünf Dimensionen hingegen erreichte das irische NIS im Jahr 2000 geringere Werte als dies noch 1996 der Fall war. Insbesondere der Punkt institutionelle Vielfältigkeit ist schwächer ausgeprägt.[365]

[365] Godinho, Mendonça und Pereira zählen zur institutionellen Vielfältigkeit alle ordnungspolitischen Aspekte, welche die Handlungen der Akteure beeinflussen. Zur Berechnung dieser Dimension zogen sie unter anderem den Anteil der kleinen und mittelständischen Un-

Wie aus Abbildung 5.8 hervorgeht, erreicht das finnische NIS im Jahr 2000 in den Dimensionen Angebot an Ressourcen und Verhalten der Akteure höhere Werte als 1996. Die übrigen Dimensionen – bis auf den Bereich Diffusion, der 2000 weniger stark ausgeprägt war als dies noch 1996 der Fall war – haben sich nicht stark verändert.

Abbildung 5.8: Das finnische NIS 1996 und 2000

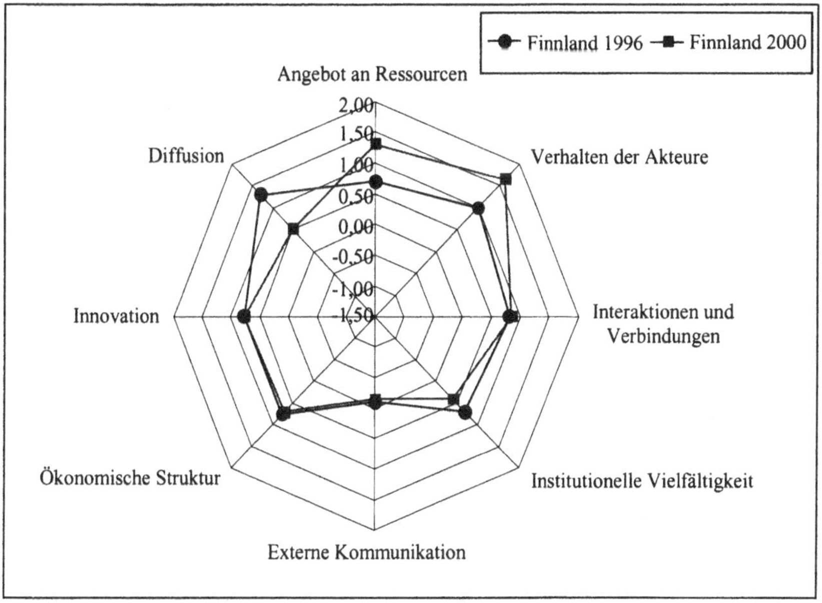

Quelle: eigene Darstellung in Anlehnung an Godinho, M. M. / Mendonça, S. F. / Pereira, T. S. (2003), Abschnitt 4., Abbildung 3 und 5.

Ein *absoluter* Zuwachs oder Rückgang der Werte von Zeitpunkt eins (1996) auf Zeitpunkt zwei (2000) kann dabei jedoch nicht abgelesen bzw. gemessen werden. Ein Vergleich der Entwicklung der einzelnen NIS ist dennoch möglich. Hierfür berechnen Godinho, Mendonça und Pereira, wie sich die einzelnen NIS in Beziehung zu dem Durchschnittswert eines jeden Jahres entwickelt haben. Hierdurch kann dann ein Vergleich der relativen Größe eines jeden NIS in beiden Jahren erfolgen.[366] Tabelle 5.4 zeigt die relative Entwicklung der einzelnen

ternehmen, die kooperierten, um Innovationen hervorzubringen, und den Anteil der Venture Capital-Investitionen am BIP des jeweiligen Landes heran. (Vgl. Godinho, M. M. / Mendonça, S. F. / Pereira, T. S. (2003), Abschnitt 3.2., Tabelle 1.)

[366] Vgl. Godinho, M. M. / Mendonça, S. F. / Pereira, T. S. (2003), Abschnitt 4.

betrachteten NIS. Der hier dargestellte Indikator der Entwicklung der NIS ergibt sich aus der Berücksichtigung der Distanz zwischen jedem einzelnen NIS und dem Durchschnitt der 14 betrachteten Länder jeweils im Jahr 1996 und 2000. Positive Werte geben hierbei an, dass ein Land sich mit einer höheren Geschwindigkeit – sprich dynamischer – entwickelt hat als der Durchschnitt, während die Länder, die einen negativen Wert aufweisen, sich mit einer niedrigeren Geschwindigkeit entwickelt haben.[367] Anhand dieser Werte zeigt sich, dass sich das finnische NIS mit einer im Vergleich zu den anderen Ländern relativ hohen Geschwindigkeit entwickelt hat. Das irische NIS stellt hingegen bezüglich seiner Entwicklungsgeschwindigkeit das Schlusslicht der betrachteten Gruppe dar; es entwickelte sich am wenigsten dynamisch.

Tabelle 5.4: Relative Entwicklung der NIS

2000-1996	
Portugal	0,12
Dänemark	0,09
Italien	0,08
Deutschland	0,07
Finnland	0,05
Südkorea	0,02
USA	0,01
Griechenland	0,01
Spanien	0,00
Japan	-0,02
Mexiko	-0,05
Frankreich	-0,10
Großbritannien	-0,15
Irland	-0,18

Quelle: Godinho, M. M. / Mendonça, S. F. / Pereira, T. S. (2003), Abschnitt 4., Tabelle 4.

Godinho, Mendonça und Pereira schätzen darüber hinaus die „Größe“ der einzelnen NIS. Die Größe eines NIS oder die gesamte Dimension eines NIS wurde hierbei berechnet als die Fläche innerhalb der Linie, welche das jeweilige NIS repräsentiert.[368] Tabelle 5.5 zeigt die berechneten Werte in absteigender Reihenfolge für die Jahre 1996 und 2000.

Aus Tabelle 5.5 wird deutlich, dass in Irland ein relativ „großes“ NIS existiert; Irland rangiert hierbei sowohl 1996 als auch 2000 auf Platz drei der betrachteten Länder. An erster Stelle, noch vor den USA, befindet sich Finnland mit seinem umfassenden NIS. Auch aus den Abbildungen 5.6 und 5.8 wird deutlich, dass die einzelnen Dimensionen des finnischen NIS zumeist stark ausge-

[367] Vgl. Godinho, M. M. / Mendonça, S. F. / Pereira, T. S. (2003), Abschnitt 4.

[368] Vgl. Godinho, M. M. / Mendonça, S. F. / Pereira, T. S. (2003), Abschnitt 4.

prägt sind. Aus den von Godinho, Mendonça und Pereira berechneten Daten bezüglich der Größe der NIS geht hervor, dass das irische NIS 2000 im Vergleich zu 1996 anscheinend leicht „geschrumpft" ist, während sich der Umfang des finnischen geringfügig vergrößert hat.

Tabelle 5.5: Geschätzte Werte der Größe der NIS

1996		2000	
Finnland	20,70	Finnland	21,22
USA	20,35	USA	20,47
Irland	18,39	Irland	16,41
Großbritannien	16,26	Südkorea	15,67
Südkorea	15,49	Japan	14,56
Japan	14,77	Großbritannien	14,51
Dänemark	13,49	Dänemark	14,46
Deutschland	11,87	Deutschland	12,67
Frankreich	11,84	Frankreich	10,73
Spanien	6,59	Spanien	6,63
Italien	5,61	Italien	6,47
Portugal	5,11	Portugal	6,43
Griechenland	5,01	Griechenland	5,08
Mexiko	3,14	Mexiko	2,59

Quelle: Godinho, M. M. / Mendonça, S. F. / Pereira, T. S. (2003), Abschnitt 4., Tabelle 2.

Ein weiterer Punkt, der von Godinho, Mendonça und Pereira untersucht wurde, ist die Frage der „Gleichmäßigkeit". Hierbei wird beurteilt, ob die Dimensionen eines NIS eher gleichmäßig oder ungleichmäßig stark ausgeprägt sind. Dies kann zum einen dadurch ermittelt werden, indem untersucht wird, ob die entsprechende Linie eine regelmäßige Form hat, bei der alle acht Dimensionen die gleiche Entfernung vom Mittelpunkt des Diagramms aufweisen, oder ob sich eher eine unregelmäßige Form zeigt. Ein gleichmäßiges grafisches Muster weisen zum Beispiel Deutschland und Frankreich auf, wobei alle acht Dimensionen der NIS ungefähr gleich stark ausgeprägt sind. Zum anderen kann die Gleichmäßigkeit als die Standardabweichung der Werte eines jeweiligen Landes für jedes Jahr und für jede der acht Achsen berechnet werden. Ein Wert näher an Null bedeutet, dass das Land ungefähr die gleiche relative Größe in jeder der acht Dimensionen aufweist, während ein Wert näher an eins anzeigt, dass das betrachtete Land ein eher ungleichmäßiges NIS aufzuweisen hat.[369] Tabelle 5.6 zeigt die Ergebnisse dieser Berechnungen.

Wie aus den Zahlen ersichtlich wird, weisen das irische und das südkoreanische NIS einen hohen Grad an Ungleichmäßigkeit auf, was darauf zurückzuführen ist, dass einige Dimensionen besonders stark, andere dagegen besonders

[369] Vgl. Godinho, M. M. / Mendonça, S. F. / Pereira, T. S. (2003), Abschnitt 4.

schwach ausgeprägt sind. Wie bereits aus den Abbildungen 5.6 und 5.7 deutlich wurde, sind im irischen NIS vor allem die Dimensionen externe Kommunikation und ökonomische Struktur stark ausgeprägt, das heißt es werden in diesen Rubriken weit vom Mittelpunkt entfernt gelegene Werte erreicht, während beispielsweise das Angebot an Ressourcen einen sehr niedrigen Wert aufweist. Aus Tabelle 5.6 wird ebenfalls ersichtlich, dass die Unregelmäßigkeit des irischen NIS sogar noch zugenommen hat.

Tabelle 5.6: Ergebnisse bezüglich der Gleichmäßigkeit der untersuchten NIS

1996		2000	
Spanien	0,14	Deutschland	0,22
Deutschland	0,27	Frankreich	0,26
Frankreich	0,32	Großbritannien	0,26
Italien	0,33	Spanien	0,27
Großbritannien	0,34	Italien	0,32
Dänemark	0,39	Griechenland	0,43
Finnland	0,40	Dänemark	0,46
Portugal	0,42	Finnland	0,57
Griechenland	0,55	Portugal	0,57
Irland	0,62	Mexiko	0,64
Japan	0,62	Japan	0,64
USA	0,67	Südkorea	0,77
Mexiko	0,70	USA	0,79
Südkorea	0,74	Irland	0,87

Quelle: Godinho, M. M. / Mendonça, S. F. / Pereira, T. S. (2003), Abschnitt 4., Tabelle 2.

Wie anhand der vorangehenden Ausführungen deutlich wird, werden in den hier angeführten Analysen des irischen und finnischen NIS entweder einzelne Bereiche tiefergehend untersucht oder die Merkmale werden, wie bei Godinho, Mendonça und Pereira, versucht zu quantifizieren, wobei allerdings eine detailliertere Betrachtung des Systemaufbaus und der stattfindenden Interaktionen außer Acht gelassen wird. Die in Kapitel 6 erfolgende komparative Analyse stellt den Versuch dar, das irische und zum Vergleich das finnische NIS in ihrer Gänze zu erfassen und zu untersuchen.

6 Komparative Analyse des irischen und finnischen nationalen Innovationssystems

Im Rahmen der komparativen Analyse wird das in Irland existierende NIS dargestellt, analysiert und mit dem finnischen NIS verglichen. Wie bereits kurz erwähnt, wird als Vergleichsland Finnland herangezogen, da es sich hierbei ebenfalls um eine kleine offene und peripher gelegene Volkswirtschaft handelt, die wirtschaftlich erfolgreich ist und deren NIS in den letzten Jahren – sei es in der Literatur, bei Konferenzen bezüglich des Themas nationaler Innovationssysteme oder in politischen Diskussionen – oft als Referenz herangezogen wurde und wird.

Mit den unter Abschnitt 5.2.1 vorgestellten, unter anderem formalen Methoden ist es möglich, einzelne NIS und deren Leistungsfähigkeit im Allgemeinen und hinsichtlich einzelner Merkmale miteinander zu vergleichen. Darüber hinaus können die unterschiedlichen NIS in eine Art Reihenfolge gebracht werden, so dass NIS, die in einigen oder mehreren Bereichen besonders leistungsfähig sind, eine „Vorbildposition" einnehmen. Häufig versuchen andere Länder daraufhin, diese positiven Merkmale zu kopieren und in ihr eigenes NIS zu integrieren, um so dessen Aufbau und Funktionsweise zu verbessern und letztendlich die Leistungsfähigkeit zu erhöhen. Soll jedoch ein einzelnes NIS analysiert oder zwei bestimmte NIS und die für sie typischen Merkmale sowie ihre Leistungsfähigkeit detaillierter miteinander verglichen werden, so erscheinen die vorgestellten Ansätze teilweise als nicht genügend tief reichend.

Wie sich zeigte, existiert keine aktuelle Studie, welche das irische NIS in seiner Gänze und gleichzeitig tief gehend untersucht. Beispielsweise analysieren Pontikakis, McDonnell und Geoghegan das NIS Irlands in seiner Gesamtheit, betrachten die einzelnen Aspekte nach Meinung der Autorin jedoch nicht detailliert genug. Gleiches lässt sich für die Analyse von Godinho, Mendonça und Pereira feststellen. Andere der unter Abschnitt 5.2.2 aufgeführten Untersuchungen betrachten wiederum nur einen Teilbereich des irischen NIS, wobei dieser sehr detailliert analysiert wird, andere Bereiche des NIS jedoch außer Acht gelassen werden. Im Rahmen der vorliegenden Arbeit wird daher der Versuch unternommen, das irische NIS sowohl in seiner Gesamtheit als auch detailliert zu analysieren und mit einem besonders effizienten NIS – dem finnischen –, das als Benchmark angesehen werden kann, zu vergleichen. Für die als Fallstudie zu bezeichnende Untersuchung wird ein deskriptives Modell verwendet.

Im Vordergrund der im Rahmen der vorliegenden Arbeit durchgeführten komparativen Analyse stehen die Akteure des irischen und finnischen NIS – genauer gesagt ihre *Funktionen* und *Interaktionen* –, da diese maßgeblich die Entwicklung und die Leistungsfähigkeit der NIS beeinflussen und bestimmen.

Für die Untersuchungen wird auf die Analysevorschläge der OECD und den von Chang und Shih verwendeten Ansatz zurückgegriffen, wobei diese jedoch erweitert werden: Als eine wesentliche Funktion von Institutionen wird nicht nur beispielsweise die Formulierung politischer Zielsetzungen oder die finanzielle Unterstützung von FuE betrachtet, sondern auch das Erstellen zielgerichteter Anreizstrukturen bezüglich der FuE-Aktivitäten. Wie bereits an unterschiedlichen Stellen deutlich wurde, sind geeignete Anreizstrukturen notwendig, um Aktivitäten im Bereich FuE zu fördern und somit zur wirtschaftlichen Entwicklung beizutragen. Die von der OECD und von Chang und Shih genannte Funktion der Förderung technologiebasierten Unternehmertums wird im Rahmen der vorliegenden Arbeit der Funktion „Erstellen einer geeigneten Anreizstruktur" zugeordnet. Des Weiteren soll in die Analyse die „irische Besonderheit" einbezogen werden: die dem Land eigene industrielle Struktur, welche durch einen extrem hohen Anteil multinationaler Unternehmen und durch eine große Zahl von kleinen und mittelständischen, größtenteils nicht im FuE-Bereich tätigen Unternehmen gekennzeichnet ist. Abbildung 6.1 stellt den in dieser Arbeit verwendeten Analyserahmen dar:

Abbildung 6.1: Verwendeter Analyserahmen

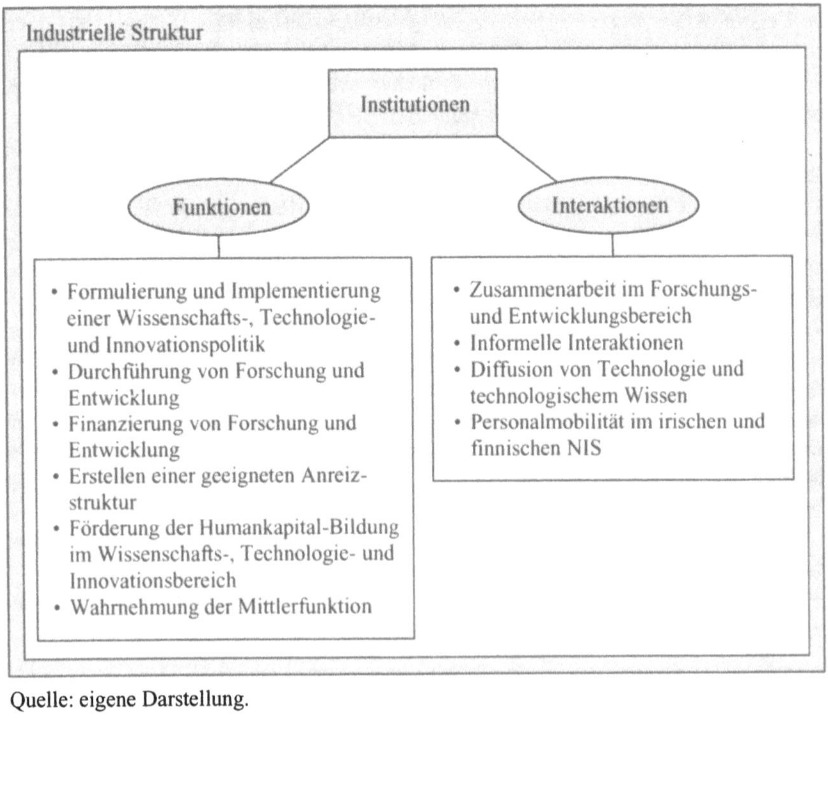

Quelle: eigene Darstellung.

In den folgenden Abschnitten werden mithilfe des vorgestellten Analyserahmens die unterschiedlichen Funktionen und Interaktionen der einzelnen Akteure des irischen und finnischen NIS herausgearbeitet und miteinander verglichen, um so abschließend eine Aussage über die Leistungsfähigkeit des irischen NIS an sich und im Vergleich zum finnischen NIS treffen zu können.

6.1 Die Funktionen der einzelnen Akteure

Der erste Teil der komparativen Analyse widmet sich den im irischen und finnischen NIS existierenden Akteuren und den von ihnen ausgeübten Funktionen. Im Vordergrund stehen dabei sechs unterschiedliche Funktionen, welche im Allgemeinen von den Akteuren eines NIS ausgeübt werden:

- die Formulierung und Implementierung einer Wissenschafts-, Technologie- und Innovationspolitik,
- die Durchführung von Forschung und Entwicklung, kurz FuE,
- die Finanzierung von FuE,
- das Erstellen einer geeigneten Anreizstruktur,
- die Förderung der Humankapital-Bildung im Wissenschafts-, Technologie- und Innovationsbereich und
- die Wahrnehmung der Mittlerfunktion.

6.1.1 Die Formulierung und Implementierung einer Wissenschafts-, Technologie- und Innovationspolitik

Pontikakis, McDonnell und Geoghegan betonen die Bedeutung der *„Policy makers"*, also der politischen Entscheidungsträger, für das NIS, da sie durch die ausgearbeiteten politischen Instrumente den Innovationsprozess fördern oder aber auch behindern können und folglich richtungweisend für die Entwicklung des NIS sind. Beispielsweise können sie den Anreiz zum Innovieren dadurch erhöhen, dass sie die Möglichkeit bereitstellen, den Innovationsoutput durch Eigentumsrechte abzusichern. In diesem Sinne handelt es sich bei den Policy makers um die Akteure, welche den direktesten Einfluss auf die Institutionen eines Landes haben.[370] Im Folgenden werden die Akteure des finnischen und irischen NIS, die an der Formulierung und Implementierung wissens-, technologie- und innovationspolitischer Maßnahmen beteiligt sind, vorgestellt. Dabei wird sich zeigen, inwieweit das institutionelle Gefüge der beiden Länder Gemeinsamkeiten bzw. Unterschiede aufweist.

---

[370] Vgl. Pontikakis, D. / McDonnell, T. / Geoghegan, W. (2005), S. 3.

6.1.1.1 Strukturen der Politikgestaltung

Zunächst werden die Strukturen der Politikgestaltung in Finnland betrachtet. Die Industrialisierung setzte in Finnland, wie beschrieben, relativ spät ein, und die entstandene industrielle Struktur war hauptsächlich durch Unternehmen, die sich dem Bereich der Low-Technology und Primärindustrien (Metall, Zellstoff und Papier) zuordnen lassen, gekennzeichnet. Der Außenhandel war streng reglementiert, woran sich erst 1961 etwas änderte, als die Vereinbarungen der *European Free Trade Association (EFTA)* in Kraft traten. Durch den zunehmenden Wettbewerb auf den Weltmärkten rückten die staatlichen Instrumente zur Förderung von Innovationen als ein Teil der betriebenen Wirtschafts-, Industrie- und Wettbewerbspolitik immer mehr in den Vordergrund. Eine ins Leben gerufene Kommission, deren Ziel die Untersuchung der Bedingungen für einen strukturellen Wandel der existierenden Industrie war, betonte vor allem die Bedeutung der Exportindustrien und relevanter Zukunftstechnologien. Da allerdings die alteingesessenen Industrien in der ehemaligen Sowjetunion einen Absatzmarkt fanden, verzögerte sich die Entwicklung und Förderung der High-Technology-Bereiche. Als in den 1980er Jahren die internationale Ausrichtung Finnlands zunahm, wurden auch die Ausgaben für FuE seitens des Staates erhöht. Insbesondere die direkte Förderung von Innovationsaktivitäten wurde als strategisch wichtiges Instrument eingestuft. Daneben gelangte die Regierung zu der Ansicht, dass die Einführung einer selektiven Technologiepolitik, die sich auf den Bereich der Informations- und Kommunikationstechnologie (IKT) konzentrieren sollte, notwendig geworden war.[371] Wie bereits erwähnt, war Finnland aufgrund dieser Strategie Mitte der 1980er Jahre sowohl wirtschaftlich als auch in technologischer Hinsicht sehr erfolgreich, bis Ende der 1980er Jahre eine Rezession einsetzte. Die Auswirkungen dieser verstärkten jedoch das Interesse an Technologie und Innovationen und insbesondere am IKT-Bereich.[372] Seit Beginn der 1990er Jahre konzentrierte sich Finnland auf eine systemische Sichtweise und wählte dafür, als das erste OECD-Land, das NIS-Konzept als Planungsmodell für die Entwicklung einer Wissenschafts-, Technologie- und Innovationspolitik – kurz WTI-Politik. Dieses Konzept wird seit 1990 als ein staatliches Instrument zur Stimulierung und Förderung von Interaktionen, der Wettbewerbsfähigkeit und der Internationalisierung der wesentlichen Akteure des finnischen NIS genutzt. Mittlerweile wird das NIS Finnlands vor allem aufgrund der betriebenen Innovationspolitik, die sich durch eine hohe Einbringung der Regierung auszeichnet, und des innovationsfördernden Umfelds als vorbildlich bezeichnet.[373]

---

[371] Vgl. Häyrinen-Alestalo, M. et al. (2005), S. 114f.

[372] Vgl. Häyrinen-Alestalo, M. et al. (2005), S. 115.

[373] Vgl. Ormala, E. (1999), S. 120 und European Commission (2005b), S. 4.

Die wesentliche die Regierung beratende Institution, welche für den umfangreichen Bereich der WTI-Politik verantwortlich ist, stellt der *Wissenschafts- und Technologierat* dar. Dieser wurde im März 1987 gegründet, um die Arbeit des 1963 ins Leben gerufenen Wissenschaftsrats fortzusetzen, und ist dem Premierminister unterstellt. Eine seiner Hauptaufgaben ist die Beratung der Regierung sowie der unterschiedlichen Ministerien in Fragen, die sich auf die Gebiete Wissenschaft und Technologie beziehen. Des Weiteren ist der Wissenschafts- und Technologierat verantwortlich für die Entwicklung, Formulierung und Koordinierung der finnischen Wissenschafts- und Technologiepolitik und des nationalen Innovationssystems insgesamt.[374] Neben dem Premierminister zählen der Minister für Bildung, der Minister für Handel und Industrie und der Finanzminister sowie maximal vier weitere Minister anderer Ressorts und bis zu zehn Vertreter der wesentlichen Akteure des NIS (wie beispielsweise Tekes, der Akademie Finnlands, der Universitäten, der Industrie sowie Arbeitgeber- und Arbeitnehmerorganisationen) zu den Mitgliedern des Rates. Die in den Ratsversammlungen zu behandelnden Themen werden von zwei Gremien, von denen eines für Wissenschaftspolitik und das andere für Technologiepolitik zuständig ist, zuvor diskutiert und vorbereitet. Die Vorarbeiten werden dabei von zwei leitenden Planern durchgeführt. Einer dieser Planer ist dem Ministerium für Handel und Industrie, der andere dem Ministerium für Bildung unterstellt.[375] Der Rat stellt auch für die zu diskutierenden Belange der Innovationspolitik ein Forum dar, in welchem die unterschiedlichen Vorschläge beratschlagt und danach der Regierung in Form von Empfehlungen präsentiert werden. Der hauptsächliche Fokus des Rates liegt jedoch auf den Bereichen Wissenschaft und Technologie.[376]

Sowohl das *Ministerium für Handel und Industrie* als auch das *Ministerium für Bildung* sind für den Bereich der Wissenschafts- und Technologiepolitik verantwortlich.[377] Das Ministerium für Handel und Industrie ist zuständig für die Ausgestaltung der Industrie- und Technologiepolitik und für die Bereitstellung von Mitteln für die industrielle FuE. Daneben befasst es sich mit Belangen, welche die *Nationale Technologie Kommission (Tekes)* – mittlerweile auch häufig als *Technologieagentur Finnlands* bezeichnet – und das *Technische Forschungszentrum Finnland (VTT)* betreffen.[378] *Tekes* wurde 1983 gegründet. Ziel war es, die Verwaltung der technologischen FuE zu rationalisieren, eine Expertenorganisation für internationale und nationale Kooperation aufzustellen und

374 Vgl. European Commission (2005b), S. 4, 7 und Science and Technology Policy Council of Finland unter http://www.minedu.fi/tiede_ja_teknologianeuvosto/eng/index.html.

375 Vgl. Häyrinen-Alestalo, M. et al. (2005), S. 126f.

376 Vgl. Romanainen, J. (2004), S. 16f.

377 Vgl. European Commission (2005b), S. 4.

378 Vgl. European Commission (2005b), S. 4, 7.

die nationale Wirtschafts-, Industrie- und Wettbewerbspolitik zu integrieren.[379] Tekes stellt die finnische Finanzierungskommission für Technologie und Innovationen – oder mit anderen Worten das Zentrum für Technologieförderung – dar. Hierbei handelt es sich um eine staatliche Finanzierungsorganisation für angewandte technologische Forschung und industrielle FuE. Tekes erarbeitet, finanziert und koordiniert die nationalen Technologieprogramme und stellt Beihilfen und Darlehen für Forschungs- und Entwicklungsvorhaben im Bereich der angewandten technischen Forschung bereit, die darauf abzielen, international konkurrenzfähige Produkte, Produktionsverfahren oder Dienstleistungen hervorzubringen. Finanziert werden sowohl Projekte im industriellen Bereich als auch Projekte in Forschungsinstituten, wobei vor allem innovative, mit hohem Risiko behaftete Projekte unterstützt werden. Daneben nimmt Tekes eine zentrale Rolle bei der Formulierung und Implementierung der Technologiepolitik ein.[380] Das Ministerium für Bildung ist für alle Belange zuständig, die sich auf die Aus- und Weiterbildung, die Grundlagenforschung, Wissenschaftspolitik, die Institutionen des Hochschulwesens und die ihm administrativ zugeordnete *Akademie Finnlands* beziehen.[381] Bei der Akademie Finnlands handelt es sich um eine staatliche Sachverständigenorganisation, die unterschiedliche Forschungsprojekte im Bereich der Grundlagenforschung finanziert und qualitativ hochwertige Forschung fördert. Die Mittel hierfür stammen aus dem Staatshaushalt. Des Weiteren agiert die Akademie Finnlands als beratendes Expertengremium in den Bereichen Wissenschaft und Wissenschaftspolitik.[382] Nahezu 80 Prozent der staatlichen Mittel für Forschung fließen durch diese beiden Ministerien.[383] Beraten wird das Ministerium für Bildung vor allem vom *Rat zur Evaluierung des finnischen Hochschulwesens.* Dieser stellt ein unabhängiges Fachgremium dar, das neben dem Ministerium für Bildung auch direkt die Universitäten und die Fach- oder Gesamthochschulen (*„Polytechnics“*) in Evaluierungsfragen unterstützt. Bereits vor der Gründung des Rates im Jahr 1996 wurden zahlreiche Evaluierungen des finnischen Hochschulwesens vonseiten der Akademie Finnlands durchgeführt.[384] Anzumerken ist, dass das finnische System der Politikgestal-

[379] Vgl. Häyrinen-Alestalo, M. et al. (2005), S. 115.

[380] Vgl. Tekes unter http://www.tekes.fi und Invest in Finland (2005) sowie European Commission (2005b), S. 7.

[381] Vgl. European Commission (2005b), S. 4, 7.

[382] Vgl. ESF – Academy of Finland unter http://www.esf.org/esf_genericpage.php?language=0&section=8&domain=0&genericpage=1972.

[383] Vgl. European Commission (2005b), S. 4.

[384] Vgl. The Finnish Higher Education Evaluation Council unter http://www.kka.fi/english/index.lasso?cont=english und http://www.kka.fi/english/index.lasso?cont=history.

tung für die Bereiche Wissenschaft, Technologie und Innovation seit mehr als zwanzig Jahren unverändert geblieben ist.[385]

Eine Möglichkeit, das komplexe institutionelle Gefüge einzelner Länder darzustellen, besteht in der Anfertigung so genannter *institutioneller Profile*, im Englischen *„Institutional maps"*, einer Art institutioneller (Land-)Karte, aus der die relevanten Akteure und ihre Beziehungen zueinander hervorgehen. In den länderspezifischen Profilen werden die für den Innovationsprozess und seine Finanzierung wesentlichen politischen Entscheidungsträger abgebildet. Ein gut strukturiertes institutionelles Gefüge ist für die Leistungsfähigkeit nationaler Innovationssysteme unabdingbar, da hierdurch die Koordinierung und die Effizienz politischer Maßnahmen verbessert und die Transparenz und der Informationsfluss erhöht werden können. Institutionelle Profile können bei der Analyse und der Beurteilung der institutionellen Struktur eines Landes helfen, da sie einen umfassenden Überblick über diese geben. Dabei stellen sie eine ideale Ergänzung zu statistischen Daten dar: Beispielsweise kann aus den Daten hervorgehen, dass die Rolle des öffentlichen und privaten Sektors bei der Finanzierung und Durchführung von FuE in zwei Ländern nahezu gleich groß ist. Ein Blick auf die institutionellen Profile der beiden Länder verrät jedoch, dass sich diese hinsichtlich der Organisation und Durchführung von FuE stark unterscheiden. Darüber hinaus können institutionelle Profile hilfreich bei der Formulierung und Ausrichtung politischer Zielsetzungen sein, da hierdurch zum Beispiel Überschneidungen oder Mängel in politischen Programmen aufgedeckt werden können.[386] Abbildung 6.2 zeigt das institutionelle Profil des finnischen NIS.

In den folgenden Ausführungen wird die Struktur der Politikgestaltung in Irland betrachtet. Die Formulierung und Implementierung einer speziellen WTI-Politik stellt eine relativ neue Entwicklung in Irland dar. Der Bereich Wissenschaft, Technologie und Innovation wurde lange Zeit nicht als zentrales Element der industriellen Entwicklung angesehen, sondern vernachlässigt und ignoriert.[387] Dies änderte sich auch nicht, als einige OECD-Berichte in den 1980er Jahren auf das Fehlen einer ausformulierten Innovationspolitik hinwiesen. Einen ersten Schritt in Richtung der Schaffung von Institutionen im Bereich der Wissenschafts- und Technologiepolitik stellte der 1987 in Kraft getretene *Science and Technology Act*[388] dar.[389]

In den späten 1980er Jahren, zu Zeiten der Wirtschaftskrise, zeigten einige irische Wissenschaftler der Regierung die negativen Konsequenzen der Kürzungen der ohnehin schon niedrigen staatlichen Unterstützungen des WTI-Bereichs

---

385 Vgl. European Commission (2005b), S. 7.

386 Vgl. OECD (1999b), S. 34.

387 Vgl. Government of Ireland (1996), S. 6 und Hilliard, R. / Green, R. (2005), S. 49.

388 Vgl. Government of Ireland (1987b).

389 Vgl. Hilliard, R. / Green, R. (2005), S. 49.

auf. Durch die eher „stiefmütterliche" Behandlung und Förderung dieses Gebietes hatte sich die Forschungsinfrastruktur stark verschlechtert. Darüber hinaus fehlten Finanzierungsquellen für Forschungsprogramme.[390]

Abbildung 6.2: Das institutionelle Profil des finnischen NIS

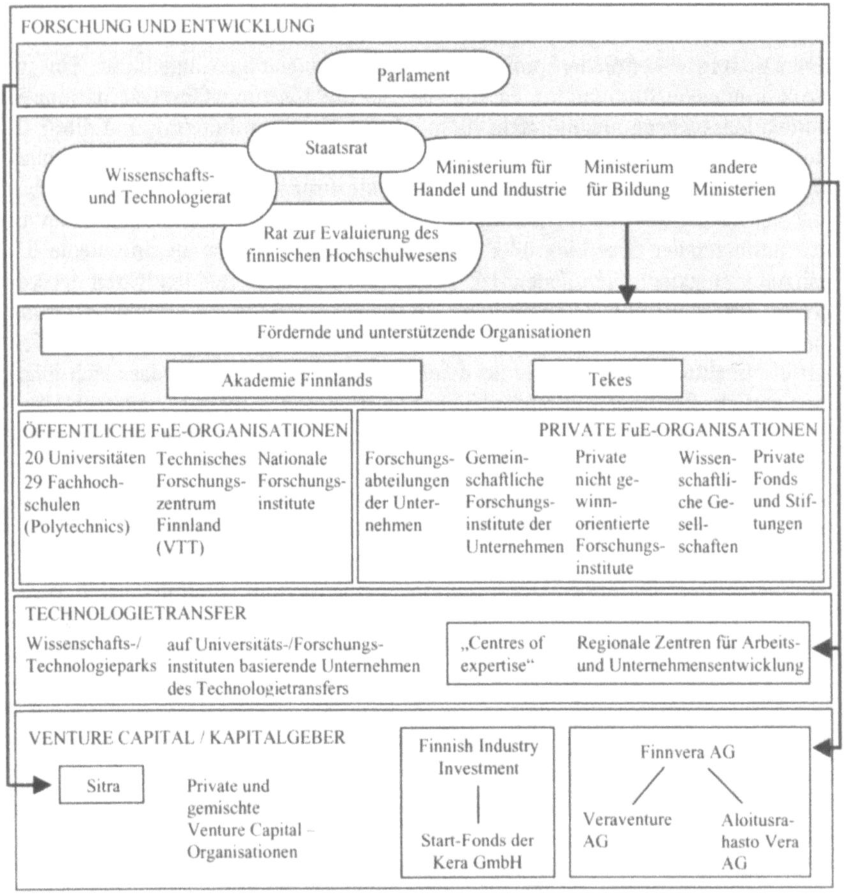

Quelle: eigene Darstellung in Anlehnung an OECD (1999b), S. 106.

Die Vernachlässigung des WTI-Bereichs endete jedoch Ende der 1980er Jahre, was teilweise in der finanziellen Unterstützung vonseiten der EU – einerseits über die Strukturfonds und andererseits über EU-eigene Forschungsprogramme

[390] Vgl. Hilliard, R. / Green, R. (2005), S. 49.

– begründet lag.[391] Seitens der irischen Regierung wurde der Wissenschafts-, Technologie- und Innovationsbeirat – *Science Technology and Innovation Advisory Council (STIAC)* – ins Leben gerufen. Beeinflusst durch die Äußerungen des *National Economic and Social Council (NESC)* und die Schlussfolgerungen zweier NESC-Berichte (zu denen der Bericht Mjøsets über das irische NIS zählt), vertrat STIAC eine zunehmend wissenschafts- und technologieorientierte Position und veröffentlichte 1995 den Bericht *Making Knowledge Work for Us*[392], teilweise auch als *Tierney-Bericht*[393] bezeichnet, welcher als Vorgänger des ersten irischen Weißbuchs für Wissenschaft, Technologie und Innovation angesehen werden kann.[394] Bei dem Tierney-Bericht handelte es sich um die erste Untersuchung und Beurteilung der irischen WTI-Politik seit der Gründung des Staates. Durchgeführt wurde diese von den im WTI-Bereich agierenden Akteuren, genauer gesagt von Forschern aus dem akademischen und dem Unternehmensbereich, unterschiedlichen Ministerien, für die industrielle Entwicklung zuständigen Organen und öffentlichen Forschungseinrichtungen.[395] Dem Bericht zufolge spielte der Bereich Wissenschaft und Technologie seit jeher eine untergeordnete Rolle und wurde somit stark vernachlässigt. Des Weiteren wird ausdrücklich darauf hingewiesen, dass in Irland zum Zeitpunkt der Veröffentlichung noch kein integriertes NIS existierte. Der Bericht legte daher der Regierung den Auf- und Ausbau der Elemente eines solchen nahe, mit dem Ziel, durch Wissenschaft und Technologie vor allem die heimische Industrie in ihrer Entwicklung zu stützen und voranzubringen. Eine Grundvoraussetzung für den Aufbau des NIS wurde in der Ausgestaltung einer integrierten WTI-Politik gesehen. Daneben lenkte der Bericht die Aufmerksamkeit auf die sehr niedrige staatliche Unterstützung von Forschung. Die gesamten Ausgaben für FuE waren in Irland weitaus niedriger als in den meisten anderen OECD-Ländern. Auch die FuE-Aktivitäten des Unternehmenssektors, die ein wichtiges Element des NIS darstellen, waren sehr niedrig und sollten durch geeignete Maßnahmen erhöht werden.[396]

Durch diesen Bericht „wachgerüttelt" legte die irische Regierung im Jahr 1996 das erste jemals in Irland erarbeitete Weißbuch für den Bereich Wissenschaft, Technologie und Innovation vor, das *White Paper on Science, Technology and Innovation*[397], auf welches sich die in Irland derzeit existierenden Struk-

[391] Vgl. Government of Ireland (1996), S. 6.

[392] Vgl. STIAC (1995).

[393] Bezeichnet nach dem damaligen Vorsitzenden von STIAC Dan Tierney.

[394] Vgl. Government of Ireland (1996), S. 5.

[395] Vgl. Acheson, H. / Lambkin, I. (2006), S. 4f.

[396] Vgl. STIAC (1995), Chapter 2.

[397] Vgl. Government of Ireland (1996).

turen der WTI-Politik gründen.[398] Wie im STIAC-Bericht empfohlen, wurde bei der Anfertigung des Weißbuchs das NIS-Konzept als Analysegrundlage verwendet.[399] Auch das Weißbuch weist darauf hin, wie wenig Beachtung dem WTI-Bereich in der irischen Vergangenheit vonseiten der Regierung, aber auch vonseiten der Gesellschaft an sich geschenkt wurde. Auch wenn die auf diesen Bereich gerichtete Aufmerksamkeit in den 1970er und 1980er Jahren allmählich anstieg, so wurden die Belange dieses Gebietes auch in den 1990er Jahren immer noch wenig in die öffentlichen Angelegenheiten integriert und zeichneten sich weiterhin durch geringe Beachtung seitens der Öffentlichkeit aus. Auch zum Zeitpunkt der Veröffentlichung des Weißbuchs fehlte die positive Einstellung der Gesellschaft gegenüber der Wissenschaft, Technologie und Innovation sowie eine anhaltende, langfristige „Hingabe" der aufeinander folgenden Regierungen – beides Dinge, die für eine erfolgreiche WTI-Politik und ihre Unterstützung des Innovationsprozesses als wichtig angesehen werden können.[400] Genau diese auch als gleichgültig zu bezeichnende Haltung der nationalen Kultur gegenüber den Unternehmen und Innovationen und gegenüber dem gesamten Bereich der Wissenschaft und Technologie wurde bereits im Tierney-Bericht als ursächlich dafür angesehen, dass es Irland nicht gelang, ein NIS zu entwickeln und aufzubauen.[401] Eine solche Innovationskultur lässt sich jedoch nicht nur allein durch die WTI-Politik aufbauen, sondern muss durch eine Integrierung aller Politikbereiche gefördert werden.[402] Neben der Notwendigkeit der Schaffung einer kohärenten WTI-Politik weist das Weißbuch auch darauf hin, dass die Erhöhung der FuE-Aktivitäten in den sowohl irischen als auch den multinationalen Unternehmen als ein hauptsächliches Ziel der zu verfolgenden Strategie gilt.[403] Daneben wurde auch eine Erhöhung der Mittel für FuE-Aktivitäten des Hochschulbereichs angestrebt.[404] Basierend auf dem Weißbuch kündigte die Regierung 1996 eine Neugestaltung der WTI-Politik und der in diesem Bereich agierenden Organisationen an, um so einen Rahmen zu erstellen, der es ermöglichen würde, sämtliche Ministerien und die zuständigen Behörden in die Formulierung und Gestaltung WTI-politischer Maßnahmen einzubinden und den WTI-Bereich weiter in den Interessenmittelpunkt zu rücken. Zu den geplanten Maßnahmen zählten die Gründung eines unabhängigen Wissenschaftsbeirats, einer Regierungskommission für Wissenschaft und Technologie und einer ministerienüber-

[398] Vgl. European Commission (2005a), S. 8.

[399] Vgl. Government of Ireland (1996), S. 52.

[400] Vgl. Government of Ireland (1996), S. 9.

[401] Vgl. Government of Ireland (1996), S. 11.

[402] Vgl. Government of Ireland (1996), S. 40f.

[403] Vgl. Government of Ireland (1996), S. 31ff.

[404] Vgl. Government of Ireland (1996), S. 107.

greifenden Kommission für Wissenschaft, Technologie und Innovation.[405] Im darauf folgenden Jahr wurde der unabhängige Wissenschaftsbeirat – *Irish Council for Science, Technology and Innovation (ICSTI)* – gegründet, welcher die Regierung in allen die WTI-Politik betreffenden Belangen beraten sollte. Zu seinen 25 Mitgliedern zählten Vertreter der Industrie, der Wissenschaft und öffentlicher Organisationen.[406]

Die weiteren von der Regierung geplanten Schritte, welche der besseren Koordinierung von Belangen des WTI-Bereichs dienen sollen, wurden erst einige Jahre später umgesetzt. Als Kernstück der Neugestaltung kann die Ernennung eines leitenden Wissenschaftsberaters, des *Chief Science Advisor*, im Juni 2004 angesehen werden. Zu seinen zahlreichen Aufgaben zählen unter anderem die unabhängige Beratung der Regierung im Bereich WTI, die Evaluierung einzelner Programme und Maßnahmen im Rahmen der WTI-Politik sowie die Analyse aller wesentlichen bei der Regierung eingereichten Vorschläge bezüglich der WTI-Politik.[407]

Daneben wurden drei weitere geplante Maßnahmen umgesetzt. So wurde eine ministerienübergreifende Kommission für Wissenschaft, Technologie und Innovation – *Inter-Departmental Committee (IDC) for Science, Technology and Innovation* – gebildet, die zum ersten Mal im Dezember 2004 zusammentrat.[408] Die IDC, welche aus höheren Beamten besteht und deren Vorsitz der höchste Beamte für WTI des Ministeriums für Unternehmen, Handel und Beschäftigung innehat, ist für die Vorbereitung eines jährlichen Wissenschafts- und Technologieplans zuständig.[409]

Des Weiteren wurde eine Regierungskommission für Wissenschaft, Technologie und Innovation *(Cabinet Committee on STI)* eingerichtet, die zum ersten Mal im Februar 2005 unter dem Vorsitz des Ministers für Unternehmen, Handel und Beschäftigung in Begleitung des Premierministers zusammentrat und die oberste Koordinierungsstelle für den Bereich Innovation darstellt.[410] Der Kommission obliegt es, über die Prioritäten einzelner Sachverhalte zu entscheiden und Haushaltsvoranschläge für den Bereich Wissenschaft und Technologie zu erstellen.[411]

Im April 2005 wurde als Nachfolger von ICSTI der Wissenschaftsbeirat für Wissenschaft, Technologie und Innovation – *Advisory Council for Science,*

---

[405] Vgl. Acheson, H. / Lambkin, I. (2006), S. 5f.

[406] Vgl. ICSTI unter http://www.forfas.ie/icsti und Acheson, H. / Lambkin, I. (2006), S. 6.

[407] Vgl. Chief Science Adviser to the Irish Government (2005), S. 1, Hilliard, R. / Green, R. (2005), S. 58 und European Commission (2005a), S. 8.

[408] Vgl. Forfás (2004b), S. 42.

[409] Vgl. European Commission (2005a), S. 8 und Acheson, H. / Lambkin, I. (2006), S. 5.

[410] Vgl. European Commission (2005a), S. 8.

[411] Vgl. Acheson, H. / Lambkin, I. (2006), S. 5.

Technology and Innovation oder kurz *Advisory Science Council (ASC)* – ins Leben gerufen. Der Beirat übt vor allem zwei Funktionen aus: Zum einen dient er als eine Art Schnittstelle zwischen den einzelnen Interessengruppen und den Politik formulierenden und implementierenden Organen, wodurch er zur Entwicklung einer kohärenten und effektiven nationalen Strategie für den WTI-Bereich beiträgt. Zum anderen berät er die Regierung hinsichtlich der mittel- und langfristigen WTI-Politik sowie dazu in Beziehung stehender Angelegenheiten. Der Beirat hat zwölf Mitglieder, von denen mindestens vier dem akademischen Bereich und nicht weniger als vier dem Unternehmenssektor angehören.[412] Über die derzeitige institutionelle Struktur des irischen *Innovation Governance System* und des irischen NIS insgesamt gibt das in Abbildung 6.3 dargestellte institutionelle Mapping einen Überblick.

Während eine Vielzahl von Ministerien in den WTI-Bereich involviert ist, sind vor allem zwei Ministerien für die Formulierung und Implementierung der WTI-Politik von Bedeutung: das Ministerium für Unternehmen, Handel und Beschäftigung und das Ministerium für Bildung und Wissenschaft, wobei angemerkt werden kann, dass der eigentliche Anstoß zur Entwicklung einer speziellen WTI-Politik vom Ministerium für Unternehmen, Handel und Beschäftigung *(Department of Enterprise, Trade and Employment,* kurz *DETE)* ausging.[413] Innerhalb dieses Ministeriums ist das Politikberatungsgremium *Forfás*, das 1994 gegründet wurde, verantwortlich für die Beratung der Regierung in Belangen der Industrie- und Handels- sowie der WTI-Politik. Forfás stellt dem Ministerium und anderen Interessenvertretern Analysen, Rat und Unterstützung bezüglich der Bereiche Industrie, Handel, Wissenschaft, Technologie und Innovation bereit.[414] Forfás unterstehen drei Institutionen, die für die Entwicklung des Unternehmenssektors und den WTI-Bereich zuständig sind: Enterprise Ireland, IDA Ireland und Science Foundation Ireland. *Enterprise Ireland (EI)* unterstützt die sich in irischem Besitz befindlichen Unternehmen in ihrer Entwicklung und Transformation, beispielsweise durch die Förderung der Verkaufs- und Exportzahlen sowie durch die Sicherung und Schaffung von Arbeitsplätzen. Außerdem verwaltet Enterprise Ireland die bereitgestellten nationalen und EU-Geldmittel, um technologische Innovationskapazitäten und die Zusammenarbeit zwischen der Industrie und den Institutionen des Hochschulwesens zu etablieren und auszubauen.[415]

---

[412] Vgl. Advisory Council for Science, Technology and Innovation unter http://www.sciencecouncil.ie/tor.html und http://www.forfas.ie/asc/index.html.

[413] Vgl. Ramirez, P. / Scott, M. / Golden, W. (2005), S. 97.

[414] Vgl. Forfás: About Forfás unter http://www.forfas.ie/about/index.html.

[415] Vgl. Forfás: Development Agencies unter http://www.forfas.ie/about/state_bodies.html und Enterprise Ireland unter http://www.enterprise-ireland.com/AboutUs/.

Abbildung 6.3: Institutioneller Überblick über das irische NIS

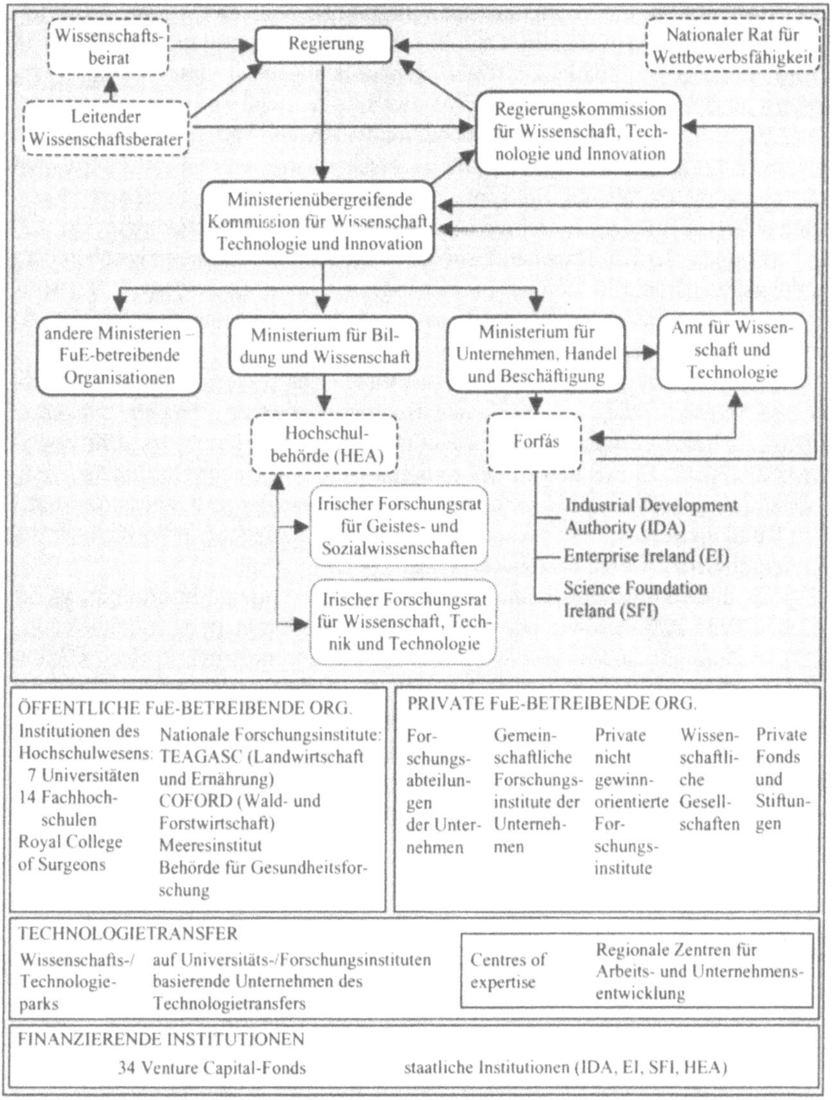

Quelle: eigene Darstellung in Anlehnung an European Commission (2005a), S. 9, Forfás / Office of Science and Technology (2004), S. 3, Hilliard, R. / Green, R. (2005), S. 59 und Ramirez, P. / Scott, M. / Golden, W. (2005), S. 93.

Erläuterungen: Organisationen, die sich in einem Kasten mit durchgezogener, breiterer Linie befinden, erarbeiten die politischen Maßnahmen; bei den Organisationen in den gestrichelten Kästchen handelt es sich hingegen um beratende Einrichtungen.

Die *Industrial Development Agency (IDA)* ist für die Sicherung neuer ausländischer Investitionen im Produktionssektor und im Bereich international gehandelter Dienstleistungen zuständig. Daneben unterstützt und ermutigt sie bereits in Irland ansässige multinationale Unternehmen dahingehend, dass diese ihre Geschäfts- und mittlerweile auch FuE-Aktivitäten in Irland ausweiten.[416] *Science Foundation Ireland (SFI)* – die 2000 gegründete irische Wissenschaftsstiftung – investiert in akademische Forscher und Forscherteams, von denen zu erwarten ist, dass sie neues Wissen, Spitzentechnologien und wett-bewerbsfähige Unternehmen in den strategisch wichtigen Forschungsfeldern Biotechnologie und IKT hervorbringen werden. Daneben fördert SFI die Zusammenarbeit zwischen dem Bildungsbereich, der Regierung und der Industrie in diesen Feldern.[417] SFI wurde als eine von drei neuen Institutionen gegründet, um die stark gestiegenen finanziellen Mittel des WTI-Bereichs zu verwalten.[418]

Die dem Ministerium für Bildung und Wissenschaft *(Department of Education and Science (DES))* unterstehende Hochschulbehörde – *Higher Education Authority (HEA)* – ist per Gesetz zuständig für die Finanzierung von Universitäten und anderen Einrichtungen des tertiären Bereichs. Neben der Finanzierung übernimmt die HEA auch eine beratende Funktion bezüglich des gesamten tertiären Bildungswesens,[419, 420] womit auch sie, wie beispielsweise Forfás oder der Wissenschaftsbeirat, ein beratendes Organ darstellt.

Die zentrale Rolle bei der Entwicklung, Formulierung und Koordinierung der irischen WTI-Politik sowie bei der Koordinierung internationaler Forschungsaktivitäten nimmt das Amt für Wissenschaft und Technologie – *Office of Science and Technology (OST)* – ein. Ihm fällt die Aufgabe der Koordinierung der unterschiedlichen politischen WTI-Maßnahmen über alle Ministerien hinweg zu. Darüber hinaus stellt das OST den allumfassenden Koordinator für die Effizienz des NIS, das heißt für die Verbindungen zwischen der Regierung, dem Unternehmenssektor, den Institutionen des Hochschulwesens und den staatlichen Institutionen, dar.[421]

---

[416] Vgl. IDA Ireland unter http://www.idaireland.com/home/index.aspx.

[417] Vgl. Science Foundation Ireland unter http://www.sfi.ie/content.asp?section_id=207&language_id=1.

[418] Vgl. Ramirez, P. / Scott, M. / Golden, W. (2005), S. 97 und Science Foundation Ireland unter http://www.sfi.ie/content/content.asp?section_id=207&language_id=1.

[419] Vgl. FÁS (2004), S. 15.

[420] Wie bereits kurz erwähnt handelt es sich hierbei um Universitäten, Fachhochschulen und andere spezialisierte Einrichtungen.

[421] Vgl. Department of Enterprise, Trade and Employment: Role of the Office of Science and Technology unter http://www.entemp.ie/science/technology/index.htm und Acheson, H. / Lambkin, I. (2006), S. 6.

6.1.1.2 Der Prozess der Politikgestaltung

Auch in diesem Abschnitt wird zunächst der Prozess der Politikgestaltung in Finnland untersucht. Die institutionelle Struktur des WTI-Bereichs wurde in den 1980er Jahren geformt, als die Regierung eine Reihe von Entscheidungen traf und Änderungen durchsetzte. Seitdem sind die Strukturen der Politikgestaltung sowie das institutionelle Grundgefüge relativ unverändert geblieben. Ebenso ist der Prozess der Formulierung und Ausgestaltung neuer politischer Maßnahmen und Programme nicht wesentlich verändert worden.[422]

Der allgemeine Rahmen für die WTI-Politik wird im Regierungsprogramm und in den alle drei Jahre erscheinenden Berichten des Wissenschafts- und Technologierats festgesetzt. Der Wissenschafts- und Technologierat setzt die breiten Richtlinien für den Bereich Wissenschaft und Technologie fest und ist verantwortlich für die Richtung, welche die Wissenschafts- und Technologiepolitik einschlagen soll. Dabei nimmt der Rat nicht nur eine beratende Funktion ein, sondern ist darüber hinaus bekannt für seinen großen politischen Einfluss und für die effektive Formulierung politischer Maßnahmen. Auf der ausführenden, implementierenden Ebene wird die WTI-Politik vor allem durch die größten öffentlichen Finanziers von FuE – Tekes und die Akademie Finnlands – beeinflusst, wobei insbesondere Tekes bei der Gestaltung der nationalen Technologiepolitik mitbestimmend ist. Der Nationale Fonds für Forschung und Entwicklung *(Sitra)*, der über beträchtliche Mittel verfügt und eine relativ autonome Position einnimmt, beeinflusst die Generierung und Gestaltung der finnischen Innovationspolitik.[423]

Welche innovationspolitischen Maßnahmen eingeführt und wie diese gestaltet werden, gründet sich vor allem auf die Arbeit der zuständigen Regierungsbeamten und anderer Experten. Dabei kann das finnische Innovation Governance System als auf Konsens ausgerichtet und korporativ bezeichnet werden, worunter zu verstehen ist, dass neben den politischen Entscheidungsträgern, die vor allem für den Bereich der Wissenschafts- und Technologiepolitik zuständig sind, auch Vertreter anderer Institutionen (Universitäten, Forschungseinrichtungen, Industrie und Gewerkschaften) die WTI-Politik mitgestalten. Neben den Gewerkschaften und den Arbeitgeberorganisationen werden die Interessen der Universitäten und der High-Tech-Industrie bei der Formulierung und Gestaltung politischer Maßnahmen und Programme berücksichtigt.[424] Das Forum für die politischen

[422] Vgl. European Commission (2005b), S. 13.

[423] Vgl. European Commission (2005b), S. 13 und Häyrinen-Alestalo, M. et al. (2005), S. 126f.

[424] Im Bereich der Hightech-Industrie ist vor allem Nokia zahlreich in den höchsten entscheidungsfindenden Organen vertreten und somit einflussreich bei der Gestaltung und Einführung neuer WTI-politischer Maßnahmen. (Vgl. Häyrinen-Alestalo, M. et al. (2005), S. 129.)

Beratungen bezüglich der Politikgestaltung auf der höchsten Ebene stellen der Wissenschafts- und Technologierat und das dem Parlament zugehörige *Komitee für Zukunft* dar. Der Einfluss der Politiker auf die Gestaltung und Formulierung der finnischen Innovationspolitik wird dabei als nicht sehr stark angesehen.[425] Häyrinen-Alestalo et al. merken kritisch an, dass vor allem wissenschafts- und technologiepolitische Maßnahmen durch die Ansichten der hinzugezogenen Experten beeinflusst wurden, wobei die Verhandlungen im kleinen, geschlossenen Kreis der zuständigen Politiker und der ausgewählten Vertreter anderer Institutionen stattfanden. Eine solche Vorgehensweise ist für eine breiter angelegte Innovationspolitik jedoch zu eng abgegrenzt. Darüber hinaus weisen Häyrinen-Alestalo et al. darauf hin, dass, während die Gewichtungen der Wissenschafts- und der Technologiepolitik in vielen Ländern durch Debatten, Diskussionen und Abstimmungen festgesetzt werden, solche politischen Debatten in Finnland nur begrenzt stattfinden. Beispielsweise werden viele Entscheidungen, die von Tekes alleine gefällt werden, in anderen Ländern vom Parlament getroffen. Der gesamte Entscheidungsprozess wird somit „unsichtbar".[426]

In Irland fanden in den letzten 15 Jahren die Beurteilung der existierenden WTI-politischen Maßnahmen, deren Entwicklung und die Planung vor allem im Rahmen der Vorbereitungen der nationalen Entwicklungspläne für die Perioden 1989-1993, 1994-1999 und 2000-2006 statt.[427] Daneben richten sich die Planungen seit 2000 auch nach den Vereinbarungen der *Lissabon-Strategie*, durch welche beabsichtigt wird, bis zum Jahr 2010 die Europäische Union *„(...) zum wettbewerbsfähigsten und dynamischsten wissensbasierten Wirtschaftsraum in der Welt zu machen (...)"*[428].

Vorschläge für neue Maßnahmen im Bereich der WTI-Politik werden häufig von den implementierenden Organen, wie zum Beispiel Enterprise Ireland, oder den beratenden Organen, also von Forfás, HEA etc., eingereicht. Diese Vorschläge ergeben sich teilweise aus der ständigen Beobachtung der weltweit existierenden WTI-Maßnahmen seitens der oben genannten Institutionen. Dabei werden besonders diejenigen in anderen Ländern existierenden Maßnahmen analysiert und beurteilt, die von Irland übernommen werden könnten. Die eingereichten Vorschläge werden dann von den zuständigen Abteilungen der Ministerien dahingehend geprüft, ob sie den von der EU festgelegten Wettbewerbsgesetzen und -regeln entsprechen, und unter Umständen leicht abgeändert. Für die Ausgestaltung neu einzuführender Maßnahmen werden häufig auch andere Abteilungen oder Behörden hinzugezogen, die für den von den Maßnahmen betrof-

[425] Vgl. European Commission (2005b), S. 13 und Häyrinen-Alestalo, M. et al. (2005), S. 128f.

[426] Vgl. Häyrinen-Alestalo, M. et al. (2005), S. 129.

[427] Vgl. European Commission (2005a), S. 14f.

[428] Europäischer Rat (2000), S. 2.

fenen Bereich zuständig sind. Wird zum Beispiel ein Gesetz für die Einführung einer Steueranrechnung von FuE-Aufwendungen vorbereitet, so werden auch die zuständigen Mitarbeiter der Finanzbehörde in den Vorgang miteinbezogen. Des Öfteren werden auch die Nutznießer der Neuregelungen in deren Ausgestaltung involviert. So werden beispielsweise Unternehmen oder ihre Vertreter zu Rate gezogen, wenn ein neues Programm zur Förderung der FuE-Aktivitäten im Unternehmenssektor erarbeitet wird. Generell haben die für die Formulierung der Maßnahmen zuständigen Mitarbeiter der Ministerien einen relativ intensiven Kontakt zum Unternehmenssektor, so dass die neuen Maßnahmen bestmöglich auf dessen Bedürfnisse abgestimmt sind.[429]

Handelt es sich um eine Maßnahme, die für Irland komplett neu ist, werden teilweise ausländische Berater zu Rate gezogen. Auch bei Maßnahmen, deren Inhalt zum Beispiel stark technisch orientiert ist, werden die entsprechenden Experten von den involvierten Ministerien oder beratenden Organen für die Ausgestaltung hinzugezogen. Wie eine Maßnahme im Endeffekt tatsächlich formuliert und gestaltet wird, wird jedoch von den Mitarbeitern der zuständigen Ministerien bestimmt.[430] Hilliard und Green führen an, dass die politischen Entscheidungsträger in Irland über einen relativ großen Einfluss verfügen und dass die eingeführten Maßnahmen daher oftmals ihren eigenen Bestrebungen entsprechend gestaltet sind.[431, 432]

Zusammenfassend stellt sich der Prozess der Politikgestaltung in Irland so dar, dass die beratenden und implementierenden Organe nach eingehender Prüfung neue Maßnahmen vorschlagen, die endgültige Entscheidung, Formulierung und Ausgestaltung jedoch durch die zuständigen Beamten oder Minister in den relevanten Ministerien erfolgt. Gänzlich neue, fundamentale Maßnahmen können dabei der Genehmigung durch das Kabinett bedürfen. Anzumerken ist, dass die existierenden Programme und Maßnahmen fortlaufend einer Evaluierung unterzogen werden.[433]

---

[429] Vgl. European Commission (2005a), S. 15f.

[430] Vgl. European Commission (2005a), S. 16.

[431] Vgl. Hilliard, R. / Green, R. (2005), S. 54.

[432] Als Beispiel für den Einfluss der Politiker führen Hilliard und Green an, dass zwei ähnliche Finanzierungsprogramme von zwei verschiedenen Ministerien ins Leben gerufen wurden: Das Ministerium für Bildung und Wissenschaft startete das *Programme for Research in Third-Level Institutions (PRTLI)*, um so den Ausbau der Forschungsinfrastruktur in den Universitäten voranzutreiben, während das Ministerium für Unternehmen, Handel und Beschäftigung die *Science Foundation Ireland (SFI)* gründete, deren Fokus auf den Bereichen IKT und Biotechnologie liegt. Obwohl die Ausrichtung beider Programme unterschiedlich ist, sind sie in einigen Aspekten als komplementär anzusehen, da zum Beispiel bis zu 50 Prozent der über die SFI finanzierten Forscher in der über PRTLI finanzierten Infrastruktur positioniert sind. (Vgl. Hilliard, R. / Green, R. (2005), S. 53f.)

[433] Vgl. European Commission (2005a), S. 16.

Betrachtet man die institutionellen Profile Irlands und Finnlands (Abbildung 6.2 und 6.3) im direkten Vergleich, so fällt auf, dass in Irland eine Vielzahl von Organen existiert, welche sich mit dem WTI-Bereich im Allgemeinen und der Gestaltung der WTI-Politik im Speziellen befasst. Vor allem die beratenden Organe, welche die Regierung bei ihrer Entscheidungsfindung unterstützen, sind in relativ hoher Zahl vertreten. Zu den wesentlichen Institutionen mit beratender Funktion zählen der Wissenschaftsbeirat, der leitende Wissenschaftsberater, Forfás und HEA. Daneben existieren weitere beratende Organe, die sich jedoch nicht hauptsächlich mit dem WTI-Bereich beschäftigen, wie zum Beispiel der Nationale Rat für Wettbewerbsfähigkeit – *National Competitiveness Council (NCC)*. Der NCC erstattet dem Premierminister Bericht über die wesentlichen Determinanten bezüglich der Wettbewerbsfähigkeit der irischen Wirtschaft und spricht Empfehlungen gegenüber der Regierung aus, wie die Position der Wirtschaft verbessert werden könnte.[434] In seinen jährlichen Berichten[435] geht der NCC auch auf Faktoren ein, die den WTI-Bereich betreffen, wie beispielsweise die Entwicklung der Ausgaben für FuE oder der Anzahl der Forscher.[436] Irland verfügt also über eine beträchtliche Zahl von beratenden Institutionen. An dieser Stelle kann die Frage gestellt werden, ob die Zahl beratender Organe eventuell zu hoch ist, so dass es zu nicht unerheblichen Koordinierungsproblemen und Überschneidungen kommen kann. In Finnland existiert hingegen lediglich ein wesentliches Organ, das die Regierung in Belangen der WTI-Politik berät und welches für die Klärung aller Fragen, die diesen Bereich betreffen, sowie für die Koordinierung der Maßnahmen zuständig ist: der Wissenschafts- und Technologierat.

Bereits in den 1990er Jahren war das irische NIS durch ein komplexes Gefüge von Institutionen gekennzeichnet. Ein derart komplexes Governance System kann jedoch auch *„(...) an insupportable policy overload for a small country (...)“*[437], wie Irland, bedeuten. Um Innovationen und innovative Aktivitäten systematisch zu fördern, ist es notwendig, dass sich die beratenden Organe und alle anderen involvierten Institutionen absprechen und ihre Vorgehensweise koordinieren. Hierbei entstehen jedoch in einem Land mit einer Vielzahl beteiligter Institutionen, wie dies in Irland der Fall ist, eine Reihe von Koordinierungsproblemen.

Die zunehmende Fokussierung Irlands auf den WTI-Bereich zeigt sich auch anhand des Entwicklungsplans, des *National Development Plan 2000-2006*, der im Vergleich zu den vorigen Plänen eine starke Erhöhung der Investitionen in

[434] Vgl. National Competitiveness Council unter http://www.forfas.ie/ncc/.

[435] Vgl. NCC: Annual Competitiveness Report (ACR) und Competitiveness Challenge Report. Abrufbar im Internet unter http://www.forfas.ie/ncc/.

[436] Vgl. National Competitiveness Council (2005), S. 99f.

[437] Hilliard, R. / Green, R. (2005), S. 50.

diesem Bereich vorsieht. Die Durchführung dieses Plans hängt jedoch entscheidend davon ab, ob ein klarer und strategischer Rahmen existiert, durch welchen die oben beschriebene Komplexität des institutionellen Gefüges reduziert werden kann.[438] Anfang 2004 merkte Romanainen kritisch an, dass in Irland zwar eine Organisation existiert, durch welche die meisten politischen Empfehlungen koordiniert werden, nämlich Forfás, dass allerdings kein Organ oder Prozess vorhanden ist, welches bzw. welcher diese Empfehlungen für die Regierung bearbeitet.[439] Kurz zuvor wurde von einer Kommission der Vorschlag eingebracht, die Position eines leitenden wissenschaftlichen Beraters einzurichten, welcher auf höchster Ebene als Koordinator politischer Empfehlungen und der Implementierung politischer Maßnahmen agieren sollte. Auch der zu dieser Zeit noch existierende Wissenschaftsbeirat ICSTI hatte bereits 2002 vorgeschlagen, ein solches Organ zu schaffen, welches für die Koordinierung der Innovationspolitik zuständig sein sollte.[440] Diese Vorschläge wurden mit der bereits erwähnten Ernennung eines leitenden Wissenschaftsberaters im Juni 2004 in die Tat umgesetzt, so dass diese Lücke damit geschlossen wurde. Ein weiteres Kernstück des neugestalteten Rahmens zur Verbesserung der Koordination stellt die Einführung der Regierungskommission für Wissenschaft, Technologie und Innovation – welche es übernimmt, die Aktivitäten sämtlicher Institutionen, die in Verbindung zum WTI-Bereich stehen, zu koordinieren – dar.[441]

Vor der Neugestaltung des Rahmens waren der Entwurf und die Implementierung der Wissenschafts-, Technologie- und vor allem der Innovationspolitik auf allen Ebenen durch fehlende vertikale und horizontale Koordination gekennzeichnet. Ohne horizontale Koordination zwischen den einzelnen Ministerien, anderen staatlichen Organen und den neu einzuführenden Maßnahmen bleiben diese für sich isoliert, und es kommt unter Umständen zu Überschneidungen oder zu Konkurrenzverhalten. Ohne vertikale Koordination ist es möglich, dass die durch die Einführung neuer Maßnahmen angestrebten Ziele von den involvierten Akteuren, von den Ministerien bis hin zu den FuE-betreibenden Organen, nicht einheitlich aufgefasst werden und somit die Wirkung der Maßnahmen verzögert oder reduziert werden kann.[442]

Irland unternimmt somit den Versuch, durch die Schaffung neuer Institutionen die horizontale und die vertikale Koordination innerhalb des Systems der Politikgestaltung zu verbessern. Daneben soll durch diese Maßnahme die Komplexität des bisher existierenden institutionellen Gefüges reduziert und dadurch

---

[438] Vgl. hierzu *National Development Plan* unter http://www.ndp.ie und OECD (2005b), S. 51.

[439] Vgl. Romanainen, J. (2004), S. 6.

[440] Vgl. Romanainen, J. (2004), S. 6 und Hilliard, R. / Green, R. (2005), S. 57f.

[441] Vgl. Hilliard, R. / Green, R. (2005), S. 58.

[442] Vgl. Romanainen, J. (2004), S. 25.

eine größere Klarheit des Governance Systems erreicht werden. Inwieweit dieses Ziel erreicht werden wird, ist jedoch noch nicht abzusehen. Bei der Durchsicht unterschiedlicher irischer Regierungsdokumente, Berichte der beratenden Organe, Evaluierungen etc. fällt auf, dass diese teilweise nicht aufeinander abgestimmt zu sein scheinen, wodurch an einigen Stellen Überschneidungen erkennbar sind. Daher lässt sich häufig kein klares Ziel und keine stringente Strategie erkennen. Auch Hilliard und Green weisen darauf hin, dass in den letzten fünf Jahren zwar die Elemente des irischen NIS gestärkt wurden – eben auch durch die Einführung dieser neuen Institutionen –, dass die einzelnen Vorgänge und die Einbindung der neuen Organe in die Formulierung und Gestaltung der WTI-Politik jedoch noch nicht kohärent sind.[443] Somit wird sich erst im Zeitablauf herausstellen, ob sich die Komplexität und die Koordinierungsprobleme durch die eingeführten Maßnahmen verringern oder eher noch vergrößern werden, und ob es sinnvoll wäre, die Verantwortung für die Generierung und Implementierung von Maßnahmen der WTI-Politik in einer einzigen Institution zu bündeln.

6.1.2 Die Durchführung von Forschung und Entwicklung

Im Folgenden wird der Aspekt der Durchführung von FuE einerseits anhand der Ausgaben eines Landes für FuE und andererseits anhand der FuE-Aktivitäten der einzelnen Sektoren untersucht.

6.1.2.1 Die Forschungs- und Entwicklungsaktivitäten eines Landes

Als Indikator für die Höhe der durchgeführten FuE-Aktivitäten in einem Land werden die *FuE-Ausgaben* herangezogen, da diese die Anstrengungen widerspiegeln, die für die Generierung neuen Wissens sowie neuer Produkte und Prozesse unternommen werden. In unterschiedlichen Studien wurde nachgewiesen, dass ein Zusammenhang zwischen der Entwicklung der FuE-Ausgaben und der wirtschaftlichen Entwicklung einer Volkswirtschaft besteht. Laut Freire-Serén besteht ein starker positiver Zusammenhang zwischen dem Wachstum der gesamten FuE-Ausgaben eines Landes und dem Wachstum des BIP. Eine Steigerung der gesamten FuE-Ausgaben um ein Prozent würde den Berechnungen gemäß zu einem Anstieg des realen BIP um 0,08 Prozent führen.[444] Auch Goel und Ram weisen nach, dass die FuE-Ausgaben eine positive und relativ große Wir-

[443] Vgl. Hilliard, R. / Green, R. (2005), S. 61.

[444] Vgl. Freire-Serén, M. J. (1999), S. 21.

kung auf das Wirtschaftswachstum eines Landes haben.[445] Dabei können die FuE-Ausgaben anhand unterschiedlicher Maßzahlen betrachtet werden: Wichtige Indikatoren stellen beispielsweise die Bruttoinlandsausgaben für FuE oder die FuE-Intensität dar.

Den wesentlichen Indikator für die gesamtwirtschaftliche Entwicklung der FuE-Ausgaben, und darüber hinaus für den internationalen Vergleich dieser, stellen die *Bruttoinlandsausgaben für FuE* – im Englischen *gross domestic expenditure on R&D*, kurz *GERD* – dar. Sie umfassen die gesamten Ausgaben für FuE, die innerhalb eines Landes während einer betrachteten Periode anfallen. Hierzu zählen beispielsweise auch alle FuE-Aktivitäten, die innerhalb des Landes ausgeführt und vom Auslandssektor finanziert werden, während Zahlungen für FuE-Aktivitäten, die im Ausland durchgeführt werden, nicht miteingerechnet werden.[446]

Daneben existiert auch die Messung der *gross national expenditure on R&D*, kurz *GNERD*. Hierzu zählen die gesamten Ausgaben für FuE-Aktivitäten, welche von den nationalen Institutionen bzw. Organisationen innerhalb einer betrachteten Periode finanziert werden. Hierin sind somit auch FuE-Aktivitäten enthalten, die zwar im Ausland durchgeführt, aber von nationalen Institutionen, Organisationen oder Inländern finanziert wurden. Nicht hinzugerechnet sind FuE-Aktivitäten, die im Land ausgeführt werden, aber vom Auslandssektor finanziert wurden.[447] In der vorliegenden Arbeit wird ausschließlich mit GERD-Daten gearbeitet.

Anhand der Entwicklung der Bruttoinlandsausgaben für FuE lässt sich erkennen, dass die Bedeutung des FuE-Bereichs in den meisten Industrienationen und Schwellenländern in den letzten 15 Jahren stark zugenommen hat. Tabelle 6.1 verdeutlicht diesen Trend.

Aus Tabelle 6.1 geht hervor, dass Irland im Zeitraum von 1991 bis 1998 das höchste Wachstum der Bruttoinlandsausgaben für FuE der ausgewählten OECD-Länder zu verzeichnen hatte. Mit einer Zunahme von knapp 150 Prozent entwickelten sich die Ausgaben weitaus dynamischer als es im OECD-Durchschnitt der Fall war. Einige der betrachteten OECD-Länder hatten in dieser Zeit nur ein geringes Wachstum der GERD zu verzeichnen, darunter auch beispielsweise Deutschland mit einem Zuwachs von lediglich 15,5 Prozent, wobei jedoch von einem weitaus höheren Ausgangsniveau auszugehen ist als in Irlands Fall. Werden jedoch lediglich die Zuwachsraten betrachtet, so bleibt Deutschland weit hinter den meisten anderen Ländern zurück. Finnland hat während des Betrachtungszeitraums seine Bruttoinlandsausgaben für FuE knapp verdoppelt und zählt somit zu den Ländern, die ein hohes Wachstum zu verzeichnen hatten. Auffällig

[445] Vgl. Goel, R. K. / Ram, R. (1994), S. 406, 408.
[446] Vgl. OECD (2002a), S. 22 und 121.
[447] Vgl. OECD (2002a), S. 121.

ist andererseits auch der relativ starke Rückgang der Bruttoinlandsausgaben für FuE in der Slowakei und Ungarn, die somit dem allgemeinen Trend nicht gefolgt sind.

Tabelle 6.1: Entwicklung der Bruttoinlandsausgaben für FuE (GERD) in einigen ausgewählten OECD-Ländern, 1999 bis 2003

	Zunahme GERD insges. von 1991-1998 (in Prozent)	jährliche Wachstumsraten (in Prozent)				
		1999	2000	2001	2002	2003
Belgien	49,8	6,9	9,6	11,0	-3,0	0,0
Dänemark	71,2	12,7	k.A.	k.A.	7,0	7,0
Deutschland	15,5	8,1	6,1	3,3	3,1	0,4
Finnland	**94,5**	**14,4**	**12,9**	**4,8**	**5,5**	**4,2**
Frankreich	19,1	4,3	5,0	8,0	5,2	-0,6
Großbritannien	22,3	7,8	4,2	6,7	6,6	3,8
Irland	**149,4**	**4,2**	**6,4**	**5,8**	**9,8**	**10,7**
Island	138,1	20,3	20,9	17,0	0,1	-3,4
Italien	12,3	-0,2	6,9	7,5	6,7	k.A.
Japan	24,4	2,1	6,1	5,6	2,8	4,1
Kanada	56,7	9,3	13,4	10,1	-1,3	1,9
Niederlande	35,6	8,3	0,0	6,3	-0,9	k.A.
Norwegen	64,9*	k.A.	k.A.	k.A.	2,0	6,4
Österreich	58,7	11,7	7,7	8,4	8,5	2,1
Polen	k.A.	8,5	-1,0	0,0	-6,0	-0,2
Portugal	k.A.	16,6	12,1	10,8	-1,0	-1,9
Schweden	81,5*	k.A.	k.A.	26,1**	k.A.	-0,8***
Slowakei	-45,8	-14,7	5,4	4,8	-2,6	7,6
Spanien	41,8	6,1	11,7	7,8	14,9	14,3
Südkorea	101,3	6,8	17,8	15,0	6,2	9,4
Türkei	48,9	21,6	14,1	3,4	0,0	k.A.
Ungarn	-17,7	5,8	23,9	30,1	15,1	-3,3
USA	40,5	7,6	8,7	3,6	0,9	2,7
EU-25	**k.A.**	**6,7**	**8,0**	**6,6**	**4,9**	**3,0**
OECD insges.	**37,8**	**6,4**	**8,6**	**5,6**	**2,3**	**4,7**

Quelle: OECD (2004a) und (2005e), jeweils Tabelle 01, S. 18; eigene Berechnungen.
* betrachteter Zeitraum 1991-1999, ** Bezugsgrundlage 1999, *** Bezugsgrundlage 2001
Anmerkung: Bei dieser und den folgenden Tabellen werden nicht alle OECD-Länder aufgeführt. Es wurden diejenigen Länder außer Acht gelassen, für die keine Daten oder derart wenige Werte vorliegen, so dass keine Aussage über die Entwicklung möglich ist (in obiger Tabelle Australien, Griechenland, Luxemburg, Mexiko, Neuseeland und die Schweiz).

Bei der Betrachtung der jährlichen Wachstumsraten fällt zunächst auf, dass die Schwankungen der Wachstumsraten relativ stark ausgeprägt sind, was wiederum insbesondere am Beispiel der Slowakei und Ungarns deutlich wird. Die Ursachen hierfür sind unklar; möglicherweise werden die Schwankungen durch Faktoren wie beispielsweise veränderte Erwartungen der Unternehmen oder eine unstete Politik hervorgerufen, was entsprechende Auswirkungen auf die FuE-Ausgaben hat. Des Weiteren lässt sich feststellen, dass die durchschnittliche Wachstumsrate der GERD in der OECD insgesamt und vor allem in der EU-25 ab 2001 zurückgegangen ist, was wahrscheinlich auf die allgemein schlechtere Wirtschaftslage zurückzuführen ist. Neben Spanien zählen die irischen Wachstumsraten der FuE-Ausgaben, die seit 2001 über dem OECD-Durchschnitt liegen, in den letzten Jahren zu den höchsten aller hier betrachteten OECD-Länder. Besonders auffällig ist die Entwicklung der finnischen Werte. Waren die Zuwachsraten Ende der 1990er und Anfang der 2000er Jahre noch sehr hoch, so lässt sich in den letzten Jahren ein Rückgang des Wachstums feststellen. Während das Wachstum der GERD 1999 noch 14,4 Prozent betrug, belief sich der Wert 2003 noch auf 4,2 Prozent. Stärkere Rückgänge hatten nur Island und Portugal zu verzeichnen. Anzumerken ist, dass auch Deutschland in den letzten Jahren relativ niedrige Wachstumsraten aufwies.

Möchte man den Stellenwert des Bereichs FuE in einer Volkswirtschaft genauer betrachten, dann ist auch die Entwicklung der *Bruttoinlandsausgaben für FuE pro Kopf* und vor allem die Entwicklung des Anteils der Bruttoinlandsausgaben für FuE am BIP – also der so genannten *FuE-Intensität* – von Interesse. Die Entwicklung dieser beiden Kennzahlen wird in den folgenden Tabellen und Abbildungen dargestellt.

Tabelle 6.2 lässt sich entnehmen, dass die Bruttoinlandsausgaben für FuE pro Kopf in den USA, Finnland, Japan, Schweden, Island und Dänemark besonders hoch sind. Auch Deutschland weist einen relativ hohen Wert auf. In Irland waren die GERD pro Kopf hingegen sowohl zu Beginn als auch zum Ende des Betrachtungszeitraums relativ niedrig. Im Jahr 1991 betrug der irische Wert weniger als ein Drittel des OECD-Durchschnitts; niedrigere GERD pro Kopf wurden nur in Spanien, Ungarn und der Türkei verzeichnet. Zu dieser Zeit lagen auch die finnischen Bruttoinlandsausgaben für FuE pro Kopf unterhalb des OECD-Durchschnitts, allerdings 2,8-mal so hoch wie der irische Wert.

In den ausgewiesenen Jahren von 1991 bis 2001 stiegen die irischen Bruttoinlandsausgaben für FuE pro Kopf kontinuierlich an, so dass der Wert 2001 um mehr als das 2,5-fache über dem Ausgangswert lag. Allerdings lag Irland auch 2003 noch weit unter dem EU- und OECD-Durchschnitt. Für Finnland zeigt sich ein komplett anderes Bild: Befand sich Finnland 1991 eher im Mittelfeld der ausgewählten OECD-Länder, so sind die späten 1990er und frühen 2000er Jahre durch ein starkes Ansteigen der GERD pro Kopf gekennzeichnet. Im Jahr 2001 wurde in Finnland 2,7-mal so viel pro Kopf für FuE ausgegeben als es in Irland der Fall war. Neben Schweden stellte Finnland 2003 das Land mit den höchsten Bruttoinlandsausgaben für FuE pro Kopf in Europa dar. Aus den Daten geht auch die Annäherung der finnischen Werte – von einem relativ niedrigen, unterdurchschnittlichen Ausgangsniveau aus – an die Werte der USA und das Übertreffen dieser hervor. Daneben hat der Abstand zu dem durchschnittlichen EU-25-Wert zugenommen. Die irischen pro Kopf Ausgaben für FuE lagen hingegen kontinuierlich unter den Durchschnittswerten und machten nur etwas mehr als ein Drittel der US-amerikanischen Werte aus. Abbildung 6.4 stellt die Entwicklung der irischen GERD pro Kopf im Vergleich zu einigen ausgewählten Ländern dar.

Tabelle 6.2: Entwicklung der Bruttoinlandsausgaben für FuE (GERD) pro Kopf in einigen ausgewählten OECD-Ländern, 1991 bis 2003

	Bruttoinlandsausgaben für FuE pro Kopf*						
	1991	1998	1999	2000	2001	2002	2003
Belgien	306,6	450,5	480,7	527,7	622,2	664,1	664,1
Dänemark	314,9	525,5	590,3	k.A.	702,3	760,2	811,5
Deutschland	480,7	541,3	585,0	619,8	639,1	675,0	697,0
Finnland	**353,9**	**670,0**	**764,7**	**872,9**	**912,6**	**960,8**	**998,5**
Frankreich	438,0	508,0	527,8	551,2	592,5	624,5	617,2
Großbritannien	347,4	418,4	449,5	467,1	495,3	547,5	566,0
Irland	**126,5**	**299,8**	**309,1**	**324,6**	**338,3**	**365,0**	**397,4**
Island	242,1	543,6	645,9	770,2	888,5	909,1	873,2
Japan	589,9	718,7	732,3	775,5	816,5	849,4	883,2
Italien	224,0	247,8	247,0	263,7	282,7	305,2	k.A.
Kanada	308,4	449,0	487,0	547,0	595,7	581,7	590,9
Niederlande	369,3	480,5	516,9	513,4	541,9	539,3	k.A.
Norwegen	313,9	k.A.	494,5	k.A.	594,4	613,1	648,6
Österreich	291,6	453,4	505,7	543,2	587,2	635,6	674,8
Polen	k.A.	62,7	68,0	67,3	67,8	64,8	64,7
Portugal	k.A.	106,2	123,4	137,6	151,4	150,8	146,8
Schweden	518,9	k.A.	916,1	k.A.	1171,3	k.A.	1154,3
Slowakei	145,2	77,1	65,8	69,3	72,5	70,9	76,3
Spanien	116,3	162,7	172,0	190,6	203,6	232,3	263,6
Südkorea	169,6	319,5	338,8	395,8	452,1	477,2	518,9
Türkei	24,6	32,4	38,8	43,1	43,8	43,0	k.A.
Ungarn	86,8	72,0	76,4	94,9	123,8	142,8	138,5
USA	636,6	821,2	873,6	939,0	962,9	961,4	977,7
EU-25	**k.A.**	**352,4**	**375,4**	**398,4**	**423,7**	**443,3**	**460,9**
OECD insges.	**401,7**	**470,3**	**497,0**	**531,9**	**557,0**	**567,8**	**729,6**

Quelle: OECD (2004a) und (2005e), jeweils Tabelle 04, S. 19.
* Kaufkraft in laufenden US-$-Preisen

Die *FuE-Intensität* oder auch *Forschungsintensität* – also der Anteil der Bruttoinlandsausgaben für FuE (GERD) am BIP[448] – stellt einen der am häufigsten

[448] Um Größenunterschiede der betrachteten Volkswirtschaften auszugleichen, werden die Daten in Prozent des BIP ausgedrückt.

verwendeten Vergleichswerte dar.[449] Untersuchungen auf Basis von Daten für die USA und die EU haben gezeigt, dass eine hohe FuE-Intensität nie mit einem schwachen Produktivitätszuwachs assoziiert ist; für eine geringe Forschungsintensität ist dies jedoch der Fall.[450]

Abbildung 6.4: Entwicklung der irischen Bruttoinlandsausgaben für FuE pro Kopf im Vergleich zu einigen ausgewählten Ländern, 1991 bis 2002

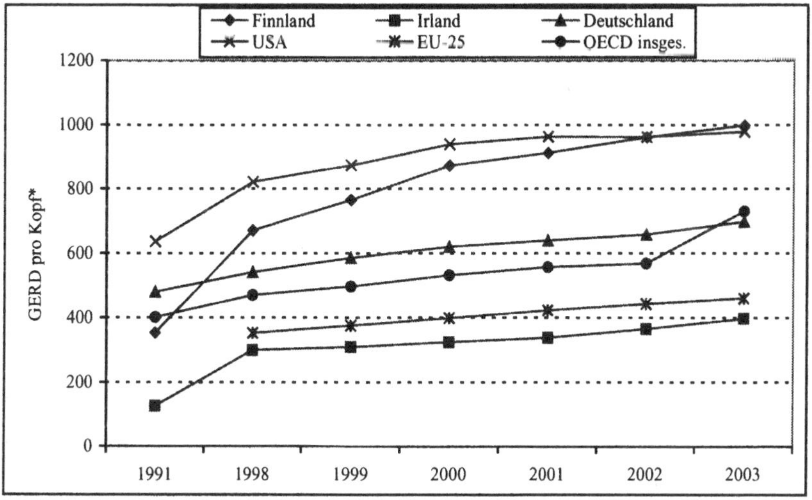

Quelle: eigene Darstellung; Daten aus OECD (2004a), Tabelle 04, S. 19.
* Kaufkraft in laufenden US-$-Preisen

[449] Für die folgenden Betrachtungen werden zum Zwecke der besseren Vergleichbarkeit vorwiegend OECD-Daten verwendet. Im Falle Irlands beruft sich die OECD auf nationale Berechnungen und Schätzungen. Unklar bleibt dabei allerdings, ob hierbei das irische BIP oder BSP als Grundlage gewählt wurde. Der Grund, warum das niedrigere BSP die passendere Kenngröße für die wirtschaftliche Entwicklung Irlands darstellt, liegt in dem von den multinationalen Unternehmen in großem Umfang betriebenem *„Transfer Pricing"*. Dies bedeutet, dass die in Irland ansässigen multinationalen Unternehmen aufgrund der dort geltenden niedrigen Körperschaftssteuer den Großteil der gesamten Unternehmensprofite in Irland geltend machen. Es ist daher möglich, dass ein Teil des irischen Outputwachstums seinen Ursprung nicht in einem realen Anstieg der Outputmenge hat, sondern es sich lediglich um eine Art „Kunstkniff" bei der Preissetzung für Inputs und Outputs handelt. (Vgl. zum Beispiel Kennedy, L. (1989), S. 35 und Leddin, A. J. / Walsh, B. M. (2003), S. 165f.). Schätzungen ergeben, dass das irische BIP und BSP aufgrund des betriebenen Transfer Pricing ungefähr 10 bis 12 Prozent auseinanderliegen. (Vgl. Barry, F. / Bradley, J. / O'Malley, E. (1999), S. 53.)

[450] Vgl. Kommission der Europäischen Gemeinschaften (2002), S. 9 in Anlehnung an European Commission (2001a), S. 69.

Somit lässt sich schlussfolgern, dass die FuE-Intensität die wirtschaftliche Entwicklung einer Volkswirtschaft beeinflusst. Die Entwicklung der FuE-Intensität in diversen OECD-Ländern lässt sich Tabelle 6.3 entnehmen.

Tabelle 6.3: Entwicklung der FuE-Intensität in einigen ausgewählten OECD-Ländern, 1991 bis 2003

	FuE-Intensität (prozentualer Anteil der GERD am BIP)						
	1991	1998	1999	2000	2001	2002	2003
Belgien	1,62	1,90	1,96	2,00	2,11	1,96	1,89
Dänemark	1,64	2,06	2,19	k.A.	2,39	2,53	2,62
Deutschland	2,52	2,31	2,44	2,45	2,46	2,49	2,52
Finnland	**2,04**	**2,88**	**3,23**	**3,38**	**3,38**	**3,43**	**3,48**
Frankreich	2,37	2,17	2,16	2,15	2,20	2,23	2,18
Großbritannien	2,07	1,80	1,87	1,86	1,87	1,89	1,88
Irland	**0,93**	**1,25**	**1,19**	**1,14**	**1,11**	**1,12**	**1,19**
Island	1,17	2,07	2,38	2,76	3,08	3,14	2,97
Japan	2,94	2,95	2,96	2,99	3,07	3,12	3,15
Italien	1,23	1,07	1,04	1,07	1,11	1,16	k.A.
Kanada	1,60	1,79	1,82	1,93	2,08	1,97	1,95
Niederlande	1,97	1,94	2,02	1,90	1,88	1,80	k.A.
Norwegen	1,64	k.A.	1,65	k.A.	1,60	1,67	1,75
Österreich	1,47	1,78	1,88	1,91	2,03	2,12	2,19
Polen	k.A.	0,68	0,70	0,66	0,64	0,58	0,56
Portugal	k.A.	0,69	0,75	0,80	0,85	0,80	0,78
Schweden	2,72	k.A.	3,65	k.A.	4,29	k.A.	3,98
Slowakei	2,13	0,79	0,66	0,65	0,64	0,58	0,58
Spanien	0,84	0,89	0,88	0,91	0,92	0,99	1,05
Südkorea	1,82	2,34	2,25	2,39	2,59	2,53	2,63
Türkei	0,53	0,50	0,63	0,64	0,72	0,66	k.A.
Ungarn	1,06	0,68	0,69	0,80	0,95	1,02	0,95
USA	2,71	2,61	2,65	2,74	2,76	2,65	2,68
EU-25	**k.A.**	**1,73**	**1,77**	**1,78**	**1,81**	**1,82**	**1,82**
OECD insges.	**2,21**	**2,16**	**2,19**	**2,23**	**2,28**	**2,24**	**2,26**

Quelle: OECD (2004a) und OECD (2005e), jeweils Tabelle 02, S. 18.

Die aus Tabelle 6.3 zu entnehmende Entwicklung wird in Abbildung 6.5 anschaulich dargestellt.

Wie sich Tabelle 6.3 und Abbildung 6.5 entnehmen lässt, hat Finnland – ausgehend von einem durchschnittlichen Niveau – den Anteil der Bruttoinlandsausgaben für FuE am BIP, sprich seine Forschungsintensität, stark gesteigert, und liegt bereits seit einigen Jahren weit vor den USA und den anderen betrachteten EU- und OECD-Ländern,[451] mit Ausnahme Schwedens, welches die

[451] Hierbei muss jedoch angemerkt werden, dass sich hinter dem starken Anstieg der gesamten FuE-Ausgaben Finnlands vor allem ein Unternehmen, nämlich *Nokia*, verbirgt, dessen

höchsten Werte aufweist. Auffällig ist, dass die Werte in den meisten Ländern kaum größere Schwankungen, das heißt keine starken Zunahmen oder Rückgänge, aufzeigen – die FuE-Intensität hat sich in den meisten Ländern von 1991 bis 2002 nur leicht verändert.

Abbildung 6.5: Entwicklung der FuE-Intensität in einigen ausgewählten OECD-Ländern, 1991 bis 2002

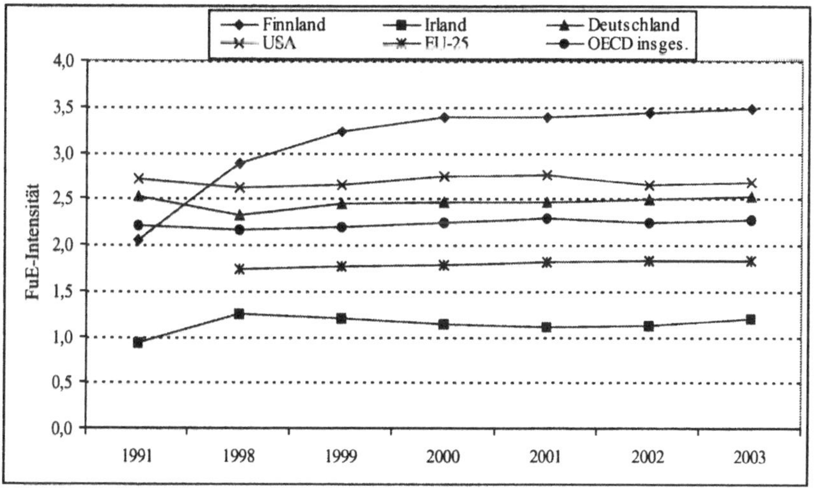

Quelle: eigene Darstellung; Daten aus OECD (2004a) und (2005e), jeweils Tabelle 02, S. 18.

Die irische Forschungsintensität lag 1998 etwas höher als 1991, ist in den folgenden Jahren jedoch kontinuierlich gesunken, bis sie ab 2002 wieder leicht anstieg, während in den meisten anderen EU- und OECD-Ländern der Wert erhöht wurde – erkennbar auch an den über die Zeit gestiegenen EU- und OECD-Durchschnittswerten in Tabelle 6.3. Im Jahr 2002 war die Forschungsintensität in Irland lediglich halb so hoch wie der OECD-Durchschnitt und entsprach knapp einem Drittel der finnischen FuE-Intensität. Wie aus den vorangegangenen Tabellen und Abbildungen deutlich wird, sind also sowohl die irischen Bruttoinlandsausgaben für FuE pro Kopf als auch die irische FuE-Intensität in den letzten Jahren zwar angestiegen, bleiben aber im Vergleich zu anderen EU- und

Ausgaben für FuE einen wesentlichen Anteil der gesamten FuE-Ausgaben des finnischen Unternehmenssektors, nämlich 50 Prozent, und rund 35 Prozent der Bruttoinlandsaugaben für FuE ausmachen. Die Europäische Kommission verweist auf eine finnische Studie aus dem Jahr 2002 laut welcher Finnlands FuE-Intensität rund ein Prozent niedriger ausfallen würde (also 2,4 Prozent statt 3,4 Prozent), wenn man Nokias Anteil an den gesamten FuE-Ausgaben rausrechnen würde. (Vgl. European Commission (2005b), S. 4 und Rouvinen, P. / Ylä-Anttila, P. (2004), S. 99.)

OECD-Ländern auf einem vergleichsweise niedrigen Niveau. Somit könnte es für Irland – wie für einige andere Länder auch – schwierig werden, das Teilziel des Lissabon-Prozesses zu erreichen, wonach sich bis 2010 die gesamten Ausgaben für FuE (GERD) als Anteil des BIP auf drei Prozent belaufen sollen, sprich drei Prozent des BIP für FuE verwendet werden sollen. Die Europäische Kommission drückt es optimistisch aus:

„Undoubtedly, Ireland is moving in the right direction, but at the moment the indications are that it is moving too slowly. (...) Meeting the Lisbon-Barcelona target of 3% GDP/GNP on R&D by 2010 is a real challenge for Ireland, but one that could, with great effort, be realised."[452]

In Irland einigte man sich darauf, statt der in der Lissabon-Strategie festgelegten drei Prozent ein Ziel von realistischeren 2,5 Prozent anzustreben.[453]

Interessant stellt sich auch der Zusammenhang zwischen FuE-Ausgaben und dem beobachtbaren Wirtschaftswachstum dar. In den 1990er Jahren hatten sowohl Irland als auch Finnland überdurchschnittlich hohe Wachstumsraten zu verzeichnen, wobei die irischen Werte in jedem Jahr deutlich höher waren als die finnischen. Was die Investitionen in FuE anbelangt, so hat Finnland sehr stark aufgeholt und liegt nun gemeinsam mit Schweden an der Weltspitze; kaum ein anderes OECD-Land hat ähnlich hohe Bruttoinlandsausgaben für FuE pro Kopf und eine derart hohe FuE-Intensität aufzuweisen. Gegenteiliges lässt sich für Irland feststellen: Die irischen FuE-Ausgaben haben sich gemessen am OECD-Durchschnitt unterdurchschnittlich entwickelt.

Anhand der Erläuterungen zur endogenen Wachstumstheorie unter Abschnitt 3.2 dieser Arbeit wird deutlich, dass technischer Fortschritt eine wesentliche Determinante des Wirtschaftswachstums eines Landes darstellt. Des Weiteren ist anzunehmen, dass durch das Durchführen von FuE – und somit durch getätigte FuE-Ausgaben – die Rate des technischen Fortschritts erhöht werden kann; zu Beginn dieses Kapitels wurde erwähnt, dass mehrere Studien existieren, die einen starken positiven Zusammenhang zwischen dem Wachstum der gesamten FuE-Ausgaben eines Landes und dem Wachstum des BIP belegen. Für Irland und Finnland bedeutet dies Folgendes: Während die hohen Wachstumsraten in Finnland in den 1990er und Anfang der 2000er Jahre mit hohen, kontinuierlich steigenden FuE-Ausgaben einhergingen, erzielte Irland im selben Zeitraum sehr hohe Wachstumsraten des BIP und BSP, obwohl seine Investitionen in FuE relativ gering und unterdurchschnittlich waren. Hieran wird erneut deutlich, dass der irische Wirtschaftsboom nicht durch technischen Fortschritt und

[452] European Commission (2005a), S. 4.

[453] Vgl. hierzu TrendChart, IE 26, Abschnitt 1.5 unter http://trendchart.cordis.lu/tc_policy_country.cfm?CO=9.

die dafür nötigen hohen FuE-Investitionen hervorgerufen wurde. Belegt wird am Beispiel Irlands allerdings das aus Untersuchungen hervorgegangene Ergebnis zum Zusammenhang zwischen der FuE-Intensität und dem beobachtbaren Produktivitätszuwachs: Die niedrige FuE-Intensität in Irland während der 1990er Jahre ging einher mit einem moderaten Produktivitätszuwachs, auf den bereits unter Abschnitt 3.1 eingegangen wurde.

6.1.2.2 Forschungs- und Entwicklungsaktivitäten in den einzelnen Sektoren

Zunächst werden die Sektoren, in denen FuE-Aktivitäten durchgeführt werden, im Allgemeinen vorgestellt, worauf betrachtet wird, wie aktiv die einzelnen Sektoren in Irland und Finnland an der Durchführung von FuE beteiligt sind.

Betrachtete Sektoren und ihre Forschungs- und Entwicklungsaktivitäten

Um die Sammlung und Auswertung der Daten sowie die Beschreibung von Interaktionen zu vereinfachen, werden die statistischen Einheiten in einzelne Sektoren unterteilt. Die OECD schlägt folgende Unterteilung vor:[454]

- Unternehmen (Wirtschaftssektor),
- Hochschulen (Hochschulsektor),
- Staat (Staatssektor ohne Hochschulen),
- Private Institutionen ohne Erwerbszweck (PNP-Sektor) und
- Ausland.

Der *Unternehmenssektor* umfasst alle Unternehmen, Organisationen und Institutionen, deren Hauptaufgabe darin besteht, Güter oder Dienstleistungen herzustellen und diese auf dem jeweiligen Markt gewinnmaximierend abzusetzen. Des Weiteren werden auch private, nicht gewinnorientierte Einrichtungen, welche die oben genannten Akteure unterstützen bzw. ihnen zuarbeiten, diesem Sektor zugerechnet.[455]

Dem *Hochschulsektor* werden alle Universitäten, Technischen Hochschulen, Fachhochschulen und andere Einrichtungen des Tertiärbereichs zugerechnet, die sich an die Sekundarschulbildung anschließen, unabhängig von ihrer Finanzierung oder ihrer Rechtsstellung. Daneben zählen auch alle Forschungsinstitute sowie klinische Forschungsabteilungen, die unter der Kontrolle der Einrichtungen des Hochschulwesens stehen oder von diesen verwaltet werden, zu diesem

[454] Vgl. OECD (2002a), S. 53f. und BMBF (2004), S. 171.
[455] Vgl. OECD (2002a), S. 54.

Sektor.[456] Zum *Staatssektor* zählen alle Ministerien, Ämter und anderen Einrichtungen, die

- allgemeine Dienstleistungen bereitstellen – jedoch nicht an die Gemeinschaft verkaufen –, welche von anderer Stelle nicht in ausreichendem Maß und wirtschaftlich bereitgestellt werden könnten (so genannte öffentliche Güter), und
- andere dem Staat übertragene Aufgaben wahrnehmen.[457]

Der *PNP-Sektor* setzt sich zusammen aus allen nicht marktorientierten, privaten nicht gewinnorientierten Institutionen, die den privaten Haushalten dienen.[458]
Der Bereich *Ausland* umfasst

- alle Institutionen und Individuen, die sich außerhalb der politischen Grenzen eines Landes befinden, mit der Ausnahme von Fortbewegungsmitteln, wie Autos, Schiffen und Flugzeugen, und Weltraumsatelliten, die von Inländern betrieben sowie Testgelände, die von Inländern erworben werden, und
- alle internationalen Organisationen – mit Ausnahme von Wirtschaftsunternehmen – inklusive deren Niederlassungen innerhalb der Landesgrenzen.[459]

Bezüglich der Durchführung von FuE-Aktivitäten in den einzelnen Ländern werden im Rahmen der vorliegenden Arbeit lediglich die drei für diesen Bereich wesentlichen Sektoren betrachtet: der Unternehmens-, Hochschul- und Staatssektor. Der private, nicht gewinnorientierte Sektor wird hierbei aufgrund seines sehr geringen Anteils in den betrachteten Ländern außer Acht gelassen. Der Auslandssektor wird erst wieder bei der Finanzierung von FuE berücksichtigt.

Besonders bedeutsame Akteure eines NIS stellen die *Unternehmen* dar, in denen ein Großteil der Forschung betrieben wird. Als die Rolle der Wissenschaft für die technologische und somit wirtschaftliche Entwicklung von Ländern immer deutlicher wurde, wurde damit begonnen, unternehmensinterne FuE-Abteilungen in den Unternehmen aufzubauen – eine der wichtigsten institutionellen Innovationen, die bereits 1870 in Deutschland eingeführt wurde. Der Aufbau dieser Abteilungen stützte sich auf die Erkenntnis, dass sich eine systematischere, professionellere Suche nach neuen Produkten und Prozessen als äußerst profitabel erweist.[460] Die Zahl der industriellen Forschungseinrichtungen, welche zuerst im Chemie- und Elektronikbereich und dann in anderen Techno-

[456] Vgl. OECD (2002a), S. 68.
[457] Vgl. OECD (2002a), S. 62.
[458] Vgl. OECD (2002a), S. 64.
[459] Vgl. OECD (2002a), S. 72.
[460] Vgl. Freeman, C. / Soete, L. (1997), S. 299.

logiebereichen aufgebaut wurden und als die „Wiege technologischer Innovation" angesehen wurden, nahm immer weiter zu.[461] Bereits Ende des neunzehnten und in der ersten Hälfte des zwanzigsten Jahrhunderts gehörten spezialisierte FuE-Abteilungen zu den Grundausstattungen der meisten großen Unternehmen in der verarbeitenden Industrie. Heutzutage sind in den FuE-Abteilungen großer Unternehmen Tausende von Wissenschaftlern und Ingenieuren beschäftigt. Diese Veränderungen – der Auf- und Ausbau dieser internen FuE-Abteilungen, die Entstehung öffentlicher Forschungsinstitutionen sowie die Entwicklung der universitären Forschung – führte zu der Bemerkung seitens eines führenden Physikers, *„(...) that the greatest invention of the nineteenth century was the method of invention itself."*[462] In den FuE-Abteilungen der Großunternehmen wird vor allem angewandte Forschung betrieben, um so spezielle, zielgerichtete Problemlösungen zu entwickeln. Im Vordergrund steht dabei die kommerzielle Nutzung und Verwertung der gewonnenen Erkenntnisse.

Anzumerken ist hierbei, dass nicht alle Aktivitäten und Investitionen, die von Unternehmen unternommenen werden, um Innovationen hervorzubringen, in den unternehmensinternen FuE-Abteilungen stattfinden, und dass diese längst nicht alle als FuE-Anstrengungen gezählt werden. Trotz allem wird der größte Teil der innovativen Anstrengungen in den meisten Industriebereichen von den Unternehmen selbst durchgeführt, auch wenn häufig externe Wissensquellen, wie Universitäten oder staatliche Forschungseinrichtungen, herangezogen werden. Ein wichtiger Grund hierfür ist, dass Innovationen sich oft nur dann als profitabel erweisen, wenn die FuE-Anstrengungen, die Produktion und das Marketing gut aufeinander abgestimmt sind, was am effektivsten innerhalb eines Unternehmens möglich ist, welches alle diese Schritte selbst durchführt. Ein weiterer Grund besteht darin, dass die meisten Unternehmen ihre Stärken und Schwächen kennen und somit am besten abschätzen können, in welchen Bereichen technologische oder Produktverbesserungen ertragreich sind. Oftmals kommen Anregungen auch von außen – beispielsweise von Kunden oder Zulieferern, mit denen das Unternehmen in Kontakt steht. Diese beiden Argumente treffen sowohl bei einer engeren Definition des Innovationskonzepts – die Einführung eines Produktes oder Prozesses, welches bzw. welcher als tatsächliche weltweite oder nationale Neuerung bezeichnet werden kann – als auch bei einer breiteren Begriffsauslegung – sprich die Einführung eines Produktes oder Prozesses, welches bzw. welcher für das betrachtete Unternehmen eine Neuerung darstellt – zu.[463]

Universitäten und verwandte Institutionen betreiben hauptsächlich Grundlagenforschung. Sie sind vor allem aus zwei Gründen wichtig für Innovationssys-

[461] Vgl. Nelson, R. R. (1992), S. 350f.

[462] Freeman, C. / Soete, L. (1997), S. 299.

[463] Vgl. Nelson, R. R. (1992), S. 350f.

teme, und hierbei insbesondere für den industriellen Bereich: Einerseits sind sie die Ausbildungsstätten von Wissenschaftlern und Ingenieuren, die nach Abschluss ihrer Ausbildung in den Unternehmen arbeiten werden, und andererseits stellen sie in den meisten Ländern Forschungszentren dar, in denen ein großer Teil der Forschung – vor allem in speziellen Technologiebereichen – betrieben wird. Nelson hebt Folgendes hervor:

„To a much greater extent than commonly realized, university research programs are not undifferentiated parts of a national innovation system broadly defined, but rather are keyed into particular technologies and particular industries.“[464]

Universitäten sind somit wichtige Elemente eines NIS – und speziell des FuE-Systems –, da in ihnen auch spezielles Wissen generiert wird, welches sonst kaum entwickelt werden könnte. Nelson führt für diese Spezialisierung ein Beispiel an: Universitätsausbildung und -forschung, die insbesondere darauf ausgerichtet sind, technische Innovationen im Agrarbereich zu unterstützen, unterscheiden sich stark von dem Ausbildungs- und Forschungsmuster an Universitäten, durch die Innovationen im Elektronikbereich gefördert werden.[465]

Anmerken lässt sich an dieser Stelle, dass den Ergebnissen einer Studie im Auftrag der amerikanischen *Small Business Administration (SBA)* zufolge FuE-Ausgaben im Hochschulwesen positiv die Gründung von neuen Unternehmen, so genannten *„Start-ups“* oder *„Spin-offs“*[466], beeinflussen. Diese Unternehmensgründungen haben wiederum positive Auswirkungen auf das lokale Wirtschaftswachstum, weshalb sich schlussfolgern lässt, dass FuE-Ausgaben im universitären Bereich das Wachstum der lokalen Wirtschaft beeinflussen.[467] Auf die aktuelle Entwicklung von Unternehmensgründungen in Irland und Finnland wird an anderer Stelle näher eingegangen.

Ein weiterer Innovationsakteur ist der *Staat*. Er beeinflusst nicht nur die Entwicklung des NIS und seiner Akteure über die betriebene WTI-Politik und fi-

---

464 Nelson, R. R. (1992), S. 367.

465 Vgl. Nelson, R. R. (1992), S. 367f.

466 Als *Spin-off* wird in diesem Zusammenhang die Ausgliederung bzw. Gründung von Unternehmen aus Universitäten oder Forschungseinrichtungen heraus, also durch in der Forschung tätige Personen, bezeichnet. Ziel ist dabei, eine Invention zu entwickeln und zu vermarkten. *Start-ups* stellen ebenfalls Unternehmen dar, die zur Entwicklung und Vermarktung einer Invention gegründet wurden. Allerdings wird in diesem Fall die Lizenz von den öffentlichen Forschungseinrichtungen erworben, wobei keine direkte Beteiligung von Mitarbeitern der Forschungsinstitute an der Unternehmensgründung vorliegt. In den meisten Studien werden die beiden Begriffe jedoch synonym verwandt. (Vgl. European Commission / DG Enterprise (2004), S. 1 und OECD (2002c), S. 41.)

467 Vgl. BJK Associates (2002), S. 23.

nanziert die FuE-Aktivitäten einzelner Akteure, sondern er betreibt in den öffentlichen Forschungseinrichtungen auch selbst FuE, wobei vor allem – wie bei den Universitäten – die Grundlagenforschung im Vordergrund steht. Dabei nimmt zum Beispiel der Bereich Verteidigung in den einzelnen OECD-Ländern eine unterschiedlich große Rolle ein, was sich an der Höhe des Anteils an den FuE-Ausgaben zeigt, der für diesen Bereich verwendet wird. Spitzenreiter hierbei sind die USA, wo weit über 50 Prozent der für FuE zu verwendenden Mittel dem Bereich Verteidigung zukommen, während dieser Anteil in Irland und einigen weiteren Ländern bei null Prozent liegt.[468] Obwohl die relative Bedeutung der Universitäten bei der Durchführung von FuE in den meisten Ländern zugenommen hat,[469] bleiben öffentliche Forschungseinrichtungen auch weiterhin wichtig. Dabei können diese Institutionen entweder an die Universitäten angegliedert sein und somit dem Hochschulsektor zugerechnet werden oder von den Universitäten komplett unabhängig sein. Vor allem in Schwellenländern, in denen meist nur ein relativ geringer Anteil der Ausgaben für FuE verwendet wird, wird der Großteil der FuE-Aktivitäten in öffentlichen Forschungseinrichtungen durchgeführt, während in den Industrienationen FuE vor allem von den privaten Unternehmen betrieben wird.[470]

Im Folgenden wird die Beteiligung der einzelnen Sektoren an der Durchführung von FuE in Irland und Finnland sowie in anderen OECD-Ländern betrachtet.

Die Durchführung von Forschung und Entwicklung in den einzelnen Sektoren in Irland, Finnland und anderen OECD-Ländern

Hinsichtlich der Beteiligung der einzelnen Sektoren an der Durchführung von FuE besteht in den meisten OECD-Ländern ein ähnliches Muster: Heutzutage wird der größte Teil der FuE-Aktivitäten vom Unternehmenssektor durchgeführt, weshalb die privaten Unternehmen innerhalb der NIS den wichtigsten Innovationsakteur darstellen. Das Ausmaß, in welchem sich ein Akteur an der Durchführung von FuE beteiligt, wird anhand der Ausgaben des jeweiligen Akteurs für FuE festgemacht, da diese die Anstrengungen widerspiegeln, die für die Generierung neuen Wissens, neuer Produkte und Prozesse unternommen werden. Als Indikator für die Beteiligung der einzelnen Sektoren an den FuE-Aktivitäten eines Landes wird daher der Anteil der betrachteten Sektoren an den gesamten nationalen FuE-Ausgaben (GERD) verwendet. Tabelle 6.4 gibt einen

[468] Vgl. OECD (2005e), Tabelle 60, S. 47.
[469] Vgl. Mowery, D. C. / Sampat, B. N. (2005) sowie die folgenden Ausführungen.
[470] Vgl. Edquist, C. (2005), S. 193 sowie die folgenden Ausführungen.

Überblick über die Anteile des Unternehmens-, Hochschul- und Staatssektors an den Bruttoinlandsausgaben für FuE in verschiedenen OECD-Ländern.

Wie aus Tabelle 6.4 deutlich wird, wurde 2003 in der Mehrzahl der OECD-Länder über die Hälfte der FuE-Aktivitäten von den privaten Unternehmen durchgeführt; in einigen Ländern liegt der Anteil des Unternehmenssektors sogar bei über 70 Prozent (Süd-Korea, Japan, Schweden, Belgien und Finnland).

Tabelle 6.4: Anteile der einzelnen FuE-durchführenden Sektoren an den nationalen FuE-Ausgaben (GERD) in unterschiedlichen OECD-Ländern in Prozent, 1995 und 2003

	prozentualer Anteil der einzelnen Sektoren an den GERD					
	Unternehmen		Hochschulsektor		Staatssektor	
	1995	2003	1995	2003	1995	2003
Belgien	71,3	70,7	22,5	21,2	4,8	6,8
Dänemark	57,4	69,7	24,5	22,8	17,0	6,8
Deutschland	66,3	69,7	18,2	16,9	15,5	13,4
Finnland	**63,2**	**70,5**	**19,5**	**19,2**	**16,6**	**9,7**
Frankreich	61,0	62,6	16,7	19,4	21,0	16,7
Griechenland	29,5	30,1	44,3	48,1	25,5	20,9
Großbritannien	65,0	65,7	19,2	21,4	14,6	9,7
Irland	**70,0**	**66,9**	**20,4**	**25,2**	**9,0**	**7,9**
Island	31,9	51,8	27,5	21,3	37,4	24,8
Italien	53,4	48,3**	25,5	32,8**	21,1	17,6**
Japan	65,2	75,0	20,7	13,7	9,6	9,3
Kanada	58,1	53,0	26,8	35,7	14,4	11,0
Mexiko	20,8	30,3*	45,8	30,4*	33,0	39,1*
Neuseeland	27,0	42,5	30,7	28,5	42,2	28,9
Niederlande	52,1	56,7**	28,8	28,8**	18,1	13,8
Norwegen	56,7	57,5	26,0	27,5	17,3	15,1
Polen	38,7	27,4	26,3	31,7	35,0	40,7
Portugal	20,9	33,2	37,0	38,4	27,0	16,9
Schweden	74,3	74,1	21,9	22,0	3,7	3,5
Slowakei	53,9	55,2	5,9	13,2	40,2	31,6
Spanien	48,2	54,1	32,0	30,3	18,6	15,4
Süd-Korea	73,7	76,1	8,2	10,1	17,0	12,6
Tschechien	65,1	61,0	8,5	15,3	26,4	23,3
Türkei	23,6	28,7**	69,0	64,3**	7,4	7,0**
Ungarn	43,4	36,7	24,8	26,7	25,6	31,3
USA	70,5	69,8	12,3	13,7	14,0	12,4
EU-25	**61,6**	**63,3**	**20,7**	**22,1**	**16,8**	**13,4**
OECD insges.	**66,7**	**67,7**	**16,3**	**17,4**	**14,5**	**12,3**

Quelle: OECD (2005e), Tabelle 17, 18 und 19, S. 26f.
* Werte aus dem Jahr 2001, ** Werte aus dem Jahr 2002

Im OECD-Durchschnitt liegt der Anteil dieses Sektors bei knapp 68 Prozent. Universitäten, deren Anteil an den FuE-Aktivitäten eines Landes in der OECD bei durchschnittlich 17 Prozent liegt, stellen in den meisten Ländern den zweitwichtigsten Innovationsakteur dar. Griechenland, Mexiko, Polen, Portugal und die Türkei bilden dabei eine Ausnahme, da es sich bei ihnen um die einzigen OECD-Länder handelt, in denen anteilsmäßig mehr FuE-Aktivitäten im Hochschul- als im Unternehmenssektor ausgeführt werden. Vor allem in der Türkei liegt der Anteil des Hochschulsektors mit über 64 Prozent weit über dem EU- und OECD-Durchschnitt. Bezüglich der Entwicklung der Werte lässt sich sagen, dass der Anteil des Unternehmenssektors 2003 in den meisten betrachteten Ländern höher war als im Jahr 1995 – was sich auch an einem etwas höheren Durchschnittswert zeigt –, während vor allem die Bedeutung des Staatssektors als Innovationsakteur in den meisten Ländern (teilweise stark) zurückgegangen ist. Im OECD-Durchschnitt lag sein Anteil 2003 bei etwas über 12 Prozent und ist damit niedriger als es noch 1995 der Fall war.[471]

Finnland zählt zu den wenigen Ländern, in denen der Unternehmenssektors 70 Prozent oder mehr der gesamten FuE-Aktivitäten durchführt und somit noch deutlicher als in anderen betrachteten Ländern den bedeutendsten Innovationsakteur im finnischen NIS darstellt. Dabei fokussiert sich die FuE der privaten Unternehmen sowohl in Finnland als auch in Irland auf die Hochtechnologiebereiche.[472] Im Vergleich zu 1995 ist der Anteil des finnischen Unternehmenssektors um gut sieben Prozent gestiegen und liegt jetzt sowohl über dem EU- als auch dem OECD-Durchschnitt, was 1995 noch nicht der Fall war. Der Hochschulsektor stellt auch 2003 mit nach wie vor etwas über 19 Prozent den zweitwichtigsten Akteur dar. Auffällig ist, dass die relative Bedeutung des Staates in seiner Funktion als Innovationsakteur stark abgenommen hat: Belief sich sein Anteil 1995 noch auf knapp 17 Prozent, so waren es 2003 lediglich noch knapp zehn Prozent. Somit führt der finnische Staat weniger FuE durch als es in den anderen EU- und OECD-Ländern durchschnittlich der Fall ist.

Auch in Irland wird die meiste FuE von den privaten Unternehmen durchgeführt, wobei der Anteil dieses Sektors mit knapp 67 Prozent über dem EU-, aber unter dem OECD-Durchschnitt liegt. Auffällig ist, dass, während der Anteil des finnischen Unternehmenssektors 2003 höher war als 1995, in Irland die Entwicklung genau gegenläufig war, und die relative Bedeutung dieses Sektors etwas abgenommen hat. Dafür ist der Anteil des irischen Hochschulsektors, der den zweitwichtigsten Innovationsakteur darstellt, um knapp fünf Prozent angestiegen. Dieser Sektor führt somit einen größeren Anteil der FuE-Aktivitäten des

[471] Hier macht sich vor allem der relative Rückgang der FuE-Aktivitäten im Bereich Verteidigung in einigen der Länder, die relativ viel FuE betreiben, wie beispielsweise Frankreich, Großbritannien und den USA, aufgrund veränderter Prioritäten bemerkbar. (Vgl. National Science Foundation (2006), Chapter 4, S. 4-48.)

[472] Vgl. OECD (2005a), S. 26.

Landes durch als es in Finnland und im EU- und OECD-Durchschnitt der Fall ist. Der Anteil des Staatssektors hat auch in Irland leicht abgenommen und liegt mit knapp acht Prozent unter dem EU- und OECD-Durchschnitt. Abbildung 6.6 stellt die Anteile der einzelnen Sektoren in Irland und Finnland sowie den EU- und OECD-Durchschnitt im Jahr 2003 dar.

Zusammenfassend lässt sich festhalten, dass – wie sich anhand Abbildung 6.6 erkennen lässt – Irland hinsichtlich der Durchführung von FuE eine Struktur aufweist, welche der in den meisten OECD-Ländern und insbesondere in Finnland existierenden relativ ähnlich ist: Der Unternehmenssektor stellt den wichtigsten Innovationsakteur dar, während der Hochschulsektor an Platz zwei und der Staatssektor an Platz drei steht.

Abbildung 6.6: Anteile der einzelnen Sektoren an den Bruttoinlandsausgaben für FuE in Prozent, 2003

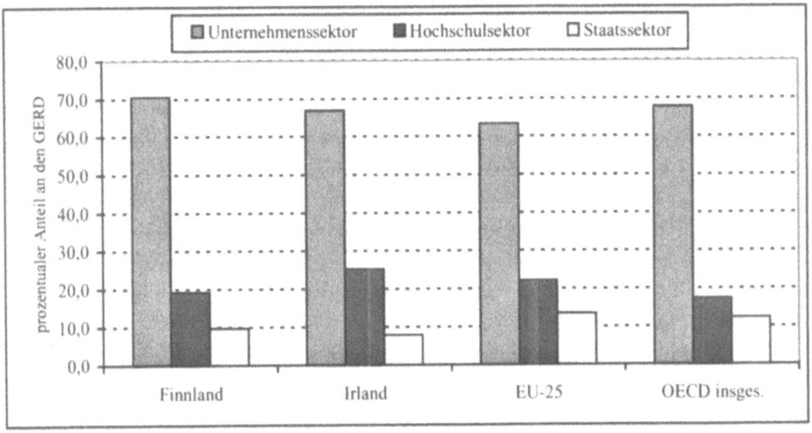

Quelle: eigene Darstellung; Daten aus OECD (2005e), Tabelle 17, 18 und 19, S. 26f.

Möchte man detaillierter betrachten, wie aktiv der *Unternehmenssektor* eines Landes im Bereich FuE im Vergleich zu anderen Ländern ist, wird als Vergleichsindikator der Anteil der gesamten Ausgaben der privaten Unternehmen für FuE – im Englischen *Business Expenditure on R&D (BERD)* – am BIP eines Landes herangezogen. Tabelle 6.5 gibt einen Überblick über den Anteil der FuE-Ausgaben des Unternehmenssektors am BIP einiger OECD-Länder.

Anhand der Daten aus Tabelle 6.5 zeigt sich, dass sich der Anteil der FuE-Ausgaben des Unternehmenssektors am BIP in den meisten Ländern in den letzten Jahren nur unwesentlich verändert hat. Es könnte mehr als „Pendeln" oder leichtes Schwanken um ein konstantes Niveau bezeichnet werden, wie sich beispielsweise auch am OECD-Durchschnitt ablesen lässt. Auch bei den deutschen Werten gab es kaum Veränderungen, so dass der Anteil 2003 nur geringfügig höher war als 1991. Den höchsten Wert der betrachteten Länder weist Schweden auf, dessen Unternehmenssektor bereits Mitte der 1990er Jahre bezüglich der Durchführung von FuE weitaus aktiver war, als dies in anderen OECD-Ländern der Fall war. Besonders auffällig ist die dynamische Entwicklung des finnischen Unternehmenssektors: Anfang und Mitte der 1990er Jahre war der Anteil der finnischen BERD am BIP noch weitaus niedriger als der schwedische Anteil. Anhand des nahezu kontinuierlichen Anstiegs des finnischen Werts lässt sich auch die bewusste und frühe Fokussierung Finnlands und insbesondere der finnischen Unternehmen auf den Bereich Wissenschaft und Technologie erkennen. Seit Ende der 1990er Jahre zählt der finnische Wert zu den höchsten der OECD, direkt hinter Schweden und weit oberhalb des OECD-Durchschnitts.

Tabelle 6.5: BERD als prozentualer Anteil des BIP in OECD-Ländern

	prozentualer Anteil der BERD am BIP						
	1991	1995	1999	2000	2001	2002	2003
Belgien	1,08	1,22	1,40	1,45	1,54	1,40	1,34
Dänemark	0,96	1,04	1,41	k.A.	1,64	1,74	1,83
Deutschland	1,75	1,45	1,67	1,73	1,72	1,72	1,76
Finnland	**1,16**	**1,43**	**2,19**	**2,40**	**2,41**	**2,40**	**2,45**
Frankreich	1,46	1,39	1,37	1,34	1,39	1,41	1,37
Großbritannien	1,39	1,27	1,25	1,21	1,24	1,25	1,24
Irland	**0,59**	**0,89**	**0,88**	**0,82**	**0,78**	**0,77**	**0,80**
Island	0,26	0,50	1,11	1,56	1,81	1,80	1,54
Japan	2,08	1,89	2,10	2,12	2,26	2,33	2,36
Italien	0,68	0,53	0,51	0,53	0,55	0,56	0,55
Kanada	0,79	1,00	1,08	1,16	1,27	1,09	1,03
Niederlande	0,98	1,04	1,14	1,11	1,10	1,02	0,99
Norwegen	0,89	0,96	0,92	k.A.	0,96	0,96	1,00
Polen	k.A.	0,25	0,29	0,24	0,23	0,12	0,15
Portugal	k.A.	0,12	0,17	0,22	0,27	0,26	0,26
Schweden	1,87	2,49	2,74	k.A.	3,31	k.A.	2,95
Slowakei	1,59	0,50	0,41	0,43	0,43	0,37	0,32
Spanien	0,47	0,38	0,44	0,49	0,48	0,54	0,57
Südkorea	k.A.	1,75	1,61	1,77	1,97	1,90	2,00
Türkei	0,11	0,09	0,24	0,21	0,24	0,19	k.A.
Ungarn	0,44	0,32	0,28	0,35	0,38	0,36	0,35
USA	1,97	1,77	1,98	2,05	2,00	1,86	1,87
EU-25	**k.A.**	**1,05**	**1,12**	**1,14**	**1,16**	**1,15**	**1,15**
OECD insges.	**1,52**	**1,39**	**1,51**	**1,55**	**1,57**	**1,52**	**1,53**

Quelle: OECD (2004a) und OECD (2005e), jeweils Tabelle 24, S. 29.

Ähnlich stark ist der Anteil der BERD am BIP nur in Japan gestiegen, wobei die Zunahme von einem höheren Niveau aus erfolgte. Doch wie stellt sich das Bild für Irland dar? Anhand der Daten zeigt sich, dass die Leistung der irischen Unternehmen im FuE-Bereich als relativ schwach bezeichnet werden kann.[473] Über den betrachteten Zeitraum hat sich das Engagement des Unternehmenssektors nicht nennenswert gesteigert, und die Investitionen der privaten Unternehmen in FuE sind trotz vonseiten des Staates eingerichteter Anreize und Förderungen niedrig. Laut Europäischer Kommission haben die während der letzten zwei Dekaden in Irland eingeführten staatlichen Maßnahmen zur Förderung der FuE-Aktivitäten im Unternehmenssektor nur begrenzt dazu beigetragen, die Ausgaben der privaten Unternehmen für FuE zu erhöhen.[474] Neben dem bis zum Jahr 2010 zu erreichenden Drei-Prozent-Ziel wurde in der Lissabon-Strategie ein weiteres Teilziel zum Ausbau der im Jahr 2000 beschlossenen *European Research Area (ERA)*[475] – des leistungsstarken Europäischen Forschungsraums – festgelegt: Zwei Drittel dieser Ausgaben, also zwei Prozent, sollen vom privaten Unternehmenssektor generiert werden.[476] Die Erreichung dieses Ziels wird sich für Irland ohne die Erstellung wirkungsvollerer Anreizstrukturen höchstwahrscheinlich schwierig gestalten.

Von großer Bedeutung sind ebenfalls die FuE-Aktivitäten des *Hochschul- und Staatssektors*. Der finnische Hochschulsektor, dessen Bedeutung als Innovationsakteur wie gesehen in den letzten Jahren abgenommen hat, setzt sich zusammen aus 20 Universitäten und 29 Fachhochschulen, den so genannten *Polytechnics*. Die Einführung Letzterer in den frühen 1990er Jahren als Ergänzung zu den Universitäten stellt dabei die seit langer Zeit wichtigste strukturelle Reform dar. Während die regulären Universitäten hauptsächlich für Ausbildung und Grundlagenforschung zuständig sind, sind die Polytechnics vielmehr praktisch orientiert und bilden Fachkräfte aus. In den 19 staatlichen Forschungsinstituten wird hauptsächlich angewandte und Auftragsforschung in den entsprechenden Feldern durchgeführt.[477]

Hinsichtlich der Forschungs- und Innovationsstruktur sowie der technologischen Entwicklung besitzt Irland, laut Europäischer Kommission, viele Eigenschaften eines Schwellenlandes. Ein Beispiel hierfür ist, dass Irland keine angesehenen, alteingesessenen technischen Hochschulen aufzuweisen hat, welche ein Merkmal des westeuropäischen und amerikanischen Ausbildungswesens sind. Zwei neue technische Hochschulen und ein Netzwerk regionaler Fachhochschulen – den *Institutes of Technology (IoTs)* – wurden in den 1960er Jahren in Irland gegründet, um diesen „Rückstand“ auszugleichen. Letztere dienen aller-

---

473 Gleiches lässt sich auch an anderer Stelle finden: „*The innovation performance of the private sector is relatively weak (measured by BERD) (...).*“ (European Commission (2005a), S. 2.)

474 Vgl. European Commission (2005a), S. 12.

475 Vgl. hierzu European Commission (2000).

476 Vgl. hierzu zum Beispiel European Commission (2005a), S. 43.

477 Vgl. European Commission (2005b), S. 5.

dings vielmehr der Lehre und Ausbildung als der Forschung, wobei jedoch steigende FuE-Aktivitäten beobachtet werden können.[478] Mittlerweile verfügt der irische Hochschulsektor über sieben Universitäten und 14 Fachhochschulen.[479] Ungefähr 90 Prozent der irischen Grundlagenforschung werden vom Hochschulsektor durchgeführt, während die privaten Unternehmen – weder irische noch multinationale – nicht in diesem Bereich aktiv sind. In den letzten Jahren kamen der Grundlagenforschung verstärkt Beachtung und Ressourcen zu, wobei vor allem die FuE-Aktivitäten in strategisch wichtigen Forschungsgebieten, wie beispielsweise der Biotechnologie oder IKT, gefördert wurden. Vor allem im Rahmen des *Programme for Research in Third Level Institutions (PRTLI)*, das ein Element des *National Development Plan* ist und 1998 gestartet wurde,[480] wurden umfassende Förderungsmittel bereitgestellt.[481]

Es lässt sich also feststellen, dass die Zahl der Universitäten in Finnland knapp drei Mal so hoch ist wie in Irland; die Zahl der Fachhochschulen ist doppelt so hoch. Wie sich in einem späteren Abschnitt zeigen wird, läuft Irland Gefahr, in den nächsten Jahren vor allem in den naturwissenschaftlichen Fächern einen Engpass an qualifizierten Studienabsolventen aufzuweisen. Es ist jedoch fraglich, ob eine bloße Erhöhung der Zahl der existierenden Universitäten und Fachhochschulen bzw. der Zahl der Studienplätze die Lösung dieses Problems darstellt.

Bei der Betrachtung des Staatssektors fällt auf, dass die Anzahl öffentlicher, und auch privater, Forschungsinstitute in Irland – insbesondere im Vergleich zu Finnland – gering ist. Die größte staatliche Forschungseinrichtung stellt dabei TEAGASC, eine Einrichtung für Agrarforschung und -entwicklung, dar, während die anderen Institutionen zumeist relativ klein sind. Öffentliche FuE findet hauptsächlich im Bereich natürlicher Ressourcen statt, wie zum Beispiel in den Zweigen Landwirtschaft und Ernährung (TEAGASC), Forstwirtschaft (COFORD) und Meeresforschung (Meeresinstitut). Daneben stellen die Berei-

---

[478] Vgl. European Commission (2005a), S. 5.

[479] Vgl. auch Abbildung 6.3, Institutioneller Überblick über das irische NIS.

[480] Zu detaillierteren Informationen über das PRTLI vgl. Higher Education Authority (2003).

[481] Im Rahmen des PRTLI, das von der Higher Education Authority (HEA) verwaltet wird, wurden unter anderem 24 neue Forschungszentren errichtet. Das PRTLI zielt darauf ab, die Qualität und die Relevanz der Erkenntnisse des Hochschulwesens sowie die Fähigkeiten der dort Beschäftigten auszubauen. Darüber hinaus soll die Zusammenarbeit von Forschern innerhalb von und zwischen unterschiedlichen Institutionen verstärkt werden. Bis zum Jahr 2004 wurden bereits über € 620 Millionen für Forschung und die benötigte Infrastruktur bereitgestellt. Es zeigt sich, dass durch PRTLI eine Vielzahl von hoch qualifizierten Wissenschaftlern ausgebildet wurde und dass es Irland durch diese Investitionen möglich war, Forscher, die ansonsten unter Umständen das Land verlassen hätten, im Land zu behalten. (Vgl. Barry, F. (2004), S. 4 und Department of Enterprise, Trade and Employment (2004a), S. 23.)

che Umwelt (hier ist vor allem die *Environmental Protection Agency (EPA)* in FuE aktiv), Gesundheit (FuE wird im Auftrag und mit finanzieller Unterstützung des *Health Research Board* vor allem von den Krankenhäusern durchgeführt) und Energie weitere Forschungsschwerpunkte dar.[482]

Forschungs- und Entwicklungsbeteiligung kleiner und mittelständischer sowie ausländischer Unternehmen

Aufgrund der speziellen industriellen Struktur Irlands werden der irische und der finnische Unternehmenssektor im Folgenden detaillierter hinsichtlich der FuE-Beteiligung kleiner und mittelständischer sowie ausländischer Unternehmen betrachtet.

Empirischen Untersuchungen zufolge besteht bei innovativen Aktivitäten im Allgemeinen keine Dominanz von Großunternehmen. Vielmehr sei das Gegenteil der Fall: Unternehmen dieser Größenklasse sind in diesem Bereich häufig unterrepräsentiert. Eine optimale Firmengröße in Bezug auf Innovationsaktivitäten existiere nicht, jedoch sei eine Ausgewogenheit der unterschiedlichen Unternehmensgrößen von Vorteil, da hierdurch Innovationsaktivitäten gefördert würden.[483] Im Folgenden wird erläutert, wie sich der irische und der finnische Unternehmenssektor zusammensetzen und in welchem Ausmaß sich die unterschiedlich großen Unternehmen an FuE beteiligen.

Im Jahr 2004 waren rund 93 Prozent aller Unternehmen in Finnland kleine Unternehmen mit weniger als zehn Beschäftigten. Lediglich 0,2 Prozent der Unternehmen beschäftigten 250 oder mehr Arbeitnehmer.[484] Dabei kommen die *kleinen und mittelständischen – oder mittleren – Unternehmen (KMU)*[485] für lediglich rund 20 Prozent der gesamten FuE-Ausgaben des finnischen Unternehmenssektors auf, während Unternehmen mit über 250 Beschäftigten knapp 80 Prozent der FuE-Aktivitäten durchführen. Die aktivsten Innovationsakteure sind dabei die Großunternehmen mit über 500 beschäftigten Arbeitnehmern: Der Anteil dieser Gruppe an den FuE-Ausgaben des Unternehmenssektors beläuft sich auf 70 Prozent.[486] Somit existiert eine eindeutige Dominanz der Großunternehmen im FuE-Bereich. Finnland stellt in dieser Hinsicht jedoch eine Art Sonderfall dar, da ein Großteil der FuE-Aktivitäten von einem einzigen Unternehmen alleine, nämlich *Nokia*, durchgeführt wird. Nokia beschäftigte 2001 in

[482] Vgl. European Commission (2005a), S. 5, 7 und 10.

[483] Vgl. Oberender, P. (1987), S. 14f.

[484] Vgl. Statistics Finland unter http://www.stat.fi/tup/suoluk/suoluk_yritykset_de.html.

[485] Als KMU werden hier Unternehmen mit weniger als 250 Beschäftigten definiert.

[486] Eigene Berechnungen; Daten von Statistics Finland unter http://www.stat.fi/til/tkke/2004/tkke_2004_2005-09-30_tau_008_en.xls.

Finnland rund 23.700 Arbeitnehmer, von denen circa 60 Prozent im Bereich FuE arbeiten.[487] Das Unternehmen führt mehr FuE durch als der gesamte finnische Hochschulsektor. Nokias Anteil an den FuE-Ausgaben des finnischen Unternehmenssektors beläuft sich auf rund 50 Prozent und der Anteil an den gesamten Bruttoinlandsausgaben für FuE auf 35 Prozent.[488, 489]

In Irland investieren die privaten Unternehmen – auch wenn sie den vornehmlichen Nutzer des im NIS generierten Wissens darstellen – laut Europäischer Kommission selber zu wenig in FuE, sondern übernehmen den größten Teil der neu gewonnenen Erkenntnisse von anderer Stelle. Die relativ geringe Aktivität des Unternehmenssektors im FuE-Bereich lässt sich durch zwei Faktoren erklären: Einerseits ist der Anteil der KMU in Irland relativ hoch und andererseits führen viele der in Irland ansässigen *multinationalen Unternehmen (MNU)* ihre FuE-Aktivitäten immer noch im Heimatland, und nicht am Standort Irland, durch.[490] Die irischen KMU[491] führen einen relativ großen Anteil der FuE des privaten Sektors durch, rund 49 Prozent, wobei ein Großteil der getätigten FuE-Aktivitäten vom Staat finanziert wird – Unternehmen mit weniger als 50 Beschäftigten erhalten über die Hälfte der gesamten für FuE vorgesehenen staatlichen Mittel.[492] Die irischen KMU sind im Bereich FuE also weitaus aktiver als es bei den finnischen KMU der Fall ist. Die meisten der irischen KMU führen jedoch erstens nicht kontinuierlich FuE-Aktivitäten durch, und zweitens sind die von ihnen durchgeführten FuE-Investitionen dem Umfang nach eher als „kleine" Projekte zu bezeichnen.[493] Dies hängt hauptsächlich damit zusammen, dass den KMU selbst oftmals sowohl die finanziellen als auch die technischen Möglichkeiten fehlen.

Die Europäische Kommission merkt an, dass es sich schwierig gestaltet, nähere Informationen bezüglich des Innovationsprozesses von den KMU zu erhal-

---

[487] Vgl. OECD (2003a), S. 23.

[488] Vgl. Rouvinen, P. / Ylä-Anttila, P. (2004), S. 99.

[489] Um stärker zu verdeutlichen, wie groß der Einfluss Nokias auf die finnische Wirtschaft ist, sei hier erwähnt, dass Schätzungen davon ausgehen, dass sich der Beitrag Nokias zum finnischen BIP in der Hochphase der Informations- und Kommunikationstechnologie im Jahr 2000 auf 2,8 Prozent belief. Der Anteil des Unternehmens am BIP-Wachstum betrug 1,6 Prozent. (Vgl. OECD (2004b), S. 28.)

[490] Vgl. European Commission (2005a), S. 12.

[491] Interessehalber sei hier angemerkt, dass 2003 in Irland 4.496 irische und 698 ausländische Unternehmen ansässig waren. Dabei beschäftigten die irischen Unternehmen im Durchschnitt 26,9, die multinationalen Unternehmen hingegen 152,1 Arbeitnehmer. Auch der gesamte Output pro Arbeitnehmer war in den ausländischen Unternehmen mit € 714,3 weitaus höher als in den heimischen Unternehmen (€ 156,7). (Vgl. Government of Ireland (2005a), Tabelle 6, S. 78.)

[492] Vgl. OECD (2005a), S. 24.

[493] Vgl. Forfás (2005), S. 22f.

ten, da vor allem umfassende Fragebögen zu diesem Thema unbeantwortet blieben.[494] Auch die im Rahmen dieser Arbeit versandten Fragebögen bezüglich der FuE-Aktivitäten ausgewählter KMU wurden zum Großteil nicht beantwortet, weshalb dieser Weg nicht weiter verfolgt wurde. Anhand eigener Recherchen im Internet sowie telefonischer und e-mail-Kontakte zeigte sich, dass die meisten der irischen Betriebe und Unternehmen, die zur Kategorie der KMU gerechnet werden, nicht über die nötigen finanziellen Möglichkeiten und über ausreichendes und entsprechend qualifiziertes Personal verfügen, um aktiv und kontinuierlich FuE zu betreiben.[495] Eine der größten „Herausforderungen" im Rahmen der Entwicklung des NIS ist es somit, die Höhe der kontinuierlich durchgeführten FuE-Aktivitäten in den irischen Unternehmen zu erhöhen. Da die KMU hierfür jedoch wie erwähnt in der Regel nicht genügend Kapital erübrigen können, stellen Programme zur finanziellen Unterstützung von FuE in den KMU einen wichtigen Teil der Anreizstruktur dar. Auch in der Vergangenheit nahmen eine Vielzahl von KMU die staatlichen Unterstützungen in Anspruch, um so neue Produkte und Prozesse – und langfristig betrachtet Kapazitäten für permanente FuE – entwickeln zu können.[496] Da es sich bei den in Irland existierenden Großunternehmen vorwiegend um multinationale Unternehmen handelt, wird deren Beitrag zur FuE in Irland im Folgenden genauer betrachtet.

Wie bereits bekannt, war Irland in den letzten Jahrzehnten überaus erfolgreich bei der Ansiedlung ausländischer Unternehmen. Anders sieht es hingegen in Finnland aus: Die Direktinvestitionen Finnlands im Ausland sind ungefähr doppelt so hoch wie die ins Land fließenden ausländischen Direktinvestitionen. Zwischen 1994 und 2000 zählte Finnland zu den fünf OECD-Ländern mit den höchsten ins Ausland gehenden Direktinvestitionen – gemessen als Anteil am BIP –, während es hinsichtlich der ins Land fließenden Investitionen ungefähr dem OECD-Durchschnitt entsprach. Insgesamt ist die Attraktivität Finnlands für ausländische Direktinvestitionen, trotz herausragender wirtschaftlicher Rahmenbedingungen, noch immer relativ niedrig. Die Höhe der ins Land geflossenen Direktinvestitionen als Anteil des jährlichen BIP lag zwischen 1999 und 2001 in Finnland bei durchschnittlich 4,6 Prozent, während der EU-Durchschnitt im selben Zeitraum bei 6,9 Prozent lag.[497]

Ausländische Investitionen – ein Gebiet, welches also besonders bei der Betrachtung der irischen Wirtschaft und des irischen NIS von Bedeutung ist – stel-

---

494 Vgl. European Commission (2005a), S. 29.

495 Kontaktiert wurden irische Unternehmen, welche dem Netzwerk *Supply Network Shannon (SNS)* angehören. Hierbei handelt es sich um ein offenes Netzwerk von Zulieferunternehmen, die im Bereich der technischen Bearbeitung und Elektrotechnik tätig und in der Shannon-Region ansässig sind. Nähere Informationen zum Supply Network Shannon sind im Internet unter http://www.snshannon.com erhältlich.

496 Vgl. European Commission (2005a), S. 48.

497 Vgl. European Commission (2005b), S. 23.

len eine wichtige internationale Quelle für neues Wissen und Technologien sowie Innovationsmöglichkeiten dar. Die FuE-Aktivitäten der MNU sind jedoch auch heutzutage hauptsächlich in räumlicher Nähe zum Hauptsitz der Unternehmen angesiedelt, wobei allerdings eine zunehmende Internationalisierung von FuE-Aktivitäten zu beobachten ist, insbesondere bei Unternehmen aus kleineren Ländern.[498]

In den meisten OECD-Ländern, wie beispielsweise in Deutschland, Großbritannien oder Schweden, sind die heimischen Unternehmen weitaus FuE-intensiver als die dort ansässigen multinationalen Unternehmen. In einigen wenigen Ländern ist das Verhältnis nahezu ausgeglichen, wie dies in Finnland, Japan oder den USA der Fall ist. In Irland stellte sich die Situation hingegen lange Zeit anders dar: Irland zählte bis Ende der 1990er Jahre zu den wenigen Ländern, in denen die FuE-Intensität in ausländischen Unternehmen höher war als in den heimischen Unternehmen. Hieraus lässt sich auf die unterschiedlichen Merkmale der jeweiligen NIS schließen: Ausländische FuE, für welche die USA als Standort gewählt wurde, wurde aufgrund der Qualität der US-amerikanischen Forschungseinrichtungen dorthin verlagert. Eine Verlagerung von FuE-Aktivitäten nach Irland hingegen erfolgte aus anderen Gründen. Oftmals basierte die Entscheidung auf der Notwendigkeit, Produkte und Prozesse, die bereits in Irland produziert wurden, weiterzuentwickeln oder zu adaptieren. Laut OECD spielte ausländische FuE, aufgrund der Wissensdiffusion, eine große Rolle im technologischen Aufholprozess Irlands.[499]

Der Anteil ausländischer Unternehmen am gesamten Umsatz des Produktionssektors betrug 2001/2002 in Irland über 75 Prozent.[500, 501] Doch ein hoher Anteil ausländischer Unternehmen in der Wirtschaft eines Landes bedeutet nicht automatisch, dass sich diese aktiv im FuE-Bereich des Landes engagieren. Abbildung 6.7 stellt den Anteil ausländischer Unternehmen im Produktionssektor dem Anteil der FuE-Ausgaben ausländischer Unternehmen gegenüber.

Aus Abbildung 6.7 wird deutlich, dass die ausländischen Unternehmen in einer Vielzahl von Ländern einen relativ großen Teil des heimischen Produktionsumsatzes ausmachen. Wie im Laufe dieser Arbeit bereits deutlich wurde, ist der Anteil ausländischer Unternehmen in Irland im Vergleich zu anderen Ländern besonders hoch. Eine Art „Gegenbeispiel“ zu Irland stellt Japan dar, das einen geringen Anteil multinationaler Unternehmen vorzuweisen hat.

---

498 Vgl. OECD (1999b), S. 44.

499 Vgl. OECD (1999b), S. 44ff.

500 Vgl. OECD (2005a), S. 142.

501 Das Betätigungsfeld der ausländischen Unternehmen im irischen Produktionssektor liegt dabei vor allem im Bereich der High-Technology und der so genannten Medium-High-Technology. Über 65 Prozent der Produktion der MNU finden in diesen Bereichen statt. Der Anteil der ausländischen Unternehmen an der gesamten nationalen Produktion in diesen Industriezweigen beläuft sich dabei auf über 90 Prozent. (Vgl. OECD (2001a), S. 21.)

Anhand von Abbildung 6.7 zeigt sich außerdem, dass die im Land ansässigen multinationalen Unternehmen teilweise hohe FuE-Ausgaben vornehmen, wobei allerdings, wie erwähnt, in der Regel die FuE-Intensität der heimischen Unternehmen höher ist als die der ausländischen.[502] In Irland ist nicht nur der Anteil der ausländischen Unternehmen an der gesamten Industrie hoch, sondern auch der Anteil der gesamten FuE-Ausgaben, der von diesen getragen wird. Im Umkehrschluss lässt sich festhalten, dass der Anteil an den FuE-Ausgaben, den die heimischen, irischen Unternehmen beisteuern, verhältnismäßig gering sein muss.

Abbildung 6.7: Anteil ausländischer Unternehmen am gesamten Umsatz des Produktionssektors und Anteil der FuE-Ausgaben ausländischer Unternehmen an den gesamten FuE-Ausgaben des Unternehmenssektors in Prozent, 2001

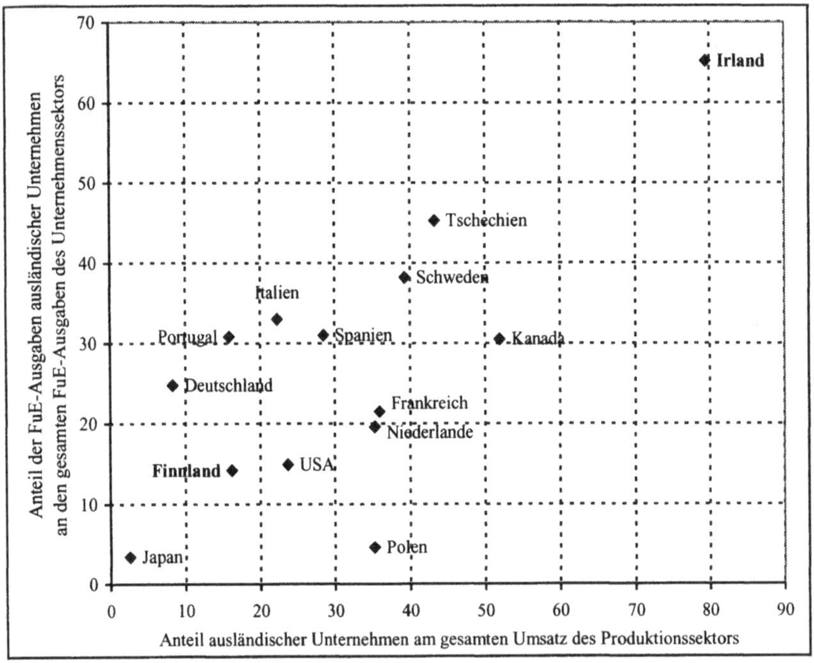

Quelle:eigene Darstellung; Daten aus OECD (2005a), Tabelle E.6, S. 202 und OECD (2004a), Tabelle 64, S. 50.

Finnland hingegen stellt nahezu einen Gegenpol dar, mit einem niedrigen Anteil ausländischer Unternehmen am Umsatz des Produktionssektors und einem ebenfalls niedrigen Anteil der multinationalen Unternehmen an den gesamten FuE-

[502] Vgl. OECD (1999b), S. 44.

Ausgaben des Landes. Im Folgenden wird die Aufteilung der FuE-Aktivitäten zwischen den irischen und den ausländischen, in Irland angesiedelten Unternehmen genauer betrachtet. Die Zahl der insgesamt in Irland FuE-betreibenden Unternehmen hat sich von 1993 bis 2003 um 37 Prozent erhöht. Tabelle 6.6 stellt diese Entwicklung dar.

Wie sich Tabelle 6.6 entnehmen lässt, ist die Zahl der FuE-durchführenden irischen Unternehmen im betrachteten Zeitraum deutlich stärker angestiegen als die Zahl der multinationalen Unternehmen, wobei die Zahl beider Unternehmensgruppen zwischen 2001 und 2003 gesunken ist. Gründe hierfür – außer der schlechten allgemeinen wirtschaftlichen Lage – sind jedoch nicht bekannt. Die Zahl der sich in ausländischem Besitz befindenden Unternehmen, die FuE-Aktivitäten in Irland durchführen, lag 2003 nur wenig höher als es 1993 der Fall war (27 Unternehmen mehr). Die Zahl FuE-betreibender irischer Unternehmen hat sich im selben Zeitraum hingegen um 278 Unternehmen erhöht, sprich zehn Mal so viele irische Unternehmen sind im Bereich FuE aktiv geworden. Da es sich bei einem Großteil der irischen Unternehmen, welche im FuE-Bereich aktiv (geworden) sind, um KMU handelt, kann davon ausgegangen werden, dass die speziell auf diese Zielgruppe ausgerichteten politischen Maßnahmen und Programme zur Förderung der FuE-Aktivitäten zumindest insoweit erfolgreich waren, als dass sich mittlerweile mehr Unternehmen im FuE-Bereich engagieren. Wie hoch genau der Einfluss dieser Maßnahmen war, lässt sich jedoch nicht berechnen.

Tabelle 6.6: Anzahl irischer und multinationaler FuE-betreibender Unternehmen in Irland

	Anzahl FuE-betreibender Unternehmen			
Unternehmen	1993	1999	2001	2003
in irischem Besitz	595	905	978	873
in ausländischem Besitz	225	248	286	252
Insgesamt	**820**	**1153**	**1264**	**1125**

Quelle: Forfás (2005), S. 22.

Doch wie aktiv ist der gesamte Unternehmenssektor im Bereich FuE in Irland im Vergleich zu anderen Ländern? Als Indikator hierfür wird die FuE-Intensität[503] der Unternehmen – sowohl der irischen als auch der ausländischen – herangezogen, über die Tabelle 6.7 Aufschluss gibt.

Bereits bei der Betrachtung des Anteils der FuE-Ausgaben des Unternehmenssektors (BERD) am BIP Irlands unter Abschnitt 6.1.2.2 (Tabelle 6.5) wurde deutlich, dass die privaten Unternehmen in Irland unterdurchschnittlich aktiv im FuE-Bereich sind. Dasselbe Bild ergibt sich auch aus Tabelle 6.7: Während

503 Hier definiert als Anteil der FuE-Investitionen der Unternehmen (BERD) am gesamten Output des Produktionssektors.

die FuE-Intensität im Jahr 2003 in der EU durchschnittlich bei 2,1 Prozent und in der OECD bei durchschnittlich 2,5 Prozent lag, erzielte der Unternehmenssektor in Irland lediglich einen Wert von 0,78 Prozent, was nicht einmal einem Drittel des OECD-Durchschnitts entsprach. Als kritisch lässt sich dabei auch die Entwicklung der FuE-Intensität bewerten: Trotz des leichten Anstiegs von 2001 auf 2003, liegt der Wert 2003 niedriger als es zehn Jahre zuvor der Fall war. Mit ursächlich für den Rückgang der FuE-Intensität des gesamten Unternehmenssektors ist der relativ starke Rückgang der FuE-Intensität der ausländischen Unternehmen: 2003 lag der Wert nur noch bei etwas mehr als der Hälfte des Wertes von 1993. Seit Ende der 1990er Jahre sind somit die irischen Unternehmen FuE-intensiver als die in Irland ansässigen multinationalen Unternehmen, auch wenn sich im Vergleich zu 1993 keine große Steigerung der FuE-Intensität der irischen Unternehmen an sich eingestellt hat.

Tabelle 6.7: FuE-Intensität irischer und ausländischer Unternehmen im Vergleich zum EU- und OECD-Durchschnitt

	FuE-Intensität (in Prozent)			
	1993	1999	2001	2003
irische Unternehmen	0,70	0,90	0,65	0,75
ausländische Unternehmen	1,20	0,80	0,54	0,65
Insgesamt	**0,96**	**0,70**	**0,69**	**0,78**
EU-Durchschnitt	1,9	1,8	2,0	2,1
OECD-Durchschnitt	2,2	2,5	2,5	2,5

Quelle: Forfás (2005), S. 20.

Aus diesem Blickwinkel hat es den Anschein, als wären die zur Förderung der FuE-Aktivitäten der privaten Unternehmen implementierten Maßnahmen über den betrachteten Zeitraum hinweg ohne Erfolg gewesen. Zwar ist die Anzahl der irischen Unternehmen, die im FuE-Bereich aktiv sind, angestiegen, aber die Ausgaben für FuE als Anteil des gesamten Outputs sind nicht gestiegen. Fraglich bleibt auch, ob der leichte Anstieg von 2001 auf 2003 auf die Einführung neuer Fördermaßen zurückzuführen ist. Somit sollten die existierenden politischen Maßnahmen, über die unter Abschnitt 6.1.4.1 ein Überblick erfolgt, unter Umständen dahingehend verändert oder neue Maßnahmen eingeführt werden, dass die heimischen Unternehmen verstärkt zu FuE-Aktivitäten angeregt und die ausländischen Unternehmen in der Art beeinflusst werden, dass sie ihre FuE-Einrichtungen in Irland ansiedeln und bereits bestehende Einrichtungen ausweiten. Da die Auswirkungen und Erfolge politischer Maßnahmen a priori nur schwer abschätzbar sind, werden mittlerweile in den meisten OECD-Ländern kontinuierlich Evaluierungen der eingeführten Maßnahmen durchgeführt, um diese gegebenenfalls anpassen und effizienter gestalten zu können.

6.1.3 Die Finanzierung von Forschung und Entwicklung

So wie die Struktur eines NIS oder eines Landes hinsichtlich der Durchführung von FuE untersucht wurde, kann auch die existierende Struktur in Bezug auf die Finanzierung von FuE analysiert werden.

6.1.3.1 Anteile der einzelnen Sektoren an der Finanzierung von Forschung und Entwicklung

Im Folgenden wird zunächst betrachtet, inwieweit die einzelnen Sektoren an der Finanzierung der FuE-Aktivitäten in einigen OECD-Ländern und insbesondere in Irland und Finnland beteiligt sind. Hierbei wird jedoch nicht in die drei zuvor betrachteten Sektoren – Unternehmens-, Hochschul- und Staatssektor –, sondern in die vier Sektoren Unternehmens- und Staatssektor, andere nationale Quellen und Auslandssektor unterteilt. Da der Anteil an den FuE-Ausgaben, der durch den Hochschulsektor und die privaten Institutionen ohne Erwerbszweck (PNP-Sektor) finanziert wird, gering ist, werden diese beiden Sektoren unter „andere nationale Quellen" zusammengefasst. Tabelle 6.8 gibt einen Überblick darüber, welcher Sektor in welchem Ausmaß zur Finanzierung der FuE-Aktivitäten beigetragen hat.

Wie Tabelle 6.8 zu entnehmen ist, wird der größte Teil der GERD in den meisten OECD-Ländern von den privaten Unternehmen finanziert. Somit stellt der Unternehmenssektor nicht nur den wichtigsten Innovationsakteur, sondern auch die wichtigste Finanzierungsquelle für FuE-Aktivitäten dar.

Während der Staatssektor bei der Durchführung von FuE 2003 lediglich einen Anteil an den GERD in Höhe von 12,3 Prozent im OECD-Durchschnitt aufwies, ist sein Anteil bei der *Finanzierung* von FuE mit 30,4 Prozent deutlich höher. Im EU-Durchschnitt beläuft sich der Anteil des Staatssektors an der Finanzierung sogar auf 35,5 Prozent, das heißt, dass in den EU-Ländern 2003 durchschnittlich über ein Drittel der durchgeführten FuE-Aktivitäten vom Staat finanziert wurde. Die Bedeutung des Staates als Finanzierungsquelle ist somit weitaus größer als seine Bedeutung als Innovationsakteur. In einigen der betrachteten Ländern ist der Anteil des Staates an der Finanzierung größer als der Anteil des Unternehmenssektors, was beispielsweise in Griechenland, Island, Italien, Mexiko, Neuseeland und anderen Ländern der Fall ist. Zur Erinnerung sei hier erwähnt, dass vor allem in Schwellenländern, in denen meist nur ein relativ geringer Anteil der Ausgaben für FuE verwendet wird, der Großteil der FuE-Aktivitäten in öffentlichen Forschungseinrichtungen durchgeführt wird, während in den Industrienationen FuE vor allem von den privaten Unternehmen betrieben wird. In diesen Ländern stellt der Staat zumeist die wichtigste Finanzierungsquelle dar, da die wissenschaftliche und technologische Infrastruktur dort oftmals nicht oder nur rudimentär ausgebaut ist.[504]

Tabelle 6.8: Anteile der einzelnen Sektoren an der Finanzierung der nationalen FuE-Ausgaben (GERD) in unterschiedlichen OECD-Ländern in Prozent, 1995 und 2003

	prozentualer Anteil der einzelnen Sektoren an der Finanzierung der GERD							
	Unternehmen		Staat		andere nationale Quellen		Ausland	
	1995	2003	1995	2003	1995	2003	1995	2003
Belgien	67,1	63,4*	23,1	22,0*	2,3	2,5*	7,5	12,1*
Dänemark	45,2	61,3	39,6	26,5	4,2	2,7	11,0	9,5
Deutschland	60,0	66,3	37,9	31,2	0,3	0,3	1,8	2,3
Finnland	**59,5**	**70,0**	**35,1**	**25,7**	**1,0**	**1,1**	**4,5**	**3,1**
Frankreich	48,3	50,8	41,9	39,0	1,7	1,8	8,0	8,4
Griechenland	25,5	30,7	54,0	47,4	2,5	3,8	18,0	18,1
Großbritannien	48,2	43,9	32,8	31,3	4,5	5,4	14,5	19,4
Irland	**72,3**	**59,5**	**22,5**	**30,4**	**1,9**	**1,6**	**8,5**	**8,5**
Island	34,6	43,9	57,3	40,1	3,7	1,5	4,4	14,5
Italien	41,7	k.A.	53,0	k.A.	k.A.	k.A.	5,3	k.A.
Japan	67,1	74,5	22,8	17,7	9,9	7,5	0,1	0,3
Kanada	45,7	47,5	35,9	34,5	6,9	9,9	11,6	8,1
Mexiko	17,6	29,8*	66,2	59,1*	9,5	9,8*	6,7	1,3*
Neuseeland	33,7	38,5	52,3	45,1	10,1	9,6	3,9	6,8
Niederlande	46,0	50,0**	42,2	37,1**	2,6	1,3**	9,3	11,6**
Norwegen	49,9	49,2	44,0	41,9	1,2	1,5	4,9	7,4
Polen	36,0	30,3	60,2	62,7	2,1	2,4	1,7	4,6
Portugal	19,5	31,7	65,3	60,1	3,3	3,2	11,9	5,0
Schweden	65,5	65,0	28,8	23,5	2,2	4,3	3,4	7,3
Slowakei	60,4	45,1	37,8	50,8	0,1	0,7	1,6	3,3
Spanien	44,5	48,4	43,6	40,1	5,2	5,8	6,7	5,7
Süd-Korea	76,3	74,0	19,0	23,9	4,7	1,7	0,0	0,4
Tschechien	63,1	51,4	32,3	41,8	1,3	2,2	3,3	4,6
Türkei	30,8	41,3**	62,4	50,6**	4,8	6,9**	2,0	1,3**
Ungarn	38,4	30,7	53,1	58,0	0,5	0,4	4,8	10,7
USA	60,2	63,8	35,4	30,8	4,4	5,4	k.A.	k.A.
EU-25	**51,9**	**53,7**	**39,5**	**35,5**	**1,8**	**2,2**	**6,7**	**8,5**
OECD insges.	**59,4**	**61,8**	**34,0**	**30,4**	**4,0**	**4,8**	**k.A.**	**k.A.**

Quelle: OECD (2005e), Tabelle 13, 14, 15 und 16, S. 24f.
* Werte aus dem Jahr 2001, ** Werte aus dem Jahr 2002

Zudem hat der Unternehmenssektor zumeist nur geringe technologische Fähigkeiten aufzuweisen. In den (technologisch) hochentwickelten Ländern, wie zum

504 Vgl. OECD (1999b), S. 22.

Beispiel Japan, den USA, Deutschland, Schweden, Finnland und Irland, stellt der Unternehmenssektor die mit Abstand größte Finanzierungsquelle für FuE dar. Auffällig ist allerdings, dass auch in Island, Italien und Neuseeland der durch den Staat finanzierte Anteil größer ist als der Anteil des Unternehmenssektors. In der Slowakei und in Tschechien, die noch als Schwellenländer bezeichnet werden können, stellt jedoch – wie in den meisten Industrienationen auch – der Unternehmenssektor die wichtigste Finanzierungsquelle für FuE dar. Abbildung 6.8 stellt die Anteile des Unternehmens- und des Staatssektors in den betrachteten OECD-Ländern grafisch dar.

Abbildung 6.8: Anteile der privaten Unternehmen und des Staates an der Finanzierung der GERD in Prozent, 2003

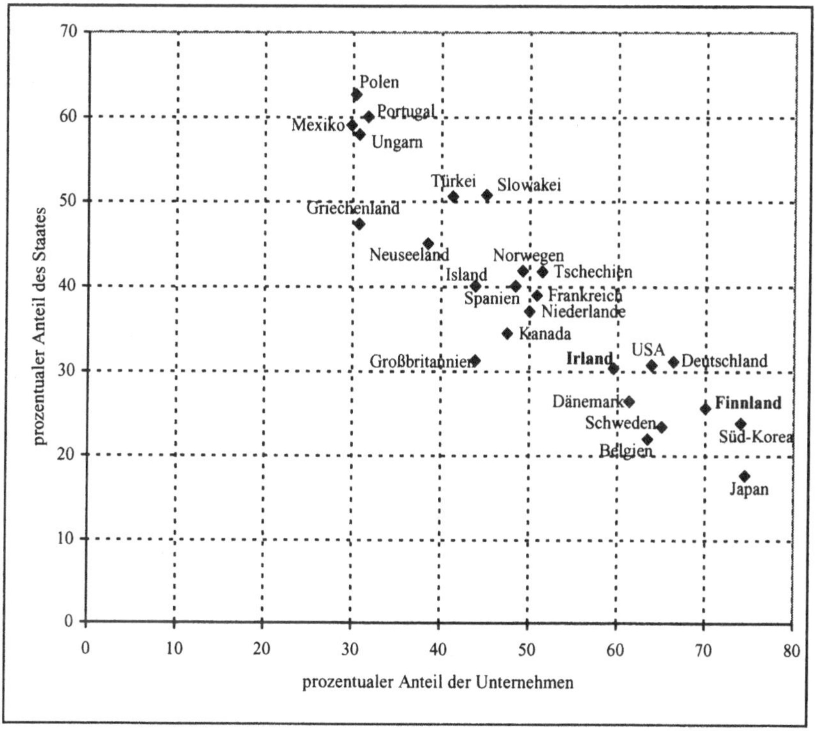

Quelle: eigene Darstellung; Daten aus OECD (2005e), Tabelle 13, 14, 15 und 16, S. 24f.

Der Anteil der anderen nationalen Quellen an der Finanzierung ist im EU- und OECD-Durchschnitt relativ gering. Nur in einigen wenigen Ländern erreichte der Wert 2003 knapp zehn Prozent. Die drittgrößte Finanzierungsquelle stellt in der EU der Auslandsektor mit einem durchschnittlichen Wert von 8,5 Prozent im Jahr 2003 dar.[505] Auch hier sind die Anteile in den einzelnen Ländern sehr unterschiedlich: Sie reichen von 0,3 Prozent in Japan bis 19,4 Prozent in Großbritannien.

Im Folgenden werden die in Finnland und Irland existierenden Finanzierungsstrukturen betrachtet. Im Jahr 2003 wurden in Finnland 70 Prozent der FuE-Aktivitäten vom Unternehmenssektor finanziert, womit der Wert weit über dem EU- und OECD-Durchschnitt liegt. Der irische Anteil der privaten Unternehmen liegt zwar über dem EU-, jedoch unter dem OECD-Durchschnitt. Interessant ist vor allem die Entwicklung der Werte, da sich für die beiden Länder eine gegenläufige Entwicklung zeigt: Mitte der 1990er Jahre lag der irische Wert bei über 70 Prozent, sank dann aber und erreichte 2003 noch knapp 60 Prozent. Der finnische Anteil der unternehmensfinanzierten GERD stieg in der betrachteten Zeitspanne hingegen um über zehn Prozent. Somit hat die Bedeutung des Unternehmenssektors als Finanzierungsquelle von FuE in den letzten Jahren in Finnland zugenommen, in Irland jedoch abgenommen. Diese Entwicklung spiegelt sich in den ausgewiesenen Werten des Staatsanteils wider: Während die Bedeutung des Staates 2003 in Finnland geringer war als es noch 1995 der Fall war, hat seine Bedeutung in Irland zugenommen. Rund 30 Prozent der irischen FuE-Aktivitäten wurden 2003 vom Staatssektor finanziert. An dieser Stelle sei angemerkt, dass der Unternehmenssektor in vielen Ländern einen relativ großen Teil der vom Staats- und Hochschulsektor durchgeführten FuE-Aktivitäten finanziert. Im Jahr 2003 finanzierten zum Beispiel die finnischen Unternehmen 13,6 Prozent der staatlichen FuE; in Irland ist dieser Anteil hingegen in den letzten zehn Jahren stark gesunken, so dass er sich 2003 lediglich auf 0,2 Prozent belief.[506] Somit zeigt sich auch an diesen Zahlen eine gesunkene Beteiligung des irischen Unternehmenssektors an der Finanzierung von FuE.

Der Anteil der anderen nationalen Quellen ist in beiden Ländern niedriger als der EU- und weitaus niedriger als der OECD-Durchschnitt. Bei der Rolle des Auslands als Finanzierungsquelle zeigt sich ein etwas anderes Bild: Der von Irland erreichte Wert entspricht exakt dem EU-Durchschnitt und liegt knapp drei Mal so hoch wie der finnische Wert. Zur Erinnerung sei angemerkt, dass laut OECD-Definition zum Auslandssektor keine multinationalen Wirtschaftsunternehmen, sondern lediglich alle Institutionen und Individuen, die sich außerhalb der politischen Grenzen eines Landes befinden, sowie die im Inland ansässigen ausländischen Organisationen zählen.

---

[505] Ein OECD-Durchschnittswert liegt nicht vor, was sich wahrscheinlich darauf zurückführen lässt, dass keine Angaben der USA zum Anteil des Auslandssektors vorliegen.

[506] Vgl. OECD (2005e), S. 45.

6.1.3.2 Finanzierung von Forschung und Entwicklung durch den Unternehmens- und den Staatssektor

Anhand obiger Ausführungen wird immer deutlicher, wie bedeutend der *Unternehmenssektor* für das NIS und für die Erzielung nachhaltigen Wirtschaftswachstums ist. In der Regel stellen die privaten Unternehmen in den OECD-Ländern den wichtigsten Innovationsakteur und die wichtigste Finanzierungsquelle dar. Wie sich bereits anhand von Tabelle 6.8 zeigte, war der Anteil des irischen Unternehmenssektors an der Finanzierung der FuE-Aktivitäten Mitte der 1990er Jahre noch deutlich höher als 2003. Aufgrund der großen Bedeutung des Unternehmenssektors soll dessen Beteiligung an der Finanzierung der irischen FuE-Aktivitäten im Folgenden im Vergleich zur Entwicklung in anderen Ländern betrachtet werden. Abbildung 6.9 stellt die Entwicklung der industriefinanzierten GERD als Anteil des BIP in Irland im Vergleich zu Finnland sowie dem EU- und OECD-Durchschnitt dar.

Abbildung 6.9: Entwicklung der industriefinanzierten GERD als prozentualer Anteil des BIP in Irland, Finnland, Deutschland, der EU und OECD, 1991 bis 2001

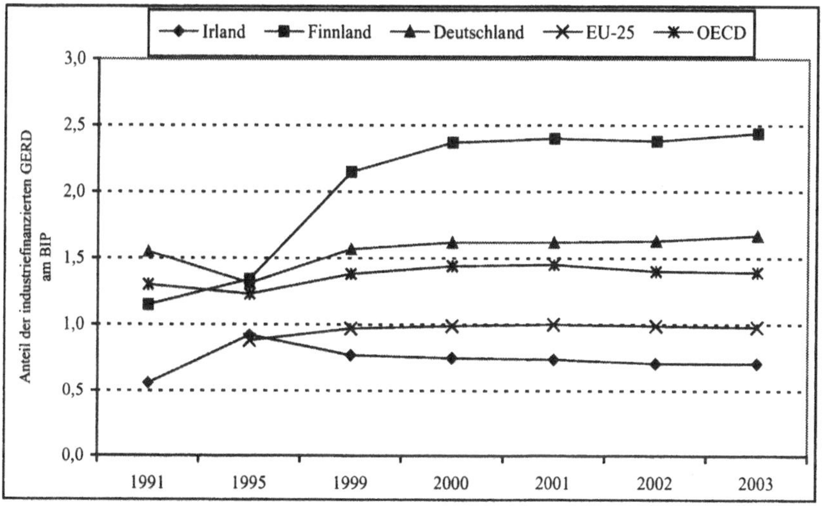

Quelle: eigene Darstellung; Daten aus OECD (2004a) und (2005e), jeweils Tabelle 11, S. 23.

Anhand von Abbildung 6.9 wird deutlich, dass die Beteiligung des irischen Unternehmenssektors an der Finanzierung der FuE-Aktivitäten zwischen 1991 und 1995 anstieg, danach jedoch wieder leicht sank. Seit Ende der 1990er Jahre scheint sich der Wert auf einem Niveau – bei rund 0,7 Prozent – „eingependelt" zu haben (bei Betrachtung der exakten Werte zeigt sich, dass der Anteil seit Ende der 1990er Jahre kontinuierlich leicht abgenommen hat). Während der Wert 1995 noch in etwa dem EU-Durchschnitt entsprach, lag der Anteil von unternehmensfinanzierter FuE am BIP in Irland in den letzten Jahren ohne Ausnahme unterhalb des in anderen EU-Ländern durchschnittlich erzielten Anteils. Außerdem ist der industriefinanzierte Anteil der GERD am BIP in Irland gerade einmal halb so hoch wie es im OECD-Durchschnitt der Fall ist.

Zwischen 1995 und 1999 ging der irische Wert – nach dem zuvor erfolgten Anstieg – zurück, während der deutsche Wert, der EU- und OECD-Durchschnitt stiegen. Zwischen 1999 und 2003 zeigte sich keine große Veränderung der Werte. Der finnische Anteil der unternehmensfinanzierten FuE am BIP hingegen wies insbesondere zwischen 1995 und 1999 einen starken Anstieg auf. In den darauffolgenden Jahren wurde das erzielte Niveau leicht gesteigert und danach gehalten, so dass der in Finnland erreichte Wert 2003 knapp 2,5-mal so hoch wie der EU-Durchschnitt und knapp 3,5-mal so hoch wie der irische Wert war. Abbildung 6.10 stellt die Entwicklung der industriefinanzierten GERD als Anteil des BIP für Irland und Finnland über einen längeren Betrachtungszeitraum dar.

Abbildung 6.10: Entwicklung der industriefinanzierten GERD als prozentualer Anteil des BIP in Irland und Finnland, 1967 bis 2001

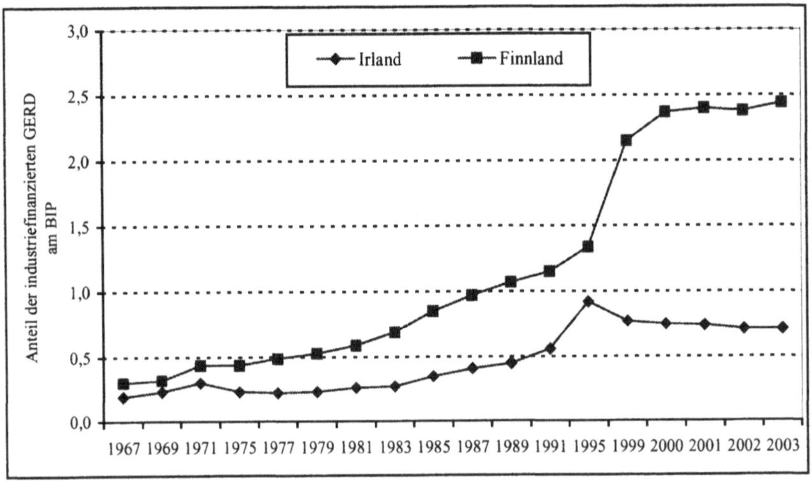

Quelle: eigene Darstellung; Daten aus Patel, P. / Pavitt, K. (1994a), S. 15 sowie OECD (2004a) und (2005e), jeweils Tabelle 11, S. 23.

Patel und Pavitt verglichen die Entwicklung der industriefinanzierten GERD als Anteil des BIP für 17 OECD-Länder im Zeitraum von 1967 bis 1989. Hierbei zeigte sich eine gewisse Stabilität hinsichtlich des Ranges der einzelnen Länder über die Jahre hinweg. Allerdings zeigten sich zwischen den Ländern keine

Tendenzen zur Konvergenz, sondern eher ein Trend zur Divergenz. Besonders hohe und stetig wachsende Anteile hatten während der 1970er Jahre die Bundesrepublik Deutschland, Japan, Schweden und die Schweiz vorzuweisen, während der Anteil in den USA immer weiter hinter den dieser Länder zurückfiel.[507]

Aus den von Patel und Pavitt angeführten Daten lässt sich bezüglich der Entwicklung des irischen Wertes feststellen, dass Irland 1967 zu Beginn der Zeitreihe auf dem drittletzten Platz lag. Einen niedrigeren Anteil hatten nur Portugal und Spanien vorzuweisen. Am Ende des Beobachtungszeitraums, also 1989, lag Irland noch immer auf dem drittletzten Platz, oder anders ausgedrückt auf Platz 15 von 17 Ländern.

Anders sieht die Entwicklung des finnischen Anteils aus: Lag Finnland 1967 auf dem viertletzten Platz, also auf Rang 14, nur einen Rang vor Irland, so lag es 1989 bereits auf Rang 8. Finnland hatte somit über den Beobachtungszeitraum den Anteil von unternehmensfinanzierter FuE am BIP stark gesteigert. Im Jahr 2003 lag Finnland hinter Schweden auf Platz zwei, gefolgt von Japan auf dem dritten Platz.

Diese Entwicklung lässt sich auch aus Abbildung 6.10 ablesen: Ende der 1960er Jahre war der Anteil der unternehmensfinanzierten FuE am BIP in Irland und Finnland ähnlich hoch. Es wird jedoch deutlich, dass in den 1970er und 1980er Jahren der Abstand zwischen den Werten immer größer wurde. Die irischen Unternehmen erhöhten in dieser Zeit zwar ihren Finanzierungsanteil, allerdings nicht in dem Umfang, in welchem es in Finnland der Fall war. Am kritischsten scheint jedoch die Entwicklung zu sein, die sich seit Mitte der 1990er Jahre abzeichnet: Während sich die industriefinanzierten GERD als Anteil des BIP in Finnland seit Ende der 1990er Jahre auf einem hohen Niveau befinden und seitdem leicht steigen, nimmt der Wert – wie beschrieben – in Irland kontinuierlich leicht ab. Die Schere, die sich bereits in den 1970er Jahren zwischen den irischen und den finnischen Werten öffnete, geht also weiter auseinander.

Es wird somit deutlich, dass die Bedeutung des irischen Unternehmenssektors sowohl bezüglich der Durchführung als auch der Finanzierung von FuE seit Mitte der 1990er Jahre abgenommen, während sie in Finnland und anderen technologisch und wirtschaftlich erfolgreichen OECD-Ländern zugenommen hat. Auch aus den unter Abschnitt 5.2.2 angeführten Untersuchungen von Godinho, Mendonça und Pereira geht hervor, dass in den Jahren 1996 und 2000 der Anteil der industriefinanzierten GERD am BIP – und ebenfalls der Anteil der vom Staat finanzierten GERD am BIP – niedrig war. Dieses wird anhand des niedrigen Wertes der Dimension „Angebot an Ressourcen“ deutlich, die stark durch diese beiden Größen bestimmt wird. Finnland erreicht in dieser Dimension einen um ein Vielfaches höheren Wert.

---

[507] Vgl. Patel, P. / Pavitt, K. (1994a), S. 14.

In Anbetracht der großen Bedeutung der vom Unternehmenssektor durchgeführten und finanzierten FuE-Aktivitäten für die Entwicklung eines NIS und folglich für die technologische und wirtschaftliche Entwicklung eines Landes scheint es notwendig zu sein, dass Irland mithilfe geeigneter Anreizmechanismen die privaten Unternehmen zu einer stärkeren Beteiligung an FuE anregt. Die derzeit existierenden Anreizstrukturen werden in Abschnitt 6.1.4 genauer betrachtet.

Anzumerken bleibt, dass in den meisten Ländern die im Unternehmenssektor durchgeführten FuE-Aktivitäten von den Unternehmen selbst finanziert werden. In Finnland werden rund 90 Prozent der FuE-Aktivitäten des Unternehmenssektors über Eigenfinanzierungsmittel der Unternehmen oder Unternehmensgruppen finanziert, während der Anteil der staatlichen Finanzierung, der bei sechs Prozent liegt, abnimmt und unterhalb des OECD-Durchschnitts liegt.[508] Auch in Irland wird der Großteil der FuE-Aktivitäten der privaten Unternehmen – 2003 waren es 87 Prozent – von den Unternehmen selbst finanziert.[509]

Auch die *staatliche Finanzierung von FuE* ist von Bedeutung. In Irland existiert eine Vielzahl von öffentlichen Institutionen, deren Aufgabe unter anderem in der Finanzierung von FuE besteht. Bedenkt man, dass es sich bei Irland um ein relativ kleines Land handelt, so überrascht die große Zahl dieser Einrichtungen. Dabei stellen viele von ihnen nur geringe Fördersummen für FuE bereit. Anzumerken ist, dass rund 40 Prozent der von den Institutionen bereitgestellten Gelder an Institute und Organisationen außerhalb des tertiären Bildungsbereichs fließen.[510] Tabelle 6.9 gibt einen Überblick über die FuE-finanzierenden Institutionen in Irland und über die Höhe der von ihnen bereitgestellten Fördermittel.

Das Vorhandensein von finanzierenden Institutionen in ausreichendem Maße stellt sich unabstreitbar als vorteilhaft für den FuE-Bereich dar. Wie bereits erwähnt, kann es allerdings durch die große Zahl voneinander unabhängiger Institutionen auch zu Koordinierungsproblemen und Überschneidungen kommen. Die OECD weist daher darauf hin, dass in Irland für die öffentliche Finanzierung von FuE kein klar umrissener, strategischer Rahmen existiert, innerhalb dessen die öffentlichen Gelder investiert werden.[511] Zwar haben sich mittlerweile engere Verbindungen zwischen der HEA und der SFI sowie zwischen der SFI und dem Health Research Board entwickelt, aber dennoch seien diese nicht ausreichend für eine reibungsfreie Ordnung der Kompetenzen. Die OECD schlägt daher vor, die SFI als übergeordnete nationale Finanzierungsinstitution anzuerkennen und ihr eine weitreichendere Entscheidungsbefugnis einzuräumen.[512] Es

[508] Vgl. Polt, W. et al. (2001), S. 87.

[509] Vgl. Forfás (2005), S. 31.

[510] Vgl. OECD (2004e), S. 37.

[511] Vgl. OECD (2004e), S. 37.

[512] Vgl. OECD (2004e), S. 38.

liegen jedoch keine aktuellen Informationen darüber vor, ob und inwieweit dem Vorschlag der OECD Beachtung geschenkt wurde.

In Finnland ist der Finanzierungsapparat für FuE hingegen etwas schlanker gestaltet. Rund 80 Prozent der staatlichen FuE-Finanzierung werden vom Ministerium für Bildung und vom Ministerium für Handel und Industrie bereitgestellt. Die wesentlichen öffentlichen FuE-finanzierenden Organisationen sind hierbei Tekes – mit dem größten Finanzierungsanteil von 28,5 Prozent im Jahr 2006 – und die Akademie Finnlands, deren Anteil sich auf 15,3 Prozent beläuft.[513]

Tabelle 6.9: Staatliche Finanzierung von FuE in Irland – Voranschlag im Rahmen des National Development Plan

Institution	staatliche Mittel (in Mio. €)			
	2001	2003	2006	2010
HEA / PRTLI	80,4	106,0	130,8	146,0
Ministerium für Bildung und Wissenschaft	41,1	62,4	158,4	175,3
SFI	11,1	70,0	131,0	153,0
Ministerium für Unternehmen, Handel und Beschäftigung		78,4	99,2	120,6
Hochschulbereich	16,0			
eigene Forschungseinrichtungen	62,4			
Teagasc	40,1	38,5	40,3	41,0
Ministerium für Landwirtschaft / Ernährung		13,9	16,1	16,3
Hochschulbereich	5,4			
eigene Forschungseinrichtungen	13,2			
Meereskundliche Institute	9,7	11,0	13,0	15,0
Bord Iascaigh Mhara	8,4	2,7	4,0	6,0
Health Research Board	14,1	17,9	44,0	60,0
Gesundheitsministerium	1,4			
Environmental Protection Agency		4,0	6,0	7,0
Hochschulbereich	2,9			
andere	1,6			
Andere	16,0	17,0	22,0	25,0
Insgesamt	341,8	421,8	664,8	765,2
Anteil der öffentlichen FuE-Finanzierung am BSP (in Prozent)	0,35	0,38	0,56	0,58

Quelle: OECD (2004e), S. 38.

513 Vgl. Ministry of Education (2006), S. 7 und Statistics Finland unter http://www.tilastokeskus.fi/til/tkker/2006/tkker_2006_2006-02-08_tie_001_en.html.

6.1.4 Das Erstellen einer geeigneten Anreizstruktur

Nach wie vor ist das FuE-Niveau im irischen Unternehmenssektor relativ niedrig; ein großer Teil der irischen und multinationalen Unternehmen betreibt nur minimal oder überhaupt keine FuE. Daher ist es notwendig, die Aufmerksamkeit der Unternehmen auf die Notwendigkeit und die positiven Beiträge von FuE und Innovationen zu lenken und mithilfe geeigneter Anreize das im privaten Sektor vorherrschende FuE-Niveau zu erhöhen. In den folgenden Abschnitten wird daher erläutert, welche Maßnahmen und Anreize zur Steigerung des FuE-Aktivitätsniveaus des privaten Sektors in Irland und im Vergleich hierzu in Finnland existieren. Anders als in Irland ist der Anteil ausländischer Unternehmen, wie erläutert, in Finnland relativ gering, weshalb dort zur Zeit – trotz der zunehmenden Bedeutung ausländischer Investoren für das finnische NIS – nur wenige, speziell auf die FuE-Förderung multinationaler Unternehmen ausgerichtete Maßnahmen existieren.

Eine besondere Bedeutung kommt dem zur Unterstützung von Unternehmen bereitgestellten Wagnis- oder Risikokapital, dem so genannten *Venture Capital (VC)*, zu. Da Venture Capital vor allem für den Bereich der technologiebasierten Unternehmensgründungen von besonderer Bedeutung ist, wird dieser Aspekt gesondert unter Abschnitt 6.1.4.2 behandelt.

6.1.4.1 Derzeit existierende Maßnahmen zur Förderung von Forschung und Entwicklung sowie Innovationen im irischen und finnischen Unternehmenssektor

Bereits 1995 wurden im Tierney-Bericht Empfehlungen zur Förderung der FuE-Aktivitäten sowohl irischer als auch multinationaler Unternehmen ausgesprochen.[514] Allerdings wurden diese bisher nicht mit ausreichend großem Erfolg umgesetzt. Wie unter Abschnitt 6.1.2.2 erläutert, führen die irischen Unternehmen weitaus weniger FuE-Aktivitäten durch als es im OECD-Durchschnitt der Fall ist. Die Erreichung des in der Lissabon-Strategie festgelegten Drei-Prozent-Ziels – und auch des von Irland festgelegten 2,5-Prozent-Ziels – scheint somit schwierig. Um die irischen Unternehmen und die in Irland ansässigen MNU zu höheren FuE-Investitionen zu bewegen, bedarf es einer gewissen Stimulierung und Unterstützung, das heißt, es müssen Anreize vonseiten der irischen Regierung geschaffen werden, durch welche sich das FuE-Niveau der privaten Unternehmen erhöht.

Die ministerienübergreifende Kommission für Wissenschaft, Technologie und Innovation veröffentlichte im Juli 2004 den *Irish Action Plan for Promoting In-*

[514] Vgl. STIAC (1995), Kapitel 3.

vestment in R&D to 2010.[515] In diesem Bericht werden wesentliche Ziele im WTI-Bereich und Empfehlungen zur Erreichung dieser genannt. Geleitet wird der Bericht von folgender Zukunftsvision:

„Ireland by 2010 will be internationally renowned for the excellence of its research and be at the forefront in generating and using new knowledge for economic and social progress, within an innovation driven culture."[516]

Um dieses übergeordnete Ziel zu erreichen werden unterschiedliche Teilziele angestrebt, wie zum Beispiel die bereits erwähnte Erhöhung der Bruttoinlandsausgaben für FuE auf 2,5 Prozent des BSP und die Erhöhung des Anteils der gesamten FuE-Ausgaben der privaten Unternehmen am irischen BSP auf 1,7 Prozent bis zum Jahr 2010. Darüber hinaus soll mittels geeigneter Anreize erreicht werden, dass sich die Zahl der in FuE aktiven irischen und multinationalen Unternehmen erhöht und dass Unternehmen, die bereits relativ stark im FuE-Bereich engagiert sind, ihre Tätigkeiten noch weiter ausdehnen.[517] Auch im kürzlich erschienenen Strategiebericht *Strategy for Science, Technology and Innovation 2006-2013*[518], der sich ebenfalls an der obigen Zukunftsvision orientiert,[519] werden die zur Implementierung eines erstklassigen Forschungssystems benötigten Mechanismen und Ressourcen dargestellt.

Um die Erfolge der einzelnen Maßnahmen abschätzen und überprüfen zu können, werden vonseiten des Staates regelmäßige, systematische *Evaluierungen* durchgeführt. Laut Europäischer Kommission besteht die größte Schwierigkeit des irischen NIS darin, dass keine Abstimmung zwischen den mittelfristigen Zielen, die im *National Development Plan 2000-2006 (NDP)* festgelegt sind, und den langfristigen, durch die Lissabon-Strategie bestimmten Zielen besteht. Alle vorherigen und derzeitigen Evaluierungen existierender politischer Maßnahmen orientieren sich an den im NDP festgesetzten, also an den mittelfristigen Zielen. Inwieweit die existierenden Maßnahmen dazu beitragen, die langfristigen Ziele zu erreichen, wird dabei außer Acht gelassen.[520]

Die Evaluierungen erfolgen entweder für ein ganzes Bündel von Maßnahmen, zum Beispiel für alle industriepolitischen Instrumente, oder auch für einzelne, besonders wichtige Maßnahmen. So wurde beispielsweise jede innerhalb der letzten 15 Jahre neu eingeführte Maßnahme zur Unterstützung und Förderung von FuE in den privaten Unternehmen für sich analysiert und bewertet (drei E-

[515] Vgl. Forfás (2004c).

[516] Forfás (2004c), S. 19.

[517] Vgl. Forfás (2004c), S. 18.

[518] Vgl. Government of Ireland (2006a).

[519] Mit der Ausnahme, dass dieses Ziel nicht bis 2010, sondern bis 2013 erreicht sein soll.

[520] Vgl. European Commission (2005a), S. 44.

valuierungen: Maßnahme 1 *(Measure 1)*[521], Maßnahme 6 *(Measure 6)*[522] und die Evaluierung der beiden Maßnahmen *Competitive RTDI Scheme* und *R&D Capability Grants Scheme*[523]). Diese von unabhängigen Experten angefertigten Auswertungen werden einem aus Vertretern der verschiedenen Institutionen des NIS bestehenden Ausschuss überreicht.[524]

Die Zwischenevaluierung des kürzlich ausgelaufenen NDP 2000-2006 kommt zu dem Schluss, dass der Zielerreichungsgrad weit hinter den Erwartungen zurückbleibt. Demnach entsprechen die 2000 bis 2002 getätigten Bruttoinlandsausgaben für FuE in Höhe von € 498,4 Millionen lediglich 38,2 Prozent des im NDP für diese Periode veranschlagten Wertes. Nach den ersten drei Jahren des Programms belaufen sich die getätigten Ausgaben nur auf 14,3 Prozent der im NDP als Endziel festgelegten Gesamtausgaben.[525] Die Ergebnisse liegen folglich weit hinter dem Plan zurück, wobei hierbei lediglich vom irischen Entwicklungsplan die Rede ist. Weitaus schwieriger wird es sich gestalten, die in der Lissabon-Strategie festgelegten Ziele zu erreichen.

Aus den Evaluierungen der im FuE-Bereich existierenden politischen Maßnahmen geht somit die Steigerung der FuE-Ausgaben als größtes Problem hervor. Dieses Problem wird derzeit von dem leitenden Wissenschaftsberater und der ministerienübergreifenden Kommission für Wissenschaft, Technologie und Innovation diskutiert. Eine Änderung der existierenden Maßnahmen ist erst nach der Berichterstattung dieser beiden Akteure zu erwarten.[526]

Die Regierung eines Landes kann Innovationen einerseits durch den Auf- und Ausbau institutioneller Strukturen und andererseits durch die Bereitstellung von Anreizen fördern. Dabei kann unterschieden werden zwischen *direkten* und *indirekten* Anreizen. Zu den direkten Anreizen zur Förderung von Innovationen zählen beispielsweise Subventionen und die Bereitstellung von Wagniskapital. Indirekte Anreize können zum Beispiel in der Form von Steuervergünstigungen bestehen.[527]

Im Folgenden werden die in Irland und Finnland existierenden Maßnahmen zur Förderung der FuE-Investitionen des Unternehmenssektors, unterteilt in di-

---

[521] Nähere Informationen zu Maßnahme 1 *(Measure 1)* siehe unter http://www.forfas.ie/publications/archive/rd/purple.htm#R&D.

[522] Nähere Informationen zu Maßnahme 6 *(Measure 6)* siehe unter http://www.forfas.ie/publications/archive/rdbus/fund.htm.

[523] Vgl. zu diesen beiden Maßnahmen zum Beispiel Evaltec (2004).

[524] Vgl. European Commission (2005a), S. 16 und 44.

[525] Vgl. European Commission (2005a), S. 44.

[526] Vgl. European Commission (2005a), S. 44f.

[527] Vgl. Romanainen, J. (2003), S. 13.

rekte und indirekte Anreize, kurz vorgestellt,[528] wobei zunächst die wesentlichen in Irland existierenden *direkten Anreize* im Vordergrund stehen. Im Rahmen des NDP 2000-2006 wurden rund € 484 Millionen für FuE im industriellen Bereich zur Verfügung gestellt,[529] womit zwei Ziele verfolgt werden, nämlich

- die Einbettung einer FuE-Kultur in den Unternehmen, welche bereits über eine gewisse technologische Leistungsfähigkeit verfügen – Zielgruppe sind hierbei so genannte *„High Potential Start Ups"*[530] und Unternehmen, die strategische FuE-Projekte verfolgen – und
- die Erfüllung der FuE- und Technologieanforderungen der über 3.000 zum betrachteten Zeitpunkt noch nicht FuE-betreibenden Unternehmen, wobei insbesondere die Zahl derjenigen Unternehmen erhöht werden soll, die zum ersten Mal FuE-Aktivitäten durchführen.[531]

Wie deutlich wurde, stellt besonders das geringe Ausmaß der FuE-Aktivitäten in irischen, vorwiegend kleinen und mittelständischen Unternehmen ein Problem bei der Weiterentwicklung des irischen NIS dar. Da KMU in der Regel über wenig Kapital verfügen, stellen finanzielle Unterstützungen einen wichtigen Teil eines jeden Anreizmechanismus dar. Viele der irischen Unternehmen haben bereits die vom Staat angebotene finanzielle Unterstützung in Anspruch genommen und damit die Entwicklung neuer Produkte und Prozesse sowie die Einrichtung permanenter FuE-Einrichtungen finanziert.[532]

Eine der erfolgreichsten innovationspolitischen Maßnahmen Irlands, welche bereits seit über 15 Jahren existiert, dient der direkten Förderung von FuE in privaten Unternehmen. Das derzeit aktuelle Programm, das ein Teil des NDP 2000-2006[533] ist und durch die Strukturfonds der EU und den Unternehmenssek-

[528] Für einen kurzen Überblick über in Irland existierende FuE-Anreizmechanismen vgl. zum Beispiel PricewaterhouseCoopers (2006).

[529] Im Rahmen des derzeitigen NDP 2007-2013 werden durch das Enterprise STI Sub-Programme € 600 Millionen für FuE im industriellen Bereich bereitgestellt. (Vgl. Government of Ireland (2007), S. 155.)

[530] Enterprise Ireland definiert *High Potential Start Ups* als Unternehmen, deren Tätigkeit auf technologischen Innovationen basiert, die aller Wahrscheinlichkeit nach innerhalb der ersten drei Jahre ein starkes Wachstum zu verzeichnen haben (in Bezug auf den Absatz oder die Beschäftigtenzahl), die exportorientiert sind und die idealerweise von einem erfahrenen Team geführt werden, das sich aus technisch und kaufmännisch kompetenten Mitarbeitern zusammensetzt. (Vgl. Enterprise Ireland, High Potential Start Ups unter http://www.enterprise-ireland.com/CommonPages/High_Potential_Start_Ups.htm.)

[531] Vgl. Government of Ireland (2000a), S. 130.

[532] Vgl. European Commission (2005a), S. 48.

[533] Die genaueren Ziele und Strategien wurden dabei im Ergänzungsblatt zum NDP, dem *Productive Sector Operational Programme 2000-2006*, festgelegt. (Vgl. Government of Ireland (2000b) und (2000c).)

tor mitfinanziert wird, trägt den exakten Titel *Research Technology and Innovation (RTI) Competitive Grants Scheme*[534] – teilweise auch als *Competitive RTDI Scheme* bezeichnet. Ziel dieses im Jahr 2000[535] gestarteten und von Enterprise Ireland verwalteten Programms ist es, von den privaten Unternehmen durchzuführende qualitativ hochwertige, auf die Vermarktung ausgerichtete und stark risikobehaftete FuE-Projekte sowie Projekte, die der Entwicklung von Produkten und Prozessen dienen, anzuregen und durch Zuschüsse finanziell zu unterstützen. Gefördert werden dabei sowohl irische als auch multinationale Unternehmen, die in Irland ansässig sind, wobei bis Ende 2003 nur 25 Prozent der genehmigten finanziellen Unterstützung an ausländische Unternehmen gingen, obwohl diese für 65 Prozent der BERD in Irland aufkommen.[536] Daneben soll das Programm dazu beitragen, dass in den Unternehmen eine dauerhafte FuE-Kultur entsteht und dass sich die Unternehmen stärker in gemeinsamen, sowohl nationalen als auch internationalen FuE-Projekten engagieren.[537]

Eine Zwischenevaluierung der Maßnahme erfolgte 2004. Als Grundlage hierfür wurden die Ziele bzw. Werte herangezogen, die zur Mitte der Laufzeit erreicht werden sollten. Dabei zeigte sich, dass diese Ziele nicht nur erreicht, sondern darüber hinausgehende Erfolge erzielt wurden. So wurde zum Beispiel vor Beginn des Programms mit mittelfristig 650 zu unterstützenden Bewerbern gerechnet, während zur Mitte der Laufzeit tatsächlich 685 Unternehmen finanzielle Unterstützung durch das Programm erhielten. Auch der Anstieg der Zahl neuer FuE-betreibender Unternehmen fiel höher aus als erwartet. Allerdings konnte keine exakte Analyse des Einflusses des Programms auf seine im Vordergrund stehende Zielgröße – nämlich auf die FuE-Ausgaben des Unternehmenssektors (BERD) – durchgeführt werden, da über die Zunahme der FuE-Ausgaben der geförderten Unternehmen während des betrachteten Zeitraums keine Daten vorliegen. Aus Analysen einer Stichprobe von 50 Unternehmen geht laut Evaltec jedoch hervor, dass die Höhe der zusätzlichen, durch das Programm generierten FuE-Ausgaben hinter dem festgelegten Ziel zurückbleibt.[538]

---

[534] Für nähere Informationen zu diesem Programm, das die Kennzahl IE 26 trägt, siehe Evaltec (2004), insbesondere Kapitel 4, und http://www.enterprise-ireland.com oder http://trendchart.cordis.lu/tc_datasheet.cfm?id=6586.

[535] Dabei löste es das bereits vor 1995 in Kraft getretene Programm *Research, Technology and Innovation (RTI) Support for Industry Scheme* (IE 7) ab, zu welchem unter http://www.enterprise-ireland.com oder unter http://trendchart.cordis.lu/tc_datasheet.cfm?ID=5116 nähere Informationen abgerufen werden können.

[536] Vgl. Evaltec (2004), S. 11, 14 und TrendChart, IE 26, Abschnitt 1.4 unter http://trendchart.cordis.lu/tc_policy_country.cfm?CO=9 sowie European Commission (2005a), S. 48.

[537] Vgl. Department of Enterprise, Trade and Employment (2006).

[538] Vgl. Evaltec (2004), S. 15.

Im Rahmen des NDP 2000-2006 wurde im Jahr 2000 zusammen mit dem Competitive RTDI Scheme ein weiteres Förderungsprogramm gestartet: das *R&D Capability Grants Scheme*, mittlerweile auch teilweise als *R&D Initiatives Scheme* bezeichnet. Diese Maßnahme, die zur Gänze vom Staat finanziert wird, zielt darauf ab, die Möglichkeiten und Fähigkeiten von Unternehmen derart auszubauen, dass diese kontinuierlich und in größerem Ausmaß FuE betreiben können. Im Vergleich zu anderen Programmen ist das R&D Capability Grant Scheme darauf ausgerichtet, neue oder erweiterte Einrichtungen für die Durchführung von FuE zu schaffen, was bedeutet, dass auch umfangreiche, über die gewöhnlichen FuE-Aktivitäten hinausgehende Investitionen der Unternehmen finanziell unterstützt werden. Zu diesen Investitionen zählen zum Beispiel die Kosten für neue FuE-Einrichtungen (Labore), Ausrüstungen, Grundstücke, Gebäude, Personal etc.[539] Anzumerken ist, dass dieses Programm von den einzelnen Institutionen IDA, Enterprise Ireland, Shannon Development und Údarás na Gaeltachta[540] gesondert verwaltet und durchgeführt wird,[541] wobei die IDA wie bereits erläutert für die Belange ausländischer Unternehmen zuständig ist und Enterprise Ireland sowie die restlichen Institutionen die Ansprechpartner für vorwiegend irische Unternehmen darstellen.[542] Das von der IDA durchgeführte Programm wurde bereits extra evaluiert.[543]

Sowohl im NDP 2000-2006 als auch in anderen Dokumenten werden die beiden folgenden Ziele als wesentlich angesehen, durch die der irische Unternehmenssektors gestärkt und seine technologische und wirtschaftliche Entwicklung vorangetrieben werden soll:

- die Erhöhung der FuE-Aktivitäten in irischen, vorwiegend kleinen und mittelständischen Unternehmen und
- die stärkere Einbindung ausländischer Unternehmen in die irische Wirtschaft durch die Angliederung von FuE-Einrichtungen an deren Produktionsstandort in Irland, wodurch ein Aufstieg in der Wertschöpfungskette erfolgt.[544]

---

[539] Vgl. Department of Enterprise, Trade and Employment (2006), Evaltec (2003), S. 6 und Evaltec (2004), S. 20.

[540] Für nähere Informationen zu den beiden letztgenannten Institutionen siehe http://www.shannondev.ie und http://www.udaras.ie. Allerdings gingen bei Údarás keine Bewerbungen hinsichtlich dieses Programms ein, weshalb diese Institution in den Ausführungen zu diesem Programm nicht näher betrachtet wird.

[541] Vgl. Evaltec (2004), S. 20.

[542] Im Gegensatz hierzu wird das Competitive RTDI Scheme von Enterprise Ireland alleine verwaltet und durchgeführt. In diesem Fall stellt Enterprise Ireland, die eigentlich für die Belange der heimischen Unternehmen zuständig ist, auch für die MNU den Ansprechpartner dar.

[543] Vgl. Evaltec (2003).

[544] Vgl. zum Beispiel Government of Ireland (2000a), S. 129, 138 oder Forfás (2004c), S. 18.

Die IDA führte das R&D Capabilitiy Grants Scheme somit mit der Zielsetzung ein, die auch aus dem NDP 2000-2006 hervorgeht: die Niederlassungen ausländischer Unternehmen in Irland höher in der Wertschöpfungskette anzusiedeln und so die Einbindung dieser Niederlassung in die irische Wirtschaft zu stärken. Durch das Programm werden sowohl kleine als auch große MNU unterstützt, unabhängig davon, ob sie bereits FuE-Aktivitäten durchführen oder nicht. Allerdings ist eine finanzielle Unterstützung durch das Programm nur für solche Unternehmen erhältlich, die bereits in Irland operieren.[545]

Aus der Evaluierung des IDA-Programms geht hervor, dass dieser Maßnahme im Rahmen der nationalen Strategie zur Erhöhung der FuE-Investitionen im privaten Sektor eine große Bedeutung zukommt. Aus Sicht der MNU stellt das R&D Capability Grants Scheme einen wesentlichen Anreiz für die Ansiedlung von FuE-Funktionen in Irland dar. Es zeigte sich, dass es sich bei diesem Programm um eine effektive Maßnahme zur Erhöhung des Ausmaßes und der Qualität der im Unternehmenssektor durchgeführten FuE handelt.[546] Inwieweit sich die Zahl ausländischer, FuE-betreibender Unternehmen und deren FuE-Intensität tatsächlich erhöht, bleibt abzuwarten, da zurzeit keine aktuellen Daten hierzu vorliegen.

Eine finanzielle Unterstützung von FuE-Aktivitäten erfolgt auch vonseiten der EU durch die Rahmenprogramme für Forschung und Entwicklung. Das kürzlich ausgelaufene *Sechste Rahmenprogramm (2002-2006)*, an welches sich das *Siebte Rahmenprogramm* für die Laufzeit von 2007 bis 2013 anschließt, war mit Finanzierungsmitteln in Höhe von insgesamt € 17,5 Milliarden ausgestattet, die auf unterschiedliche Bereiche entfallen. Dabei bietet das Rahmenprogramm insbesondere für irische Unternehmen die Möglichkeit, mit führenden europäischen Unternehmen und Forschungseinrichtungen zusammenzuarbeiten.[547]

Wie bereits erwähnt, existieren in Finnland nur wenige, speziell auf die FuE-Förderung multinationaler Unternehmen ausgerichtete Maßnahmen. Eine erste Anlaufstelle für MNU stellt die vom Ministerium für Handel und Industrie finanzierte *Invest in Finland Foundation* dar. Invest in Finland bietet umfassende Beratung und Hilfestellung für MNU an, die eine Niederlassung in Finnland eröffnen wollen.[548] Finanzielle Unterstützung wird von dieser Einrichtung jedoch nicht angeboten. FuE-Projekte sowohl finnischer als auch ausländischer, in Finnland ansässiger Unternehmen werden durch Zuschüsse seitens Tekes unterstützt.[549] Somit lässt sich festhalten, dass in Irland eine verstärkte Spezialisie-

[545] Vgl. Evaltec (2003), S. 8.

[546] Vgl. Evaltec (2003), S. 1 und Evaltec (2004), S. 1, 26.

[547] Vgl. SCADPlus: Sechstes Rahmenprogramm (2002-2006) unter http://europa.eu.int/scadplus/leg/de/lvb/i23012.htm und PricewaterhouseCoopers (2006), S. 2.

[548] Für detaillierte Informationen zu dieser Einrichtung siehe http://www.investinfinland.fi.

[549] Vgl. hierzu http://www.tekes.fi/eng/tekes/rd/.

rung der Maßnahmen auf MNU besteht. Aktuelle Studien des finnischen NIS bemängeln, dass der Fokus politischer Maßnahmen sich in Finnland nicht auf die Attraktivität des Landes für ausländische Investoren richtet, obwohl direkte Kapitalinvestitionen im Rahmen der WTI-Politik immer wichtiger werden.[550]

Allgemein existiert in Finnland eine Reihe von politischen Maßnahmen und Organisationen, durch welche die FuE-Aktivitäten des finnischen Unternehmenssektors gefördert werden. Direkte Maßnahmen liegen beispielsweise in der Form von Zuschüssen für themenbezogene Forschungsprojekte vor. Insbesondere KMU können auf ein breites Spektrum von Unterstützungen zugreifen, wobei neben der finanziellen Unterstützung auch die Bereitstellung unterschiedlicher Dienstleistungen – beispielsweise bei der Vermittlung von Kooperationspartnern oder im Bereich des Technologietransfers – von Bedeutung ist. Schätzungen zufolge hat in Finnland in den letzten Jahren eins von drei KMU staatliche Zuschüsse erhalten.[551] Eine bedeutende Rolle für die Förderung der unternehmerischen FuE-Aktivitäten kommt Tekes zu. Tekes unterstützt die Unternehmen beispielsweise bei der Entwicklung einer Technologie-Strategie und hilft bei der Suche nach Kooperationspartnern. Daneben stellen die von Tekes offerierten Technologieprogramme eine bedeutende Finanzierungsquelle für die FuE-Projekte großer sowie kleiner und mittelständischer Unternehmen dar. Im Allgemeinen trägt Tekes rund 25 bis 70 Prozent der Projektkosten, wobei die KMU in der Regel eine um zehn Prozent höhere Unterstützung erhalten als große Unternehmen.[552]

Den wesentlichen *indirekten Anreiz* für FuE-betreibende Unternehmen stellen Steuervergünstigungen, so genannte *„R&D tax credits/breaks"*, dar. Empirische Studien belegen, dass diese eine positive Wirkung auf den Umfang der FuE-Aktivitäten im Unternehmenssektor haben.[553] Dabei führt in der Regel ein Dollar Steuervergünstigung zu zusätzlichen FuE-Ausgaben in Höhe von rund einem Dollar.[554] In Irland existieren einige Arten von Steuervergünstigungen, die darauf abzielen, die FuE-Aktivitäten der privaten Unternehmen anzukurbeln. Dazu kann zum Beispiel gezählt werden, dass Ausgaben, die durch wissenschaftliche und technologische Forschung entstanden sind, von der Steuer befreit sind. Daneben existieren besondere Abschreibungsraten für FuE-Einrichtungen und -Ausrüstungen und eine relativ niedrige Steuer auf Patentgebühren.[555] Allerdings reichten diese Maßnahmen in der Vergangenheit anscheinend nicht aus, um die

---

550 Vgl. European Commission (2005b), S. 41f.

551 Vgl. European Commission (2005b), S. 31.

552 Vgl. Georghiou, L. et al. (2003), S. 152.

553 Vgl. OECD (2003b), S. 4 und Hall, B. / Van Reenen, J. (2000), S. 449, 462 und 467.

554 Vgl. Hall, B. / Van Reenen, J. (2000), S. 449, 462.

555 Vgl. Pontikakis, D. / McDonnell, T. / Geoghegan, W. (2005), S. 9 und OECD (2003b), S. 13 und andere.

FuE-Aktivitäten des Unternehmenssektors in ausreichendem Maße zu erhöhen. Auf der Grundlage des *Finance Act 2004*[556] wurde daher in Irland zum Januar 2004 eine Steuervergünstigung für inkrementale FuE-Ausgaben eingeführt. Ein solcher, auf die Steigerung der unternehmerischen FuE-Aktivitäten ausgerichteter tax credit existierte zu dieser Zeit bereits in 17 OECD-Ländern. Dazu zählen auch die Länder, mit denen Irland in hohem Maße um ausländische Direktinvestitionen konkurriert, wie zum Beispiel Großbritannien, die Niederlande, Frankreich und Spanien.[557] Daher ist es notwendig, dass die irischen Anreizmechanismen zur Förderung von FuE und Innovationen zumindest den Anreizen entsprechen, die den MNU in anderen Ländern gebotenen werden. Anzumerken ist, dass, während direkte Anreize vor allem für KMU und technologiebasierte Unternehmensgründungen geeignet sind, Steuervergünstigungen insbesondere für große – sowohl irische als auch multinationale – Unternehmen einen wirksamen Anreiz darstellen.[558]

Bereits im 1995 erschienenen *Tierney-Bericht* wurde empfohlen, eine Steuervergünstigung für FuE-Aktivitäten einzuführen, die insbesondere die in Irland ansässigen ausländischen Unternehmen anregen sollte, Irland nicht nur als Produktionsstandort, sondern auch als Standort für angegliederte FuE-Einrichtungen zu sehen.[559] Der unabhängige Wissenschaftsbeirat ICSTI griff diese Empfehlungen 2003 wieder auf und machte noch einmal deutlich, wie wichtig die Einführung einer solchen Steuervergünstigung für die Erhöhung der FuE-Aktivitäten in den großen irischen Unternehmen und in den in Irland ansässigen MNU – und folglich für die technologische und wirtschaftliche Entwicklung Irlands – ist.[560]

Anfang 2004 trat letztendlich die neue Steuervergünstigung für FuE in Kraft. Es handelt sich dabei um eine Steuervergünstigung in Höhe von 20 Prozent für zusätzliche FuE-Ausgaben, die auf die vom Unternehmen zu entrichtende Körperschaftssteuer angerechnet werden kann.[561] Abgeschlossene Evaluierungen dieser Maßnahme liegen allerdings noch nicht vor. Anzumerken bleibt, dass Finnland neben Schweden und Italien zu denjenigen Ländern zählt, in denen keine speziellen Steuervergünstigungen für FuE-Aktivitäten existieren. In der

[556] Vgl. Government of Ireland (2004).

[557] Vgl. ICSTI (2003), S. iii und 5.

[558] Vgl. ICSTI (2003), S. 3f. und ICSTI (2004), S. 13.

[559] Vgl. STIAC (1995), Chapter 3.

[560] Vgl. ICSTI (2003), S. iii.

[561] Vgl. Department of Enterprise, Trade and Employment, „R&D Tax Credit comes into effect" unter http://www.entemp.ie/press/2004/20040708.htm. Unter dieser Internet-Adresse sind detaillierte Informationen zur Ausgestaltung der Steuervergünstigung erhältlich.

Vergangenheit wurden in Finnland zwar steuerliche Anreize angewendet, allerdings wurden diese im Rahmen der allgemeinen Steuerreform abgeschafft.[562]

6.1.4.2 Die Förderung technologiebasierten Unternehmertums mittels Venture Capital

Studien belegen, dass ein signifikanter Zusammenhang zwischen dem Ausmaß der unternehmerischen Aktivitäten in einem Land und dem Wirtschaftswachstum besteht. Aus den Daten des *Global Entrepreneurship Monitor* geht außerdem hervor, dass, in der Gruppe der untersuchten Länder, kein Land mit hoher unternehmerischer Aktivität und niedrigem Wirtschaftswachstum existiert.[563] Einen wesentlichen Beitrag zum Wirtschaftswachstum leisten dabei die innovativen, oftmals technologiebasierten Unternehmen,[564] welche durch ihre Initiative technische Neuerungen vorantreiben. Fehlen einem Land jedoch solche Unternehmer, so wird dadurch das Wachstum der Volkswirtschaft gehemmt.[565]

Eine bedeutende Finanzierungsquelle für solche technologiebasierten, innovativen Unternehmen, die teilweise fundamentale Innovationen hervorbringen, stellt das Wagnis- oder Risikokapital, das so genannte *Venture Capital (VC)*, dar. Die von den Unternehmen hervorgebrachten Innovationen gehen oftmals mit einem hohen finanziellen Risiko einher, weshalb die Förderung dieser Unternehmen ohne Venture Capital kaum vorstellbar ist.

Venture Capital wird zum Großteil von spezialisierten Finanzfirmen bereitgestellt, die als Mittler zwischen primären Finanzierungsquellen, wie zum Beispiel Banken oder Pensionsfonds, und den Unternehmen fungieren. Eine andere Quelle von VC stellen die so genannten *Business Angels* dar, bei denen es sich in der Regel um Privatpersonen handelt, die Unternehmen durch finanzielle Mittel aus eigenem Vermögen unterstützen. Allerdings erfassen die zur Verfügung stehenden Daten, die von den VC-Vereinigungen herausgegeben werden, nur das von den offiziellen Mittlerfirmen bereitgestellte VC. Dadurch, dass die Beiträge der Business Angels nicht miteingerechnet werden, deren Beitrag aber in einigen wenigen Ländern relativ hoch ist, können die aus den Daten hergeleiteten Aussagen teilweise nicht stimmig sein. In den USA beispielsweise investieren Business Angels im Allgemeinen weitaus mehr in neue Unternehmen als die VC-Gesellschaften. In den meisten anderen OECD-Ländern dürfte dies jedoch nicht

[562] Vgl. OECD (2003b), S. 4 und Georghiou, L. et al. (2003), S. 85.

[563] Vgl. Reynolds, P. D. et al. (2002), S. 7, 24.

[564] Vgl. Minniti, M. / Bygrave, W. D. / Autio, E. (2006), S. 24.

[565] Vgl. Baumol, W. J. (2002), S. 59.

der Fall sein.[566] Die VC-Fonds stellen in der Regel finanzielle Unterstützungen für drei unterschiedliche Entwicklungsphasen der Unternehmen bereit:[567]

- Das so genannte *Seed Capital* wird für die Phase der Unternehmensgründung bereitgestellt. Dabei wird es von den Unternehmen hauptsächlich für die Erforschung und Entwicklung einer Geschäftsidee und eines Konzepts verwendet.
- Die Gründungsfinanzierung – *Start-up financing* – wird Unternehmen gewährt, die sich entweder in der Gründungsphase oder erst seit kurzer Zeit im Geschäft befinden und die ihre Produkte noch nicht vermarktet haben. Das Kapital wird in diesem Fall für die Produktentwicklung und für das anfängliche Marketing zur Verfügung gestellt.
- Für Unternehmen, die sich in der Wachstums- oder Expansionsphase befinden, existiert das so genannte *Expansion financing*. Kapital wird in diesem Fall für Unternehmen bereitgestellt, die bereits den Break-even-point erreicht haben oder Gewinne erwirtschaften. Die Unternehmen können das VC beispielsweise für die Ausweitung ihrer Produktionskapazitäten, die Weiterentwicklung von Produkten etc. verwenden.

Bis Mitte der 1990er Jahre war die Unterstützung von Unternehmen in Form von VC in Irland relativ selten. Im 1995 veröffentlichten Tierney-Bericht wurde die Empfehlung ausgesprochen, einen Finanzierungsmechanismus einzurichten, der Unternehmensgründungen im Hochtechnologiebereich und bereits in diesem Bereich aktive Unternehmen, die sich in der Wachstumsphase befinden, durch die Bereitstellung von Startkapital und Venture Capital unterstützt.[568] Das ein Jahr später erschienene Weißbuch für Wissenschaft, Technologie und Innovation greift diese Empfehlung auf und weist insbesondere darauf hin, dass mögliche (administrative etc.) Hindernisse, die es den Unternehmen erschweren Start- und Wagniskapital zu erhalten, identifiziert und abgebaut werden sollen.[569] Um die Verfügbarkeit von VC auszuweiten, rief Enterprise Ireland in Zusammenarbeit mit dem privaten Sektor zwei Initiativen ins Leben: Im Rahmen des *Operational Programme for Industrial Development 1994-1999* wurde eine Maßnahme – *the EU Seed and Venture Capital Measure* – eingeführt, deren Ziel die Einrichtung neuer VC-Fonds zur Unterstützung von Unternehmensgründungen und wachstumsorientierten KMU war.[570] Durch diese Maßnahme entstanden 15 voneinander unabhängige Start- und Wagniskapitalfonds, der erste davon im

566 Vgl. OECD (2005a), S. 42.

567 Vgl. OECD (2005a), S. 42.

568 Vgl. STIAC (1995), Kapitel 3, Absatz 23.

569 Vgl. Government of Ireland (1996), S. 11.

570 Vgl. Enterprise Ireland (2006), S. 23 und Department of Enterprise, Trade and Employment (2004b).

Mai 1996. Die zur Verfügung gestellten Gelder stammten aus öffentlichen und privaten Quellen. Bis heute wurden rund € 125 Millionen in 140 Unternehmen investiert, wobei 78 Prozent der Gelder Unternehmen in der Gründungs- und Frühphase zukamen.[571] Im daran anschließenden *Seed and Venture Capital Programme 2000-2006*, welches einen Teilbereich des National Development Plan darstellt, stellte Enterprise Ireland zusätzliche € 98 Millionen zum weiteren Ausbau des Risikokapitalmarktes in Irland bereit. Hier sei angemerkt, dass Enterprise Ireland nicht als direkter Förderer, sondern vielmehr als eine Art Mittler auftritt, da sie die staatlichen Gelder in den Risikokapitalmarkt bzw. an die einzelnen privaten VC-Fonds leitet. Als direkte Unterstützung hält sie für die Unternehmen detaillierte Informationen zu den einzelnen VC-Fonds und -Firmen bereit.[572] Die oben erwähnten Maßnahmen werden alle unabhängig voneinander vom privaten Sektor verwaltet, der alle Entscheidungen bezüglich der durchzuführenden Investitionen trifft.[573]

Den unter Abschnitt 5.2.2 angeführten Untersuchungen von Godinho, Mendonça und Pereira zufolge, erlangte die Dimension „Institutionelle Vielfältigkeit" – die unter anderem durch den Umfang des in einem Land erhältlichen VC bestimmt wird – in Irland im Jahr 2000 nur einen relativ niedrigen Wert, wie aus Abbildung 5.6 ersichtlich wird. Dies bekräftigt, dass der VC-Bereich in Irland zu dieser Zeit noch nicht stark ausgebaut war. Finnland hingegen wies im selben Jahr in dieser Dimension einen höheren Wert auf; den höchsten Wert hatten die USA zu verzeichnen, was sich laut Godinho, Mendonça und Pereira auf die dort existierende dynamische, starke VC-Industrie zurückführen lässt.[574]

Der Umfang des in Irland erhältlichen VC wurde jedoch in den letzten Jahren stark ausgeweitet. Mittlerweile existieren in Irland 35 unterschiedliche VC-Fonds, an die sich die Unternehmen wenden können.[575] Somit ist es für Unternehmen wesentlich leichter geworden, VC zu erhalten.

In Finnland existiert eine Reihe öffentlicher und privater Kapitalgeber für technologiebasierte Unternehmen. Besonders die öffentlichen Institutionen trieben die Entwicklung des finnischen VC-Bereichs voran. Der größte öffentliche Kapitalanbieter ist der Nationale Fonds für Forschung und Entwicklung Finnlands – kurz *SITRA*. SITRA ist eine unabhängige öffentliche Stiftung, die mithilfe unterschiedlicher Programme und Instrumentarien die wirtschaftliche Entwicklung Finnlands unterstützt. Neben zahlreichen anderen Aufgaben ist SITRA

---

[571] Vgl. Enterprise Ireland (2006), S. 23.

[572] Vgl. Enterprise Ireland unter http://www.enterprise-ireland.com/Grow/Finance/VentureCapitalists.htm.

[573] Vgl. Enterprise Ireland (2006), S. 2.

[574] Vgl. Godinho, M. M. / Mendonça, S. F. / Pereira, T. S. (2003), Abschnitt 4.

[575] Die einzelnen Kapitalgeber sind aufgelistet in Irish Venture Capital Association (2005a), S. 15ff.

auch für die Bereitstellung von Venture Capital zuständig.[576] Seit Anfang 2005 hat sich der Zuständigkeitsbereich der staatlichen *Finnvera AG*, bei der es sich um eine fachkundige, spezialisierte Finanzierungsgesellschaft zur Unterstützung der einheimischen Tätigkeit finnischer Unternehmen handelt, erweitert, so dass diese jetzt ebenfalls VC-Investitionen durchführt. Zum Management von Wagniskapitalinvestitionen wurde bereits 2003 die Tochterfirma *Veraventure AG* gegründet.[577] Ein spezieller Fonds – *Seed Fund Vera AG* – stellt Kapital für innovative Unternehmen in ihren frühen Entwicklungsphasen bereit.[578] Eine weitere Tochtergesellschaft entstand im Jahr 2005 – die *Aloitusrahasto Vera AG*. Diese unterstützt hauptsächlich technologiebasierte Unternehmen, die sich in ihrer Startphase befinden.[579] Die *Finnish Industry Investment GmbH* ist ein Investment-Unternehmen in staatlichem Besitz, welches der Verwaltung des Ministeriums für Handel und Industrie untersteht. Eine ihrer Aufgaben ist die Förderung der Einführung und Vermarktung von Innovationen durch die finanzielle Unterstützung von Unternehmen, die sich in ihrer Start- oder Wachstumsphase befinden. Seit Ende 2004 gehört der *Start-Fonds der Kera GmbH* zur Finnish Industry Investment, durch den KMU insbesondere in ihrer Startphase finanziell unterstützt werden.[580] Somit existiert in Finnland mittlerweile eine Vielzahl von öffentlichen Institutionen, die für die finanzielle Unterstützung von Unternehmen zuständig ist. Wie sich zeigt, sind diese staatlichen Kapitalgeber vor allem für die Bereitstellung von Seed Capital zuständig, wodurch insbesondere Unternehmen in der Gründungsphase unterstützt werden. Doch auch die Beteiligung privater Kapitalgeber hat sich in den letzten Jahren erhöht, so dass der private Risikokapitalmarkt in Finnland stark gewachsen ist.[581]

Doch wie sieht es mit der Verfügbarkeit von VC in Irland und Finnland im Vergleich zu anderen europäischen Ländern aus? Abbildung 6.11 zeigt die Höhe des 2003 bereitgestellten VC pro Kopf in einigen europäischen Ländern.

Wie aus Abbildung 6.11 deutlich hervorgeht, war das 2003 in Irland pro Kopf bereitgestellte VC im Vergleich zu anderen europäischen Ländern relativ niedrig. Während in Finnland verhältnismäßig viel VC pro Kopf zur Verfügung stand, belief sich das VC pro Kopf in Irland auf lediglich rund ein Drittel des

576 Vgl. Europäische Kommission: *Verzeichnis der Maßnahmen zur Förderung von unternehmerischer Initiative und Wettbewerbsfähigkeit 2001* unter http://ec.europa.eu/enterprise/enterprise_policy/best-directory/de/finance/finland.htm und This is Sitra, http://www.sitra.fi/en/About+Sitra/sitra.htm sowie European Commission (2005b), S. 8.

577 Vgl. Invest in Finland (2005) und unter http://www.finnvera.fi/vuosikertomus2005/?s=1&p=214.

578 Vgl. http://www.veraventure.fi/index.asp?language=2.

579 Vgl. Finnvera, http://www.finnvera.fi/index.cfm?id=1780.

580 Vgl. Finnish Industry Investment (2004), S. 4 und Europäische Kommission unter http://ec.europa.eu/enterprise/enterprise_policy/best-directory/de/finance/finland.htm.

581 Vgl. European Commission (2005b), S. 32.

finnischen VC-Aufkommens. Somit scheint der VC-Bereich in Finnland eindeutig besser ausgebaut zu sein als in Irland.

Im Folgenden werden der VC-Bereich und dessen Entwicklung genauer betrachtet. Tabelle 6.10 gibt Auskunft über die Entwicklung der Höhe des insgesamt investierten VC, der Anzahl der gesamten getätigten VC-Investitionen und der Zahl der durch VC finanzierten Unternehmen von 1999 bis 2004 in Irland und Finnland, wobei zu Vergleichszwecken der Durchschnitt von insgesamt 13 europäischen kleinen offenen Volkswirtschaften herangezogen wurde.

Abbildung 6.11: Venture Capital pro Kopf in Euro, 2003

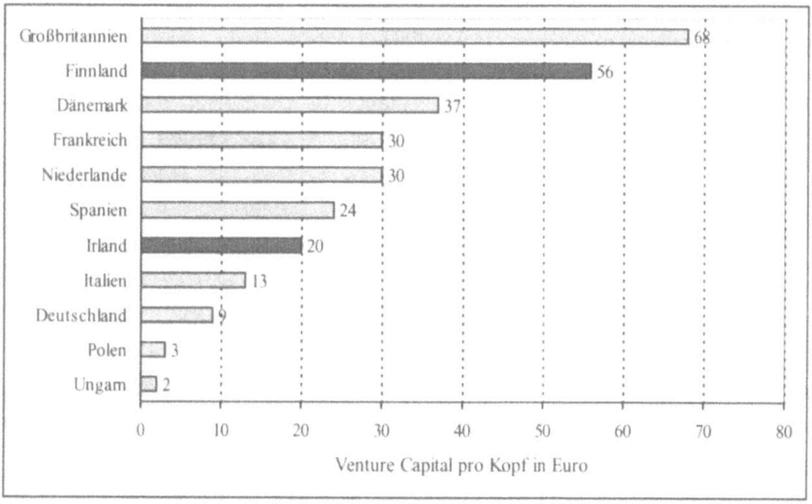

Quelle: National Competitiveness Council (2005), S. 96.

In allen in Tabelle 6.10 dargestellten Rubriken zeigt sich eine relativ starke Schwankung der Werte. Bezüglich der Höhe des insgesamt investierten VC lässt sich festhalten, dass der irische und der finnische Wert im Jahr 2003 höher lagen als es zu Beginn der Betrachtungsperiode der Fall war, während die Höhe des durchschnittlich investierten VC stark gesunken war. Das Jahr 2004 zeigt hingegen einen drastischen Rückgang dieser Größe im Vergleich zu 2003 sowohl in Irland als auch in Finnland (in Irland um rund 40 Prozent, in Finnland um knapp 60 Prozent). Eine Erklärung für den starken Rückgang der Werte in dieser und den beiden folgenden Rubriken lässt sich ad hoc jedoch nicht finden.

Besonders stark hat sich im Betrachtungszeitraum – zumindest wenn die Entwicklung bis 2003 betrachtet wird – in Irland die Anzahl der gesamten VC-Investitionen erhöht (um knapp 150 Prozent). Allerdings zeigen sich auch in dieser Rubrik 2004 in beiden Ländern weitaus niedrigere Werte als noch ein

Jahr zuvor. Der Durchschnitt ist hingegen nicht derart stark gesunken. Während in Irland 2000, 2002 und 2003 die Anzahl der gesamten VC-Investitionen überdurchschnittlich hoch war, lag dieser Wert 2004 relativ weit unter dem Durchschnitt. Die finnischen Werte sind seit 2000 überdurchschnittlich hoch, sind jedoch von 2003 auf 2004 ebenfalls stark gesunken.

Für die Entwicklung der Anzahl der über VC finanzierten Unternehmen ergibt sich ein ähnliches Bild. In den beiden Rubriken Anzahl der gesamten VC-Investitionen und Anzahl der über VC finanzierten Unternehmen lässt sich in Irland sogar ein Rückgang von 53 Prozent feststellen, während der Rückgang in Finnland in diesen beiden Kategorien etwas weniger stark ausfiel als in Irland.

Trotz dieser Schwankungen kann das Fazit gezogen werden, dass der VC-Markt in den beiden Ländern zu Beginn der 2000er Jahre, zumindest bis 2003, stärker ausgebaut war als Ende der 1990er Jahre.

Tabelle 6.10: Entwicklung der VC-Investitionen in Irland, Finnland und im Länderdurchschnitt, 1999 bis 2004

	Insgesamt investiertes VC (in Mio. €)					
Land	1999	2000	2001	2002	2003	2004
Finnland	56	135	106	99	127	51
Irland	60	178	70	89	72	43
Durchschnitt*	155	153	129	102	78	86
	Anzahl der gesamten VC-Investitionen					
	1999	2000	2001	2002	2003	2004
Finnland	137	190	226	213	246	153
Irland	84	152	108	162	208	97
Durchschnitt*	156	141	123	141	139	127
	Anzahl der über VC finanzierten Unternehmen					
	1999	2000	2001	2002	2003	2004
Finnland	107	177	177	163	132	100
Irland	82	103	65	118	140	66
Durchschnitt*	129	112	90	110	101	98

Quelle: Daten aus PricewaterhouseCoopers (2001) und (2003), jeweils S. 10 sowie PricewaterhouseCoopers (2005), S. 12; eigene Berechnungen.

* Der Durchschnitt wurde errechnet für die Werte folgender Länder, welche kleine offene Volkswirtschaften darstellen: Belgien, Dänemark, Finnland, Irland, Niederlande, Norwegen, Österreich, Portugal, Schweden, Schweiz, Slowakei, Tschechien und Ungarn.

Somit lässt sich für Irland und Finnland aufgrund der Datenlage im Jahr 2004 das Fazit ziehen, dass dem VC-Bereich (wieder) verstärkt Beachtung geschenkt und unter Umständen über die Einführung neuer, die VC-Investitionen fördernde Maßnahmen nachgedacht werden sollte. Ende Mai 2006 kündigte der Minister für Unternehmen, Handel und Beschäftigung Micheál Martin an, dass Enterprise Ireland in Kürze € 175 Millionen für den irischen Risikokapitalmarkt bereitstellen wird. Hierdurch wird ein wesentlicher Beitrag zum Ausbau des Seed und Venture Capital-Bereichs geleistet, durch den der Zugang zu Kapital für (insbesondere kleine und mittelständische) Unternehmen deutlich erleichtert wird. Außerdem wird damit gerechnet, dass die Kapitalbereitstellung seitens Enterprise Ireland die VC-Investitionen des privaten Sektors ankurbeln wird.[582]

Eine weitere Finanzierungsquelle für technologiebasierte Unternehmen stellen die bereits erwähnten *Business Angels* dar, welche den Unternehmen in ihren frühen Entwicklungsphasen nicht nur finanzielle Unterstützung, sondern zumeist auch ihr Wissen und Erfahrung anbieten. Somit halten Business Angels in der Regel nicht nur Firmenanteile an den von ihnen geförderten Unternehmen, sondern beteiligen sich auch aktiv.[583] Während in Irland lange Zeit kein gut funktionierendes Netzwerk von Business Angels existierte, haben Unternehmen seit kurzem die Möglichkeit, sich an das *Business Angels Partnership* zu wenden. Hierbei handelt es sich um eine gemeinsame Initiative von Enterprise Ireland, InterTradeIreland und den Irish Business and Innovation Centres, die von Dublin Business Innovation Centre Limited verwaltet wird. Durch diese Initiative sollen private Investoren und Unternehmen in der Start-, Früh- oder Wachstumsphase zusammengeführt werden.[584] In den letzten Jahren hat sich die Zahl der Business Angels in Finnland stark erhöht. Diese sind mittlerweile in ein nationales Netzwerk eingebunden, das 2001 von SITRA ins Leben gerufen wurde. Der so genannte INTRO-Service führt Investoren und Unternehmer zusammen. Er umfasst sowohl private als auch öffentliche Kapitalgeber, die in wachstumsorientierte, in der Früh- oder Gründungsphase befindliche Unternehmen investieren. Neben den rund 400 Business Angels agieren in INTRO auch die meisten privaten und öffentlichen VC-Fonds als Investoren.[585]

Es wird deutlich, dass sich seit Mitte der 1990er Jahre die Möglichkeiten für Unternehmen, finanzielle Unterstützung in Form von VC oder durch Business Angels zu erhalten, in den beiden betrachteten Ländern verbessert haben. Der „Einbruch" des VC-Marktes von 2003 auf 2004 in den beiden Ländern, der aus den vorgestellten Daten hervorgeht, bringt jedoch einen gewissen Klärungsbedarf und unter Umständen die Einführung neuer Maßnahmen zur Förderung von VC-Investitionen, wie zum Beispiel die angekündigte Bereitstellung von Kapital durch Enterprise Ireland, mit sich.

---

582 Vgl. Department of Enterprise, Trade and Employment unter http://www.entemp.ie/press/2006/20060522.htm.

583 Vgl. Enterprise Ireland unter http://www.enterprise-ireland.com/Grow/Finance/businessangels.htm.

584 Für nähere Informationen vgl. http://www.businessangels.ie.

585 Vgl. http://www.sitra.fi/intro.

Von Interesse ist in diesem Zusammenhang auch die *Aufteilung* des Venture Capital. Das bereitgestellte VC teilte sich in den beiden betrachteten Ländern folgendermaßen auf: Unternehmen in der Früh- und Gründungsphase erhielten im Jahr 2004 in Irland 46 Prozent des gesamten VC. Auch in Finnland wurde rund die Hälfte des gesamten Venture Capital in Unternehmen investiert, die sich in ihrer Frühphase befinden. Damit verwenden Irland und Finnland überdurchschnittlich viel VC für Unternehmen in dieser Entwicklungsphase; in den meisten OECD-Ländern kommt Unternehmen in der Frühphase nur rund ein Drittel und Unternehmen in der Expansionsphase ungefähr zwei Drittel des gesamten Venture Capital zu.[586] In den europäischen Ländern erhalten Unternehmen in der Gründungs- und Frühphase im Durchschnitt 23 Prozent des gesamten VC.[587] Somit kann davon ausgegangen werden, dass in Irland und Finnland der Anreiz für die Gründung technologiebasierter Unternehmen aufgrund der intensiveren Förderung von Unternehmen in der Früh- und Gründungsphase stärker ausgeprägt ist als in anderen OECD-Ländern.

Im Durchschnitt erhalten im Hochtechnologiebereich tätige Unternehmen die Hälfte des gesamten in der OECD vorhandenen Venture Capital, wobei es jedoch große Unterschiede zwischen den einzelnen Ländern gibt. Während Finnland hierbei ungefähr dem Durchschnitt entspricht, erhielten in Irland 2004 die Hochtechnologie-Unternehmen den Großteil der VC-Investitionen (86 Prozent), wobei vor allem IT-Unternehmen zu den Nutznießern zählten.[588] Es zeigt sich, dass durch die gezielte Unterstützung von Hochtechnologie-Unternehmen durch VC in Irland die FuE-Ausgaben dieser Unternehmenskategorie im Jahr 2004 um 17 Prozent gestiegen sind. Insgesamt stellen die FuE-Ausgaben der durch VC unterstützten Unternehmen mittlerweile 28 Prozent der FuE-Ausgaben des irischen Unternehmenssektors dar.[589]

6.1.5 Die Förderung der Humankapital-Bildung im Wissenschafts-, Technologie- und Innovationsbereich

Für die Entwicklung nationaler Innovationssysteme wird es immer wichtiger, dass durch das jeweilige Ausbildungssystem genügend qualifizierte Arbeitskräfte zur Verfügung gestellt werden. Dabei ist es einerseits vonnöten Arbeitskräfte für den WTI-Bereich, also zum Beispiel Forscher, und andererseits hoch qualifizierte Arbeitnehmer auszubilden, die im Unternehmenssektor tätig sein und mit

[586] Vgl. Irish Venture Capital Association (2005b), S. 4 und OECD (2004c), S. 18.

[587] Vgl. Irish Venture Capital Association (2005b), S. 9.

[588] Vgl. Irish Venture Capital Association (2005b), S. 4 und OECD (2004c), S. 18.

[589] Vgl. Irish Venture Capital Association (2005b), S. 5, 7.

neuen Technologien umgehen werden. Der WTI-Bereich umfasst hierbei öffentliche und private Forschungsinstitutionen sowie Forschungseinrichtungen in privaten – sowohl irischen als auch ausländischen – Unternehmen. Im Folgenden wird ein Überblick über den Umfang des in Irland und Finnland tätigen FuE-Personals und der Forscher sowie über die Entwicklung und die Förderung der Humankapital-Bildung im WTI-Bereich insbesondere in Irland gegeben.

6.1.5.1 Forschungs- und Entwicklungspersonal sowie Forscher in Irland und Finnland

Aktivitäten im Bereich Wissenschaft und Technologie sind von der UNESCO definiert als systematische Aktivitäten, die in engem Zusammenhang stehen mit der Generierung, Weiterentwicklung, Verbreitung und Anwendung von wissenschaftlichem und technologischem Wissen in allen Wissenschafts- und Technologiebereichen. Hierzu zählen Aktivitäten wie beispielsweise FuE, wissenschaftliche und technische Aus- und Weiterbildung sowie wissenschaftliche und technologische Dienstleistungen, wie sie beispielsweise von Bibliotheken etc. angeboten werden.[590] Da im Folgenden der reine FuE-Bereich im Vordergrund steht, wird ein kurzer Überblick über die für diesen Bereich relevanten Personalgruppen – FuE-Personal, Forscher, technisches Personal und anderes unterstützendes Personal – gegeben. Zusammengefasst lassen sich diese Personalgruppen als im FuE-Bereich vorhandenes Humankapital – oder im Englischen *„Human Resources in Science and Technology (HRST)"* – bezeichnen.

Zum *FuE-Personal* werden alle Personen gerechnet, die direkt angestellt sind, um FuE zu betreiben, und solche, die im FuE-Bereich Dienstleistungen anbieten, wie beispielsweise FuE-Manager, Administratoren oder kaufmännische Angestellte. Das heißt, hierzu zählen Forscher, Techniker und äquivalentes Personal sowie anderes unterstützendes Personal.[591] Zu den *Forscherinnen und Forschern* – im Folgenden kurz *Forscher* – zählen all diejenigen Fachleute, die sich direkt mit der Gewinnung neuer wissenschaftlicher Erkenntnisse – also der Generierung von Wissen –, der Schaffung neuer Produkte, Prozesse, Methoden und Systeme sowie dem Management der entsprechenden Projekte befassen.[592] Die Gruppe *Technisches oder vergleichbares Personal* umfasst alle Personen, für deren berufliche Hauptaufgaben technisches Wissen und Erfahrungen in einem oder mehreren Feldern der Bereiche Ingenieurwesen, Physik und Biowissenschaften oder in den Sozial- und Geisteswissenschaften vonnöten sind. Im Bereich FuE führen sie wissenschaftliche und technische Aufgaben durch, wel-

[590] Vgl. OECD (1995), S. 28.

[591] Vgl. OECD (2002a), S. 92 und OECD (1995), S. 28.

[592] Vgl. OECD (2002a), S. 93 und OECD (1995), S. 76.

che die Anwendung von Konzepten und operationaler Methoden voraussetzen, die normalerweise unter der Aufsicht der Forscher durchgeführt werden. Personen, die zum äquivalenten Personal zählen, führen die entsprechenden FuE-Aufgaben unter der Aufsicht von Forschern in den Sozial- und Geisteswissenschaften durch.[593] Diese beiden Personengruppen werden jedoch häufig unter der Bezeichnung *technisches Personal* zusammengefasst. Zur Gruppe *anderes unterstützendes Personal* – oft auch zusammengefasst als *sonstiges Personal* – gehören gelernte und ungelernte Arbeitskräfte, wie beispielsweise Handwerker oder Sekretariats- und Bürokräfte, die an FuE-Projekten teilnehmen oder direkt mit solchen Projekten verbunden sind.[594]

In Irland belief sich laut OECD der Anteil des insgesamt im FuE-Bereich vorhandenen Humankapitals (HRST) an der gesamten Erwerbsbevölkerung im Jahr 2002 auf 22,4 Prozent, womit Irland unter dem OECD-Durchschnitt (28 Prozent) lag. In einer Vielzahl von Ländern lag der Anteil der HRST weitaus höher als es in Irland der Fall war. In Finnland belief sich der Anteil auf 32,5 Prozent, in Deutschland auf 33,5 Prozent. Den höchsten Wert hatte Schweden mit 37,7 Prozent aufzuweisen.[595]

Für internationale Vergleiche werden zumeist lediglich die vorliegenden Daten zu der Gruppe der Forscher und des gesamten FuE-Personals herangezogen. Über die anderen oben genannten Personalgruppen lassen sich hingegen kaum Daten finden. Daher wird im Folgenden detaillierter betrachtet, wie Irland im Vergleich zu Finnland und anderen OECD-Ländern mit FuE-Personal und Forschern ausgestattet ist.

Laut OECD kam es in den meisten Mitgliedsländer in den letzten beiden Jahrzehnten zu einem starken Anstieg des FuE-Personals.[596] Tabelle 6.11 gibt einen Überblick über die Zahl des FuE-Personals in Irland, Finnland und anderen OECD-Ländern in der Zeit von 1991 bis 2003.

Aus Tabelle 6.11 geht hervor, dass es im betrachteten Zeitraum in einer Vielzahl von Ländern zu keiner oder nur zu einer geringen Erhöhung des FuE-Personals pro Tausend der Erwerbsbevölkerung – also des Anteils des FuE-Personals an der Erwerbsbevölkerung – gekommen ist. Einige Länder, wie zum Beispiel Deutschland, haben sogar eine leichte Abnahme zu verzeichnen. Auch anhand des EU-Durchschnitts wird deutlich, dass der Anteil des FuE-Personals in der Zeit von 1991 bis 2003 nur geringfügig zugenommen hat. Ein starker Zuwachs lässt sich lediglich in Finnland feststellen; dort hat sich die Zahl des beschäftigten FuE-Personals pro Tausend der Erwerbsbevölkerung knapp verdoppelt. Dabei sei angemerkt, dass in Finnland bereits in den 1990er Jahren über-

[593] Vgl. OECD (2002a), S. 94 und OECD (1995), S. 77
[594] Vgl. OECD (2002a), S. 94 und OECD (1995), S. 78.
[595] Vgl. OECD (2004d), Tabelle 23., S. 217 und eigene Berechnungen.
[596] Vgl. OECD (2002b), S. 38.

durchschnittlich viel FuE-Personal beschäftigt wurde. Im Jahr 2003 war der Anteil des FuE-Personals dort mehr als doppelt so hoch als es im EU-Durchschnitt der Fall war. Auch in Schweden, das in den meisten der in dieser Arbeit behandelten Teilgebiete führend ist, wurde in den letzten Jahren anteilsbezogen weniger FuE-Personal beschäftigt als in Finnland. Für Irland stellt sich ein grundlegend anderes Bild dar: Während des gesamten Betrachtungszeitraums wurde in Irland unterdurchschnittlich viel FuE-Personal pro Tausend der Erwerbsbevölkerung beschäftigt, und es lässt sich nur eine geringe Zunahme feststellen. Vergleicht man Irland und Finnland miteinander, so zeigt sich, dass der Anteil des FuE-Personals Anfang der 1990er Jahre in Irland nur rund halb so hoch war wie in Finnland; 2003 lag der Wert nur noch bei knapp einem Drittel des finnischen Wertes. Auch im Vergleich zu anderen kleinen offenen Volkswirtschaften, wie beispielsweise Belgien, Dänemark, Norwegen oder Schweden, ist der Anteil des in Irland beschäftigten FuE-Personals niedrig.

Tabelle 6.11: FuE-Personal pro Tausend der gesamten Erwerbsbevölkerung, 1991 bis 2003

	FuE-Personal pro Tausend der Erwerbsbevölkerung						
	1991	1995	1999	2000	2001	2002	2003
Belgien	10,7	10,4	12,3	13,1	13,5	12,5	12,5
Dänemark	9,8	11,5	13,2	13,6	14,3	15,3	15,8
Deutschland	13,4	12,2	12,5	12,4	12,2	12,3	12,2
Finnland	**12,6**	**16,4**	**22,5**	**22,8**	**22,8**	**23,3**	**24,2**
Frankreich	13,1	14,0	13,3	13,5	13,5	13,8	13,9
Großbritannien	9,3	k.A.	k.A.	k.A.	k.A.	k.A.	k.A.
Irland	**6,9**	**7,5**	**7,4**	**7,5**	**7,6**	**7,6**	**8,0**
Japan	13,9	14,2	13,8	13,5	13,5	13,1	13,6
Italien	6,2	6,4	6,3	6,5	6,5	6,8	k.A.
Kanada	8,9	10,6	10,3	11,1	11,7	11,3	k.A.
Niederlande	10,6	11,1	10,9	10,8	10,8	10,5	k.A.
Norwegen	9,9	11,3	11,1	k.A.	11,7	11,8	12,6
Österreich	k.A.	k.A.	k.A.	k.A.	k.A.	9,4	k.A.
Polen	k.A.	5,3	5,2	5,1	5,1	5,1	5,9
Portugal	k.A.	3,4	4,3	4,4	4,6	4,8	5,1
Schweden	11,9	15,3	16,0	k.A.	16,6	k.A.	16,8
Slowakei	k.A.	7,7	7,2	7,5	7,1	6,7	6,5
Spanien	5,2	5,7	6,4	7,3	7,4	7,7	8,5
Südkorea	k.A.	7,5	6,8	6,5	7,7	7,8	8,4
Türkei	0,8	0,9	1,1	1,3	1,3	1,4	k.A.
Ungarn	6,5	5,4	5,6	6,1	6,0	6,1	6,0
USA	k.A.	k.A.	k.A.	k.A.	k.A.	k.A.	k.A.
EU-25	**k.A.**	**9,4**	**9,7**	**9,8**	**9,9**	**10,1**	**10,1**
OECD insges.	**k.A.**	**k.A.**	**k.A.**	**k.A.**	**k.A.**	**k.A.**	**k.A.**

Quelle: OECD (2004a) und (2005e), jeweils Tabelle 10, S. 22.

Wenn es um die Generierung neuen Wissens geht, stehen vor allem die Forscher im Vordergrund. Im Folgenden wird betrachtet, wie hoch die Zahl der Forscher pro Tausend der Erwerbsbevölkerung in Irland und Finnland im Vergleich zu anderen OECD-Ländern ist und wie sich dieser Wert in den letzten beiden Jahrzehnten entwickelt hat. Tabelle 6.12 gibt hierüber einen Überblick.

Tabelle 6.12: Forscher pro Tausend der gesamten Erwerbsbevölkerung, 1981 bis 2003

	Forscher pro Tausend der Erwerbsbevölkerung					
	1981	1991	1995	1999	2001	2003
Belgien	3,5	4,8	6,1	7,4	7,8	k.A.
Dänemark	2,8	4,6	6,1	6,9	7,0	9,3
Deutschland	4,6	6,3	6,1	6,6	6,7	6,9
Finnland	**3,9**	**6,0**	**8,2**	**14,5**	**15,8**	**17,7**
Frankreich	3,9	5,7	6,7	6,8	7,2	7,7
Großbritannien	4,9	4,6	5,3	k.A.	k.A.	k.A.
Irland	**1,8**	**4,4**	**4,5**	**4,9**	**5,1**	**5,5**
Japan	5,3	9,1	10,1	9,9	10,2	10,4
Italien	2,4	3,3	3,4	2,9	2,8	k.A.
Kanada	3,5	5,1	6,4	6,7	7,5	k.A.
Niederlande	3,4	k.A.	4,8	5,1	5,5	k.A.
Norwegen	3,8	6,6	7,5	8,0	8,7	9,1
Polen	k.A.	k.A.	3,2	3,6	3,7	4,5
Portugal	0,8	k.A.	2,6	3,3	3,5	4,0
Schweden	4,2	5,9	8,2	9,6	10,6	11,0
Slowakei	k.A.	k.A.	4,6	4,5	4,7	4,7
Spanien	1,6	2,9	3,3	3,9	4,7	5,2
Südkorea	k.A.	k.A.	4,9	4,9	6,3	6,8
Türkei	k.A.	0,6	0,8	0,9	1,1	k.A.
Ungarn	k.A.	3,2	2,9	3,3	3,8	3,9
USA	6,3	7,7	8,1	9,3	9,5	k.A.
EU-25	**3,5***	**4,9****	**4,9**	**5,3**	**5,6**	**5,8**
OECD insges.	**4,5**	**5,6**	**7,0**	**7,8**	**8,2**	**7,6****

Quelle: OECD (2004a) und (2005e), jeweils Tabelle 08, S. 21 sowie OECD (2004d), Tabelle 21, S. 215.

* EU-15; ** Aufgrund fehlender Angaben seitens der OECD wurde der Durchschnitt aus den für das jeweilige Jahr in der Tabelle angegebenen Daten gebildet.

Wie aus Tabelle 6.12 ersichtlich wird, stellt sich bezüglich des Anteils der Forscher ein ähnlicher Sachverhalt dar wie beim FuE-Personal. In einer Vielzahl von Ländern sind über den – in diesem Falle noch ausgeweiteten – Betrachtungszeitraum lediglich relativ moderate Zuwächse zu verzeichnen gewesen. Insbesondere seit 1991 sind die Zuwächse bei der Zahl der Forscher pro Tausend der Erwerbsbevölkerung gering; Beispiele hierfür sind Deutschland, Japan – das jedoch bereits seit Anfang der 1980er Jahre über anteilsbezogen überdurchschnittlich viele Forscher verfügt – und Italien, wo der Anteil der Forscher seit 1991 sogar leicht gesunken ist. Die größte Zunahme des Anteils der Forscher seit 1991 trat wiederum in Finnland auf, wo 2003 anteilsbezogen über doppelt so viele Forscher tätig waren wie im EU- und OECD-Durchschnitt. Für Irland zeigt sich hingegen lediglich ein geringfügiger Anstieg, so dass der Anteil der in Irland beschäftigten Forscher auch 2003 noch unter dem EU- und OECD-Durchschnitt liegt. Im direkten Vergleich zwischen Irland und Finnland zeigt sich, dass die Zahl der Forscher pro Tausend der Erwerbsbevölkerung in den beiden Ländern Anfang der 1990er Jahre nicht weit auseinander lag, die Differenz im Laufe der Zeit jedoch größer wurde. Zum Ende des Betrachtungszeitraums entspricht der irische Wert nicht einmal einem Drittel des finnischen Wertes. Abbildung 6.12 stellt den beschriebenen Sachverhalt noch einmal anschaulich dar.

Abbildung 6.12: Forscher pro Tausend der Erwerbsbevölkerung in Irland, Finnland und einigen anderen OECD-Ländern, 2003

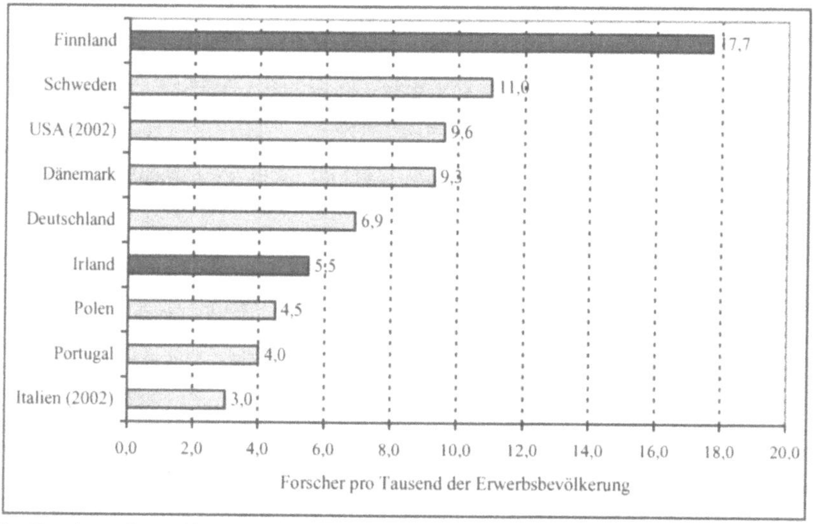

Quelle: eigene Darstellung; Daten aus OECD (2005e), Tabelle 08, S. 21.

Da auch in den anderen Abschnitten dieser Arbeit auf die sektorale Verteilung der betrachteten Größen eingegangen wurde, soll an dieser Stelle kurz anhand von Tabelle 6.13 aufgezeigt werden, wie sich die Forscher in Irland und Finnland auf die einzelnen Sektoren verteilen.

Aus Tabelle 6.13 geht hervor, dass der Anteil der im Unternehmenssektor arbeitenden Forscher in Irland und Finnland mittlerweile ungefähr gleich groß ist; gleiches gilt für den Hochschulsektor. Der Anteil der Forscher, die in staatlichen

Institutionen tätig sind, hat in Finnland seit Mitte der 1990er Jahre relativ stark abgenommen, war aber auch 2003 noch doppelt so hoch wie der irische Wert. Auffällig ist, dass der Anteil der Forscher, die in den privaten Unternehmen beschäftigt sind, 2003 in beiden Ländern höher war als es durchschnittlich in der EU der Fall war. Hieran zeigt sich erneut die große Bedeutung des Unternehmenssektors als Innovationsakteur, sowohl in Irland als auch in Finnland.

Tabelle 6.13: Anteil der in den einzelnen Sektoren tätigen Forscher an den gesamten nationalen Forschern in Prozent, 1995, 1999 und 2003

	prozentualer Anteil der Forscher nach Sektoren								
	Unternehmenssektor			Staat			Hochschulsektor		
	1995	1999	2003	1995	1999	2003	1995	1999	2003
Finnland	39,6	53,0	56,6	20,7	13,7	11,3	38,4	32,3	31,2
Irland	58,7	67,2	59,9	4,9	3,8	5,5	33,3	29,0	34,6
EU-25	44,9	47,3	49,4	16,7	15,2	13,4	37,1	36,3	k.A.
OECD insges.	61,8	64,0	k.A.	9,7	8,3	k.A.	26,9	26,4	k.A.

Quelle: OECD (2005e), Tabelle 28, S. 31, Tabelle 50, S. 42 und Tabelle 57, S. 46.

6.1.5.2 Die Förderung des Humankapitals im irischen Wissenschafts-, Technologie- und Innovationsbereich

Wie im Laufe dieser Arbeit deutlich geworden ist, stellt die Erhöhung oder Verbesserung eines einzelnen Faktors an sich noch keine Garantie für eine Leistungssteigerung des NIS oder für nachhaltiges Wirtschaftswachstum dar. Wichtig für die Erzielung von technologischem und wirtschaftlichem Wachstum ist vielmehr die Berücksichtigung und Kombination unterschiedlicher Faktoren. Da jedoch gerade das FuE-Personal und insbesondere die Forscher einen zunehmend wichtigen Inputfaktor des FuE-Systems und somit des NIS darstellen, scheint es angesichts der vergleichsweise niedrigen Zahlen der Forscher und des FuE-Personals für Irland unablässig, diese Zahlen zu erhöhen, um so sein NIS zu stärken und dadurch auf lange Sicht wettbewerbsfähig zu bleiben. So hat sich die irische Regierung unter anderem vorgenommen, die Zahl der Forscher von 5,1 pro Tausend Arbeitnehmer im Jahr 2001 auf 9,3 im Jahr 2010 zu erhöhen.[597]

Auch wenn die Ausgaben für Humanressourcen in Irland niedriger sind als dies durchschnittlich in der EU der Fall ist,[598] so stellt sich das irische Ausbil-

[597] Vgl. Forfás (2004c), S. 3.

[598] Während sich die öffentlichen Gesamtausgaben für Bildung 2003 in Irland auf 4,4 Prozent des BIP beliefen, lag der Anteil in der EU (25 Länder) bei durchschnittlich 5,22 Prozent. Auch in Deutschland waren die Ausgaben für Humanressourcen mit 4,71 Prozent des BIP ähnlich niedrig wie in Irland. Relativ hohe Bildungsausgaben hatte 2003 hingegen Finnland aufzuweisen (6,51 Prozent). (Vgl. Eurostat unter http://epp.eurostat.ec.europa.eu.)

dungssystem im Vergleich zu anderen europäischen Ländern dennoch relativ gut dar. Beispielsweise belief sich der Anteil der Personen im Alter zwischen 25 und 34 mit einem Abschluss im tertiären Bildungsbereich 1999 auf 27,1 Prozent und war nur fünf Jahre später bereits auf 39,4 Prozent angestiegen. Damit lag Irland 2004 auf Platz drei hinter Zypern (42,9 Prozent) und Belgien (39,6 Prozent). Im EU-Durchschnitt lag der Anteil bei 24,8 Prozent, woraus ersichtlich wird, dass in Irland überdurchschnittlich viele Personen in dieser Altersgruppe über einen Tertiärabschluss verfügen. Finnland wies 2004 einen Anteil von 38,1 Prozent auf und lag damit an fünfter Stelle. Ein unterdurchschnittlich hoher Anteil lässt sich hingegen für eine Reihe von europäischen Ländern feststellen, wie zum Beispiel für Deutschland, das 2004 einen Anteil von 21,1 Prozent aufzuweisen hatte, und Italien mit einem Wert von lediglich 14,6 Prozent.[599, 600]

Als besonders relevant für die Entwicklung des irischen WTI-Bereichs kann die Zahl der Tertiärabschlüsse in naturwissenschaftlichen und technologischen Fachrichtungen angesehen werden, da diese die „Grundlage" für die Zahl der zukünftig tätigen Forscher in für Irland wichtigen Disziplinen bilden. Einen Überblick hierüber gibt Tabelle 6.14.

Tabelle 6.14: Absolventen naturwissenschaftlicher und technischer Disziplinen pro Tausend der Bevölkerung im Alter von 20 bis 29 Jahren

Land	Absolventen pro Tausend der Bevölkerung zwischen 20 und 29 Jahren			
	1993	1996	2000	2004
Deutschland	8,2	9,3	8,2	9,0
Finnland	**13,2**	**13,1**	**16,0**	**17,4***
Großbritannien	12,9	14,3	16,6	18,1
Irland	**19,1**	**21,9**	**24,2**	**23,1**
Schweden	6,2	7,4	11,6	15,9
USA	10,3	11,5	9,7	10,2
EU-25	k.A.	k.A.	10,2	12,7

Quelle: Eurostat[601]
* Daten aus dem Jahr 2003

Irland schneidet nicht nur hinsichtlich der Zahl der Tertiärabschlüsse gut ab, sondern auch, wie aus Tabelle 6.14 deutlich wird, hinsichtlich der Zahl der Absolventen naturwissenschaftlicher und technischer Disziplinen. Bereits 1993 lag

599 Daten entnommen aus CSO (2005), Tabelle 5.6 und 5.7, S. 47.

600 Für einen genauen Überblick darüber, wie sich die Zahl der Abschlüsse aufgegliedert nach einzelnen Graden (Diplom, Master, Doktorgrad etc.) in den letzten Jahren entwickelt hat, vgl. FÁS (2006).

601 Die vom Statistischen Amt der EU (Eurostat) bereitgestellten Daten wurden unter http://epp.eurostat.ec.europa.eu abgerufen.

die Zahl der Absolventen in diesen Bereichen relativ weit über denen in anderen Ländern. Auch am Ende des Betrachtungszeitraums hat sich daran nichts geändert: Im Jahr 2004 absolvierten knapp doppelt so viele Studenten in Irland ein naturwissenschaftliches oder technisches Studium wie es durchschnittlich in den anderen europäischen Ländern der Fall war. Dabei liegt die Zahl der irischen Absolventen auch höher als die Zahl der in Finnland gemeldeten Absolventen. Somit scheint – zumindest in diesen für das irische NIS besonders relevanten Disziplinen – ein ausreichend großer „Nachschub" an Humankapital hervorgebracht zu werden. Allerdings setzen nur die wenigsten Absolventen ihren Aufenthalt an den Hochschulen fort, um einen Doktorgrad zu erwerben und daraufhin als Forscher zu arbeiten. Mittlerweile herrscht in sämtlichen Disziplinen ein Mangel an Doktoranden;[602] besonders betroffen sind allerdings die mathematischen, naturwissenschaftlichen und technischen Disziplinen.

Abbildung 6.13 gibt einen Überblick über die Zahl der Promovierten in den eben genannten Bereichen. Wie aus der Abbildung deutlich wird, ist die Zahl der Promovierten in den für Irland besonders relevanten Bereichen relativ niedrig. Mit einem Wert von 0,5 pro Tausend der Bevölkerung war die Zahl der Promovierten im Jahr 2002 genau halb so hoch wie in Finnland. Anzumerken ist, dass der Großteil der Promovierten, die im Unternehmenssektor tätig sind, in ausländischen Unternehmen arbeitet.[603]

Bereits seit einiger Zeit weist die *Expert Group on Future Skills Needs (EGFSN)* – ein Expertengremium, das die Regierung bezüglich der in Zukunft benötigten Qualifikationen im Unternehmenssektor berät und Empfehlungen diesbezüglich ausspricht – darauf hin, dass in Irland in näherer Zukunft aller Voraussicht nach ein Mangel an qualifizierten Arbeitnehmern und insbesondere an Promovierten und Forschern in einigen Disziplinen, wie zum Beispiel im IKT- oder Biotechnologiebereich, auftreten wird.[604] Dabei steht die gestiegene Nachfrage nach Forschern und anderen hoch qualifizierten Arbeitnehmern vor allem in Verbindung mit dem bereits Ende der 1990er Jahre antizipierten Wachstum der FuE-Aktivitäten und -Ausgaben.[605] Eine wesentliche Rolle spielen in diesem Zusammenhang auch die Vereinbarungen der Lissabon-Strategie: Möchte Irland die Lücke zu den im FuE-Bereich führenden europäischen Ländern schließen und das für die EU festgelegte Drei-Prozent-Ziel erreichen, so ist es insbesondere vonnöten, dass ausreichend Forscher zur Verfügung stehen, um die geplanten FuE-Aktivitäten auszuführen.[606] Der Bedarf an zusätzlichen For-

[602] Vgl. OECD (2004e), S. 36f.

[603] Vgl. hierzu zum Beispiel EGFSN (2000), S. 53.

[604] Vgl. EGFSN (2000), S. 48ff. und EGFSN (2003), S. 24ff. und 34ff.

[605] Vgl. EGFSN (2000), 49.

[606] In diesem Zusammenhang wurde für Forfás und die EGFSN ein Modell entwickelt, mithilfe dessen das Angebot und die Nachfrage nach Forschern und FuE-Personal vorhergesagt

schern stellt somit eines der wesentlichen Probleme Irlands dar. Die Gesamtzahl der in Irland tätigen Forscher belief sich 2001 auf 13.374. Aus Berechnungen geht hervor, dass Irland rund 12.500 zusätzliche Forscher benötigt, um das für Europa festgelegte Drei-Prozent-Ziel zu erreichen. Dabei wird davon ausgegangen, dass innerhalb Irlands 7.500 der fehlenden Forscher ausgebildet werden können. Die restlichen fehlenden 5.000 Forscher sollen aus dem Ausland angeworben werden, wobei vor allem qualifizierte irische Arbeitskräfte angesprochen werden sollen, die in der Vergangenheit emigriert sind.[607]

Abbildung 6.13: Promovierte in mathematischen, naturwissenschaftlichen und technischen Disziplinen pro Tausend der Bevölkerung im Alter zwischen 25 und 34 Jahren, 2002

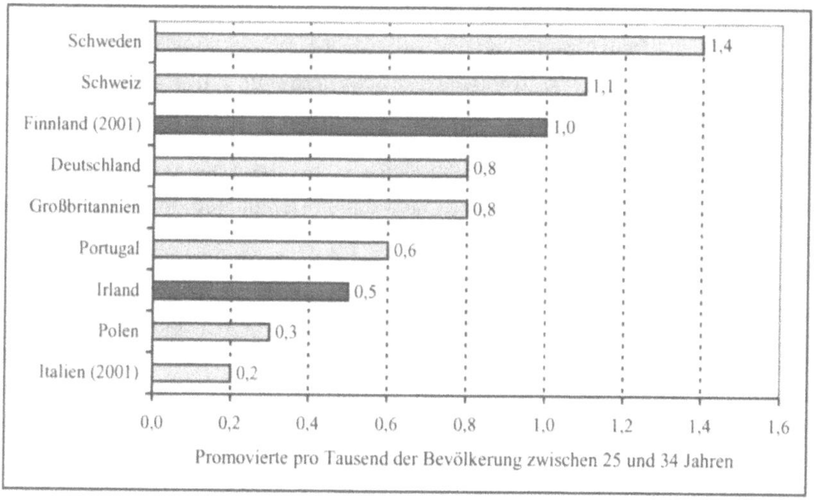

Quelle: CSO (2005), Tabelle 2.2, S. 29.

Um diese Ziele zu erreichen, wurde eine Vielzahl unterschiedlicher Initiativen seitens der irischen Regierung – und insbesondere seitens des Ministeriums für Bildung und Wissenschaft und der ihm unterstehenden Hochschulbehörde HEA, welche primär für die Förderung des Humankapitals im WTI-Bereich verantwortlich sind – gestartet. Eine wichtige Strategie ist dabei, das Interesse der irischen Gesellschaft im Allgemeinen und der irischen Schüler und Studenten im Besonderen an den naturwissenschaftlichen und technischen Disziplinen zu fördern und darüber letztendlich die Zahl der Forscher zu erhöhen. In diesem Zu-

werden können, die benötigt werden, damit das von Irland angestrebte Ziel erreicht werden kann. (Vgl. hierzu McIver Consulting (2004).)

[607] Vgl. OECD (2005f), S. 5.

sammenhang wurde im Oktober 2003 das *Discover Science and Engineering*-Programm gestartet, welches eine Reihe von unterschiedlichen, bereits zuvor angelaufenen Programmen integriert und von Forfás verwaltet wird. Im Rahmen dieser Strategie wurden beispielsweise in den Jahren 2002 und 2003 an den Schulen neue Lehrpläne eingeführt, die verstärkt naturwissenschaftliche Gebiete einbeziehen, um so das Interesse der Schüler an diesen Fächern zu fördern.[608]

Soll die Zahl der Forscher gesteigert werden, so ist die Frage der Entlohnung und finanziellen Unterstützung von großem Interesse. Dabei wirken sich die finanziellen Anreize nicht nur darauf aus, wie viele Personen innerhalb des Landes eine Karriere als Forscher anstreben, sondern auch darauf, ob und wie viele Forscher aus dem Ausland angeworben werden können. Mitte und Ende der 1990er Jahre war die Unterstützung von Doktoranden durch die verschiedenen Programme, wie zum Beispiel das *Basic Research Grants Scheme*, im Vergleich zu anderen OECD-Ländern, wie beispielsweise Finnland, sehr gering und schwer erhältlich. Auch für Promovierte, die weiterhin im FuE-Bereich tätig waren, existierten nur in geringem Umfang Fördermittel.[609] Seit Anfang der 2000er Jahre jedoch sind in Irland für Doktoranden und Promovierte umfangreichere Unterstützungen erhältlich, die vor allem durch die Gründung der bereits vorgestellten Wissenschaftsstiftung Science Foundation Ireland und durch die Einführung des ebenfalls bereits erwähnten *Programme for Research in Third Level Institutions (PRTLI)* ermöglicht wurden, weshalb in den kommenden Jahren mit einem Anstieg der Forscher gerechnet werden kann.[610] Weitere finanzielle Unterstützung wird beispielsweise durch die *Embark Initiative* bereitgestellt, die vom Forschungsrat für Wissenschaft, Technik und Technologie – *Irish Research Council for Science, Engineering and Technology (IRCSET)* – verwaltet und durch staatliche Mittel im Rahmen des National Development Plan finanziert wird. Durch die Initiative werden Forscher und im FuE-Bereich mitwirkende Studenten gefördert, die mit der Generierung neuen Wissens beschäftigt sind.[611] Es wurde geschätzt, dass durch die neu eingeführten Initiativen eine große Zahl zusätzlicher promovierter und nicht promovierter Forscher gefördert werden kann; konkret wurde davon ausgegangen, dass 735 promovierte Forscher im Jahr 2006 finanzielle Unterstützung durch die eingeführten Initiativen erhalten, während sich die Zahl der geförderten 1998 nur auf 17 belief.[612]

Um eine entsprechend große Zahl von Forschern ausbilden zu können, muss jedoch auch die entsprechende Infrastruktur vorhanden sein. Bereits seit 1997

608 Vgl. OECD (2005f), S. 6f.

609 Vgl. Arnold, E. / Thuriaux, B. (1998), S. 29, 41 und 75.

610 Vgl. Boekholt, P. et al. (2001), S. 5ff. und Patterson, V. / Behan, J. (2006), S. 55.

611 Vgl. hierzu IRCSET – Embark Initiative unter http://www.src.ie/index.html oder unter http://www.ircset.ie/.

612 Vgl. EGFSN (2001), S. 39.

existiert in Irland der *Scientific and Technological Education (Investment) Fund*, der gegründet wurde, um die technologische Ausbildung auf allen Ausbildungsebenen voranzutreiben. Die Gelder des Fonds wurden unter anderem dafür verwendet, rund 3.600 zusätzliche Studienplätze an den Fachhochschulen zu schaffen, wobei knapp 60 Prozent dieser neu geschaffenen Studienplätze dazu dienen, das Angebot an qualifizierten Technikern zu erhöhen. Auch an den Universitäten entstanden zusätzliche Studienplätze (circa 3.900), um den Bedarf der im Hochtechnologiebereich tätigen Unternehmen an qualifizierten Arbeitskräften zu decken.[613] Ein großer Teil der zur Verfügung stehenden Gelder wurde außerdem für den Auf- und Ausbau der Forschungsinfrastruktur verwendet. Durch modernste Einrichtungen im FuE-Bereich soll die Entwicklung eines Pools von hoch qualifizierten Forschern vorangetrieben werden, welcher die privaten Unternehmen bei der Generierung und Nutzung neuer Technologien unterstützen soll.[614] Außerdem sei angemerkt, dass das Vorhandensein einer modernen, gut ausgebauten Forschungsinfrastruktur neben den finanziellen Gesichtspunkten einen weiteren Anreiz für ausländische Forscher darstellt, in Irland tätig zu werden.

Auch in Finnland existiert eine Reihe von Maßnahmen zur Förderung der Humankapital-Bildung im WTI-Bereich. Beispielsweise bietet die Akademie Finnlands unterschiedliche Formen der finanziellen Unterstützung für promovierte Forscher an. Eine besonders effektive Maßnahme zur Erhöhung der Zahl der Doktoranden stellt das 1995 eingeführte *Graduate School System* dar. Die Graduate Schools, welche neben den traditionellen Doktoranden-Programmen der Hochschulen bestehen und diese ergänzen, bieten weiterführende Ausbildungsmöglichkeiten für Personen, die bereits über einen Hochschulabschluss verfügen. Besonderes Augenmerk der Graduate Schools liegt auf der Qualität der Ausbildung und darauf, dass der für die Anfertigung der Dissertation benötigte Zeitraum verkürzt und somit das durchschnittliche Alter der Doktoranden zum Zeitpunkt der Disputation gesenkt wird. Die Einführung der Graduate Schools hat in starkem Maße dazu beigetragen, die Ausbildung von Forschern qualitativ hochwertiger und effizienter zu gestalten und somit die Zahl der Doktoranden stark zu erhöhen. Von 1995 bis 2005 hat sich die Zahl der Doktoranden in Finnland annähernd verdoppelt.[615]

Solche Graduate Schools, die dem amerikanischen Vorbild entsprechen, scheinen in Irland noch nicht als eine Ausbildungsebene für sich zu existieren. Zwar wurde in Irland in den letzten Jahren eine Reihe von Graduate Schools gegründet, allerdings kann hierbei noch nicht von einem Graduate School-System

[613] Vgl. Government of Ireland (2006b), S. 10.
[614] Vgl. Government of Ireland (2006b), S. 11.
[615] Vgl. Ministry of Education (2006), S. 12f.

gesprochen werden, wie dies in Finnland der Fall ist. Die reguläre Ausbildung von Doktoranden erfolgt in Irland derzeit hauptsächlich an den Hochschulen. Allerdings ist anzumerken, dass in Irland momentan verstärkt Bemühungen unternommen werden, um die Ausbildung von Doktoranden und Forschern durch spezielle Programme zu fördern und den Bereich der Graduate Schools auszuweiten.[616]

Wie sich zeigt, wurde die Bedeutung des Vorhandenseins einer ausreichenden Zahl von Forschern und qualifizierten Arbeitskräften schon vor einigen Jahren in Irland erkannt, ebenso wie der Umstand, dass Irland nicht über einen entsprechenden Pool von Forschern und Doktoranden verfügt, um die in Zukunft anfallenden, steigenden FuE-Aktivitäten durchzuführen. Um diesen Pool zu vergrößern wurden in den letzten Jahren umfangreiche finanzielle Mittel seitens des Staates bereitgestellt und eine Vielzahl von Maßnahmen in die Wege geleitet. Insbesondere durch die Ausbildung von Doktoranden an den so genannten Graduate Schools scheint sich Irland allmählich dem finnischen Ausbildungssystem anzunähern. Ob und inwieweit die erwähnten Maßnahmen zur Erhöhung der Zahl der Forscher erfolgreich sein werden, ist noch nicht abzusehen; Evaluierungen der einzelnen Initiativen liegen nach Wissen der Autorin noch nicht vor.

6.1.6 Die Wahrnehmung der Mittlerfunktion

In einem NIS können verschiedene Arten von Einrichtungen unterschieden werden, die zwischen den einzelnen Akteuren des NIS vermitteln und daher als Mittlerorganisationen oder Intermediäre bezeichnet werden. So existieren unter anderem Finanzmittler, wie zum Beispiel Business Angels und Venture Capital-Gesellschaften, welche den privaten Unternehmen – und dabei insbesondere den KMU – finanzielle Unterstützungen vermitteln. Eine weitere Gruppe bilden die so genannten *Technologie- oder Transfermittler*, die als Mittler zwischen den Technologieanbietern und -nachfragern fungieren und dadurch den Techno-

616 In letzter Zeit taucht im irischen Bildungsbereich des Öfteren der Begriff des *4th Level Ireland* auf (vgl. zum Beispiel http://www.iua.ie/core_activities/fourthlevelirelandintro.html). Gemeint ist hiermit die Modernisierung der Strukturen im Bildungswesen, durch welche es ermöglicht werden soll, ein ausreichendes Maß an Forschungskapazitäten und Humanressourcen zu generieren, um im Zeitalter der Wissensgesellschaft international wettbewerbsfähig zu sein. Ein Kernelement dieser vierten, an den Tertiärbereich anschließenden Ebene stellt das Vorhandensein von aufeinander abgestimmten und modernisierten Master- und Doktoranden-Programmen dar (vgl. Irish Universities Association (2005), S. 3, 13). Zur Erreichung der vierten Ebene wurden in näherer Vergangenheit verstärkt Graduate Schools gegründet; alleine am University College Dublin (UCD) wurden vor kurzem fünf neue Graduate Schools für verschiedene Bereiche eingerichtet (vgl. http://www.ucd.ie/pgstudy/graduateschools.htm).

logietransfer innerhalb des NIS unterstützen und erleichtern. Dodgson und Bessant betonen die Bedeutung der Technologiemittler, die von ihnen als *„bridging institutions"* bezeichnet werden, für ein NIS:

„Bridging institutions (...) encourage interaction within the system, assisting with undertaking search, evaluation and dissemination tasks. They ensure that technological know-how is broadly dispersed within the system and can provide a compensating mechanism for weaknesses or ‚holes' in the system."[617]

Zu dieser Gruppe der Mittlerorganisationen zählen beispielsweise Technologietransfereinrichtungen an den Universitäten, an Fachhochschulen und an anderen Institutionen des Hochschulwesens, die auch als forschungsnahe Technologiemittler bezeichnet werden können. Ihre Aufgabe besteht vor allem in der Vermittlung von externen Forschungs- und Entwicklungskapazitäten für die privaten Unternehmen. Daneben existieren eigenständige Technologiemittler, zu denen Technologiezentren und technologieorientierte Gründerzentren zählen, die wichtige Ansprechpartner für vor allem junge technologieorientierte Unternehmen darstellen und für diese eine Reihe von Unterstützungs- und Beratungsleistungen bereitstellen. Des Weiteren zählen zu den Technologiemittlern Technologie- und Innovationsberater für private, vorwiegend kleine und mittelständische Unternehmen, Behörden, Kammern und Verbände[618], die ebenfalls technologiebasierte Beratungen anbieten, sowie die vermittelnden Einrichtungen in Technologie- und Wissenschaftsparks.[619] Im Folgenden stehen die Technologiemittler in Irland und Finnland im Vordergrund, wobei anzumerken ist, dass sich viele der öffentlichen und privaten Mittlerorganisationen des irischen NIS Anfang der 2000er Jahre noch in der Entwicklungsphase befanden.[620] Finnland verfügte zu dieser Zeit hingegen bereits über ein dichtes Netzwerk von Mittlern, welches den finnischen Unternehmen, Hochschulen etc. Unterstützung im Bereich Innovation anbot und -bietet.[621]

Zu den wesentlichen in Irland existierenden staatlichen Mittlerorganisationen zählen Forfás, Enterprise Ireland, die IDA und Science Foundation Ireland sowie FÁS – die nationale Behörde für Aus- und Weiterbildung sowie Beschäftigung –, wobei Forfás eine Art übergreifende Dachorganisation darstellt, der die

---

[617] Dodgson, M. / Bessant, J. (1996), S. 26.

[618] Dabei können Organisationen, die ausschließlich von der Wirtschaft getragen werden, wie zum Beispiel industrielle Forschungsvereinigungen, Kammern und Verbände, als wirtschaftsnahe Technologiemittler bezeichnet werden. (Vgl. Reinhard, M. / Schmalholz, H. (1996), S. 19.)

[619] Vgl. Meißner, D. (2001), S. 46f., Reinhard, M. / Schmalholz, H. (1996), S. 19 und Polt, W. et al. (2001), S. 393.

[620] Vgl. European Commission (2005a), S. 2.

[621] Vgl. European Commission (2005b), S. 5.

Koordinierung der anderen Mittlerorganisationen obliegt. Die Aufgabe dieser Mittlerorganisationen, welche dem Ministerium für Unternehmen, Handel und Beschäftigung (DETE) unterstehenden und von diesem finanziert werden,[622] liegt beispielsweise in der Vermittlung von finanzieller Unterstützung; wie bereits erwähnt stellt zum Beispiel die Science Foundation Ireland finanzielle Mittel zur Förderung von Forschern im Bereich Biotechnologie und IKT bereit.

Für das irische NIS – ebenso wie für das finnische – sind insbesondere die Technologiemittler von besonderer Bedeutung, da es sich bei einem Großteil der in der irischen Volkswirtschaft existierenden Unternehmen um KMU handelt, die oftmals nicht über ausreichende Mittel verfügen, um selber FuE-Aktivitäten durchzuführen. Für die KMU stellt es sich daher häufig günstiger dar, auf bereits entwickelte und erprobte Technologien zurückzugreifen. Aufgabe der Technologiemittler ist es somit, den KMU den Zugang zu neuesten Technologien und neuestem Wissen zu erleichtern.

Eine Studie im Auftrag der Europäischen Kommission aus dem Jahr 2004 beschäftigt sich eingehender mit den Technologiemittlern, den so genannten *Technology Transfer Institutes (TTIs)*. Zu diesen TTIs werden unter anderem Einrichtungen, welche an die öffentlichen Forschungseinrichtungen[623] angegliedert sind und diese bei ihrer Arbeit unterstützen, gerechnet. Daneben können TTIs auch in Form von Technologieparks oder Inkubatoren, die vorwiegend der Förderung von Spin-offs dienen, oder als Auftragsforschungs-Organisationen vorliegen.[624] Um herauszufinden, inwieweit die öffentlichen Forschungseinrichtungen den Technologietransfer unterstützen und darauf spezialisierte Transferfunktionen eingerichtet haben, wurde im Rahmen der Studie die so genannte *TTI-Penetration* berechnet, wofür die Zahl der TTIs in Relation zur Zahl der in einem Land existierenden öffentlichen Forschungseinrichtungen gesetzt wurde. Anzumerken ist hierbei allerdings, dass die TTI-Penetration nur bedingt als Maßzahl herangezogen werden kann, da die Zahl der TTIs nichts über deren Größe oder Leistungsfähigkeit aussagt. Es zeigte sich, dass viele der europäischen öffentlichen Forschungseinrichtungen noch keine systematische und klar abgrenzbare Transferfunktion eingerichtet haben. Irland hat einen der höchsten Werte vorzuweisen, was bedeutet, dass die Zahl der TTIs pro öffentlicher Forschungseinrichtung sehr hoch ist und Irland somit laut der Studie über ein relativ dichtes Netz von Technologiemittlern verfügt. Der finnische Wert war hingegen nur unterdurchschnittlich hoch.[625] Ein stark ausgebautes Netz von Mittlern

---

[622] Vgl. Frinking, E. et al. (2002), S. 5, 44.

[623] Im Rahmen dieser Studie werden zu den öffentlichen Forschungseinrichtungen sowohl die Institutionen des Hochschulbereichs als auch die Einrichtungen des Staatssektors gerechnet.

[624] Vgl. European Commission / DG Enterprise (2004), S. 1.

[625] Vgl. European Commission (2004a), S. 14f.

bringt jedoch nicht immer nur Vorteile mit sich, da die Vielzahl der existierenden Einrichtungen teilweise die Transparenz und Übersichtlichkeit verringert und dadurch den Zugang der Unternehmen zu den Forschungsergebnissen der öffentlichen Forschungseinrichtungen erschwert. So kritisierten Experten unter anderem die Komplexität des in Finnland existierenden Systems von TTIs. Diese führte bei den finnischen Unternehmen zu einiger Verwirrung, da nicht mehr klar zu erkennen ist, an welche Institutionen sich die Unternehmen mit welchen Problemen richten sollen.[626]

Im Folgenden werden einige der irischen und finnischen Technologiemittler und die von ihnen ausgeübten Funktionen genauer betrachtet. Eine bedeutende Rolle als Transfermittler innerhalb des irischen NIS fällt Enterprise Ireland zu. Diese Institution, die vorwiegend für die Förderung der heimischen Unternehmen zuständig ist, bietet technologieorientierten Unternehmen auf unterschiedlichen Wegen die Vermittlung von Technologien und technologischem Wissen an. So existiert beispielsweise ein spezieller *Technology Transfer Service* bei Enterprise Ireland, durch den Unternehmen, die auf der Suche nach neuen technologischen Problemlösungen sind ohne vorab eigenständig FuE betreiben zu müssen, ein Kontakt zu möglichen Partnern – sprich Technologieproduzenten / -anbietern – vermittelt wird.[627] Daneben ist an Enterprise Ireland das *Innovation Relay Centre (IRC)* für Irland, eines von 71 Zentren in 31 europäischen Ländern, angegliedert. Das IRC bietet technologiebasierten KMU und größeren heimischen Unternehmen sowie Institutionen des Hochschulwesens und Technologiezentren neben der Hilfestellung bei der Lösung technologiebezogener Probleme auch die Vermittlung zu europäischen Technologieanbietern an.[628] Dabei ist die Unterstützung durch den Technology Transfer Service und das IRC nicht nur für in Hochtechnologiebereichen (IKT, Elektronik, Biotechnologie etc.) tätige Unternehmen erhältlich, sondern auch für Unternehmen, die in traditionellen Wirtschaftszweigen agieren. Darüber hinaus bietet Enterprise Ireland einen weiteren Service an, der sich ebenfalls über sämtliche industriellen Bereiche erstreckt: *TechSearch*. Dieser Service unterstützt Unternehmen bei der Kontaktherstellung zu möglichen internationalen Technologieanbietern und bei der Erwerbung von Lizenzen.[629]

Daneben ist Enterprise Ireland zuständig für die Finanzierung von an Fachhochschulen oder Universitäten angegliederte so genannte *Inkubationszentren*. Inkubations- oder Gründerzentren existieren auch außerhalb des Hochschulwe-

[626] Vgl. European Commission (2004a), S. 18f.

[627] Zum Ablauf des Vermittlungsprozesses im Rahmen des Technology Transfer Service siehe http://www.enterprise-ireland.com/Grow/Technology/technology_transfer.htm.

[628] Nähere Informationen zum IRC können unter http://www.irc-ireland.ie abgerufen werden.

[629] Vgl. Enterprise Ireland (2005), S. 26+27 und unter http://www.enterprise-ireland.com/TechSearch/About+TechSearch.htm.

sens in den einzelnen Gemeinden. Allgemein besteht ihre Aufgabe darin, Unternehmensgründer beim Aufbau und der Entwicklung ihrer Unternehmen zu unterstützen. Dabei reicht die Unterstützung von der Bereitstellung finanzieller Mittel über Beratungen hinsichtlich der Unternehmensplanung bis hin zur Erleichterung des Zugangs zu bestehenden Unternehmensnetzwerken.[630] Bei der Betrachtung nationaler Innovationssysteme sind vor allem die technologieorientierten Inkubationszentren, die häufig auch als Technologiezentren oder technologieorientierte Gründerzentren bezeichnet werden[631] und eine spezielle Gruppe von Inkubatoren bilden, von Bedeutung, da diese hauptsächlich neue technologiebasierte Unternehmen und Spin-offs unterstützen[632] und dadurch in großem Maße dazu beitragen, die FuE-Aktivitäten in heimischen Unternehmen auszuweiten.[633] Insbesondere der erleichterte Zugang zu bestehenden Unternehmensnetzwerken oder Clustern ist für die neu gegründeten Unternehmen von Vorteil, da der Technologietransfer in ihre Richtung durch die Vermittlung von Kontakten zu anderen Unternehmen und Institutionen des Hochschulwesens unterstützt und gefördert wird. Eine 1996 in Großbritannien durchgeführte Studie kam zu dem Ergebnis, dass Inkubatoren nicht nur zur Generierung von Arbeitsplätzen beitragen und die lokale wirtschaftliche Entwicklung fördern, sondern auch den Technologietransfer erleichtern.[634] Sind die Inkubationszentren zudem auf dem Fachhochschul- oder Universitätscampus angesiedelt, so kann davon ausgegangen werden, dass dies besonders förderlich für den Technologietransfer ist, da sich die Inkubationszentren in räumlicher Nähe zu den Einrichtungen befinden, in denen neues Wissen und neue Technologien generiert werden. Bis Ende 2005 hat Enterprise Ireland rund € 52 Millionen in 23 Inkubationszentren investiert,[635] von denen die meisten an die örtlichen Fachhochschulen und nur einige wenige an Universitäten[636] angegliedert sind.

Neben den beschriebenen Technologiezentren, die zum Großteil an den Fachhochschulen (IoTs) angesiedelt sind, existieren an den irischen Universitäten so genannte *Centres of Expertise*, die über die *Programmes in Advanced Technology* – kurz *PATs* – finanziert werden. Die PATs wurden 1988 von Enterprise Ireland, der Industrie und den Universitäten gestartet, mit dem Ziel, die Wettbe-

---

[630] Vgl. OECD (1999c), S. 7.

[631] In der englischsprachigen Literatur existiert hierfür eine Vielzahl von Begriffen, darunter zum Beispiel technology incubators, innovation centres, science parks und technology centres. (Vgl. OECD (1997b), S. 5.)

[632] Vgl. OECD (1997b), S. 2.

[633] Vgl. Polt, W. et al. (2001), S. 164.

[634] Vgl. OECD (1999c), S. 10.

[635] Vgl. Enterprise Ireland (2005), S. 52+53.

[636] Vgl. hierzu zum Beispiel NovaUCD, das *Innovation and Technology Transfer Centre* am University College Dublin. Informationen sind erhältlich unter http://www.ucd.ie/nova/.

werbsfähigkeit der irischen Industrie durch Innovationen, Forschung und den Zugang zu neuen Technologien und technischem Wissen zu erhöhen. Im Rahmen der PATs existieren sechs Initiativen, die unterschiedliche Bereiche (Biotechnologie, Software und Werkstoffe, IKT etc.) abdecken und an denen rund 30 Zentren an Universitäten mitwirken.[637] Dabei waren die ursprünglichen Zentren in zwei Teile untergliedert: Ein Teil wurde von einem FuE-betreibenden Akademiker geleitet, der andere von einem Manager, der sich auf den Technologietransfer und die der Industrie angebotenen Dienstleistungen konzentrierte.[638] In den kommenden Jahren soll die Struktur dieser Zentren verändert werden, so dass so genannte *Competence Centres* entstehen, die in noch engerer Verbindung zur Industrie stehen.[639]

Eine weitere Initiative, die unter der Bezeichnung *Technology Transfer Initiative (TTI)* läuft und aus dem Zusammenschluss von drei irischen Universitäten – der *Atlantic University Alliance (AUA)*[640] – hervorgegangen ist, soll eine Art „Schnittstelle" darstellen, durch die der Zugang der privaten Unternehmen zu den Forschungsergebnissen dieser drei Universitäten erleichtert wird. Hauptziel ist es, die FuE-Aktivitäten der irischen Unternehmen anzuregen, so dass diese innovativer werden und dadurch wettbewerbsfähig bleiben oder werden, und den Unternehmen dabei ein entsprechendes Maß an Unterstützung anzubieten.[641]

Wie in anderen europäischen Ländern auch, existiert in Irland mittlerweile eine Reihe von so genannten *Technologieparks*, teilweise auch als Wissenschaftsparks bezeichnet. Durch die Gründung dieser Parks, die in ihrem Aufbau den im Silicon Valley und in anderen Regionen existierenden Parks ähneln, wurde die Entwicklung der FuE-Möglichkeiten Irlands vorangetrieben.[642] Ein Beispiel eines für Irland besonders relevanten Wissenschafts- und Technologieparks stellt der *Plassey Technological Park* – mittlerweile als *National Technology Park Limerick* bezeichnet – in der Nähe von Limerick dar, der 1984 als erster Technologiepark Irlands gegründet wurde. Die in diesem Park ansässigen Einrichtungen und Unternehmen haben sich auf die Entwicklung neuer, hochtechnologieintensiver Produkte spezialisiert, wobei die Parkmitglieder von den daraus resultierenden Synergieeffekten profitieren. Wie dies bei nahezu allen Technologieparks der Fall ist, so arbeitet auch dieser Park eng mit einer angegliederten Universität zusammen, in diesem Fall mit der Universität Limerick.[643]

---

[637] Vgl. Arnold, E. et al. (2004), S. 6.

[638] Vgl. Arnold, E. et al. (2004), S. 11.

[639] Vgl. DETE unter http://www.entemp.ie/science/technology/rtdi-collaboration.htm.

[640] Zu diesem Zusammenschluss zählen das University College Cork, The National University of Ireland, Galway und die University of Limerick.

[641] Vgl. Technology Transfer Initiative unter http://www.technologytransfer.ie/about.html.

[642] Vgl. Calliano, R. / Carpano, C. (2000), S. 19.

[643] Vgl. Calliano, R. / Carpano, C. (2000), S. 19 und http://www.ukspa.org.uk/ sowie http://

In einer Vielzahl der irischen Technologieparks existieren spezielle Zentren, die insbesondere für technologie- und wissensbasierte Unternehmen Ansprechpartner darstellen und diese bei der Akquirierung neuer Technologien unterstützen.[644] Anzumerken ist dabei, dass in Irland anscheinend keine Vereinigung sämtlicher Technologieparks mit einer übergeordneten Dachorganisation existiert. Anders in Finnland, wo sämtliche Informationen zu einzelnen Parks über die *Finnish Science Park Association TEKEL* erhältlich sind, der insgesamt 24 Wissenschaftsparks und Technologiezentren angeschlossen sind. Die Mitglieder der Tekel-Gruppe unterstützen Unternehmensgründungen vor allem im Hochtechnologiebereich.[645]

Wie in Irland auch, existieren in Finnland *Centres of Expertise*, die in den Wissenschafts- und Technologieparks entstanden sind und in enger Verbindung zu den in räumlicher Nähe befindlichen Universitäten stehen. Mittlerweile bestehen 19 solcher Zentren, die eine Vielzahl von Bereichen (Bio- und Nanotechnologie etc.) abdecken.[646] Den formalen Rahmen für diese Zentren bildet das *Centre of Expertise Programme*, das darauf abzielt, die regionale Wettbewerbsfähigkeit und die Zahl der hochtechnologiebasierten Unternehmen zu erhöhen. Dabei soll vor allem der schnelle und reibungsfreie Transfer von neuesten Forschungserkenntnissen und Technologien zu den privaten Unternehmen gesichert werden.[647]

Einen wichtigen staatlichen Technologiemittler Finnlands stellt Tekes dar. Neben der Finanzierung von FuE und anderen Aufgaben bietet Tekes privaten Unternehmen verschiedene Dienstleistungen zur Erleichterung des Technologietransfers an. So existiert bei Tekes zum Beispiel der *Tekes Technology Market Place*, bei dem es sich um ein Instrument zur Suche von Partnern für FuE-Projekte und für die Vermittlung von Technologien und Wissen handelt. Dabei können passende Partnerunternehmen bzw. Technologieanbieter und -nachfrager durch die Nutzung einer speziellen Datenbank ermittelt werden.[648] Ähnlich wie Enterprise Ireland ist auch an Tekes ein Innovation Relay Centre (IRC) angegliedert, welches finnische Unternehmen beim Transfer internationaler Tech-

www.rhw.ul.ie/asstreg/ar02_03/National%20Technology%20Park.htm.

644 Solche Zentren sind beispielsweise in den Technologieparks, die dem *Shannon Development Knowledge Network* angehören, gegründet worden und tragen die Bezeichnung *InnovationWorks*. (Vgl. hierzu http://www.shannondev.ie/AboutUs/45YearsinAction/InnovationWorks/.)

645 Vgl. hierzu http://www.tekel.fi/english/.

646 Vgl. European Commission (2005b), S. 10f.

647 Vgl. European Commission (2005b), S. 58.

648 Für detaillierte Informationen hierzu siehe http://www.tekes.fi/partner/eng/.

nologien unterstützt.[649] Sowohl in Irland als auch in Finnland existieren neben den genannten Institutionen und Initiativen einige kleinere, teilweise private Einrichtungen des Technologietransfers, die hier jedoch nicht näher beschrieben werden sollen. Wie aus obigen Ausführungen deutlich wird, verfügt Irland mittlerweile über eine Reihe von Einrichtungen und Maßnahmen, durch welche der Technologietransfer zu den privaten, vor allem kleinen und mittelständischen Unternehmen unterstützt und erleichtert wird. Daneben zeigt sich anhand der Einführung verschiedener neuer Maßnahmen[650], dass Irland darum bemüht ist, das Netz von Mittlerorganisationen – das der TTI-Penetration zufolge bereits relativ dicht ist – weiter auszubauen.

6.2 Interaktionen im irischen und finnischen nationalen Innovationssystem

Da Wissen allgemein immer wichtiger wird – so dass mittlerweile von wissensbasierten Volkswirtschaften die Rede ist –, gewinnen die Interaktionen zwischen den Akteuren für die Entwicklung nationaler Innovationssysteme und Volkswirtschaften immer mehr an Bedeutung. Die OECD drückt es folgendermaßen aus:

„(...) the performance of an innovation system now depends, more than in the past, on the intensity and effectiveness of the interactions between the main actors involved in the generation and diffusion of knowledge."[651]

Der zweite Teil der komparativen Analyse beschäftigt sich daher mit den Interaktionen zwischen den im irischen NIS existierenden Akteuren. Zum Vergleich wird wiederum das finnische NIS herangezogen. Dabei stehen folgende vier Interaktionsarten im Vordergrund:

- die Zusammenarbeit im FuE-Bereich,
- informelle Interaktionen,
- die Diffusion von Technologie und technologischem Wissen und der
- Umfang der Personalmobilität.

---

[649] Vgl. hierzu Innovation Relay Centre Finland unter http://www.tekes.fi/eng/cooperation/europe/irc.html.

[650] Beispielsweise wurden in der letzten Zeit an verschiedenen Universitäten und Colleges spezielle Innovations- und Technologietransfer-Zentren eingerichtet. Eines davon ist das *NovaUCD* am University College Dublin. Informationen sind erhältlich unter http://www.ucd.ie/nova/.

[651] OECD (2000b), S. 161.

6.2.1 Die Zusammenarbeit im Forschungs- und Entwicklungsbereich

Die Zusammenarbeit zwischen den einzelnen Akteuren innerhalb des FuE-Systems, durch die der Transfer von Wissen und Technologien gefördert wird, kann eine Reihe unterschiedlicher Formen annehmen und ist oftmals nur schwer zu quantifizieren. Ein Weg, den Umfang der – teilweise sektorenübergreifenden – Interaktionen zu bestimmen, liegt in der Messung der Finanzierungsströme für FuE. Ein Beispiel hierfür stellt der Anteil der vom Unternehmenssektor durchgeführten FuE dar, der vom Staatssektor finanziert wird.[652] Im OECD-Durchschnitt lag dieser Anteil 2003 bei 7,4 Prozent. Während der Staatssektor in einigen Ländern einen relativ hohen Anteil der BERD finanzierte – wie zum Beispiel in der Slowakei, wo sich der Anteil auf 22,1 Prozent belief –, beteiligte sich der Staat in Irland und Finnland finanziell nur unterdurchschnittlich an den FuE-Aktivitäten des Unternehmenssektors: Der Anteil betrug dort 3,0 und 3,3 Prozent. Am niedrigsten war der Anteil 2003 in Japan mit 0,8 Prozent. Interessehalber sei hier angemerkt, dass in Deutschland 6,1 Prozent der BERD durch den Staat finanziert wurden.[653]

Von Bedeutung ist in diesem Zusammenhang auch umgekehrt der Anteil der im Hochschulbereich und von öffentlichen Forschungseinrichtungen durchgeführten FuE-Aktivitäten (HERD und GOVERD)[654], der vom Unternehmenssektor bzw. von der Industrie finanziert wird. Tabelle 6.15 gibt hierüber einen Überblick.

Tabelle 6.15: Anteile der industriefinanzierten FuE-Ausgaben des Hochschul- und des Staatssektors

	Anteil der industriefinanzierten HERD (in Prozent)		Anteil der industriefinanzierten GOVERD (in Prozent)	
	1995	2003	1995	2003
Irland	6,9	3,0	21,8	0,2
Finnland	5,7	5,8	11,9	13,6
OECD insgesamt	6,2	6,1	3,2	2,7

Quelle: OECD (2005e), Tabelle 48, S. 41 und Tabelle 55, S. 45.

Aus Tabelle 6.15 geht hervor, dass der finnische Unternehmenssektor 2003 bei der Finanzierung von im Hochschulbereich und insbesondere im staatlichen Be-

652 Vgl. OECD (2005a), S. 30.

653 Vgl. OECD (2005e), Tabelle 36., S. 35.

654 HERD: Higher Education Expenditure on R&D – Ausgaben des Hochschulsektors eines Landes für FuE; GOVERD: Government Expenditure on R&D – Ausgaben des Staates für FuE.

reich durchgeführten FuE-Aktivitäten weitaus aktiver war als die privaten Unternehmen in Irland. Auffallend ist dabei, dass der industriefinanzierte Anteil in Irland stark zurückgegangen ist: Wurden 1995 noch 21,8 Prozent der in staatlichen Forschungseinrichtungen durchgeführten FuE vom Unternehmenssektor finanziert, so lag der Anteil 2003 bei lediglich 0,2 Prozent. Werden die vorliegenden Daten als Indikator für den Umfang der FuE-Interaktionen herangezogen, dann kann daraus geschlossen werden, dass die Zusammenarbeit im FuE-Bereich in Irland vonseiten der Unternehmen in den letzten Jahren zurückgegangen ist.

Eine andere Möglichkeit, den Umfang der Interaktionen im FuE-Bereich zu bestimmen, besteht in der Durchführung von Umfragen, die sich vorwiegend an die Unternehmen, aber auch an Universitäten bzw. Fachhochschulen und öffentliche Forschungseinrichtungen richten. Im Folgenden stehen die privaten Unternehmen, die, wie sich gezeigt hat, einen bedeutenden (Innovations-)Akteur eines NIS darstellen, und ihre Interaktionen mit anderen Akteuren im Vordergrund. Die Zusammenarbeit kann dabei im Wesentlichen stattfinden zwischen

- einzelnen Unternehmen – wobei es sich um Interaktionen zwischen Unternehmen desselben Industriezweigs oder zwischen Unternehmen, die unterschiedlichen industriellen Bereichen angehören, handeln kann – und zwischen
- Unternehmen und Institutionen des Hochschulbereichs sowie öffentlichen Forschungseinrichtungen.

Außerdem lässt sich unterscheiden zwischen nationaler und internationaler Zusammenarbeit.[655] Durch eine Zusammenarbeit von Unternehmen mit anderen Unternehmen oder mit Universitäten im FuE-Bereich kann die Generierung neuen Wissens und neuer Technologien sowie ihre Diffusion beschleunigt werden. Dadurch ergeben sich in erster Linie für die beteiligten Unternehmen Kosten- und Zeitersparnisse sowie eine Verminderung des mit der Durchführung von FuE verbundenen Risikos, was insbesondere für KMU von Interesse ist, die, wie erwähnt, oftmals nicht über die nötigen Kapazitäten und finanziellen Mittel für eigenständige FuE-Aktivitäten verfügen.[656] Außerdem zeigte sich in Untersuchungen von Innovationssystemen, dass der Anteil neuer Produkte an den gesamten Umsätzen bei kooperierenden Unternehmen höher ist als bei Unternehmen, die nicht in gemeinschaftliche FuE-Projekte involviert sind.[657] Mittlerweile wird deutlich, dass, obwohl die Industrie weiterhin ein wichtiger Produzent von

---

[655] Für einen detaillierteren Überblick über die möglichen Gruppierungen von Interaktionspartnern vgl. zum Beispiel Palmberg, C. / Martikainen, O. (2003), S. 14ff.

[656] Vgl. European Commission (2001b), S. 45.

[657] Vgl. OECD (1997a), S. 8 unter Abschnitt „Knowledge Flows in National Innovation Systems".

Wissen und Technologien bleibt, die Unternehmen im Allgemeinen verstärkt auf die Ergebnisse öffentlicher FuE zurückgreifen.[658]

Empirische Studien haben gezeigt, dass innovative Volkswirtschaften ein großes Maß an Interaktionen zwischen verschiedenen innovierenden Organisationen und ein hohes Niveau an formellem und informellem Wissensaustausch aufweisen.[659] Diese Aussage würde zum Beispiel auf Finnland zutreffen, das eine innovative Volkswirtschaft darstellt und sich – wie in Abbildung 6.14 dargestellt – durch ein hohes Maß an Zusammenarbeit im FuE-Bereich auszeichnet. Dabei ist die Zusammenarbeit zwischen den einzelnen Unternehmen und zwischen den Unternehmen und Universitäten sowie der Auf- und Ausbau von Netzwerken und Clustern[660] insbesondere für die Entwicklung des IKT-Bereichs von großer Bedeutung. Die treibende Kraft für die Intensivierung der Zusammenarbeit stellte und stellt Nokia dar.[661]

Während in Finnland 70 Prozent aller in FuE aktiven Unternehmen mit anderen Unternehmen oder Universitäten zusammenarbeiten – womit Finnland in puncto FuE-Zusammenarbeit an der Spitze der europäischen Länder liegt –, beträgt dieser Wert in Irland 32 Prozent, wobei die Europäische Kommission Daten von 1996 zugrunde legte. Somit war der Anteil der kooperierenden Unternehmen in Irland zu diesem Zeitpunkt nicht einmal halb so hoch wie in Finnland; allerdings lag Irland mit diesem Wert noch deutlich über dem EU-Durchschnitt (25 Prozent). In Deutschland belief sich der Anteil der in FuE kooperierenden Unternehmen auf lediglich 23 Prozent. Neuere Untersuchungen haben gezeigt, dass der Umfang der Zusammenarbeit in den letzten Jahren in Irland nicht gestiegen ist, sondern weiterhin bei rund 32 Prozent (32,3 Prozent) liegt.[662]

Der niedrige Umfang der Zusammenarbeit in Irland wird auch in unterschiedlichen Studien deutlich. So kam zum Beispiel eine von Evaltec durchgeführte Befragung von 50 Unternehmen, welche über das *Research Technology and Innovation (RTI) Competitive Grants Scheme* gefördert werden, zu dem Ergebnis, dass der Grad der Zusammenarbeit sowohl zwischen den einzelnen Unternehmen als auch zwischen den Unternehmen und Institutionen des Hochschulbereichs sehr gering ist. Dabei zeigte sich, dass die Einstellung vieler Unternehmen in Bezug auf die Zusammenarbeit – und dabei insbesondere hin-

[658] Vgl. OECD (2000b), S. 164.

[659] Vgl. OECD (2001b), 56.

[660] Von besonderer Bedeutung sind hierbei die Cluster, die sich aus innovativen Unternehmen zusammensetzen und durch deren Existenz die Zusammenarbeit in FuE sowie die Diffusion von Wissen und Technologien angekurbelt wird. Detailliertere Informationen zum Cluster-Ansatz hat die OECD veröffentlicht (vgl. hierzu OECD (1999d)).

[661] Vgl. Paija, L. (2001), S. 35f.

[662] Vgl. Forfás (2006), S. 1.

sichtlich der Kooperation mit anderen Unternehmen – weiterhin negativ oder indifferent ist.[663] Im Rahmen der Untersuchungen wurde außerdem deutlich, dass der Umfang der Interaktionen je nach Unternehmensgröße unterschiedlich groß ist. So gaben zum Beispiel 54 Prozent der innovierenden großen Unternehmen, mit einer Beschäftigtenzahl von über 250 Arbeitnehmern, in einer von Forfás durchgeführten Umfrage an, an FuE-Kooperationen beteiligt zu sein, während von den mittelständischen Unternehmen (50 bis 249 Arbeitnehmer) 45,1 Prozent und von der Gruppe der KMU[664] 25,2 Prozent eine Beteiligung angaben.[665]

Abbildung 6.14: Anteil der FuE-betreibenden Unternehmen, die mit anderen Unternehmen, Universitäten oder öffentlichen Forschungseinrichtungen zusammenarbeiten, in Prozent

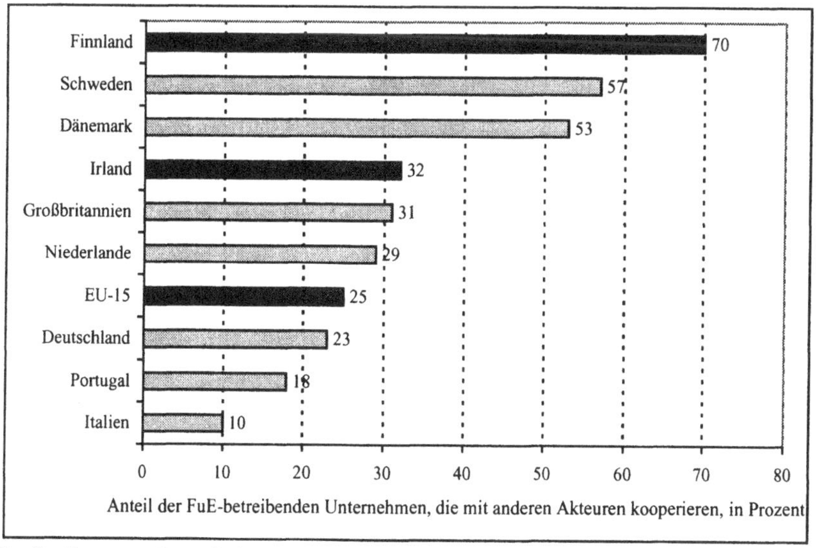

Quelle: European Commission (2001b), S. 45.

Auch aus einer anderen Studie, in der das Innovations- und Kooperationsverhalten nordirischer und in der Republik Irland ansässiger Unternehmen untersucht wird, geht hervor, dass mit zunehmender Unternehmensgröße auch die Wahrscheinlichkeit steigt, dass die Unternehmen im FuE-Bereich mit anderen Akteu-

---

663 Vgl. Evaltec (2004), S. 15, 17, 19 und 31.

664 Wie bereits erwähnt zählen zu den KMU alle Unternehmen mit weniger als 250 Beschäftigten, wobei also die Gruppe der kleinen Unternehmen (10 bis 50 Beschäftigte) mit eingeschlossen ist.

665 Forfás (2006), S. 6.

ren kooperieren. Dabei zeigte sich, dass 72,6 Prozent der großen Firmen, mit über 500 Beschäftigten, gemeinschaftliche FuE-Projekte durchführen.[666, 667]

Da es sich allerdings bei den in Irland existierenden großen Unternehmen wie beschrieben hauptsächlich um multinationale Unternehmen handelt, während ein Großteil der irischen Unternehmen zu den kleinen oder kleinen und mittelständischen Unternehmen zählt, ist es in diesem Fall von besonderem Interesse festzustellen, inwieweit die irischen und die in Irland ansässigen multinationalen Unternehmen an Interaktionen im FuE-Bereich beteiligt sind. Tabelle 6.16 stellt daher die Werte für diese beiden Unternehmensgruppen getrennt voneinander dar, wobei unter anderem deutlich wird, dass der Umfang der Zusammenarbeit insgesamt betrachtet und auch bei getrennter Betrachtung der irischen und multinationalen Unternehmen über den betrachteten Zeitraum in den meisten Kategorien zurückgegangen ist.

Tabelle 6.16: Umfang der Interaktionen von Unternehmen im irischen FuE-Bereich

	Irische Unternehmen		Multinationale Unternehmen		Insgesamt	
Zusammenarbeit mit...	1993	2003	1993	2003	1993	2003
... anderen Unternehmen innerhalb Irlands	16%	12%	14%	9%	16%	11%
... anderen Unternehmen außerhalb Irlands	18%	18%	37%	35%	23%	22%
... dem Hochschulbereich innerhalb Irlands	17%	16%	26%	20%	20%	17%
... dem Hochschulbereich außerhalb Irlands	7%	6%	13%	10%	8%	7%

Quelle: Forfás (2005), S. 35.

Auffallend ist, dass laut der in Tabelle 6.16 aufgeführten Daten der Umfang der Interaktionen multinationaler Unternehmen mit anderen Akteuren in drei der vier Rubriken größer ist als der Umfang der Interaktionen der irischen Unternehmen. Der hohe Anteil der Zusammenarbeit der MNU mit anderen Unternehmen außerhalb Irlands lässt sich dabei teilweise durch ihre enge Verbindung mit den im Ausland befindlichen Mutterunternehmen erklären.[668] Daneben sind die MNU jedoch auch intensiver in gemeinsame Forschungsprojekte mit dem Hochschulbereich – sowohl innerhalb als auch außerhalb Irlands – involviert, wobei der Umfang der Interaktionen insbesondere mit dem irischen Hochschul-

666 Vgl. Roper, S. / Hewitt-Dundas, N. (2004), S. 35.

667 Im Rahmen des Vergleichs zwischen Nordirland und der Republik Irland wurde außerdem deutlich, dass Interaktionen im FuE-Bereich in der Republik Irland verbreiteter sind als in Nordirland. (Vgl. Roper, S. / Hewitt-Dundas, N. (2004), S. 32.)

668 Vgl. Forfás (2005), S. 34.

sektor von 1993 auf 2003 stark zurückgegangen ist. Eindeutige Gründe für diesen starken Rückgang lassen sich jedoch nicht finden.[669]

Aufgrund der zunehmenden Bedeutung von Technologie und FuE sowie aufgrund der Tatsache, dass eine Vielzahl der irischen Unternehmen wegen mangelnder finanzieller und technischer Mittel nicht oder nur in geringfügigem Maße selber im FuE-Bereich aktiv ist, könnte die Vermutung aufgestellt werden, dass der Umfang der Kooperation der irischen Unternehmen mit anderen Akteuren in den letzten Jahren gestiegen ist, um auf diesem Wege neues Wissen und neue Technologien in die Unternehmen zu bringen und die durch FuE entstehenden Kosten und Risiken möglichst gering zu halten. Aus Tabelle 6.16 geht jedoch hervor, dass der Anteil der irischen Unternehmen, die mit anderen Akteuren im FuE-Bereich kooperieren, sich während der 1990er und zu Anfang der 2000er Jahre nicht erhöht hat, sondern entweder konstant geblieben oder gefallen ist. So zeigt sich zum Beispiel, dass im Vergleich zu 1993 die Zusammenarbeit irischer Unternehmen mit anderen in Irland ansässigen Unternehmen 2003 vier Prozent niedriger war. Eine Begründung hierfür könnte die vorliegende industrielle Struktur sein: Eine Vielzahl der irischen Unternehmen ist im Low-Tech-Sektor aktiv und betreibt nur wenig oder keine FuE, während der Großteil der multinationalen Unternehmen dem High-Tech-Bereich zugeordnet werden kann. In einigen Bereichen, wie zum Beispiel in der Nahrungsmittelindustrie, werden daher keine oder nur wenige gemeinschaftlichen FuE-Projekte zwischen den Unternehmen durchgeführt. Es kommt zwar zu Interaktionen zwischen irischen und multinationalen Unternehmen, allerdings handelt es sich dabei in der Regel um Zulieferverträge.[670] Der Umfang der Kooperation irischer Unternehmen mit dem irischen Hochschulsektor ist ebenfalls leicht zurückgegangen. Der Anteil ausländischer Unternehmen, die in FuE-Kooperationen eingebunden sind, ging in jeder Rubrik zurück.

Auch der Nationale Rat für Wettbewerbsfähigkeit weist darauf hin, dass sich der Umfang der FuE-Kooperation irischer Unternehmen 2001 im Vergleich zu 1993 nahezu nicht verändert hat. Insbesondere wurde keine Steigerung der Interaktionen zwischen den irischen Unternehmen und dem Hochschulsektor festgestellt, obwohl zahlreiche politische Maßnahmen während des betrachteten Zeitraums existierten, die auf die Förderung solcher FuE-Kooperationen abzielten.[671] Dabei stellt der Hochschulsektor für einige Bereiche, wie beispielsweise die Biotechnologie oder Chemie, die wesentliche Quelle neuen Wissens dar, da die meisten der für diese Bereiche relevanten Innovationen von an Universitäten

[669] Vermutet werden kann beispielsweise, dass eine Vielzahl der MNU aufgrund der zunehmenden Bedeutung neuer Technologien und technologischen Wissens unternehmensinterne Forschungsabteilungen eingerichtet hat, um so unabhängiger von externer Forschung zu sein.

[670] Diese Argumentation erfolgt auch bei Romanainen, J. (2004), S. 5.

[671] Vgl. National Competitiveness Council (2004), S. 8.

tätigen Forschern durch Grundlagenforschung hervorgebracht werden.[672] Eine intensivere Förderung der Interaktionen zwischen der Wissenschaft und den Unternehmen ist somit von besonderer Bedeutung.

Ein Beispiel für eine politische Maßnahme zur Förderung der Interaktionen zwischen hauptsächlich kleinen und mittelständischen – und somit vorwiegend irischen – Unternehmen und Institutionen des Hochschulbereichs stellt das *RTDI for Collaboration Programme* dar, bei dem es sich um eine wesentliche, von Enterprise Ireland verwaltete Komponente des *Productive Sector Operational Plan 2000-2006* handelt.[673] Diese Initiative zielt darauf ab, die Bildung von Netzwerken[674] im FuE-Bereich zwischen industriellen Unternehmen und Universitäten sowie Fachhochschulen zu erleichtern. Mithilfe der entstehenden Netzwerke soll es den involvierten vor allem kleinen und mittelständischen Unternehmen ermöglicht werden, ihre technologischen Möglichkeiten und ihre Wettbewerbsfähigkeit zu erhöhen.[675]

Das Programm umfasst drei wesentliche Initiativen – die *Innovation Partnerships,* den *Commercialisation Fund* und die bereits erwähnten *Programmes in Advanced Technology (PATs).* Daneben beinhaltet das Programm vier kleinere Maßnahmen.[676] Am direktesten auf die Erhöhung der Zusammenarbeit ist dabei die im Jahr 2000 gestartete *Innovation Partnerships*-Maßnahme ausgelegt, im Rahmen derer Zuschüsse an Forscher gewährt werden, die FuE-Projekte in Zusammenarbeit mit einem oder mehreren Unternehmen durchführen. Allerdings kann die Zusammenarbeit auf Seiten der Unternehmen auch darin bestehen, das FuE-Projekt finanziell zu unterstützen, während eine aktive Beteiligung an den FuE-Aktivitäten im Rahmen des Projekts nicht zwingend vorgeschrieben ist.[677] Da die Maßnahme somit auf einem „veralteten" linearen technology push-Modell basiert, entsprechen die Innovation Partnerships nicht der Förderung von

---

672 Vgl. Pavitt, K. (2005), S. 93.

673 Dabei stellt der *Productive Sector Operational Plan 2000-2006* einen Teil des *National Development Plan (NDP) 2000-2006* dar.

674 Aus der Zusammenarbeit im Rahmen von Netzwerken ergeben sich für die Unternehmen eine Reihe von Vorteilen, wie beispielsweise eine Aufteilung der Kosten und Risiken von FuE-Projekten, eine Zeitersparnis durch die Reduzierung der Projektdauer etc. Für einen detaillierten Überblick über die Vorteile von Netzwerken siehe OECD (2000b), S. 203f. Weitere Informationen zur Bedeutung und Funktionsweise von Netzwerken im FuE-Bereich können beispielsweise Powell, W. W. / Grodal, S. (2005) entnommen werden.

675 Vgl. Department of Enterprise, Trade and Employment (2005), S. 21.

676 Diese vier Maßnahmen sind das *Intellectual Property Assistance Scheme,* die *Networking Initiatives,* die Initiative *Technology Transfer* und das *International Collaboration Programme.*

677 Vgl. Department of Enterprise, Trade and Employment (2005), S. 21f.

Interaktionen, wie sie aus heutiger Sicht definiert werden. Diese Kritik kann auch für die beiden anderen Initiativen angebracht werden.[678]

Anzumerken ist, dass die Fachhochschulen – die erst seit 1992 aktiv FuE betreiben dürfen – nicht im gleichen Maße in FuE aktiv und in Interaktionen involviert sind wie die Universitäten, dass diese aber dennoch einen bedeutenden Partner für die irischen KMU im Innovationsprozess darstellen. Um die Zusammenarbeit zwischen irischen Industrieunternehmen und den Fachhochschulen zu fördern, wurde ein spezielles Forschungsnetzwerk – *TecNet* – eingerichtet, das 13 Fachhochschulen und eine Reihe von Fachgebieten (Biotechnologie, IKT etc.) miteinander verbindet.[679]

An dieser Stelle sei nur kurz erwähnt, dass auch Maßnahmen zur Förderung der Interaktionen zwischen einzelnen Institutionen des Hochschulbereichs existieren. Eine davon ist das von der Hochschulbehörde verwaltete *Programme for Research in Third Level Institutions (PRTLI)*, durch das in den letzten Jahren die akademische Zusammenarbeit innerhalb Irlands gefördert wurde.[680]

Um die FuE-Zusammenarbeit zwischen hauptsächlich kleinen und mittelständischen Unternehmen in Nordirland und der Republik Irland zu fördern, existiert seit einiger Zeit die grenzüberschreitende *INNOVA-Initiative*, die von InterTradeIreland verwaltet wird. Darüber hinaus zielt die Maßnahme darauf ab, die Technologiediffusion in ganz Irland durch eine Erleichterung des Zugangs zu neuen Technologien zu erhöhen und dadurch die gesamtirische wirtschaftliche Entwicklung zu fördern.[681]

Eine Förderung der internationalen Zusammenarbeit erfolgt hauptsächlich durch EU-weite Programme, wie beispielsweise durch das Sechste Rahmenprogramm der EU.[682] Ein weiteres Beispiel stellt *EUREKA* dar, wobei es sich um ein Programm handelt, an dem mittlerweile über 30 europäische Länder – darunter auch Irland, Finnland und Deutschland – teilnehmen. Ziel ist es, die Zusammenarbeit zwischen europäischen Unternehmen zu stärken und durch marktorientierte Innovationen eine Verbesserung der internationalen Wettbewerbsfähigkeit der europäischen Industrie zu erreichen.[683] Dabei erhält jeder Teilnehmer eines EUREKA-Projekts finanzielle Unterstützung durch die im Heimatland existierenden Initiativen zur Förderung von FuE. Irische Unternehmen erhalten dabei für FuE-Projekte, die in internationaler Kooperation im Rahmen von

[678] Vgl. Arnold, E. et al. (2004), S. 1ff., 17.

[679] Vgl. Polt, W. et al. (2001), S. 164 und unter http://www.tecnet.ie/index.php.

[680] Vgl. Forfás (2004a), S. 46.

[681] Vgl. unter http://www.intertradeireland.com/uploads/word/innovabrochure1.doc und European Commission (2005a), S. 37f.

[682] Vgl. hierzu http://cordis.europa.eu/fp6/dc/index.cfm?fuseaction=UserSite.FP6HomePage.

[683] Vgl. EUREKA Secretariat (2005), S. 4.

EUREKA durchgeführt werden, durch die *Research Technology and Innovation (RTI)*-Initiative einen zusätzlichen Zuschuss.[684]

In Finnland ist der Umfang der Zusammenarbeit zwischen den einzelnen Akteuren, und dabei insbesondere zwischen den Unternehmen und dem Hochschulbereich sowie öffentlichen Forschungseinrichtungen, besonders groß – mit den Worten der Europäischen Kommission: *„Collaboration between the private and the public sector is exceptionally strong, not only nationally but increasingly internationally."*[685] Umfragen, die an in Finnland ansässige Unternehmen gerichtet waren, ergaben, dass die guten Beziehungen zwischen den Unternehmen und den Universitäten eine Stärke des finnischen NIS darstellen.[686]

Gemeinsame Forschungsprojekte zwischen den Unternehmen und der Wissenschaft – wobei mittlerweile internationale Projekte im Vordergrund stehen – werden in Finnland durch eine Vielzahl von politischen Maßnahmen gefördert. Anzumerken ist, dass sich bereits seit zwei Jahrzehnten die meisten innovationspolitischen Maßnahmen auf die Förderung der Zusammenarbeit und den Auf- und Ausbau von Netzwerken konzentrieren.[687] Ein großer Teil der Förderung erfolgt durch von Tekes verwaltete Technologieprogramme.[688] In den 1990er Jahren stieg der Umfang der Zusammenarbeit aufgrund der gezielten Maßnahmen stark an; Ende der 1990er Jahre fand bei rund 62 Prozent aller von Tekes mitfinanzierten FuE-Projekte eine Zusammenarbeit der Unternehmen mit Universitäten oder öffentlichen Forschungsinstituten statt.[689] Studien ergaben, dass jedes zweite produzierende Unternehmen in Finnland im Rahmen seiner FuE-Aktivitäten mit einer Institution des Hochschulbereichs kooperiert und dass knapp 40 Prozent aller innovativen produzierenden Unternehmen mit öffentlichen Forschungseinrichtungen kooperieren. Werden nur die großen, in FuE aktiven Unternehmen betrachtet, so zeigt sich, dass diese zu 76 Prozent mit dem wissenschaftlichen Bereich zusammenarbeiten. Der Anteil aller an FuE-Kooperationen beteiligten Unternehmen wird wesentlich durch das Verhalten der zahlreichen KMU beeinflusst; da dieser Anteil hoch ausfällt, ist davon aus-

---

684 Ansprechpartner ist dabei Enterprise Ireland. (Vgl. unter http://www.enterprise-ireland.com/ResearchInnovate/R+and+D+in+your+Enterprise/RTI.htm.) Für Informationen zu weiteren Programmen zur Förderung internationaler Zusammenarbeit, an denen irische Unternehmen oder Forscher teilnehmen können, siehe unter http://www.enterprise-ireland.com/ResearchInnovate/International+R+and+D/International+R+and+D.htm.

685 European Commission (2005b), S. 6.

686 Vgl. Georghiou, L. et al. (2003), S. 92.

687 Vgl. Romanainen, J. (2004), S. 13.

688 Für eine detaillierte Auflistung aller von Tekes angebotenen Technologieprogramme vgl. http://www.tekes.fi/english/programmes/all/all.html.

689 Vgl. Polt, W. et al. (2001), S. 94, 112.

zugehen, dass bei den finnischen KMU eine starke Orientierung in Richtung Wissenschaft besteht.[690]

Abschließend lässt sich festhalten, dass in Irland – wie auch in Finnland – eine Reihe von Initiativen zur Förderung der Zusammenarbeit zwischen den Unternehmen und anderen Akteuren des NIS existiert. Wie sich gezeigt hat, haben diese Maßnahmen im betrachteten Zeitraum allerdings nicht den Umfang der Zusammenarbeit erhöht. Der Nationale Rat für Wettbewerbsfähigkeit schlägt daher vor, nach neuen Wegen zu suchen, durch die der Umfang der Interaktionen zwischen Unternehmen und insbesondere Universitäten erhöht werden kann. Beispielsweise sollten den Unternehmen umfangreichere Informationen über die Art der im Hochschulbereich betriebenen FuE zur Verfügung gestellt werden, da oftmals ein Mangel an Informationen für das Nichtzustandekommen von Kooperationen verantwortlich ist.[691]

6.2.2 Informelle Interaktionen

Oftmals wird die Bedeutung informeller Interaktionen, wie zum Beispiel direkter, persönlicher Kontakte in Form eines Treffens oder Telefonaten, unterschätzt, was unter anderem daran liegt, dass der Umfang informeller Beziehungen zwischen den einzelnen Akteuren nur schwer messbar ist. Dabei ist zu erwähnen, dass die hier behandelten Interaktionen zwischen Unternehmen und wissenschaftlichen Institutionen zum Großteil auf informellem und indirektem Wege zustande kommen.[692] Diese informellen Interaktionen können dann zu formellen Vereinbarungen führen, die wiederum ihrerseits eine Reihe weiterer informeller Kontakte auslösen.[693]

Umfassende Studien zu informellen Beziehungen liegen vor allem in der Soziologie und der Organisationslehre vor. Darüber hinaus wurde die Bedeutung informeller Interaktionen auch in Verbindung mit dem Verhalten multinationaler Unternehmen untersucht. Was jedoch den Innovationsprozess eines Landes betrifft, so existieren nur wenige Studien, die auf die Bedeutung informeller Beziehungen für den Transfer von Wissen und Technologie eingehen.[694] So kommt beispielsweise Rogers zu der Schlussfolgerung, dass, obwohl formelle Wege für den Austausch technischer Informationen existieren, *„(...) the most valuable in-*

[690] Vgl. Polt, W. et al. (2001), S. 95.

[691] Vgl. National Competitiveness Council (2004), S. 8.

[692] Vgl. OECD (2000b), S. 165 und OECD (2002c), S. 22.

[693] Vgl. Pavitt, K. (2005), S. 94.

[694] Zu dieser Schlussfolgerung gelangen auch Powell, W. W. / Grodal, S. (2005), S. 70.

formation is communicated mainly via informal channels (...)".[695] Auch eine Studie des dänischen Biotechnologie-Sektors hebt die Rolle der informellen Interaktionen hervor: Eine erfolgreiche Zusammenarbeit zwischen Unternehmen und Universitäten im FuE-Bereich wird nicht durch strategische Planungen erreicht, sondern entsteht anscheinend vielmehr zufällig aus gewöhnlichen Interaktionen zwischen Personen.[696] Umfangreiche Untersuchungen des Wissens- und Technologietransfers in Deutschland zeigten, dass, *„(...) da beim Transfer von Technologie praktisch immer auch ein Transfer von implizitem Wissen erforderlich ist, (...) grundsätzlich alle Transferformen besonders wirksam (sind), die einen direkten Kontakt zwischen Transfergeber und -nehmer beinhalten. Hierzu gehören z.B. Kooperationsforschung, gemeinsame Publikationen, informelle Treffen oder Konferenzen."*[697] Allerdings setzen informelle Kontakte, die vor allem zwischen Forschern aus dem Hochschulbereich und der Industrie einen hochwirksamen Transfermechanismus darstellen und oft zu FuE-Aufträgen und Kooperationen führen,[698] voraus, dass die betreffenden Personen sich bereits kennen und dass ein wechselseitiges Vertrauensverhältnis vorliegt.[699] Die Untersuchungen nehmen darüber hinaus Bezug auf eine bereits zuvor durchgeführte Analyse, für die eine Umfrage an deutschen Hochschulen zur Bedeutung unterschiedlicher Interaktionsformen durchgeführt wurde. Die Analyse kommt zu dem Ergebnis, dass 71 Prozent der befragten universitären Forscher informellen Kontakten eine hohe Bedeutung als Interaktionsform zwischen Universitäten und Industrie zuweisen. Nur der Kooperationsforschung wurde ein höherer Stellenwert (74 Prozent) zugesprochen. Der Austausch von Wissenschaftlern beispielsweise wurde lediglich von 39 Prozent der Befragten als bedeutende Interaktionsform angesehen.[700]

Informationen zum Umfang informeller Interaktionen innerhalb des irischen und finnischen NIS liegen nur wenige vor. Von der Autorin durchgeführte Befragungen irischer Unternehmen zu diesem Thema lieferten nur ein geringes Maß an Information; die Ergebnisse der Umfragen werden folglich aufgrund der geringen Aussagekraft nicht an dieser Stelle verwendet.

Einige nähere Informationen zur Bedeutung informeller Interaktionen im irischen NIS lassen sich einer Studie entnehmen, welche die zwischen dem irischen Unternehmenssektor und dem Hochschulbereich bestehenden Beziehungen untersucht. Aus einigen im Rahmen der Untersuchung durchgeführten Interviews geht hervor, dass in der Industrie tätige Forscher in der Regel über

---

695 Rogers, E. M. (1982), S. 115f.

696 Vgl. Kreiner, K. / Schultz, M. (1993), S. 204.

697 Schmoch, U. (2000a), S. 10.

698 Vgl. Beise, M. / Licht, G. / Spielkamp, A. (1995), S. 29f.

699 Vgl. Bierhals, R. / Schmoch, U. (2000), S. 86.

700 Vgl. Schmoch, U. (2000b), S. 109.

intensive informelle Kontakte zu universitären Forschern verfügen. Oftmals sind diese derart stark ausgeprägt, dass es sich für technologieorientierte Unternehmen nicht lohnt, sich einem speziellen, offiziell operierenden Netzwerk anzuschließen.[701]

Weitere Anhaltspunkte für die Bedeutung informeller Interaktionen lassen sich in Studien zu in Irland existierenden Netzwerken und Clustern[702] finden.[703] Laut OECD stellen informelle Netzwerke wichtige Elemente eines NIS dar.[704] Anhand von Untersuchungen der zwischen den industriellen Unternehmen und den Hochschulen bzw. den öffentlichen Forschungseinrichtungen bestehenden Netzwerke zeigte sich, dass informelle Kontakte in Finnland sehr, in Irland hingegen weniger bedeutend sind.[705]

Um die Intensität der Zusammenarbeit zwischen den Unternehmen in Irland generell und insbesondere im FuE-Bereich zu stärken, haben die staatlichen Agenturen und Behörden die Entwicklung von zwischenbetrieblichen Netzwerken unterstützt. So förderte beispielsweise Enterprise Ireland die Gründung der 2002 ins Leben gerufenen *Irish Photonics Association (IPA)*, deren Mitglieder sich aus multinationalen und aus irischen Unternehmen zusammensetzen.[706] Einige der mittlerweile existierenden Netzwerke wurden von Forfás in einer Studie untersucht. Generell zeigt sich, dass Netzwerke, die zwischen Unternehmen aus unterschiedlichen Industriezweigen oder zwischen Unternehmen derselben Branche bestehen, zunächst in Form eines relativ großen, informellen Zusammenschlusses von Unternehmen existieren. Aus diesen relativ losen Beziehungen können später kleinere, enger verbundene Netzwerke hervorgehen. Ein Beispiel hierfür stellt das von *Shannon Development* geförderte *Supply Network Shannon (SNS)* dar.[707] Genauere Untersuchungen zeigten, dass sich die betrachteten Netzwerke nicht nur durch Kontakte zwischen einzelnen Unternehmen auszeichnen, sondern auch durch das Vorhandensein von Beziehungen zwischen Unternehmen und Einrichtungen des Hochschulbereichs sowie zwischen den

[701] Vgl. Arnold, E. / Thuriaux, B. (1998), S. 69 und 70.

[702] Hierbei ist anzumerken, dass Netzwerke oftmals auf formellen, vertraglichen Vereinbarungen basieren, während Cluster über keine formalisierten Rahmenbedingungen verfügen. Bei den Clustern stehen daher die informellen, auf Vertrauen basierenden Interaktionen im Vordergrund. (Vgl. hierzu auch Forfás (2004a), S. 4, 9f.) Ein Beispiel für ein in Irland existierendes Cluster stellt das *Galway Regional Software Cluster* dar, dem Anfang der 2000er Jahre drei große US-amerikanische Unternehmen, das größte davon ist Nortel, und über 50 KMU, zu denen einige heimische Start-ups zählen, angehörten. (Vgl. Green, R. et al. (2001), S. 53.)

[703] Vgl. hierzu zum Beispiel Forfás (2004a) oder InterTradeIreland (2006).

[704] Vgl. OECD (2001b), S. 77.

[705] Vgl. Polt, W. et al. (2001), S. 321.

[706] Vgl. Forfás (2004a), S. 6, 66f.

[707] Vgl. Forfás (2004a), S. 6, 52.

einzelnen Universitäten und Fachhochschulen. Dabei wurde außerdem deutlich, dass ein Großteil der Netzwerk-Aktivitäten, wie zum Beispiel der Austausch von Informationen, in den untersuchten Netzwerken auf informellen Interaktionen beruht, während nur ein geringer Teil formalisiert wurde.[708] Der Studie ist außerdem zu entnehmen, dass die Mitglieder der IPA den Wunsch äußerten, den bereits hohen Grad an informellen Netzwerk-Aktivitäten noch weiter zu erhöhen und dafür im Gegenzug formelle, geplante Aktivitäten zu reduzieren.[709]

Ähnlich dünn gesiedelt sind die Informationen bezüglich informeller Interaktionen für Finnland. In Finnland durchgeführten Umfragen zufolge erachten an Universitäten tätige Forscher die Zusammenarbeit im Rahmen offizieller FuE-Projekte als besonders bedeutend, während diese Interaktionsform vonseiten der Unternehmen als weniger relevant eingestuft wird als informelle Kontakte und die Anwerbung von qualifizierten Arbeitskräften.[710, 711] Für die finnischen Unternehmen stellen die informellen Kontakte die weitaus wichtigste Art der Zusammenarbeit mit dem Hochschulbereich dar. Solche Kontakte finden dabei oft innerhalb stabiler, langfristig ausgerichteter Netzwerke, die Universitäten, öffentliche Forschungseinrichtungen und Unternehmen miteinander verbinden, statt. Seitens der finnischen Regierung existiert eine Reihe von Initiativen, die auf den Auf- und Ausbau solcher Netzwerke ausgerichtet sind, wozu beispielsweise das bereits erwähnte *Centres of Expertise*-Programm zählt. Netzwerkverbindungen und informelle Kontakte können auf verschiedene Arten gefördert werden, so zum Beispiel durch die Übernahme von Lehrverpflichtungen durch Angehörige des Unternehmenssektors – wie beispielsweise Vorlesungen an Universitäten von in privaten Unternehmen tätigen Forschern oder Managern – oder durch von der Industrie gestiftete Professuren.[712]

Eine andere Möglichkeit, den Umfang und die Intensität informeller Interaktionen zu erhöhen, besteht darin, auf regionaler Ebene so genannte *Kontakt-* oder *Innovationsforen* zu organisieren. Durch das dortige Zusammentreffen können der Wissensfluss zwischen den beteiligten Akteuren und die Zusammenarbeit zwischen Unternehmen, Hochschulen und außeruniversitären Forschungseinrichtungen angekurbelt werden. Eine wichtige Funktion dieser Foren stellt dabei die Ermöglichung von Erstkontakten zwischen Forschern und Unternehmen dar. Darüber hinaus dient das Forum dem Zweck, Informationen über neue technologische, für die Industrie relevante Entwicklungen bereitzustellen, wäh-

---

708 Vgl. Forfás (2004a), S. 51.

709 Vgl. Forfás (2004a), S. 70.

710 Vgl. Polt, W. et al. (2001), S. 94.

711 Somit zeigt sich insofern eine Ähnlichkeit zu den Ergebnissen der von Schmoch durchgeführten Umfrage an deutschen Hochschulen, als dass auch die finnischen universitären Forscher gemeinschaftlichen Forschungsprojekten eine besondere Bedeutung beimessen.

712 Vgl. Polt, W. et al. (2001), S. 94, 97.

rend gleichzeitig den teilnehmenden Unternehmen die Möglichkeit eingeräumt werden sollte, ihren Bedarf an Wissen und Technologien aufzuzeigen.[713]

Die Organisation solcher regionalen Innovationsforen wurde in Irland bereits Ende der 1990er Jahre angedacht. Eine der Empfehlungen im Rahmen der *Regional Innovation Strategy for the Shannon Region* lautete beispielsweise, eine Reihe von Innovationsforen und weiterer Kontaktmöglichkeiten für bestimmte Sektoren zu organisieren, durch welche die (informellen) Interaktionen und die Entstehung von Netzwerken zwischen dem privaten Sektor, dem Hochschulbereich und den für die regionale Entwicklung zuständigen Behörden gefördert werden sollten.[714] Ziel der Innovationsstrategie war es, das wirtschaftliche Wachstum der Shannon-Region[715], in welcher der Umfang der FuE-Aktivitäten des Unternehmenssektors bereits in den 1990er Jahren weitaus höher war als in den anderen Regionen Irlands, insbesondere über die Förderung der FuE-Aktivitäten der irischen, kleinen und mittelständischen Unternehmen zu erhöhen.[716] Die so genannten *„innovation forums"* stellen dabei eine Möglichkeit dar, Kontakte zu knüpfen und dadurch das Informationsdefizit der KMU auszugleichen und den Informationsfluss durch sowohl formelle als auch informelle Interaktionen zu fördern. Kurze Zeit nach dem Erscheinen des Strategieberichts wurden die Planungen für das *Design Shannon Forum* sowie für ein Forum im Bereich Nahrungsmittel und natürliche Ressourcen vorgestellt.[717] Mittlerweile existieren in Irland neben den fest etablierten, regelmäßig stattfindenden Foren[718] auch solche, die jährlich oder seltener organisiert werden.[719]

Auch in Finnland wurden eine Reihe von Innovationsforen gegründet. Jüngstes Beispiel hierfür stellt das in Helsinki von Großunternehmen der Digitalbranche (Digita, Elisa, Nokia etc.) und dem öffentlichen Sektor (Stadt Helsinki, Sitra, Tekes, VTT) gemeinschaftlich gegründete *Forum Virium Helsinki (FVH)* dar. Ziel ist es, neue digitale Dienstleistungen auf den Markt zu bringen. Darüber hinaus sollen jedoch verstärkt kleinere, technologiebasierte innovative Un-

---

713 Vgl. Reinhard, M. (2000), S. 315.

714 Vgl. Steering Group (1999), S. 19.

715 Die Shannon-Region umfasst die Counties Clare, Limerick, North Tipperary, South Offaly und North Kerry.

716 Vgl. Steering Group (1999), S. 3.

717 Vgl. Steering Group (2001), S. 6, 13 und 16.

718 Ein Beispiel hierfür stellt das *Supply Chain Forum (SCF)* dar. Dieses monatlich stattfindende Forum wurde bereits 1997 von neun Unternehmen aus dem Elektronikbereich (Apple Computers, Dell, Hewlett Packard etc.) gegründet, um gemeinsam Lösungen für Probleme dieses Industriezweiges zu finden und die Zusammenarbeit zwischen den Unternehmen der Branche zu fördern. Nähere Informationen sind erhältlich unter http://www.ul.ie/ ~ncqm/n_nat.htm.

719 Die Veranstaltung *Innovation Forum 2006*, die im September in Dublin stattfand, ist hierfür ein Beispiel. (Vgl. hierzu http://www.enterprise-ireland.com/Innovation.)

ternehmen in die Projekte miteinbezogen werden.[720] Insbesondere durch die Einbeziehung gelingt es diesen Unternehmen, neue informelle (und formelle) Kontakte zu knüpfen, die als Quelle für neues Wissen und Technologien dienen können.

6.2.3 Die Diffusion von Technologie und technologischem Wissen

Im Folgenden wird die Diffusion von technologischem Wissen und neuen Technologien im irischen und finnischen NIS betrachtet, wobei die Diffusion der von den Universitäten und öffentlichen Forschungseinrichtungen durch FuE gewonnenen Erkenntnisse zu den Unternehmen im Mittelpunkt steht. Mögliche Wege einer Diffusion stellen

- der direkte Technologietransfer, der wie gezeigt durch eine Reihe von Technologiemittlern unterstützt wird,
- die Auftragsforschung und
- Unternehmensgründungen aus den Universitäten heraus – die bereits erwähnten Spin-offs, bei denen es zu einer direkten Übertragung der in der Wissenschaft durch Grundlagenforschung entstandenen Ergebnisse in die Industrie kommt – dar.

Da kleinen Volkswirtschaften oft nicht die finanziellen und technologischen Mittel zur Durchführung weitreichender FuE zur Verfügung stehen, wie dies tendenziell bei größeren Volkswirtschaften der Fall ist, ist es ihnen nahezu unmöglich, in allen technologischen Feldern Stärken und Wettbewerbsvorteile auf- und auszubauen. Daher spezialisieren sich kleine Volkswirtschaften in der Regel auf einige wenige technologische Nischenbereiche – bei Irland und Finnland lässt sich wie erwähnt eine starke Spezialisierung auf den IKT-Bereich erkennen. Der *Transfer* von bereits existierendem Wissen und Technologien stellt somit neben den innerhalb des Landes betriebenen FuE-Aktivitäten einen wichtigen Faktor für die Generierung von Innovationen dar.[721] Diese Tatsache wurde auch vonseiten der irischen Regierung erkannt:

„As a small country, our ability to transfer and apply technologies and knowledge created elsewhere to the development of new products, services and processes is just as important as our ability to carry out world class scientific research."[722]

[720] Vgl. hierzu http://www.forumviriumhelsinki.fi/.

[721] Vgl. zum Beispiel Sachs, J. D. (1997), S. 56.

[722] Enterprise Strategy Group (2004), S. 64.

Allgemein bietet der Transfer von Technologie folgende Vorteile: Zum einen sind die Technologien bereits entwickelt und zum anderen sind die Kosten des Technologietransfers in der Regel niedriger als der finanzielle Aufwand, der für das eigenständige Durchführen von FuE-Aktivitäten entsteht. Außerdem fällt der Zeitaufwand in der Regel geringer aus, da die Technologien nicht erst entwickelt werden müssen, sondern bereits vorliegen. Ein weiterer Vorteil besteht darin, dass die Unternehmen, welche die Technologien erworben haben, vom Lizenzgeber technische Unterstützung bei der Einführung und Anwendung der Technologien erhalten.[723] Dabei stellen sich diese Faktoren vor allem für die irischen KMU als vorteilhaft dar.

In Irland werden der Technologietransfer und die Diffusion auf unterschiedliche Arten gefördert:

- zwischen den Universitäten und öffentlichen Forschungseinrichtungen durch gemeinsame Ausbildungsprogramme und den Austausch von Doktoranden,
- von den Universitäten und öffentlichen Forschungseinrichtungen zur Industrie
    - durch Ausbildung,
    - wissenschaftliche Veröffentlichungen und
    - gemeinsame FuE-Projekte und
- innerhalb der Industrie durch die Zusammenarbeit in FuE-Projekten.[724]

Allerdings wurde in einer Studie deutlich, dass der Wissenstransfer innerhalb des irischen NIS noch nicht optimal ist. Romanainen identifiziert als Problembereiche, durch welche der Transfer gehemmt wird, beispielsweise den geringen Umfang der Zusammenarbeit und des „Networking", einen Mangel an Mittlern und das Fehlen geeigneter, dem Austausch von Informationen und der Förderung der Zusammenarbeit dienenden Plattformen,[725] wobei in diesem Zusammenhang insbesondere so genannte Technologieplattformen von Bedeutung sind.[726] Aus den vorherigen Abschnitten wurde deutlich, dass der Umfang der Zusammenarbeit in Irland tatsächlich gering ist. Allerdings wurde dieses Problem bereits vor einiger Zeit erkannt, woraufhin die Förderung der Zusammenar-

---

[723] Vgl. Enterprise Ireland unter http://www.enterprise-ireland.com/Grow/Technology/technology_transfer.htm.

[724] Vgl. Forfás (2004a), S. 30.

[725] Vgl. Romanainen, J. (2004), S. 6.

[726] Eine Technologieplattform dient der Zusammenführung aller interessierten Akteure, mit dem Ziel, gemeinsame Problembereiche zu erfassen und entsprechende Lösungen und Strategien zu erarbeiten. Darüber hinaus soll die Zusammenarbeit zwischen der Wissenschaft, der Industrie und den zuständigen politischen Entscheidungsträgern gestärkt werden. (Vgl. hierzu zum Beispiel „What is a technology" unter http://www.icbe.ie/Documents/.)

beit in den Fokus der bereits bestehenden politischen Maßnahmen rückte; Evaluierungen, die über den Erfolg Aufschluss geben, liegen allerdings noch nicht vor. Außerdem zeigte sich, dass das Netz der Mittler in den letzten Jahren stark ausgebaut und der Technologietransfer dadurch gefördert wurde. Mittlerweile hat sich Irland auch einer Reihe von internationalen Technologieplattformen angeschlossen.[727] Somit scheint der nach wie vor geringe Umfang der Zusammenarbeit insbesondere zwischen den irischen Unternehmen und dem Hochschulbereich das wesentliche Hemmnis eines effizienten Transfers von Wissen und Technologien darzustellen.

Als ein Mechanismus des Technologietransfers von den Universitäten und öffentlichen Forschungseinrichtungen zu den Unternehmen in Irland werden von Forfás wissenschaftliche Veröffentlichungen genannt.[728] Die Zahl der wissenschaftlichen Publikationen pro eine Million Einwohner belief sich im Jahr 2002 in Irland auf 647 und entsprach ungefähr dem Durchschnitt der 15 betrachteten europäischen Länder (673). Allerdings wurden in Finnland im selben Jahr mehr als doppelt so viele wissenschaftliche Beiträge pro eine Million Einwohner veröffentlicht wie in Irland, nämlich 1.309.[729] Um also den Umfang der von der Wissenschaft bereitgestellten Informationen noch zu erhöhen und dadurch den Wissens- und Technologietransfer zu verbessern, könnte eine gezielte Steigerung der Publikationszahlen in Betracht gezogen werden. Anzumerken ist, dass die Wachstumsrate der Zahl der Veröffentlichungen in Irland, das von einem niedrigen Niveau aus startete, zwischen 1995 und 2002 bei 6,1 Prozent lag, während die Wachstumsrate in Finnland, das allerdings bereits 1995 hohe Publikationszahlen aufweisen konnte, im betrachteten Zeitraum ungefähr halb so hoch war (3,5 Prozent). Die durchschnittliche europäische Wachstumsrate lag bei 2,1 Prozent.[730] Es ist jedoch fraglich, ob die hohe Zuwachsrate im Fall Irlands ähnlich hoch bleiben wird; vielmehr ist davon auszugehen, dass diese mit steigender Zahl der Publikationen niedriger ausfallen wird. Generell sollte nicht außer Acht gelassen werden, dass eine alleinige Erhöhung der Zahl der wissenschaftlichen Publikationen keine hinreichende Bedingung für einen effizienteren Technologietransfer darstellt.

Aufgrund der Tatsache, dass der Umfang der Zusammenarbeit in Finnland sehr hoch ist, dass das Netz der Mittlerorganisationen gut ausgebaut ist und eine Reihe von Plattformen existiert,[731] ist davon auszugehen, dass der Transfer von

---

[727] Beispielsweise wurde das *Irish Centre for Business Excellence* als Vertreter der *Irish National Technology Platform* MANU*FUTURE* (die europaweite Technology Platform on Future Manufacturing Technologies) ausgewählt. (Vgl. hierzu http://www.icbe.ie und http://www. manufuture.org/.)

[728] Vgl. Forfás (2004a), S. 30.

[729] Vgl. European Commission (2003), S. 61.

[730] Vgl. European Commission (2003), S. 61.

[731] Vgl. hierzu Romanainen, J. (2004), S. 14f.

Wissen und Technologie innerhalb des finnischen NIS effizienter vonstatten geht als es zurzeit in Irland der Fall ist. Insbesondere bei der Betrachtung des Transfer- und Diffusionsprozesses wird deutlich, dass nicht nur der wissenschaftliche Output von Interesse ist, sondern vielmehr, wie intensiv und koordiniert – und somit wie effizient – die Interaktionen innerhalb des NIS sind und wie gut die Schnittstellen, also beispielsweise die Mittler, arbeiten.

Einen weiteren Mechanismus der Diffusion stellt die *Vertrags- oder Auftragsforschung* dar, im Rahmen derer Unternehmen auf Grundlage einer rechtlichen Vereinbarung eine universitäre oder öffentliche Forschungseinrichtung mit der Bearbeitung einer bestimmten Problemstellung beauftragen. Für vorab vertraglich vereinbarte Gegenleistungen werden den Unternehmen nach Abschluss der Forschungen die Ergebnisse zur Verfügung gestellt. Von besonderem Interesse ist die Auftragsforschung für KMU, wenn es darum geht, Problemlösungen innerhalb eines kurzen Zeitraumes zu erhalten und die unternehmensinternen Forschungskapazitäten nicht ausreichend sind.[732]

In Finnland stellt die Vertragsforschung eine bedeutende Interaktionsform dar. Dabei stehen vor allem von den privaten Unternehmen in Auftrag gegebene Forschungsprojekte, die von den öffentlichen Forschungseinrichtungen durchgeführt werden, im Vordergrund. Der größte Teil der in Finnland im öffentlichen Sektor stattfindenden Auftragsforschung wird vom *Technischen Forschungszentrum Finnland (VTT)* durchgeführt. Ende der 1990er Jahre lag sein Anteil an der gesamten Auftragsforschung bei 82 Prozent, während der Umfang dieser Art von Forschung in den anderen öffentlichen Forschungseinrichtungen gering war. Betrachtet man den gesamten Umfang der an öffentlichen Forschungsinstituten und den Universitäten durchgeführten Vertragsforschung, so beläuft sich der Anteil des VTT auf 53 Prozent. Bei den Auftraggebern handelt es sich vor allem um private Unternehmen; von ihnen stammten Ende der 1990er Jahre rund 63 Prozent des vom VTT durch Vertragsforschung erzielten Einkommens. Dabei lag der Anteil der KMU bei 39 Prozent, woran erneut die starke Integration der in Finnland existierenden KMU in den FuE-Bereich deutlich wird, die bereits in den 1990er Jahren durch eine Reihe politischer Maßnahmen gefördert wurde.[733]

Bereits anhand der unter Abschnitt 6.2.1 in Tabelle 6.15 dargestellten Daten zeigte sich, dass in Irland mittlerweile nur noch ein geringer, unterdurchschnittlich hoher Anteil der FuE-Aktivitäten des Hochschulbereichs und des Staatssektors von den privaten Unternehmen finanziert wird – sprich, dass die Unternehmen in Irland nur relativ wenige FuE-Projekte in Auftrag geben. Darüber hinaus

[732] In Deutschland führt zum Beispiel die Fraunhofer-Gesellschaft umfangreiche Vertragsforschungen für Industrie- und Dienstleistungsunternehmen sowie für die öffentliche Hand durch. (Vgl. hierzu http://www.bmbf.de/de/231.php.)

[733] Vgl. Polt, W. et al. (2001), S. 94, 98.

existiert kein gut ausgebautes Netz von Organisationen, die sich auf die Vertragsforschung spezialisiert haben,[734] was bedeutet, dass der Bereich der Auftragsforschung relativ schwach entwickelt ist. Daher spricht Romanainen in seiner Studie die Empfehlung aus, in oder in der Nähe von Universitäten spezielle Strukturen zur Förderung der Vertragsforschung auf- und auszubauen.[735] Allerdings kann einer anderen Studie entnommen werden, dass die in Irland existierenden Technologiemittler – die TTIs – sich mittlerweile schwerpunktmäßig darauf spezialisiert haben, Verbindungen zwischen einzelnen Akteuren im Bereich der Auftragsforschung herzustellen.[736]

Darüber hinaus wird die Diffusion von Wissen und Technologie durch *Spin-offs* beschleunigt, welche aufgrund der direkten Übertragung der in der Wissenschaft entstandenen Ergebnisse in die Unternehmen und die Industrie zu den effizientesten Formen des Technologietransfers zählen.[737] Dabei machen sich Mitarbeiter von Universitäten oder Forschungseinrichtungen durch eine eigene Unternehmensgründung selbstständig, die zumeist auf dem technologischen Wissen basiert, das durch eigenständige Forschungsarbeit im Bereich der Grundlagenforschung gewonnen wurde und wirtschaftlich genutzt werden kann, also anwendungsrelevant ist.[738] Laut Reinhard und Schmalholz weisen die Gründer solcher wissens- und technologiebasierten Unternehmen darauf hin, *„(...) daß bestehende Unternehmen an der Nutzung des vorhandenen Know-how oft kein Interesse zeigen. Die Gründung ist deshalb in diesen Fällen die einzige Möglichkeit des Technologietransfers.“*[739] Spin-offs sind unter anderem gekennzeichnet durch einen überdurchschnittlich hohen Anteil der FuE-Aktivitäten in Relation zu den gesamten Aktivitäten des Unternehmens, eine qualitativ hochwertige FuE-Ausstattung, die mit einem hohen Kapitalbedarf einhergeht, ein überdurchschnittlich hohes technologisches und wirtschaftliches Risiko, einen hohen Anteil an neuen Produkten und Prozessen am Gesamtumsatz und eine enge Bindung an Forschungseinrichtungen.[740]

In Irland ist eine Reihe von politischen Maßnahmen und Aktivitäten von Organisationen, wie zum Beispiel Enterprise Ireland, auf solche Spin-off-Gründungen ausgerichtet.[741] Beispielsweise wird die Gründung von Spin-offs aus gemeinsamen Forschungsprojekten heraus wesentlich durch die bereits unter

---

[734] Hierbei handelt es sich um so genannte *Contract Research Organisations*, die eine Reihe von Dienstleistungen im FuE-Bereich anbieten.

[735] Vgl. Romanainen, J. (2004), S. 37f.

[736] Vgl. European Commission / DG Enterprise (2004), S. 47.

[737] Vgl. Carayannis, E. G. / Alexander, J. (1999), S. 249.

[738] Vgl. Reinhard, M. / Schmalholz, H. (1996), S. 102f. und Schmoch, U. (2000a), S. 8.

[739] Reinhard, M. / Schmalholz, H. (1996), S. 103.

[740] Vgl. Sabisch, H. (1999), S. 25.

[741] Vgl. Romanainen, J. (2004), S. 24.

Abschnitt 6.1.6 vorgestellten *Programmes for Advanced Technology (PATs)* unterstützt.[742] Statistische Daten, die über die Zahl der gegründeten Spin-offs Auskunft geben, liegen für Irland nicht vor. Allerdings gehen nationale Experten davon aus, dass die Zahl der technologiebasierten Spin-offs sowohl im Hochschulbereich als auch in den öffentlichen Forschungsinstituten niedrig ist.[743] In Finnland ist die Zahl der Spin-off-Gründungen hingegen relativ hoch,[744] was darauf hindeutet, dass das finnische NIS relativ stark diffusionsorientiert ist.[745] Mittlerweile wurden in Irland einige Maßnahmen eingeführt, um Forschern die Möglichkeit der Vermarktung von Forschungsergebnissen durch Spin-offs vor Augen zu führen und etwaige Hindernisse, welche die Unternehmensgründung für im FuE-Bereich Beschäftigte erschweren, zu beseitigen.[746]

Abschließend lässt sich festhalten, dass die Diffusion von Wissen und Technologie innerhalb des irischen NIS anscheinend auch derzeit noch durch einige Faktoren, wie beispielsweise den geringen Umfang der Zusammenarbeit zwischen Unternehmen und dem Hochschulbereich, gehemmt wird. Trotz der Fokussierung der irischen Transfermittler auf die Herstellung von Kontakten im Bereich der Auftragsforschung bleibt der Umfang der von privaten Unternehmen in Auftrag gegebenen FuE gering. Auch die niedrige Zahl der Spin-off-Gründungen stellt ein Hemmnis der effizienten Diffusion dar. Somit könnte sich eine stärkere Konzentration der innovationspolitischen Maßnahmen auf die Förderung dieser Bereiche für die Diffusion von Wissen und Technologie innerhalb des NIS als vorteilhaft erweisen. Romanainen nennt als direkte Anreize zur Verbesserung des Wissenstransfers und der Diffusion unter anderem die Finanzierung von gemeinschaftlichen FuE-Aktivitäten und von Netzwerk-Aktivitäten (regional, national und international) sowie die finanzielle Unterstützung der Personalmobilität.[747] Im folgenden Abschnitt wird sich zeigen, dass insbesondere die Mobilität von Forschern eine weitere wichtige Interaktionsform darstellt und für die Diffusion von neuem Wissen und neuen Technologien von großer Bedeutung ist.

---

[742] Vgl. Polt, W. et al. (2001), S. 165.

[743] Vgl. Polt, W. et al. (2001), S. 167, 321.

[744] Dabei wird die Zahl der Spin-off-Gründungen in Irland in der Studie lediglich als niedrig („low") angegeben und mit keinem Wert beziffert. In Finnland werden im Hochschulbereich zwei bis drei Spin-offs pro 1.000 Mitarbeitern im FuE-Bereich (FuE-Personal) gegründet; an den öffentlichen Forschungseinrichtungen liegt der Wert bei ungefähr einem Spin-off pro 1.000 FuE-Personal. (Vgl. Polt, W. et al. (2001), S. 321.)

[745] Vgl. OECD (2002c), S. 43.

[746] Vgl. Polt, W. et al. (2001), S. 177.

[747] Vgl. Romanainen, J. (2003), S. 21.

6.2.4 Personalmobilität im irischen und finnischen nationalen Innovationssystem

Die Mobilität von Personen und des an sie gebundenen Wissens, sprich des impliziten Wissens, stellt eine wesentliche Form des Wissenstransfers innerhalb nationaler Innovationssysteme dar.[748] Allgemein stellt die Mobilität von Forschern, zusammen mit informellen Kontakten, laut OECD den wirkungsvollsten Mechanismus zur Verbreitung von implizitem Wissen dar,[749] weshalb beispielsweise von der Europäischen Kommission eine stärkere Förderung der Mobilität gefordert wird.[750]

Zunächst steht die Betrachtung der *intersektoralen* Mobilität im Vordergrund, worunter in diesem Fall die Mobilität von im FuE-Bereich tätigen Erwerbspersonen bzw. Forschern zwischen dem wissenschaftlichen Bereich – sprich den Universitäten und öffentlichen Forschungsinstituten – und dem Unternehmenssektor verstanden wird. Die intersektorale Mobilität der Forscher von der Wissenschaft in die Industrie[751] ist in Irland sehr niedrig. Der wesentliche Grund hierfür liegt einer Studie zufolge darin, dass ein, wenn auch nur zeitweiliger, Ausstieg aus dem wissenschaftlichen Bereich die akademische Karriere der Forscher unter Umständen beeinträchtigt – sind die Forscher nicht mehr in universitären Einrichtungen tätig, werden sie teilweise schnell „abgeschrieben", was auch als das *„out of sight out of mind syndrome"*[752] bezeichnet werden kann und einen generellen, nicht irlandspezifischen Hinderungsgrund darstellt. Auch die Mobilität von in der Industrie tätigen Forschern in den Hochschulbereich fällt in Irland aufgrund der hohen Gehaltsunterschiede niedrig aus. Allerdings lässt sich ein Trend hin zu zeitlich befristeten Aufenthalten von industriellen Forschern in der Wissenschaft erkennen, der jedoch eventuell lediglich durch den Mangel an Forschern bedingt ist, welcher an einigen Fakultäten, die sich mit aktuellen Themenbereichen, wie zum Beispiel der Informationstechnologie, befassen, vorherrscht.[753] Neben den genannten Gründen sind in einigen Ländern auch gesetzliche Regelungen die Ursache für eine niedrige Mobilität von Forschern. Im

[748] Vgl. OECD (1997a), S. 18.

[749] Vgl. OECD (1999b), S. 41.

[750] Vgl. European Commission (2000), S. 16.

[751] Gemessen als prozentualer Anteil der im Hochschulbereich oder an öffentlichen Forschungseinrichtungen tätigen Forscher, welche pro Jahr in die Industrie überwechseln. Umgekehrt wird die Mobilität der industriellen Forscher in die Wissenschaft gemessen als prozentualer Anteil der in der Industrie tätigen Hochschulabsolventen, welche pro Jahr zu universitären oder öffentlichen Forschungseinrichtungen wechseln. (Vgl. Polt, W. et al. (2001), S. 167.)

[752] Polt, W. et al. (2001), S. 175.

[753] Vgl. Polt, W. et al. (2001), S. 166.

Fall Irlands liegen keine gesetzlichen Beschränkungen vor, welche den Wechsel von Forschern aus der Wissenschaft in die Industrie hemmen. Umgekehrt wirken sich jedoch Einstellungsbeschränkungen auf die Mobilität von industriellen Forschern in den Hochschulbereich aus.[754] In Irland – ähnlich wie in einigen anderen Ländern mit geringem Mobilitätsumfang, wie beispielsweise Österreich, Italien oder Japan – werden in der Wissenschaft tätige Seniorforscher und Professoren zumeist verbeamtet; die hiermit einhergehenden (Einstellungs-) Beschränkungen können ihrerseits jedoch die Mobilität von Forschern in Richtung Wissenschaft einschränken.[755] Stärker noch als bestehende gesetzliche Einschränkungen wirken sich neben den Gehaltsunterschieden die zwischen der Industrie und Wissenschaft existierenden kulturellen Unterschiede sowie das Fehlen geeigneter Anreize für eine Forschungstätigkeit im Hochschulbereich und an öffentlichen Forschungseinrichtungen auf die Mobilität von in der Industrie tätigen Forschern in die Wissenschaft aus.[756]

In Irland ist man sich der niedrigen Mobilität und der unter anderem daraus resultierenden Hemmung des Wissens- und Technologietransfers sowie der Diffusion bewusst. Im von Forfás verfassten Strategiepapier zur Förderung der FuE-Investitionen wird die Empfehlung ausgesprochen, die Mobilität der Forscher zwischen dem öffentlichen und dem privaten Sektor zu erhöhen, um so den Ideenfluss anzuregen und die Zusammenarbeit zwischen den beiden Sektoren zu intensivieren. Geeignete Maßnahmen bzw. Anreize, wie zum Beispiel Programme zur finanziellen Unterstützung universitärer Forscher, die für eine Zeit lang in der Industrie arbeiten wollen, und vice versa, sollen hierfür von Enterprise Ireland, der IDA und Science Foundation Ireland in die Wege geleitet werden.[757]

Anders als in Irland kann die Mobilität der Forscher von der Wissenschaft zur Industrie in Finnland als vergleichsweise hoch bezeichnet werden.[758] Mitte der 1990er Jahre wechselten pro Jahr rund 3,5 Prozent der an Hochschulen und rund 4 Prozent der an öffentlichen Forschungseinrichtungen tätigen Forscher in die

---

[754] Vgl. Polt, W. et al. (2001), S. 169.

[755] Allerdings ist der Umfang der Mobilität in anderen Ländern, in denen ähnliche Beschränkungen und Regelungen des Beschäftigungsverhältnisses existieren, wie zum Beispiel in Finnland oder Deutschland, dennoch hoch. (Vgl. Polt, W. et al. (2001), S. 322.)

[756] Vgl. Polt, W. et al. (2001), S. 177.

[757] Vgl. Forfás (2004c), S. 29.

[758] Allerdings ist laut OECD die direkte Wirkung der Mobilität auf die Technologiediffusion im allgemeinen geringer als die angegebenen Werte, was damit zu erklären ist, dass die meisten Forscher nach ihrem Einstieg in den Unternehmenssektor zu anderen Aktivitäten wechseln. Darüber hinaus werben Unternehmen in der Regel bei einem Bedarf an Wissenschaftlern oder Ingenieuren zumeist frisch graduierte Arbeitskräfte oder Arbeitskräfte aus anderen Unternehmen an und greifen eher selten auf Forscher aus dem universitären oder öffentlichen Bereich zurück. (Vgl. OECD (1999b), S. 41.)

Industrie. Umgekehrt wechselten jedoch nur wenige industrielle Forscher in den Hochschulbereich oder zu öffentlichen Forschungseinrichtungen – hierbei lag der Anteil lediglich bei 0,4 Prozent pro Jahr –, was sich ähnlich wie im Fall Irlands durch die großen Gehaltsunterschiede erklären lässt.[759]

Anzumerken ist, dass der trotzdem hohe intersektorale Mobilitätsumfang in Finnland auf drei wesentliche Faktoren zurückzuführen ist, nämlich auf

- langfristige und stabile Beziehungen zwischen den Unternehmen bzw. den einzelnen Industriezweigen und den Universitäten,
- eine enge Zusammenarbeit zwischen den Universitäten und der Industrie in Ausbildungsfragen sowie
- das Vorhandensein koordinierender Strukturen, durch welche der industrielle Bedarf an qualifizierten Mitarbeitern bei der Erstellung der universitären Bildungsplanungen berücksichtigt wird.

Die entstehende Mobilität der Forscher basiert dabei hauptsächlich auf persönlichen Kontakten, welche wiederum oftmals aus gemeinsamen Forschungsprojekten resultieren.[760]

Diese die Mobilität fördernden Faktoren sind in Irland zur Zeit noch nicht in ausreichendem Umfang vorhanden und müssen in den nächsten Jahren erst noch weiter ausgebaut werden. Derzeit scheinen sich der niedrige Umfang der universitär-industriellen Zusammenarbeit – sowohl im Rahmen von FuE-Projekten als auch bei Fragen bezüglich der Ausbildung – und die geringe, aber zunehmende Bedeutung informeller Kontakte noch negativ auf die Mobilität auszuwirken. Allerdings zeigt sich auch in Finnland ein „Schwachpunkt“: Wie erwähnt ist der Umfang der Forschermobilität von der Industrie in den Hochschulbereich aufgrund der Gehaltsunterschiede nur sehr gering. Nationale Experten weisen in diesem Zusammenhang auf das Fehlen geeigneter Programme zur Förderung der Mobilität in diese Richtung hin.[761] Im Allgemein wird die intersektorale Forschermobilität in Finnland durch den Aufbau geeigneter, langfristig ausgerichteter Forschungsmöglichkeiten gefördert, die eine Art Treffpunkt für Forscher aus dem universitären und öffentlichen Bereich und dem privaten Sektor darstellen und somit durch gemeinsame FuE-Projekte die Mobilität in beide Richtungen ankurbeln.[762] Zu erwähnen bleibt, dass sowohl für Irland als auch für Finnland keine aktuellen Daten über den Umfang der Mobilität von Forschern und FuE-Personal zwischen der Wissenschaft und Industrie vorliegen; allerdings ist davon auszugehen, dass die Mobilität insgesamt in den letzten Jahren aufgrund der

---

[759] Vgl. Polt, W. et al. (2001), S. 95, 321.

[760] Vgl. Polt, W. et al. (2001), S. 111.

[761] Vgl. Polt, W. et al. (2001), S. 111.

[762] Vgl. Polt, W. et al. (2001), S. 331f.

verbesserten wirtschaftlichen Lage und der damit einhergehenden höheren Nachfrage nach qualifizierten Arbeitskräften zugenommen hat.[763]

In den letzten Jahren ist vor allem die *inter-* oder *transnationale* Mobilität von Forschern, welche insbesondere für kleine Volkswirtschaften und Innovationssysteme einen bedeutenden Faktor darstellt, weiter in den Vordergrund gerückt.[764] Dabei ist es für Irland nicht nur unter dem Gesichtspunkt einer Steigerung der Diffusion von Wissen und Technologie von großer Bedeutung, Forscher aus dem Ausland ins Land zu holen, sondern auch, da – wie unter Abschnitt 6.1.5 beschrieben – die Zahl der Forscher in Irland relativ niedrig ist und somit Engpässe bei der Durchführung der FuE-Aktivitäten auftreten. Die bereits erwähnte Expertengruppe EGFSN, welche die Regierung bezüglich des Forscherbedarfs berät, empfahl in ihrem 2001 veröffentlichten Bericht unter anderem, den Zuzug und den Verbleib ausländischer Forscher in Irland zu erleichtern.[765] Die generelle Beseitigung rechtlicher, administrativer und anderer Hindernisse steht auch derzeit im Mittelpunkt, was unter anderem aus der *Strategy for Science, Technology and Innovation 2006-2013* hervorgeht.[766] Als Antwort auf die Empfehlungen der EGFSN wurde 2002 von der Hochschulbehörde (HEA) eine organisationenübergreifende Expertengruppe zum Themenbereich der Forschermobilität gebildet, die sich mit Fragestellungen rund um das Anwerben ausländischer Experten und deren dauerhaftem Aufenthalt in Irland beschäftigte und eine Reihe von Empfehlungen aussprach. Dazu zählte beispielsweise eine Überarbeitung des Verfahrens zur Vergabe von Arbeitsgenehmigungen, welches bisher ein wesentliches Hindernis bei der Anwerbung ausländischer, nicht den EU-Ländern angehörender Forscher darstellte.[767] In diesem Zusammenhang wurde vor kurzem ein beschleunigtes Verfahren zur Erteilung von Arbeitsgenehmigungen vom Ministerium für Unternehmen, Handel und Beschäftigung eingeführt, welches auf in privaten und öffentlichen Forschungseinrichtungen tätige Wissenschaftler angewendet werden kann, die durch öffentliche Fördermittel – nationale, EU-weite oder internationale – unterstützt werden. Verzögerungen ergaben sich bisher jedoch bei der Einstellung von Nicht-EU-

[763] Vor allem in Finnland dürfte der Umfang der Mobilität heute höher sein als Mitte der 1990er Jahre, als sich die finnische Volkswirtschaft noch in einer Rezession befand. Bereits Ende der 1990er Jahre war die Mobilität wieder auf das vor der Rezession herrschende Niveau gestiegen. (Vgl. auch Polt, W. et al. (2001), S. 95f.)

[764] Daten zur transnationalen Mobilität liegen jedoch keine oder nur wenige vor. Ein geeigneter Indikator zum Vergleich des Anteils ausländischer Forscher an Universitäten und öffentlichen Forschungseinrichtungen in den einzelnen Ländern existierte laut der Europäischen Kommission Anfang der 2000er Jahre noch nicht und sollte erst entwickelt werden. (Vgl. European Commission (2001b), S. 70.)

[765] Vgl. Boekholt, P. et al. (2001), S. 80.

[766] Vgl. Government of Ireland (2006a), S. 32f.

[767] Vgl. Downey, L. (2003), S. 2, 26.

Forschern, weshalb im Rahmen des Gesetzes zur Vergabe von Arbeitsgenehmigungen – *Employment Permits Bill 2005*[768] –, welches eingeführt wurde, um das Verfahren zu beschleunigen und flexibler zu gestalten und so der Nachfrage nach qualifizierten Arbeitskräften schneller entsprechen zu können, die Einführung eines neuen Systems, ähnlich dem Green Card-System, ermöglicht wird.[769, 770] Daneben existieren mittlerweile spezielle Programme für Jungforscher und ins Land zurückkehrende Forscher, welche die Attraktivität des Forschungsstandorts Irland unter anderem durch verbesserte Karrieremöglichkeiten und Gehaltsstrukturen erhöhen. Eine weitere Empfehlung – die Verbesserung der bestehenden Forschungsinfrastruktur als Anreiz für ausländische Forscher – wurde mithilfe der durch den National Development Plan 2000-2006 bereitgestellten Gelder umgesetzt.

Die Bemühungen zur Förderung der Mobilität wurden in letzter Zeit auch durch das seit 2004 bestehende *European Network of Mobility Centres (ERA-MORE)*[771], dem mittlerweile über 200 Mobilitätszentren sowie zahlreiche andere, lokale Kontaktzentren in 32 verschiedenen Ländern angehören,[772] unterstützt. Bereits Anfang der 2000er Jahre wies die Europäische Kommission auf den Nutzen der Gründung so genannter Mobilitätszentren für die Ankurbelung sowohl der intersektoralen als auch der transnationalen Mobilität von Forschern und anderen im FuE-Bereich tätigen Personen hin.[773] Dabei halten die einzelnen, nationalen Mobilitätszentren für die Forscher eine Reihe von Informationen, zum Beispiel über existierende Förderungsmaßnahmen, bereit, unterstützen sie bei der Planung und Durchführung des Wechsels und helfen bei rechtlichen und administrativen Belangen. Trägerin des irischen, dem europäischen Netzwerk angehörenden nationalen Mobilitätszentrums und -portals ist die *Irish Universities Association*[774, 775] in Finnland stellt die Akademie Finnlands den wichtigsten Ansprechpartner dar.[776]

---

768 Vgl. Government of Ireland (2005b).

769 Vgl. Government of Ireland (2006a), S. 33 und Government of Ireland (2005b), S. 3.

770 Die genauen rechtlichen Regelungen hinsichtlich der Notwendigkeit von Arbeitsgenehmigungen für in Irland tätige ausländische Forscher können der Homepage des Ministeriums für Unternehmen, Handel und Beschäftigung unter http://www.entemp.ie/labour/workpermits/elements/researchers.htm entnommen werden. Auch in Finnland gelten einige Sonderregelungen hinsichtlich der Vergabe von Arbeitsgenehmigungen beispielsweise für Forscher aus Nicht-EU-Ländern, die zum Zwecke gemeinsamer FuE-Aktivitäten von Forschungseinrichtungen eingeladen bzw. vertraglich verpflichtet wurden und sich im Rahmen dieser für maximal ein Jahr in Finnland aufhalten. (Vgl. Ministry of the Interior, Finland (2004), Section 80.)

771 Vgl. hierzu http://ec.europa.eu/eracareers/index_en.cfm?l1=24&CFID=&CFTOKEN=.

772 Vgl. http://ec.europa.eu/research/fp6/mariecurie-actions/researchers/assistance_en.html#3.

773 Vgl. European Commission (2001c), S. 10.

774 Vgl. hierzu http://www.researchcareersireland.com/page.aspx?SP=47.

Finanzielle Mittel, durch die sowohl irische als auch ausländische Forscher gefördert werden, werden im Rahmen der von Science Foundation Ireland (SFI) durchgeführten Programme und durch das *Programme for Research in Third Level Institutions (PRTLI)* der HEA, durch welches der Umfang der in Irland für Doktoranden und Promovierte erhältlichen Zuschüsse erheblich gestiegen ist,[777] bereitgestellt. In einem Bericht der HEA wird darauf hingewiesen, dass der Anteil der ausländischen Forscher an den insgesamt durch PRTLI geförderten Forschern in den letzten Jahren stark angestiegen ist.[778] Mehrere Förderprogramme der SFI sind speziell auf hoch qualifizierte Forscher ausgerichtet, wobei ungefähr 50 Prozent der vergebenen Fördergelder an nicht-irische und an nach Irland zurückkehrende irische Forscher gehen.[779]

In Finnland werden sowohl die intersektorale als auch die internationale Mobilität von Wissenschaftlern bereits seit längerer Zeit durch eine Reihe von Fördermaßnahmen unterstützt. Die Akademie Finnlands fördert die Mobilitätsbestrebungen der Forscher vor allem im Rahmen gemeinschaftlicher, internationaler FuE-Projekte, durch einzelne FuE-Programme oder durch spezielle Zuschüsse beispielsweise für Forscher, die im Ausland arbeiten oder sich dort fortbilden. Daneben existieren auch Zuschüsse, durch welche nach Finnland eingeladene ausländische Forscher unterstützt werden.[780] Ähnlich wie die Akademie Finnlands bietet auch Tekes mobilitätsfördernde Maßnahmen im Rahmen von gemeinschaftlichen FuE-Projekten an.[781] EU-weit stehen finanzielle und andere Unterstützungen für Forscher, die einen Landeswechsel planen, durch das *Human Resources and Mobility Programme* als Teil des Sechsten Rahmenprogramms für Forschung und technologische Entwicklung – auch als *Marie Curie*-Maßnahmen[782] bezeichnet – bereit.

Somit zeigt sich, dass der Mobilität von Forschern – die in Finnland bereits seit längerem vor allem im Rahmen gemeinschaftlicher FuE-Projekte unterstützt wird und einen festen Bestandteil der finnischen Forschungspolitik darstellt –[783]

---

775 Vgl. Government of Ireland (2006a), S. 32f.

776 Das *Researcher's Mobility Portal Finland* findet sich im Internet unter http://www.aka.fi/index.asp?id=597bda0d53e84e13835bfacd7b9b3978&tabletarget=data_1&laytmp=aka_eng_sisa.

777 Vgl. Boekholt, P. et al. (2001), S. 7.

778 Vgl. Higher Education Authority (2003), S. 9.

779 Vgl. European Commission (2004b), S. 23.

780 Nähere Informationen zu den einzelnen Maßnahmen der Mobilitätsförderung können unter http://www.aka.fi abgerufen werden. Die Höhe der Zuschüsse für ausländische Forscher, abhängig von der Aufenthaltsdauer, ist aufgeführt bei Boekholt, P. et al. (2001), S. 48.

781 Vgl. hierzu http://www.tekes.fi/english/programmes/index/cooperation.html.

782 Für detaillierte Informationen hierzu siehe http://ec.europa.eu/research/fp6/mariecurie-actions/action/level_en.html.

783 Vgl. European Commission (2004b), S. 6.

in den letzten Jahren in Irland wesentlich mehr Beachtung geschenkt wurde als zuvor. Allerdings liegen auch bezüglich dieser Thematik noch keine Evaluierungen der in die Wege geleiteten politischen Maßnahmen vor; Einschätzungen der Wirkung der Maßnahmen gestalten sich auch aufgrund der fehlenden aktuellen Daten zum Umfang der Forschermobilität schwierig.

7 Abschließende Betrachtungen

Aus der vorliegenden Arbeit geht hervor, dass der Faktor Technologie für den in den 1990er Jahren in Irland einsetzenden Wirtschaftsboom von untergeordneter Bedeutung war. Vielmehr ist eine Kombination unterschiedlicher interner und externer Faktoren als ursächlich für diese Entwicklung anzusehen.

Somit handelt es sich um kein rein technologiegetriebenes Wirtschaftswachstum, wie dies zum Beispiel im selben Zeitraum in Finnland der Fall war. Wie aus den Ausführungen ersichtlich wurde, verfolgte Irland unter anderem vielmehr die Strategie, den Zufluss ausländischer Direktinvestitionen zu erhöhen. Ein Exkurs in die Endogene Wachstumstheorie verdeutlicht jedoch, dass der Faktor Technologie den Motor für die wirtschaftliche Entwicklung eines Landes darstellt und dass durch diesen Faktor nachhaltiges Wirtschaftswachstum erzielt werden kann. Von besonderer Bedeutung ist in diesem Zusammenhang der in einem Land ablaufende Innovationsprozess, der von den im Land existierenden Institutionen und Organisationen – kurz Akteuren – sowie politischen und rechtlichen Rahmenbedingungen beeinflusst wird. Bei dem in der vorliegenden Arbeit vorgestellten Ansatz, der diese unterschiedlichen Einflüsse darstellt, analysiert und bewertet, handelt es sich um das Konzept *nationaler Innovationssysteme*.

Wie sich zeigte, verfügte Irland im letzten Jahrhundert lediglich über ein relativ schwach entwickeltes NIS, was darauf hinweist, dass der Wirtschaftsboom nicht durch das irische NIS mitgetragen wurde. Eine Art „Gegenbeispiel" stellt Finnland dar, das bereits zu Beginn der 1990er Jahre das NIS-Konzept als Planungsmodell verwendete und mittlerweile über ein leistungsstarkes NIS verfügt, welches als „Benchmark" für andere Länder angesehen werden kann. Zum derzeitigen Entwicklungsstand und der Leistungsfähigkeit des irischen NIS lassen sich nur wenige aktuelle Studien finden, weshalb in dieser Arbeit versucht wurde, anhand eines deskriptiven Modells eine Fallstudie des NIS Irlands im Vergleich zum finnischen NIS zu erstellen. Der Vergleich der beiden NIS erfolgte in Form einer umfassenden komparativen Analyse, wobei die unterschiedlichen in den Systemen existierenden Akteure und dabei insbesondere die von ihnen ausgeübten *Funktionen* und die zwischen ihnen stattfindenden *Interaktionen* im Vordergrund standen. Wie erwähnt, ergaben die von Godinho, Mendonça und Pereira durchgeführten Untersuchungen, dass das irische NIS sowohl 1996 als auch 2000 zu den neun leistungsfähigsten der 14 untersuchten NIS zählte. Die im Rahmen der vorliegenden Arbeit durchgeführte Analyse kommt zu dem Schluss, dass sich die Funktionsweise und Leistungsfähigkeit des irischen NIS seit Beginn der 1990er Jahre zwar hinsichtlich einer Reihe von Merkmalen verbessert hat, dass es allerdings auch Anfang der 2000er Jahre noch einige Schwächen aufweist.

Im Folgenden werden die durch die Analyse gewonnenen Erkenntnisse noch einmal kurz zusammengefasst, wobei zunächst die von den Akteuren ausgeübten ***Funktionen*** innerhalb der beiden NIS im Vordergrund stehen: Bei der Betrachtung der *Formulierung und Implementierung einer WTI-Politik* zeigte sich, dass Finnland das NIS-Konzept bereits seit 1990 als ein staatliches Instrument zur Stimulierung und Förderung von Interaktionen und der Wettbewerbsfähigkeit der wesentlichen Akteure des finnischen NIS nutzt. Mittlerweile wird das NIS Finnlands vor allem aufgrund der betriebenen Innovationspolitik, die sich durch eine hohe Einbringung der Regierung auszeichnet, und des innovationsfördernden Umfelds als vorbildlich bezeichnet. In Irland stellt die Formulierung und Implementierung einer speziellen WTI-Politik hingegen eine relativ neue Entwicklung dar. Der WTI-Bereich wurde lange Zeit nicht als zentrales Element der industriellen Entwicklung angesehen, sondern – ebenso wie der Auf- und Ausbau eines ganzheitlichen NIS – vernachlässigt. Durch den Tierney-Bericht „wachgerüttelt“ legte die irische Regierung im Jahr 1996 das erste jemals in Irland erarbeitete Weißbuch für den WTI-Bereich vor, das *White Paper on Science, Technology and Innovation*, auf welches sich die in Irland derzeit existierenden Strukturen der WTI-Politik gründen. Als Analysegrundlage wurde bei der Anfertigung des Weißbuchs erstmals das NIS-Konzept verwendet. Die im Weißbuch verfolgte Strategie zielt darauf ab, eine kohärente WTI-Politik zu schaffen und darüber die FuE-Aktivitäten in den sowohl irischen als auch den multinationalen Unternehmen zu erhöhen. Zu den im Zuge der Neugestaltung der WTI-Politik eingeführten Maßnahmen zählen unter anderem die Ernennung eines leitenden Wissenschaftsberaters sowie die Einrichtung einer ministerienübergreifenden Kommission und einer Regierungskommission für Wissenschaft, Technologie und Innovation. Daraus folgt allerdings auch, dass Irland mittlerweile über eine Vielzahl von Organisationen, die mit der Politikgestaltung betreut sind, verfügt, wobei vor allem die beratenden Organe in relativ hoher Zahl vertreten sind. Somit ist der Prozess der Politikgestaltung relativ komplex, wodurch es zu nicht unerheblichen Koordinierungsproblemen und Überschneidungen kommen kann. Anzumerken ist, dass in Finnland hingegen lediglich ein wesentliches beratendes Organ existiert, nämlich der Wissenschafts- und Technologierat.

Hinsichtlich der *Durchführung von FuE* zeigte sich, dass Irland im Zeitraum von 1991 bis 1998 ein hohes Wachstum der Bruttoinlandsausgaben für FuE (GERD) zu verzeichnen hatte. Mit einer Zunahme von knapp 150 Prozent entwickelten sich die Ausgaben weitaus dynamischer als es im OECD-Durchschnitt der Fall war. Auch in den letzten Jahren wies Irland hohe Wachstumsraten der GERD auf. In Finnland stiegen die GERD zwischen 1991 und 1998 ebenfalls stark an, wobei jedoch seit 1999 ein starker Rückgang der Wachstumsrate zu erkennen ist. In diesem Zusammenhang ist insbesondere die Entwicklung der *Bruttoinlandsausgaben für FuE pro Kopf* und des Anteils der Bruttoinlandsausgaben für FuE am BIP, also der *FuE-Intensität*, von Interesse. Bei der Betrachtung dieser Indikatoren zeigt sich, dass die GERD pro Kopf in Irland seit 1991 zwar kontinuierlich stiegen, aber auch heutzutage noch relativ niedrig sind und weit unter dem OECD-Durchschnitt liegen, während in Finnland weitaus mehr in FuE investiert wird als dies in den OECD-Ländern durchschnittlich der Fall ist. Im Jahr 2001 waren die GERD pro Kopf in Finnland 2,7-mal so hoch wie in Irland. Auch die in der Regel für Vergleichszwecke herangezogene FuE-Intensität spiegelt ein ähnliches Bild wider: Die irische FuE-Intensität ist zwar seit 1991 gestiegen, lag aber auch 2003 noch unter dem EU- und dem OECD-Durchschnitt, während Finnland auch hierbei einen der höchsten Werte zu verzeichnen hatte. Dabei wird auch der beobachtete Zusammenhang zwischen FuE-Intensität und Produktivitätswachstum deutlich: Während der 1990er Jahre wies Irland nur eine niedrige FuE-Intensität auf; auch das Produktivitätswachstum während dieser Zeit fiel gering aus und machte, wie bereits zu Beginn deutlich wurde, nur einen geringen Teil des Wirtschaftsbooms aus. Bei der Betrachtung der FuE-Aktivitäten der einzelnen Sektoren fällt auf, dass der irische *Unternehmenssektor* den wichtigsten Innovationsakteur des NIS darstellt, also aktiver ist als der Hochschul- und der Staatssektor – was jedoch in den meisten OECD-Ländern der Fall ist. Wird als Vergleichsindikator jedoch der Anteil der gesamten Ausgaben der privaten Unternehmen für FuE (BERD) am BIP eines Landes betrachtet, so zeigt sich, dass auch dieser in Irland 2003 sehr niedrig ausfiel und weit unter dem EU- und OECD-Durchschnitt lag. Für Finnland zeigt sich wieder ein ähnliches Bild wie bei den vorangegangenen Ausführungen: Der Anteil der FuE-Ausgaben des Unternehmenssektors am BIP ist seit 1991 stark gestiegen und ist bereits seit Mitte der 1990er Jahre überdurchschnittlich hoch; 2003 war der finnische Wert rund drei Mal so hoch wie der irische. Dies alles weist darauf hin, dass in Finnland bereits früh eine Fokussierung der Regierung und insbesondere der finnischen Unternehmen auf den WTI-Bereich erfolgte. Für Irland zeigen die hier angeführten Indikatoren hingegen einen deutlichen Schwachpunkt des NIS auf: den – trotz der eingeführten Maßnahmen auch heute noch – unterdurchschnittlich hohen Umfang der FuE-Aktivitäten der privaten Unternehmen. Wie deutlich wurde, ist dies jedoch unter anderem auf die in Irland vorherrschende industrielle Struktur zurückzuführen, die durch eine große Zahl kleiner und mittelständischer Unternehmen und einen hohen Anteil multinationaler Unternehmen gekennzeichnet ist. Vor diesem Hintergrund zeigte sich, dass sich die Zahl der irischen Unternehmen, die aktiv FuE betreiben, in den letzten Jahren erhöht hat. Zudem wurde deutlich, dass die irischen Unternehmen mittlerweile etwas FuE-intensiver sind als die im Land ansässigen MNU, was allerdings nicht aus einem Zuwachs der FuE-Intensität der heimischen Unternehmen resultierte, sondern aus einem starken Rückgang der FuE-Intensität der ausländischen Unternehmen. Werden die irischen Unternehmen für sich betrachtet, so kann kein nennenswerter Anstieg der FuE-Intensität beobachtet werden. Die während der 1990er Jahre existierenden Maßnahmen zur Förderung der FuE-Aktivitäten sind zwar mit dafür als ursächlich anzusehen, dass sich mehr irische Unternehmen an der Durchführung von FuE beteiligen, allerdings gelang es nicht, durch sie die FuE-Intensität der heimischen Unternehmen zu steigern. Zudem konnten sie nicht den starken Rückgang der FuE-Intensität der in Irland ansässigen MNU verhindern. Ob und inwieweit die zusätzlich und neu eingeführten Maßnahmen in dieser Hinsicht greifen werden, wird sich erst noch zeigen. Zumindest kann aus den vorliegenden Daten gefolgert werden, dass sich innovationspolitische Maßnahmen in Irland stärker auf die Ankurbelung der FuE-Aktivitäten des Unternehmenssektors konzentrieren sollten.

In Bezug auf die *Finanzierung von FuE* zeigt sich, dass der größte Teil der GERD in den meisten OECD-Ländern von den privaten Unternehmen finanziert wird, weshalb der Unternehmenssektor nicht nur den wichtigsten Innovationsakteur, sondern auch die wichtigste Finanzierungsquelle für FuE-Aktivitäten darstellt. In Finnland hat die Bedeutung der privaten Unternehmen als Finanzierungsquelle seit Mitte der 1990er Jahre zugenommen: Im Jahr 2003 wurden in Finnland 70 Prozent der FuE-Aktivitäten vom Unternehmenssektor finanziert, womit der Wert weit über dem EU- und OECD-Durchschnitt lag. Der irische Anteil der privaten Unternehmen, der sich in die entgegengesetzte Richtung entwickelte und seit Mitte der 1990er Jahre relativ stark gesunken ist, lag mit knapp 60 Prozent zwar über dem EU-, jedoch knapp unter dem OECD-Durchschnitt. Dafür hat hier der Staat als Finanzierungsquelle an Bedeutung gewonnen. In diesem Zusammenhang kann ein weiterer Indikator herangezogen werden: die unternehmens- bzw. industriefinanzierten GERD als Anteil am BIP. Durch das Zugrundelegen dieses Indikators zeigt sich, dass, während der irische Wert 1995 noch in etwa dem EU-Durchschnitt entsprach, der Anteil von unternehmensfinanzierter FuE am BIP in Irland in den letzten Jahren ohne Ausnahme unterhalb des in anderen EU-Ländern durchschnittlich erzielten Anteils lag. Im Vergleich hierzu wies der finnische Anteil industriefinanzierter FuE am BIP insbesondere zwischen 1995 und 1999 einen großen Anstieg auf, so dass der in Finnland erreichte Wert 2003 knapp 2,5-mal so hoch wie der EU-Durchschnitt und knapp 3,5-mal so hoch wie der irische Wert war. Daraus folgt, dass die Bedeutung des irischen Unternehmenssektors sowohl bezüglich der Durchführung als auch der Finanzierung von FuE in den letzten Jahren abgenommen hat, während sie in Finnland und anderen technologisch und wirtschaftlich erfolgreichen OECD-Ländern zugenommen hat. Als Konsequenz hieraus ergibt sich, dass in Irland mittels innovationspolitischer Maßnahmen neben einer Anregung der FuE-Aktivitäten der privaten Unternehmen an sich auch über entsprechende Anreizmechanismen eine Steigerung der Finanzierungsbeteiligung erreicht werden sollte. Zwar existiert in Irland eine Reihe von *direkten* und *indirekten Anreizen* zur Förderung der FuE-Beteiligung der privaten Unternehmen, allerdings scheint ihr Wirkungsgrad bisher relativ niedrig zu sein – insbesondere in Bezug auf die FuE-Aktivitäten kleiner und mittelständischer Unternehmen, bei denen die eigenständige Durchführung von FuE zumeist aufgrund der mangelnden finanziellen Mittel scheitert. Eine stärkere Fokussierung der Fördermaßnahmen auf diese Unternehmensgruppe erscheint daher zweckdienlich. Bezüglich der *Förderung technologiebasierten Unternehmertums* zeigte sich Folgendes: Auch wenn der Zugang zu Finanzierungsmitteln für technologiebasierte Unternehmensgründungen in Irland mittlerweile erleichtert wurde, war beispielsweise das 2003 in Irland pro Kopf bereitgestellte Venture Capital (VC) im Vergleich zu anderen europäischen Ländern dennoch relativ niedrig. Während in Finnland verhältnismäßig viel VC pro Kopf zur Verfügung stand, belief sich das VC pro Kopf in Irland auf lediglich knapp ein Drittel des finnischen VC-Aufkommens. Die verfügbaren Daten zur Höhe des in den Ländern investierten VC zeigten außerdem, dass der Umfang der VC-Investitionen in Irland von 2003 auf 2004 stark abgenommen hat. Somit scheint es nützlich, dem Auf- und Ausbau dieses Bereiches verstärkte Beachtung zu schenken. Wie erwähnt, kündigte der Minister für Unternehmen, Handel und Beschäftigung Micheál Martin Ende Mai 2006 eine Bereitstellung umfangreicher finanzieller Mittel seitens des Staates für den irischen Risikokapitalmarkt an. Anzumerken bleibt, dass Unternehmensgründern in Irland neben VC mittlerweile ein gut ausgebautes Netz von privaten Kapitalgebern, den so genannten Business Angels, zur Verfügung steht, wodurch sich der Zugang zu Kapital erleichtert hat. Auch in Finnland ist die Zahl der Business Angels in den letzten Jahren stark gestiegen. Es wird deutlich, dass sich seit Mitte der 1990er Jahre die Möglichkeiten für technologiebasierte Unternehmen, finanzielle Unterstützung in Form von VC oder durch Business Angels zu erhalten, in den beiden betrachteten Ländern verbessert haben.

Eine ebenfalls bedeutende Funktion der Akteure stellt die *Förderung der Humankapital-Bildung im WTI-Bereich* dar, da das Vorhandensein einer ausreichend hohen Zahl von Wissenschaftlern und qualifizierten Arbeitskräften für die Entwicklung nationaler Innovationssysteme und folglich für die wirtschaftliche Entwicklung von Ländern immer mehr an Bedeutung gewinnt. Aus den vorliegenden Ausführungen geht hervor, dass der Anteil des insgesamt im FuE-Bereich vorhandenen Humankapitals (HRST) an der gesamten Erwerbsbevölkerung in Irland auch zu Beginn des 21. Jahrhunderts unter dem OECD-Durchschnitt lag (im Jahr 2002 um rund sechs Prozent). Es scheint nicht überraschend, dass Finnland einen der höchsten Anteile der HRST in den betrachteten OECD-Ländern aufweist; dabei liegt der Wert über zehn Prozent höher als in Irland. Seit Beginn der 1990er Jahre wurde die Zahl des gesamten FuE-Personals pro Tausend der Erwerbsbevölkerung in Finnland stark erhöht, so dass der Anteil 2003 knapp doppelt so hoch war wie 1991. In Irland stieg die Zahl des FuE-Personals pro Tausend der Erwerbsbevölkerung im gleichen Zeitraum nur geringfügig an. Ein ähnliches Bild ergibt sich bei der Betrachtung der Zahlen der

Forscher: Auch hier hatte Finnland zwischen 1991 und 2003 einen enormen Zuwachs zu verzeichnen, so dass der Anteil der Wissenschaftler an der gesamten Erwerbsbevölkerung 2003 mehr als doppelt so hoch war als es durchschnittlich in den betrachteten OECD-Ländern der Fall war. Der irische Wert hat sich wiederum nur mäßig entwickelt und lag 2003 sowohl unter dem EU- als auch unter dem OECD-Durchschnitt. Die sektorale Verteilung der Wissenschaftler war dabei in den beiden Ländern ähnlich: Der größte Teil der Forscher arbeitet im Unternehmenssektor. Wie sich zeigt, ist es der irischen Regierung bewusst, dass die Zahlen der im FuE-Bereich beschäftigten Wissenschaftler und des gesamten dort tätigen Personals vergleichsweise niedrig sind. Darüber hinaus haben Studien ergeben, dass in Zukunft in einigen Fachbereichen, wie zum Beispiel in der IKT oder Biotechnologie, mit einem Engpass an Forschern und hoch qualifizierten Arbeitnehmern zu rechnen ist. Auf diesen, bereits seit einigen Jahren abzusehenden Engpass reagierte die irische Regierung indem sie eine Reihe unterschiedlicher Maßnahmen ergriffen hat. Durch diese sollen einerseits das Interesse an den betroffenen, technologieorientierten Bereichen in der Öffentlichkeit und vor allem bei Schülern und Studenten erhöht und andererseits der Umfang der finanziellen Unterstützung für angehende und bereits tätige Forscher ausgeweitet werden. Evaluierungen der eingeführten Maßnahmen liegen allerdings noch nicht vor.

Auch aus diesen Ausführungen zur Förderung der Humankapital-Bildung im WTI-Bereich wird die starke Konzentration Finnlands auf den WTI- und speziell den FuE-Bereich deutlich, insbesondere im Vergleich zu Irland, bei dem die bisher betrachteten Merkmale bzw. Funktionen nur relativ schwach ausgeprägt sind. Generell kann nicht davon ausgegangen werden, dass eine starke Fokussierung der Inputs und Aktivitäten auf den WTI- und FuE-Bereich automatisch zu nachhaltigem Wirtschaftswachstum führt. Andererseits zeigt sich jedoch, wie unter anderem am Beispiel Finnlands oder auch Schwedens deutlich wird, dass Länder, die ein technologiegetriebenes und nachhaltiges Wachstum zu verzeichnen haben, in der Regel einen starken WTI- und FuE-Bereich aufweisen.

Eine letzte, in der vorliegenden Arbeit untersuchte Funktion stellt die *Wahrnehmung der Mittlerfunktion* dar. Hierbei stehen die so genannten Technologie- oder Transfermittler im Vordergrund, die in unterschiedlichen Formen von Einrichtungen existieren und insbesondere für KMU von großer Bedeutung sind. Dabei zeigte sich, dass Irland mittlerweile über eine Vielzahl von Einrichtungen und Maßnahmen verfügt, durch welche der Technologietransfer zu den privaten Unternehmen unterstützt und erleichtert wird. Auch in Finnland existieren zahlreiche Einrichtungen und Initiativen. Aus der Berechnung der so genannten TTI-Penetration im Rahmen einer Studie der Europäischen Kommission ging zudem hervor, dass die Zahl der Technologietransfer-Einrichtungen pro öffentlicher Forschungseinrichtung in Irland sehr hoch ist und dass das Land somit laut der

Studie über ein relativ dichtes Netz von Technologiemittlern verfügt. Negativ ist lediglich anzumerken, dass befragte Unternehmen zu dem Schluss gelangten, dass die große Zahl an Transfereinrichtungen zu einer eingeschränkten Transparenz und Übersichtlichkeit führte. Wird dieser Punkt außer Acht gelassen, dann wird deutlich, dass sich die Wahrnehmung der Mittlerfunktion innerhalb des irischen NIS in den letzten Jahren stark verbessert hat. Diese Entwicklung wird sich nicht nur für die auf den Transfer angewiesenen Technologienutzer positiv auswirken, sondern beispielsweise auch auf die Rate der Diffusion von Wissen und Technologie innerhalb des gesamten NIS.

Hinsichtlich der ***Interaktionen***, welche heutzutage aufgrund der zunehmenden Bedeutung von Wissen und Technologie für die Entwicklung der NIS und Volkswirtschaften immer wichtiger werden, zeigte sich für das irische und finnische NIS Folgendes: Die *Zusammenarbeit im FuE-Bereich* zwischen den einzelnen Akteuren, durch die der Transfer von Wissen und Technologien gefördert wird, ist in Irland noch immer relativ schwach ausgeprägt, während Finnland auch in diesem Punkt eine Vorbildposition einnimmt. Außerdem wurde deutlich, dass der Umfang der Zusammenarbeit in Irland zwischen 1993 und 2003 gesunken ist, wobei insbesondere die Zusammenarbeit zwischen den einzelnen Unternehmen – sowohl bei den irischen als auch den multinationalen – zurückgegangen ist. Eine mögliche Erklärung hierfür liegt in der existierenden sektoralen Verteilung der Unternehmen, die auch heute noch dadurch gekennzeichnet ist, dass eine Vielzahl der irischen Unternehmen in Low-Tech-Sektoren aktiv ist und keine oder kaum FuE betreibt. Kritisch ist jedoch der beobachtete Rückgang der Kooperation irischer Unternehmen mit dem irischen Hochschulsektor zu sehen, da dieser eine wesentliche Quelle (technologischer) Erkenntnisse für technologiebasierte Unternehmen darstellt. Dieses Manko wurde auch von der irischen Regierung erkannt, die daraufhin neue Programme zur Förderung der Zusammenarbeit ins Leben rief.

Aus Studien geht hervor, dass *informelle Interaktionen* für den Transfer von Wissen und Technologie von besonderer Bedeutung sind. Auch wenn nur wenige Informationen zum Umfang dieser Interaktionsart vorliegen, so zeigte sich beispielsweise in Untersuchungen der zwischen dem irischen Unternehmenssektor und dem Hochschulbereich bestehenden Beziehungen, dass in der Industrie tätige Forscher in der Regel über intensive informelle Kontakte zu universitären Forschern verfügen. Oftmals sind diese derart stark ausgeprägt, dass es sich für technologieorientierte Unternehmen nicht lohnt, sich einem speziellen, offiziell operierenden Netzwerk anzuschließen. Andererseits kommen Netzwerkstudien zu dem Schluss, dass informelle Kontakte in Finnland anscheinend von sehr großer Bedeutung, in Irland hingegen weniger bedeutend sind. Die vorliegenden Untersuchungen – die jeweils nur einen kleinen Teilbereich des NIS beleuchten – gelangen somit zu voneinander abweichenden Ergebnissen. Es ist davon auszugehen, dass eine umfassende Messung der im irischen, finnischen und jedem anderen NIS stattfindenden informellen Interaktionen und eine entsprechende Aussage über den Umfang solcher Interaktionen nur schwer möglich sind. Allerdings ist zu beobachten, dass in Irland und Finnland seit Ende der 1990er Jahre verstärkt Kontakt- oder Innovationsforen organisiert werden, durch welche die (informellen) Interaktionen und die Entstehung von Netzwerken zwischen dem privaten Sektor, dem Hochschulbereich und den für die regionale Entwicklung zuständigen Behörden gefördert werden sollen.

Bei der Betrachtung der *Diffusion von technologischem Wissen und neuen Technologien* im irischen und finnischen NIS steht die Diffusion der von den Universitäten und öffentlichen Forschungseinrichtungen durch FuE gewonnenen Erkenntnisse zu den Unternehmen im Mittelpunkt. Dabei wird deutlich, dass der Wissenstransfer innerhalb des irischen NIS – durch den die Diffusion vorangetrieben wird – noch nicht optimal ist. Ein Grund hierfür liegt beispielsweise im geringen Umfang der Zusammenarbeit. Andererseits ist davon auszugehen, dass der weitere Ausbau des Netzes von Transfermittlern in Zukunft den Wissenstransfer und somit die Diffusion von Wissen und Technologie erleichtern wird. Aufgrund der Tatsache, dass der Umfang der Zusammenarbeit in Finnland sehr groß und das Netz der Mittlerorganisationen gut ausgebaut ist, ist davon auszugehen, dass der Transfer von Wissen und Technologie innerhalb des finnischen NIS effizienter vonstatten geht als es zur Zeit in Irland der Fall ist. Einen weiteren, die Diffusion vorantreibenden Mechanismus stellt die Auftragsforschung dar. Auch hier zeigt sich das bekannte Muster: Während die Vertragsforschung in Finnland eine bedeutende Interaktionsform darstellt, ist den vorliegenden Daten zu entnehmen, dass der Bereich der Auftragsforschung in Irland relativ schwach entwickelt ist. Die Diffusion von Wissen und Technologie wird außerdem über so genannte Spin-off-Gründungen beschleunigt. Nationale Experten gehen davon aus, dass die Zahl der technologiebasierten Spin-offs in Irland sowohl im Hochschulbereich als auch in den öffentlichen Forschungsinstituten niedrig ist, während in Finnland relativ viele Spin-offs gegründet werden. Dies deutet ebenfalls darauf hin, dass das finnische NIS relativ stark diffusionsorientiert ist. In Irland wurden mittlerweile einige Maßnahmen eingeführt, um Forschern die Möglichkeit der Vermarktung von Forschungsergebnissen durch Spin-offs vor Augen zu führen und etwaige Hindernisse, welche die Unternehmensgründung für im FuE-Bereich Beschäftigte erschweren, zu beseitigen. Ob und wie sich diese Maßnahmen auf die Zahl der Spin-off-Gründungen auswirken, bleibt abzuwarten.

Eine letzte untersuchte Interaktionsart stellt die *Personalmobilität* dar. Dabei zeigte sich, dass die intersektorale Mobilität der Forscher von der Wissenschaft in die Industrie in Irland sehr niedrig ist und dass auch die Mobilität von in der Industrie tätigen Forschern in den Hochschulbereich niedrig ausfällt. Die irische Regierung ist sich der niedrigen Mobilität und der unter anderem daraus resultierenden Hemmung des Wissens- und Technologietransfers sowie der Diffusion bewusst, weshalb geeignete Maßnahmen bzw. Anreize, wie zum Beispiel Programme zur finanziellen Unterstützung universitärer Forscher, die für eine Zeit lang in der Industrie arbeiten wollen, und vice versa, in die Wege geleitet werden sollen. Anders als in Irland kann die Mobilität der Forscher von der Wissenschaft zur Industrie in Finnland als vergleichsweise hoch bezeichnet werden; umgekehrt wechselten jedoch nur wenige industrielle Forscher in den Hochschulbereich oder zu öffentlichen Forschungseinrichtungen. Dabei ist anzumerken, dass der trotzdem hohe intersektorale Mobilitätsumfang in Finnland auf langfristige und stabile Beziehungen sowie eine enge Zusammenarbeit zwischen den Unternehmen und den Universitäten und auf das Vorhandensein koordinierender Strukturen zurückzuführen ist. Diese die Mobilität fördernden Faktoren sind in Irland zur Zeit noch nicht in ausreichendem Umfang vorhanden und müssen in den nächsten Jahren erst noch weiter auf- und ausgebaut werden. Darüber hinaus ist für Irland insbesondere die inter- oder transnationale Mobilität von Bedeutung, da nur durch einen ausreichend großen Zufluss ausländischer Wissenschaftler und hoch qualifizierter Arbeitnehmer der zu erwartende Engpass in den technologieorientierten Bereichen beseitigt werden kann. In diesem Zusammenhang hat sich gezeigt, dass die irische Regierung in den letzten Jahren durch eine Reihe von Initiativen den Wechsel ausländischer Arbeitskräfte und Forscher vom Ausland nach Irland erleichtert hat und dass der Zustrom ansteigt.

Die komparative Analyse und die dafür erfolgte Betrachtung der einzelnen Funktionen und Interaktionen der im irischen und finnischen NIS existierenden Akteure hat gezeigt, dass das finnische NIS in vielen Bereichen eine Vorbildfunktion für andere Länder einnimmt und insgesamt als sehr leistungsstark bezeichnet werden kann. Das irische NIS hingegen weist zu Beginn des neuen Jahrtausends noch eine Reihe von Schwachstellen auf, wozu unter anderem der geringe Umfang der FuE-Aktivitäten des Unternehmenssektors und bei den Interaktionen das niedrige Ausmaß an Zusammenarbeit und die geringe Personalmobilität zählen. Andererseits zeigen sich jedoch auch bereits Verbesserungen, wie zum Beispiel die Formulierung und Implementierung einer umfassenden WTI-Politik, die verbesserten Möglichkeiten zur Förderung technologiebasierten Unternehmertums oder der Ausbau des Netzes von Transfermittlern. Als besonders positiv ist anzusehen, dass die herausgearbeiteten Schwachstellen in Irland bereits vor einiger Zeit erkannt wurden und dass in nahezu allen Fällen Maßnahmen in die Wege geleitet wurden oder in nächster Zukunft geleitet werden, um diese Schwachstellen zu beseitigen. Mit Spannung können daher die Evaluierungen der neueren Maßnahmen erwartet werden. Tabelle 7.1 stellt einige wesentliche Merkmale des irischen und finnischen NIS dar.

Wie sich in Kapitel drei zeigte, ist der Faktor Technologie von besonderer Bedeutung für nachhaltiges Wirtschaftswachstum. Die Stärkung des NIS eines

Landes stellt somit eine sinnvolle Strategie dar. Einen anderen Weg, das Wirtschaftswachstum zu stimulieren, stellt die lange Zeit von Irland verfolgte Strategie der Förderung ausländischer Direktinvestitionen dar. Allerdings ist die irische Volkswirtschaft dadurch auch in starkem Maße von der wirtschaftlichen Entwicklung anderer Länder – und dabei insbesondere der USA – abhängig.

Tabelle 7.1: Merkmale des irischen und finnischen nationalen Innovationssystems

Irland	Finnland
Vielzahl von Institutionen, die sich mit dem WTI-Bereich befassen und mit der Gestaltung und Implementierung der WTI-Politik beauftragt sind; dabei ein insbesonders hoher Anteil beratender Organe → komplexes institutionelles Gefüge	relativ „schlankes" Innovation Governance System; klar strukturiertes institutionelles Gefüge; Aufgaben der einzelnen Institutionen im WTI-Bereich sind relativ klar voneinander abgegrenzt
niedrige Bruttoinlandsausgaben für FuE und FuE-Intensität	sehr hohe Bruttoinlandsausgaben für FuE und FuE-Intensität
relativ geringe, unterdurchschnittliche Beteiligung des Unternehmenssektors an der Durchführung und Finanzierung von FuE; dabei relativ geringe, aber leicht steigende Beteiligung heimischer Unternehmen; starker Rückgang der FuE-Intensität ausländischer Unternehmen	sehr hohe, überdurchschnittliche Beteiligung des Unternehmenssektors an der Durchführung und Finanzierung von FuE; dabei hohe Beteiligung heimischer Unternehmen, die jedoch vorwiegend von wenigen Großunternehmen – insbesondere Nokia – vorangetrieben wird
relativ guter Zugang zu Kapital für technologiebasierte Unternehmensgründungen durch die Bereitstellung von Venture Capital und das Vorhandensein eines Netzes von Business Angels	guter Zugang zu Kapital für technologiebasierte Unternehmensgründungen durch die Bereitstellung von Venture Capital und das Vorhandensein eines Netzes von Business Angels
niedriger Anteil der Forscher und des FuE-Personals an der gesamten Erwerbsbevölkerung	sehr hoher Anteil der Forscher und des FuE-Personals an der gesamten Erwerbsbevölkerung
relativ dichtes Netz von Transfermittlern	komplexes Netz von Transfermittlern
relativ schwach ausgeprägte Zusammenarbeit der Akteure im FuE-Bereich	intensive Zusammenarbeit der Akteure im FuE-Bereich
Diffusion von Wissen und Technologie noch suboptimal, da • Wissenstransfer teilweise gehemmt, • Auftragsforschung relativ schwach ausgeprägt, • niedrige Zahl technologiebasierter Spin-offs	starke Diffusionsorientierung; Diffusion unterstützt durch • effizienten Wissenstransfer, • Auftragsforschung als bedeutende Interaktionsform, • relativ große Zahl von Spin-off-Gründungen
niedrige, aber steigende Personalmobilität	relativ hohe Personalmobilität

Quelle: eigene Darstellung.

Mögliche Gefahren liegen folglich einerseits in einer Verschlechterung der wirtschaftlichen Lage dieser Länder und andererseits darin, dass andere Länder – wie beispielsweise die der EU beigetretenen osteuropäischen Länder – ebenfalls günstige bzw. günstigere Rahmenbedingungen für multinationale Unternehmen bieten.

Auch wenn in einer Reihe von Studien davon ausgegangen wird, dass Irland in vielen Bereichen, wie zum Beispiel im Hochtechnologie-Bereich, auch weiterhin einen attraktiven Standort für die Ansiedlung ausländischer Niederlassungen darstellen wird, so ist dennoch davon auszugehen, dass es sich bei dieser Vorgehensweise um keine optimale Strategie zur Erreichung nachhaltigen Wirtschaftswachstums handelt. Somit sollte eine stärkere Konzentration auf das NIS und auf das technologische Potenzial der heimischen Wirtschaft – so wie es in Finnland der Fall ist – in jedem Fall erfolgen, um so einerseits den Grad der Abhängigkeit Irlands von anderen Ländern zu reduzieren und andererseits um einem Abreißen des derzeitigen Wirtschaftswachstums vorzubeugen und nachhaltiges, technologiegetriebenes Wachstum zu erreichen. Durch die in die Wege geleiteten politischen Maßnahmen und die daraus bisher resultierenden Erfolge scheint es für Irland durchaus möglich, in näherer Zukunft den Übergang zu Wachstumsmustern, die durch das NIS und höhere FuE-Aktivitäten getragen werden, zu erreichen.

Literaturverzeichnis

Abramovitz, M. (1956), Resource and Output Trends in the United States since 1870, in: *American Economic Review*, Vol. 46, No. 2, S. 5-23.

Acheson, H. / Lambkin, I. (2006), *Country Review of National Research Program: Ireland*, Vision Era-Net – Work Package 2, o.O. Online-Verbindung 06.07.2006: http://www.visioneranet.org/files/93/Ireland_review.pdf

Allen, K. (1999), Immigration and the Celtic Tiger: a Land of a Thousand Welcomes?, in: *The European Union and Migrant Labour*, eds.: Dale, G. / Cole, M., Berg, Oxford, S. 91-111.

Archibugi, D. / Michie, J. (1995), The globalisation of technology: a new taxonomy, in: *Cambridge Journal of Economics*, 19, No. 1, S. 121-140.

Archibugi, D. / Michie, J. (1997), Technological globalisation or national systems of innovation?, in: *Futures*, Vol. 29, No. 2, S. 121-137.

Arnold, E. / Thuriaux, B. (1998), *Forbairt Basic Research Grants Scheme – An Evaluation*, Technopolis, Brighton. Online-Verbindung 20.10.2006: http://www.technopolis-group.com/downloads/basic.pdf

Arnold, E. / Thuriaux, B. (2001), Contribution of basic research to the Irish national innovation system, in: *Science and Public Policy*, Vol. 28, No. 2, S. 86-98.

Arnold, E. / Bussillet, S. / Sowden, P. / Stroyan, J. / Whitehouse, S. / Zaman, R. (2004), *An Evaluation of the RTDI for Collaboration Programme – Main Report*, Technopolis, Brighton. Online-Verbindung 23.11.2006: http://www.forfas.ie/publications/forfas040622/webopt/forfas_rtdi_040622.pdf

Balzat, M. (2003), Benchmarking in the Context of National Innovation Systems: Purpose and Pitfalls, Volkswirtschaftliche Diskussionsreihe, Beitrag Nr. 238, Universität Augsburg. Online-Verbindung 22.05.2006: http://www.uni-augsburg.de/vwl/institut/paper/238.pdf

Balzat, M. / Hanusch, H. (2004), Recent trends in the research on national innovation systems, in: *Journal of Evolutionary Economics*, Vol. 14, No. 2, Special Issue, S.197-210.

Barry, F. (1999a), Introduction, in: *Understanding Ireland's Economic Growth*, ed.: Barry, F., Macmillan Press, London, S. 1-11.

Barry, F. (1999b), Irish Growth in Historical and Theoretical Perspective, in: *Understanding Ireland's Economic Growth*, ed.: Barry, F., Macmillan Press, London, S. 25-44.

Barry, F. (2002), The Celtic Tiger Era: Delayed Convergence or Regional Boom?, in: *Quarterly Economic Commentary*, Summer, The Economic and Social Research Institute ESRI, Dublin, S. 36-42.

Barry, F. (2004a), Export-platform foreign direct investment: the Irish experience, EIB Papers, Vol. 9, No. 2, European Investment Bank, Luxembourg, S. 8-37.

Barry, F. (2004b), Prospects for Ireland in an Enlarged EU, in: *The World Economy*, Vol. 27, No. 6, S. 829-852.

Barry, F. (2004c), (Notes on) Technology Sourcing FDI, Offshoring of R&D facilities and National Systems of Innovation, UCD, bisher unveröffentlichtes Paper.

Barry, F. (2006), Future Irish Growth: Opportunities, Catalysts, Constraints, special article in: *Quarterly Economic Commentary*, Winter 2005, The Economic and Social Research Institute ESRI, Dublin, S. 34-58.

Barry, F. / Bradley, J. (1997), FDI and Trade: the Irish host-country experience, in: *The Economic Journal*, Vol. 107, No. 445, S. 1798-1811.

Barry, F. / Curran, D. (2004), Enlargement and the European Geography of the Information Technology Sector, in: *The World Economy*, Vol. 27, No. 6, S. 901-922.

Barry, F. / Egeraat, C. v. (2005), The Eastward Shift of Computer Hardware Production: How Ireland Adjusted, NIRSA Working Paper Series, No. 27, National Institute For Regional and Spatial Analysis, Maynooth, Ireland.

Barry, F. / Bradley, J. / Hannan, A. (1999), The European Dimension: The Single Market and the Structural Funds, in: *Understanding Ireland's Economic Growth*, ed.: Barry, F., Macmillan Press, London, S. 99-118.

Barry, F. / Bradley, J. / O'Malley, E. (1999), Indigenous and Foreign Industry: Characteristics and Performance, in: *Understanding Ireland's Economic Growth*, ed.: Barry, F., Macmillan Press, London, S. 45-74.

Barry, F. / Hannan, A. / Strobl, E. (1999), The Real Convergence of the Irish Economy and the Sectoral Distribution of Employment Growth, in: *Understanding Ireland's Economic Growth*, ed.: Barry, F., Macmillan Press, London, S. 13-24.

Barry, F. / Bradley, J. / Hannan, A. (2001), The Single Market, the Structural Funds and Ireland's Recent Economic Growth, in: *Journal of Common Market Studies*, Vol. 39, No. 3, S. 537-552.

Baumol, W. J. (2002), *The Free-Market Innovation Machine – Analyzing the Growth Miracle of Capitalism*, Princeton University Press, Princeton.

Beise, M. / Licht, G. / Spielkamp, A. (1995), *Technologietransfer an kleine und mittlere Unternehmen – Analysen und Perspektiven für Baden-Württemberg*, Schriftenreihe des ZEW, Band 3, Nomos Verlagsgesellschaft, Baden-Baden.

Betz, A. (1997), *Interorganisationaler Technologietransfer in Baden-Württemberg – Systemanalyse und Systemkapazitäten unter besonderer Berücksichtigung der Finanzierung*, Tübinger Volkswirtschaftliche Schriften, Band 17, Francke Verlag, Tübingen.

Bierhals, R. / Schmoch, U. (2000), Formen des Wissens- und Technologietransfers, in: *Wissens- und Technologietransfer in Deutschland*, Hrsg.: Schmoch, U. / Licht, G. / Reinhard, M., Fraunhofer IRB Verlag, Stuttgart, S. 81-89.

BJK Associates (2002), *The Influence of R&D Expenditures on New Firm Formation and Economic Growth*, Study for SBA Office of Advocacy, Maplewood, New Jersey. Online-Verbindung 12.04.2006: http://www.sba.gov/advo/research/rs222tot.pdf

Blanchard, O. (2002), Comments and Discussion of Patrick Honohan and Brendan Walsh, 'Catching Up with the Leaders: The Irish Hare', in: *Brookings Papers on Economic Activity*, No. 1, S. 58-78.

BMBF (Hrsg.) (2001), *Zur Technologischen Leistungsfähigkeit Deutschlands – Zusammenfassender Endbericht 2000*, Bonn. Online-Verbindung 26.04.2006: http://www.technologische-leistungsfaehigkeit.de/pub/tlf2000_net.pdf

BMBF (Hrsg.) (2004), *Bundesbericht Forschung 2004*, Bonn / Berlin. Online-Verbindung 27.04.2006: http://www.bmbf.de/pub/bufo2004.pdf

Boekholt, P. / Arnold, E. / Kuusisto, J. / Lankhuizen, M. / McKibbin, S. / Rammer, A. (2001), *Benchmarking Mechanisms and Strategies to attract Researchers to Ireland – A study for the Expert Group on Future Skills Needs and Forfás*, Technopolis, Brighton. Online-Verbindung 20.10.2006: http://www.forfas.ie/futureskills/reports/benchmarking_01/benchmarking_01.pdf

Calliano, R. / Carpano, C. (2000), National Systems of Technological Innovation, FDI, and Economic Growth: The Case of Ireland, in: *Multinational Business Review*, Fall 2000, S. 16-25.

Carayannis, E. G. / Alexander, J. (1999), Secrets of success and failure in commercialising US government R&D laboratory technologies: a structured case study approach, in: *International Journal of Technology Management*, Vol. 18, No. 3/4, S. 246-269.

Carlsson, B. / Stankiewicz, R. (1995), On the Nature, Function and Composition of Technological Systems, in: *Technological Systems and Economic Performance: The Case of Factory Automation*, ed.: Carlsson, B., Kluwer Academic Publishers, Dordrecht, Netherlands, S. 21-56.

Cassidy, M. (2002), The Irish Economy: Recent Experience and Prospects, in: *The Irish Economy in Transition: Successes, Problems and Prospects*, Contemporary Studies in Economic and Financial Analysis, eds.: Munley, V. G. / Thornton, R. J. / Aronson, J. R., Vol. 85, Oxford, S. 5-32.

Chang, P.-L. / Shih, H.-Y. (2004), The innovation systems of Taiwan and China: a comparative analysis, in: *Technovation*, 24, S. 529-539.

Chief Science Adviser to the Irish Government (2005), *Science Governance in Ireland*, Dublin. Online-Verbindung 22.06.2006: http://www.c-s.ie/documents/science_governance_in_Ireland.pdf

Clinch, P. / Convery, F. / Walsh, B. M. (2002), *After the Celtic Tiger – Challenges Ahead*, The O'Brien Press, Dublin.

Conceição, P. / Heitor, M. V. / Lundvall, B.-Å. (2003), Towards a learning society, in: *Innovation, Competence Building and Social Cohesion in Europe – Towards a Learning Society*, eds.: Conceição, P. / Heitor, M. V. / Lundvall, B.-Å., Edward Elgar, Cheltenham, UK, S. 3-16.

CSO (2005), *Measuring Ireland's Progress 2004*, Dublin. Online-Verbindung 13.10.2006: http://www.cso.ie/releasespublications/documents/other_releases/2004/progress/measuringirelandsprogress.pdf

CSO (2006), *Census 2006 Preliminary Report*, Dublin. Online-Verbindung 17.01.2007: http://www.cso.ie/census/2006_preliminaryreport.htm

Dahlman, C. J. / Routti, J. / Ylä-Anttila, P. (2006), Overview, in: *Finland as a Knowledge Economy – Elements of Success and Lessons Learned*, eds.: Dahlman, C. J. / Routti, J. / Ylä-Anttila, P., The World Bank, Washington, DC, S. 1-23.

Darroch, J. / Engelbrecht, H.-J. (1998), A Comparative Macro-Level Assessment of New Zealand's 'National Innovation System', Discussion Paper, No. 98.13, Massey University, Palmerston North, New Zealand.

Denison, E. F. (1967), *Why Growth Rates Differ*, The Brookings Institution, Washington, D.C.

Denny, K. / Harmon, C. / O'Connell, P. J. (2000), *Investing in People – The Labour Market Impact of Human Resource Interventions funded under the 1994-1999 Community Support Framework in Ireland*, The Economic and Social Research Institute ESRI, Dublin.

Department of Enterprise, Trade and Employment (2004a), *National Employment Action Plan 2004 Ireland*, Dublin. Online-Verbindung 01.10.2005: http://www.entemp.ie/publications/labour/2004/employmentactionplan.pdf#search=%22national%20employment%20action%20plan%202004%20ireland%22

Department of Enterprise, Trade and Employment (2004b), Speech by Minister Micheál Martin to European Technology Tour, 10. November 2004, Dublin. Online-Verbindung 20.09.2006: http://www.entemp.ie/press/2004/20041110d.htm

Department of Enterprise, Trade and Employment (2005), *Expenditure Review of Department of Enterprise Trade & Employment – Science & Technology Spending*, Dublin. Online-Verbindung 17.11.2006: http://www.entemp.ie/publications/science/2006/sandtexpreview.pdf

Department of Enterprise, Trade and Employment (2006), *Research & Technological Development & Innovation (RTDI) Schemes for 2000-2006*, Dublin. Online-Verbindung 21.09.2006: http://www.entemp.ie/science/technology/rtdi-industry.htm

Dodgson, M. / Bessant, J. (1996), *Effective Innovation Policy – A new approach*, International Thomson Business Press, London.

Dosi, G. / Freeman, C. / Nelson, R. R. / Silverberg, G. / Soete, L. (eds.) (1988), *Technical Change and Economic Theory*, Pinter, London.

Downey, L. (2003), *Creating Ireland's Innovation Society: The Next Strategic Step – Attracting and Retaining World Class Researchers*, Published by the Higher Education Authority, Dublin. Online-Verbindung 11.01.2007: http://www.ircset.ie/news/releases/HEA_Forfas_report.pdf

Edquist, C. (ed.) (1997a), *Systems of Innovation – Technologies, Institutions and Organizations*, Pinter, London.

Edquist, C. (1997b), Systems of Innovation Approaches – Their Emergence and Charactersitics, in: *Systems of Innovation – Technologies, Institutions and Organizations*, ed.: Edquist, C., Pinter, London, S. 1-35.

Edquist, C. (2005), Systems of Innovation – Perspectives and Challenges, in: *The Oxford Handbook of Innovation*, eds.: Fagerberg, J. / Mowery, D. C. / Nelson, R. R., Oxford University Press, Oxford, S. 181-208.

Edquist, C. / Johnson, B. (1997), Institutions and Organizations in Systems of Innovation, in: *Systems of Innovation – Technologies, Institutions and Organizations*, ed.: Edquist, C., Pinter, London, S. 41-63.

Edquist, C. / Lundvall, B.-Å. (1993), Comparing the Danish and Swedish Systems of Innovation, in: *National Innovation Systems – A Comparative Analysis*, ed.: Nelson, R. R., Oxford University Press, New York 1993, S. 265-298.

EGFSN (2000), *The second report of the Expert Group on Future Skills Needs – Responding to Ireland's growing skill needs*, Dublin. Online-Verbindung 18.10.2006: http://www.skillsireland.ie/press/reports/pdf/egfsn0003_2nd_skills_report.pdf

EGFSN (2001), *The third report of the Expert Group on Future Skills Needs – Responding to Ireland's Growing Skills Needs*, Dublin. Online-Verbindung 06.10.2006: http://www.skillsireland.ie/press/reports/pdf/egfsn0107_3rd_skills_report.pdf

EGFSN (2003), *The Fourth Report of the Expert Group on Future Skills Needs – Responding to Ireland's Skills Needs*, Dublin. Online-Verbindung 09.10.2006: http://www.skillsireland.ie/press/reports/pdf/egfsn0310_4th_skills_report.pdf

Enterprise Ireland (2005), *Enterprise Ireland Annual Report & Accounts 2005 – Transforming Irish Industry*, Dublin. Online-Verbindung 21.11.2006: http://www.enterprise-ireland.com/NR/rdonlyres/4917D4CF-4FC4-46B9-8F75-BDF24617FEFA/0/AnnualReport_Accounts_2005.pdf

Enterprise Ireland (2006), *Seed & Venture Capital Programme 2000-2006 – 2005 Report – Transforming Irish Industry*, Dublin. Online-Verbindung 20.09.2006: http://www.enterprise-ireland.com/NR/rdonlyres/C53478CF-0AA1-4E9B-830F-03375F2CD322/0/SeedVentureCapitalReport2005.pdf#search=%22seed%20%26%20venture%20capital%20programme%202000-2006%20enterprise%20ireland%22

Enterprise Strategy Group (2004), *Ahead of the Curve – Ireland's Place in the Global Economy*, Dublin. Online-Verbindung 01.04.2005: http://www.forfas.ie/publications/esg040707/pdf/esg_ahead_of_the_curve_full_report.pdf

EUREKA Secretariat (2005), *The EUREKA Initiative 2005*, Brussels. Online-Verbindung 11.12.2006: http://www.eureka.be/files/:908176

Europäischer Rat (2000), Schlussfolgerungen des Vorsitzes, Lissabon. Online-Verbindung 02.08.2006: http://www.bmwa.gv.at/NR/rdonlyres/2327D88E-1ED4-4CAE-9C7C-B67053C66DBC/0/SchlussfLissabon2000.pdf

European Commission (2000), *Towards a European research area*, Communication from the Commission to the Council, the European Parliament, the Economic and Social Committee and the Committee of the Regions, COM (2000) 6, Brussels. Online-Verbindung 16.07.2006: http://ec.europa.eu/research/era/pdf/com2000-6-en.pdf

European Commission (2001a), *European Competitiveness Report 2001*, Office for Official Publications of the European Communities, Luxembourg.

European Commission (2001b), *Towards a European Research Area – Key Figures 2001, Special Edition – Indicators for benchmarking of national research policies*, Office for Official Publications of the European Communities, Luxembourg.

European Commission (2001c), *A Mobility Strategy for the European Research Area*, Communication from the Commission to the Council and the European Parliament, COM(2001) 331 final, Brussels. Online-Verbindung 09.01.2007: http://ec.europa.eu/eracareers/docs/Com_2001_331_en.pdf

European Commission (2003), *Towards a European Research Area – Science, Technology and Innovation – Key Figures 2003-2004*, Office for Official Publications of the European Communities, Luxembourg.

European Commission (2004a), *Improving institutions for the transfer of technology from science to enterprises – Expert group report – Conclusions and recommendations*, Luxembourg. Online-Verbindung 02.01.2007: http://ec.europa.eu/enterprise/enterprise_policy/competitiveness/doc/itte_expertgroupreport.pdf

European Commission (2004b), *Second Implementation Report on "A Mobility Strategy for the European Research Area"*, Commission Staff Working Paper, SEC(2004) 412, Brussels. Online-Verbindung 09.01.2007: http://ec.europa.eu/research/fp6/mariecurie-actions/pdf/sec_2004_en.pdf

European Commission (2005a), *European Trend Chart on Innovation – Annual Innovation Policy Trends and Appraisal Report Ireland 2004-2005*, Brussels. Online-Verbindung 22.05.2006: http://trendchart.cordis.lu/reports/documents/Country_Report_Ireland_2005.pdf

European Commission (2005b), *European Trend Chart on Innovation – Annual Innovation Policy Trends and Appraisal Report Finland 2004-2005*, Brussels. Online-Verbindung 22.05.2006: http://trendchart.cordis.lu/reports/documents/Country_Report_Finland_2005.pdf

European Commission / DG Enterprise (2004), *Technology Transfer Institutions in Europe – An Overview*, Brussels. Online-Verbindung 02.01.2007: ftp://ftp.cordis.europa.eu/pub/innovation-policy/studies/studies_tti_typology.pdf

Evaltec (2003), *Review of the IDA's Research and Development Capability Grants Scheme – Final Report*, Dublin. Online-Verbindung 21.09.2006: http://www.forfas.ie/publications/forfas030509/webopt/forfas_ida_rd_030509.pdf

Evaltec (2004), *Evaluation of Agency Supports for R&D Performed in the Business Sector – Final Report – Part 1 – Main Report*, Dublin. Online-Verbindung 09.08.2006: http://www.forfas.ie/publications/forfas041025/webopt/forfas_rdevaluation_041025.pdf

Fagerberg, J. (2005), Innovation – A Guide to the Literature, in: *The Oxford Handbook of Innovation*, eds.: Fagerberg, J. / Mowery, D. C. / Nelson, R. R., Oxford University Press, Oxford, S. 1-26.

FÁS (2004), *Das Berufsbildungssystem in Irland – Kurzbeschreibung*, Cedefop Panorama series, 87, Luxemburg.

FÁS (2006), *Monitoring Ireland's Skills Supply: Trends in Education / Training Outputs*, A report by the Skills and Labour Market Research Unit (SLMRU) in FÁS for the Expert Group on Future Skills Needs, Dublin. Online-Verbindung 17.10.2006: http://www.skillsireland.ie/press/reports/pdf/egfsn0601_monitoring_irelands_skills_supply.pdf

Finnish Industry Investment (2004), *Annual Report 2004*, Helsinki. Online-Verbindung 17.05.2006: http://www.industryinvestment.com/annualreports/annualreport2004.pdf

Fitz Gerald, J. (1999), Wage Formation and the Labour Market, in: *Understanding Ireland's Economic Growth*, ed.: Barry, F., Macmillan Press, London, S. 137-165.

Fitz Gerald, J. (2000), The Story of Ireland's Failure – and Belated Success, in: *Bust to Boom? The Irish Experience of Growth and Inequality*, eds.: Nolan, B. / O'Connell, P. J. / Whelan, C. T., Institute of Public Administration, Dublin, S. 27-57.

Forfás (2000), *Enterprise 2010 – A New Strategy for the Promotion of Enterprise in Ireland in the 21st Century*, Dublin. Online-Verbindung 04.06.2004: http://www.forfas.ie/publications/ent2010/ent2010report.pdf

Forfás (2004a), *Innovation Networks*, Dublin. Online-Verbindung 11.07.2005: http://www.forfas.ie/publications/forfas040624/webopt/forfas040624_innovation_networks_webopt.pdf

Forfás (2004b), *Forfás Annual Report 2004*, Dublin. Online-Verbindung 22.06.2006: http://www.forfas.ie/publications/forfas_annrpt04/forfas_annrpt04_english_webopt.pdf

Forfás (2004c), *Building Ireland's Knowledge Economy – The Irish Action Plan for Promoting Investment in R&D to 2010*, Report to the Inter Departmental Committee on Science, Technology and Innovation, Dublin. Online-Verbindung

11.07.2005: http://www.iua.ie/working_industry/pdf/knowledge_economy.pdf

Forfás (2005), *Business Expenditure on Research and Development (BERD) Ireland 2003/4*, Dublin. Online-Verbindung 21.05.2005: http://www.forfas.ie/publications/forfas050525/forfas050525_berd_webopt.pdf

Forfás (2006), *Forfás Innovation Survey – The Fourth Community Innovation Survey – First Findings*, Dublin. Online-Verbindung 29.11.2006: http://www.forfas.ie/publications/forfas060920/forfas060920_innovation_survey_webopt.pdf

Forfás / Office of Science and Technology (2004), *Science and Technology in Ireland*, Dublin. Online-Verbindung 07.07.2005: http://www.witsireland.com/forfas_webopt.pdf

Freeman, C. (1979), The determinants of innovation – Market demand, technology, and the response to social problems, in: *Futures: the journal of forecasting and planning*, Vol. 11, No. 3, S. 206-215.

Freeman, C. (1987), *Technology Policy and Economic Performance – Lessons from Japan*, Pinter, London.

Freeman, C. (1988), Introduction, in: *Technical Change and Economic Theory*, eds.: Dosi, G. / Freeman, C. / Nelson, R. / Silverberg, G. / Soete, L., Pinter, London, S. 1-8.

Freeman, C. (1995), The National System of Innovation in Historical Perspective, in: *Cambridge Journal of Economics*, 19, No. 1, S. 5-24.

Freeman, C. / Perez, C. (1988), Structural crises of adjustment, business cycles and investment behaviour, in: *Technical Change and Economic Theory*, eds.: Dosi, G. / Freeman, C. / Nelson, R. / Silverberg, G. / Soete, L., Pinter, London, S. 38-66.

Freeman, C. / Soete, L. (1997), *The Economics of Industrial Innovation*, Pinter, London.

Freire-Serén, M. J. (1999), *Aggregate R&D Expenditure and Endogenous Economic Growth*, Working Paper 436.99, Universitat Autònoma de Barcelona and Universidade de Vige, Spain. Online-Verbindung 28.03.2006: http://pareto.uab.es/wp/1999/43699.pdf

Frenkel, M. / Hemmer, H.-R. (1999), *Grundlagen der Wachstumstheorie*, Vahlen Verlag, München.

Frinking, E. / Hjelt, M. / Essers, I. / Luoma, P. / Mahroum, S. (2002), *Benchmarking Innovation Systems: Government Funding for R&D*, Technology Review, No. 122/2002, Tekes, Helsinki. Online-Verbindung 07.11.2006: http://www.tekes.fi/Julkaisut/benchmarking.pdf

Fuente, A. de la / Vives, X. (1997), The Sources of Irish Growth, in: *International Perspectives on the Irish Economy*, ed.: Gray, A. W., Indecon Economic Consultants, Dublin, S. 112-133.

Furman, J. L. / Porter, M. E. / Stern, S. (2002), The determinants of national innovative capacity, in: *Research Policy*, Vol. 31, S. 899-933.

Georghiou, L. / Smith, K. / Toivanen, O. / Ylä-Anttila, P. (2003), *Evaluation of the Finnish Innovation Support System*, Ministry of Trade and Industry Finland, Publications 5/2003, Helsinki. Online-Verbindung 15.06.2006: http://www.tekes.fi/ohjelmat/arviointi/Evaluation%20of%20the%20Finnish%20Innovation%20Support%20System.pdf

Godinho, M. M. / Mendonça, S. F. / Pereira, T. S. (2003), Mapping Innovation Systems: A Framework Based on Innovation Data and Indicators, Paper to be presented to the International Workshop "Empirical Studies on Innovation in Europe", University of Urbino, 01.-02. December 2003. Online-Verbindung 08.05.2006: http://www.econ.uniurb.it/siepi/dec03/papers/godinho.pdf

Goel, R. K. / Ram, R. (1994), Research and Development Expenditures and Economic Growth: A Cross-Country Study, in: *Economic Development and Cultural Change*, Vol. 42, No. 2, S. 403-412.

Golden, W. / Higgins, E. / Lee, S. H. (2003), National Innovation Systems and Entrepreneurship, CISC Working Paper, No. 8, Centre for Innovation & Structural Change, National University of Ireland, Galway. Online-Verbindung 14.03.2005: http://www.nuigalway.ie/cisc/papers/0008ciscwp.pdf

Government of Ireland (1987a), *Programme for National Recovery*, Stationery Office, Dublin. Online-Verbindung 16.04.2004: http://www.taoiseach.gov.ie/attached_files/Pdf%20files/Program%20for%20Nat%20Recovery.pdf

Government of Ireland (1987b), *Science and Technology Act*, Irish Statute Book Database, Dublin. Online-Verbindung 06.07.2006: http://www.irishstatutebook.ie/1987_30.html

Government of Ireland (1996), *White Paper on Science, Technology and Innovation*, Stationery Office, Dublin. Online-Verbindung 16.05.2005: http://www.entemp.ie/publications/science/1996/whitepaper.pdf

Government of Ireland (2000a), *National Development Plan 2000-2006*, Stationery Office, Dublin. Online-Verbindung 29.06.2006: http://www.ndp.ie/newndp/r/NDP_complete_text.PDF

Government of Ireland (2000b), *Productive Sector Operational Programme 2000-2006*, Stationery Office, Dublin. Online-Verbindung 29.06.2006: http://www.ndp.ie/newndp/r/Productive%20Sector%20OP.pdf

Government of Ireland (2000c), *Productive Sector Operational Programme 2000-2006 – Programme Complement*, Stationery Office, Dublin. Online-Verbindung 29.06.2006: http://www.ndp.ie/documents/eu_structural_funds/operational_prog/ProductiveSectorprogrammecomplement.pdf

Government of Ireland (2004), *Finance Act 2004*, Stationery Office, Dublin. Online-Verbindung 10.08.2006: http://www.finance.gov.ie/documents/publications/legi/financeact04.pdf

Government of Ireland (2005a), *Census of Industrial Production 2003*, Central Statistics Office, Stationery Office, Dublin. Online-Verbindung 29.06.2006: http://www.cso.ie/releasespublications/documents/industry/cip_2003/entirecip_2003.pdf

Government of Ireland (2005b), *Employment Permits Bill 2005*, Stationery Office, Dublin. Online-Verbindung 10.01.2007: http://www.entemp.ie/publications/employment/2005/employmentpermitsbill.pdf

Government of Ireland (2006a), *Strategy for Science, Technology and Innovation 2006-2013*, Stationery Office, Dublin. Online-Verbindung 22.06.2006: http://www.entemp.ie/publications/science/2006/sciencestrategy.pdf

Government of Ireland (2006b), *Scientific and Technological Education (Investment) Fund – Annual Report 2005*, Stationery Office, Dublin. Online-Verbindung 27.10.2006: http://www.education.ie/servlet/blobservlet/ste_fund_ar2005.pdf

Government of Ireland (2007), *National Development Plan 2007-2013*, Stationery Office, Dublin. Online-Verbindung 02.02.2007: http://www.ndp.ie/documents/ndp2007-2013/NDP-2007-2013-English.pdf

Green, R. (2000), Irish ICT Cluster, OECD Cluster Focus Group Workshop Utrecht, May 8-9 2000. Online-Verbindung 04.11.2005: http://www.oecd.org/dataoecd/8/60/2754426.pdf

Green, R. / Cunningham, J. / Duggan, I. / Giblin, M. / Moroncy, M. / Smyth, L. (2001), The Boundaryless Cluster: Information and Communications Technology in Ireland, in: *Innovative Clusters – Drivers of National Innovation Systems*, OECD, Paris, S. 47-64.

Grossman, G. M. / Helpman, E. (1992), *Innovation and Growth in the Global Economy*, MIT Press, Cambridge, Massachusetts.

Gunnigle, P. / McGuire, D. (2001), Why Ireland? A Qualitative Review of the Factors Influencing the Location of US Multinationals in Ireland with Particular Reference to the Impact of Labour Issues, in: *The Economic and Social Review*, Vol. 32, No. 1, S. 43-67.

Häyrinen-Alestalo, M. / Pelkonen, A. / Teräväinen, T. / Villanen, S. (2005), Changing Governance for Innovation Policy Integration in Finland, in: *Governance of Innovation Systems: Case Studies in Innovation Policy*, Vol. 2, OECD, Paris, S. 111-137.

Hall, B. / Van Reenen, J. (2000), How effective are fiscal incentives for R&D? A review of the evidence, in: *Research Policy*, Vol. 29, S. 449-469.

Haughton, J. (2000), The Historical Background, in: *The Economy of Ireland – Policy and Performance of a European Region*, ed.: O'Hagan, J. W., Gill and Macmillan, Dublin, S. 2-49.

Helpman, E. (2004), *The Mystery of Economic Growth*, The Belknap Press of Harvard University Press, Cambridge, Massachusetts.

Higher Education Authority (2003), *The Programme for Research in Third Level Institutions (PRTLI) – Transforming the Irish Research Landscape*, Dublin. Online-Verbindung 12.06.2005: http://www.hea.ie/uploads/pdf/prtli1.pdf

Hilliard, R. / Green, R. (2005), Governance and Institutional Change in Ireland, in: *Governance of Innovation Systems: Case Studies in Innovation Policy*, Vol. 2, OECD, Paris, S. 43-64.

Honohan, P. (1999), Fiscal Adjustment and Disinflation in Ireland: Setting the Macro Basis of Economic Recovery and Expansion, in: *Understanding Ireland's Economic Growth*, ed.: Barry, F., Macmillan Press, London, S. 75-98.

Honohan, P. / Walsh, B. (2002), Catching Up with the Leaders: The Irish Hare, in: *Brookings Papers on Economic Activity*, No. 1, S. 1-57.

ICSTI (2003), *ICSTI Statement – State Expenditure Priorities for 2004*, Dublin. Online-Verbindung 10.08.2006: http://www.forfas.ie/icsti/statements/icsti030710/030710_icsti_state_exp_priorities2004_s.pdf

ICSTI (2004), *ICSTI Statement – State Expenditure Priorities for 2005*, Dublin. Online-Verbindung 09.08.2006: http://www.forfas.ie/icsti/statements/icsti040909/icsti040909_stateexppriorities2005_webopt.pdf

IMD (2005), *IMD World Competitiveness Yearbook*, Lausanne, Switzerland.

InterTradeIreland (2006), *Business Networks on the Island of Ireland*, Newry, County Down. Online-Verbindung 11.07.2006: http://www.intertradeireland.com/businessnetworks

Invest in Finland (2005), *Möglichkeiten der Förderung und Vorteile für ausländische Investoren*, Helsinki. Online-Verbindung 17.05.2006: http://www.investinfinland.fi/businessenv/en_GB/businessenvironment/_files/11233219940002388/default/investment_DE_2005.pdf

Irish Universities Association (2005), *Reform of 3rd Level and Creation of 4th Level Ireland – Securing Competitive Advantage in the 21st Century*, A framework proposal submitted by the Irish Universities Association. Online-Verbindung 07.11.2006: http://www.iua.ie/documents/Reformof3rdLevelandCreationof4thLevelIrelandProposal-IUAOctober2005_000.pdf

Irish Venture Capital Association (2005a), *A Guide to Venture Capital*, Third Edition, Dublin. Online-Verbindung 26.09.2006: http://www.ivca.ie/Guide_to_VC_3.pdf

Irish Venture Capital Association (2005b), *The Economic Impact of Venture Capital in Ireland*, Dublin. Online-Verbindung 26.09.2006: http://www.ivca.ie/IVCA_06_short.pdf

Johnson, B. (1988), An Institutional Approach to the Small-Country Problem, in: *Small Countries Facing the Technological Revolution*, eds.: Freeman, C. / Lundvall, B.-Å., Pinter Publishers, London, S. 279-297.

Johnson, B. / Lundvall, B.-Å. (1989), Limits of the Pure Market Economy, in: *Samhällsvetenskap, ekonomi och historia: Festskrift till Lars Herlitz*, eds.: Bohlin, J. et al., Daidalos AB, Göteborg, Schweden, S. 85-106.

Kennedy, K. A. (1998), Industrial Development, in: *From Famine to Feast – Economic and Social Change in Ireland 1847-1997, Lectures on the occasion of the 150th anniversary of the Statistical and Social Inquiry Society of Ireland*, ed.: Kennedy, K. A., Institute of Public Administration, Dublin, S. 75-86.

Kennedy, K. A. / Giblin, T. / McHugh, D. (1988), *The Economic Development of Ireland in the Twentieth Century*, Routledge, London.

Kennedy, L. (1989), *The Modern Industrialisation of Ireland 1940-1988*, Studies in Irish Economic and Social History, The Economic and Social History Society of Ireland, No. 5, Dublin.

Kline, S. J. / Rosenberg, N. (1986), An Overview of Innovation, in: *The Positive Sum Strategy – Harnessing Technology for Economic Growth*, eds.: Landau, R. / Rosenberg, N., National Academy Press, Washington, D. C., S. 275-305.

Kommission der Europäischen Gemeinschaften (2002), Produktivität: Schlüssel zur Wettbewerbsfähigkeit der europäischen Volkswirtschaften und Unternehmen, Mitteilung der Kommission an den Rat und das Europäische Parlament, SEC(2002) 528, Brüssel. Online-Verbindung 04.04.2006: http://europa.eu.int/comm/enterprise/enterprise_policy/competitiveness/doc/competitiveness_report_2002/com-2002-262_de.pdf

Koski, H. / Rouvinen, P. / Ylä-Anttila, P. (2001), ICT Clusters in Europe – The Great Central Banana and the Small Nordic Potato, Discussion Paper No. 2001/6, United Nations University / World Institute for Development Economics Research, Helsinki. Online-Verbindung 07.12.2006: http://www.wider.unu.edu/publications/dps/dp2001-06.pdf

Kraemer, K. L. / Dedrick, J. (2002), *Dell Computer: Organization of a Global Production Network*, Center for Research on Information Technology and Organizations, University of California, Irvine. Online-Verbindung 02.02.2006: http://www.crito.uci.edu/GIT/publications/pdf/dell.pdf

Kreiner, K. / Schultz, M. (1993), Informal Collaboration in R&D. The formation of Networks Across Organizations, in: *Organization Studies*, No. 14/2, EGOS, S. 189-209.

Krugman, P. R. (1994), The myth of Asia's miracle, Foreign Affairs article. Online-Verbindung 17.01.2007: http://web.mit.edu/krugman/www/myth.html

Krugman, P. R. (1997), Good News from Ireland: A Geographical Perspective, in: *International Perspectives on the Irish Economy*, ed.: Gray, A. W., Indecon Economic Consultants, Dublin, S. 38-53.

Kuhlmann, S. (1999), Politisches System und Innovationssystem in „postnationalen" Arenen, in: *Innovationspolitik in globalisierten Arenen – Neue Aufgaben für Forschung und Lehre: Forschungs-, Technologie- und Innovationspolitik im Wandel*, Hrsg.: Grimmer, K. / Kuhlmann, S. / Meyer-Krahmer, F., Leske + Budrich, Opladen, S. 11-39.

Lammers, K. (2004), Ökonomische Effekte der Osterweiterung der EU für die alten Mitgliedsländer, in: *HWWA Info*, Nr. 5/2004, Hamburg, S. 1 und 5.

Landau, R. / Rosenberg, N. (1986a), Editors' Overview, in: *The Positive Sum Strategy – Harnessing Technology for Economic Growth*, eds.: Landau, R. / Rosenberg, N., National Academy Press, Washington DC, S. 1-16.

Landau, R. / Rosenberg, N. (1986b), Introduction, in: *The Positive Sum Strategy – Harnessing Technology for Economic Growth*, eds.: Landau, R. / Rosenberg, N., National Academy Press, Washington DC, S. v-x.

Leddin, A. J. / Walsh, B. M. (2003), *The Macroeconomy of the Eurozone – An Irish Perspective*, Gill and Macmillan, Dublin.

Lemola, T. (1999), Different Perspectives on the Problems and Challenges Facing the Finnish Innovation System, in: *Transformation Towards a Learning Economy – The Challenge for the Finnish Innovation System*, eds.: Schienstock, G. / Kuusi, O., Sitra 213, Helsinki, S. 130-140.

List, F. (1841), *Das nationale System der politischen Ökonomie*, Hrsg.: Fabiunke, G., Nachdruck der 1841 erschienenen Ausgabe, 1982, Akademie-Verlag, Berlin.

Liu, X. / White, S. (2001), Comparing innovation systems: a framework and application to China's transitional context, in: *Research Policy*, Vol. 30, S. 1091-1114.

Lucas, R. (1988), On the Mechanics of Economic Development, in: *Journal of Monetary Economics*, Vol. 22, S. 3-42.

Lundvall, B.-Å. (1985), Product Innovation and User-Producer Interaction, Industrial Development Research Series, No. 31, Aalborg University Press, Aalborg.

Lundvall, B.-Å. (ed.) (1992a), *National Systems of Innovation – Towards a Theory of Innovation and Interactive Learning*, Pinter, London.

Lundvall, B.-Å. (1992b), Introduction, in: *National Systems of Innovation – Towards a Theory of Innovation and Interactive Learning*, ed.: Lundvall, B.-Å., Pinter, London, S. 1-19.

Lundvall, B.-Å. (1999), Innovation Policy and Economic Theory, in: *Transformation Towards a Learning Economy – The Challenge for the Finnish Innovation System*, eds.: Schienstock, G. / Kuusi, O., Sitra 213, Helsinki, S. 397-419.

Lundvall, B.-Å. (2002), *Innovation, Growth and Social Cohesion – The Danish Model*, Edward Elgar, Cheltenham, UK.

Lundvall, B.-Å. / Borrás, S. (1997), *The globalising learning economy: Implications for innovation policy*, Commission of the European Union, Luxembourg. Online-Verbindung 24.03.2006: ftp://ftp.cordis.lu/pub/tser/docs/globeco.doc

Lundvall, B.-Å. / Johnson, B. (1994), The Learning Economy, in: *Journal of Industry Studies*, Vol. 1, No. 2, S. 23-42.

Mac Sharry, R. / White, P. A. (2000), *The Making of the Celtic Tiger – The Inside Story of Ireland's Boom Economy*, Mercier Press, Cork.

McIver Consulting (2004), *A Model to Predict the Supply and Demand for Researchers and Research Personnel in Line with Ireland's Strategy for Contributing to the European Research Area 3% Initiative*, A Report prepared for Forfás and the Expert Group on Future Skills Needs. Online-Verbindung 09.10.2006: http://www.skillsireland.ie/press/reports/pdf/egfsn040906_research_skills_report.pdf

Meißner, D. (2001), *Wissens- und Technologietransfer in nationalen Innovationssystemen*, zugleich Dissertation, Technische Universität Dresden. Online-Verbindung 26.10.2005: http://deposit.ddb.de/cgi-bin/dokserv?idn=966110498&dok_var=d1&dok_ext=pdf&filename=966110498.pdf

Meißner, D. / Sabisch, H. (2001), Das nationale Innovationssystem Deutschlands, in: *Business Innovation – Quantensprung statt „Innovatiönchen". Ein Wegweiser zur zielgerichteten Geschäftserneuerung*, Hrsg.: Arthur D. Little, F.A.Z.-Institut, Frankfurt am Main, S. 19-43.

Melo, A. (2001), The Innovation Systems of Latin America and the Caribbean, Research Department Working paper series, Working paper No. 460, Inter-American Development Bank, Washington, D.C. Online-Verbindung 26.10.2005: http://www.iadb.org/res/publications/pubfiles/pubWP-460.pdf

Metcalfe, S. (1995), The Economic Foundations of Technology Policy: Equilibrium and Evolutionary Perspectives, in: *Handbook of the Economics of Innovation and Technological Change*, ed.: Stoneman, P., Oxford, S. 409-512.

Meyer-Krahmer, F. (1999), Was bedeutet Globalisierung für Aufgaben und Handlungsspielräume nationaler Innovationspolitiken?, in: *Innovationspolitik in globalisierten Arenen – Neue Aufgaben für Forschung und Lehre: Forschungs-, Technologie- und Innovationspolitik im Wandel*, Hrsg.: Grimmer, K. / Kuhlmann, S. / Meyer-Krahmer, F., Leske + Budrich, Opladen, S. 43-73.

Meyler, A. (1998), Technology and Foreign Direct Investment in Ireland, Technical Paper, No. 9810, Trinity College Dublin Economics Department, Dublin.

Ministry of Education (2006), *Research in Finland 2006*, Helsinki. Online-Verbindung 07.11.2006: http://www.research.fi/en/muut/RES19.pdf

Ministry of the Interior, Finland (2004), *Aliens Act*, Helsinki. Online-Verbindung 11.01.2007: http://www.finlex.fi/en/laki/kaannokset/2004/en20040301.pdf

Minniti, M. / Bygrave, W. D. / Autio, E. (2006), *Global Entrepreneurship Monitor – 2005 Executive Report*, Babson College MA, USA und London Business School, London. Online-Verbindung 14.09.2006: http://www.gemconsortium.org/download/1158248275484/GEM_2005_Report.pdf

Mjøset, L. (1992), *The Irish Economy in a Comparative Institutional Perspective*, National Economic and Social Council NESC, No. 93, Dublin.

Monz, I. (2000), *Wirtschaftswachstum, Wissensdiffusion und ausländische Direktinvestitionen – Eine theoretische und empirische Analyse am Beispiel Irland*, Europäische Hochschulschriften, Reihe V, Bd./Vol. 2641, Peter Lang, Frankfurt.

Mowery, D. C. / Sampat, B. N. (2005), Universities in National Innovation Systems, in: *The Oxford Handbook of Innovation*, eds.: Fagerberg, J. / Mowery, D. C. / Nelson, R. R., Oxford University Press, Oxford, S. 209-239.

Murphy, A. P. (2006), An Assessment of the Implications of EU Enlargement for Foreign Direct Investment and Jobs in Ireland, in: *Quarterly Bulletin*, No. 1, Central Bank and Financial Services Authority of Ireland, Dublin, S. 105-118. Online-Verbindung 25.01.2007: http://www.centralbank.ie/frame_main.asp?pg=pub_quar.asp&nv=pub_nav.asp

National Competitiveness Council (2004), *NCC Statement on Innovation – Competitiveness through Innovation*, A Submission by the National Competitiveness Council to the Enterprise Strategy Group, Dublin. Online-Verbindung 07.11.2006: http://www.forfas.ie/ncc/reports/ncc040225/webopt/ncc040225_statement_on_innovation.pdf

National Competitiveness Council (2005), *Annual Competitiveness Report 2005*, Forfás, Dublin, Ireland. Online-Verbindung 28.10.2005: http://www.forfas.ie/ncc/reports/ncc_annual_05/webopt/ncc050907_acr_2005_final_webopt.pdf

National Science Foundation (2006), *Science and Engineering Indicators 2006*, Virginia, USA. Online-Verbindung 04.08.2006: http://www.nsf.gov/statistics/seind06/pdfstart.htm

Nelson, R. R. (1990), U.S. technological leadership: Where did it come from and where did it go?, in: *Research Policy*, Vol. 19, S. 117-132.

Nelson, R. R. (1992), National Innovation Systems: A Retrospective on a Study, in: *Industrial and Corporate Change*, Vol. 1, No. 2, S. 347-374.

Nelson, R. R. (ed.) (1993), *National Innovation Systems – A Comparative Analysis*, Oxford University Press, New York.

Nelson, R. R. / Winter, S. G. (1982), *An Evolutionary Theory of Economic Change*, Harvard University Press.

Nelson, R. R. / Rosenberg, N. (1993), Technical Innovation and National Systems, in: *National Innovation Systems – A Comparative Analysis*, ed.: Nelson, R. R., Oxford University Press, New York, S. 3-21.

Nelson, R. R. / Sampat, B. N. (2001), Making sense of institutions as a factor shaping economic performance, in: *Journal of Economic Behavior & Organization*, Vol. 44, S. 31-54.

Niosi, J. (2000), *Canada's National System of Innovation*, McGill-Queen's University Press, Canada.

Niosi, J. (2002), National systems of innovations are "x-efficient" (and x-effective) – Why some are slow learners, in: *Research Policy*, Vol. 31, S. 291-302.

Niosi, J. / Bellon, B. (1994), The Global Interdependence of National Innovation Systems: Evidence, Limits, and Implications, in: *Technology in Society*, Vol. 16, No. 2, S. 173-197.

Niosi, J. / Saviotti, P. / Bellon, B. / Crow, M. (1993), National Systems of Innovation: In Search of a Workable Concept, in: *Technology in Society*, Vol. 15, No. 2, S. 207-227.

Ó Gráda, C. (1997), *A rocky road – The Irish Economy since the 1920s*, Manchester University Press, Manchester.

Ó Gráda, C. (2002), Is the Celtic Tiger a Paper Tiger?, Working Paper Series, Working Paper No. 02/02, Centre for Economic Research, Dublin. Online-Verbindung 14.10.2003: http://www.ucd.ie/economic/workingpapers/WP02.02.pdf

Ó Gráda, C. / O'Rourke, K. H., Living Standards and Growth, in: *The Economy of Ireland – Policy and Performance of a European Region*, ed.: O'Hagan, J. W., Gill and Macmillan, Dublin, S. 178-204.

O'Malley, E. (1980), *Industrial Policy and Development: A Survey of Literature from the Early 1960s to the Present*, National Economic and Social Council NESC, No. 56, Dublin.

O'Malley, E. (1999), Ireland: From Inward to Outward Policies, in: *European industrial policy: the twentieth-century*, eds.: Foreman-Peck, J. S. / Federico, G., Oxford University Press, Oxford, S. 215-232.

Oberender, P. (1987), Marktwirtschaft und Innovation – Grenzen und Möglichkeiten staatlicher Innovationsförderung, in: *Beiträge zur Innovationspolitik*, Hrsg.: Werner, J., Schriften des Vereins für Socialpolitik, Neue Folge Band 169, Duncker und Humblot, Berlin, S. 9-26.

OECD (1990), The Measurement of Scientific and Technological Activities – Proposed Standard Method of Compiling and Interpreting Technology Balance of Payments Data – *TBP Manual*, Paris.

OECD (1992), *Technology and the Economy – The Key Relationships, TEP – The Technology/Economy Programme*, Paris.

OECD (1994a), The Measurement of Scientific and Technological Activities – Proposed Standard Practice for Surveys of Research and Experimental Development – *Frascati Manual 1993*, fifth edition, Paris.

OECD (1994b), Main Definitions and Conventions for the Measurement of Research and Experimental Development (R&D) – *A Summary of the Frascati Manual 1993*, Paris.

OECD (1994c), The Measurement of Scientific and Technological Activities – Using Patent Data as Science and Technology Indicators – *Patent Manual*, Paris. Online-Verbindung 07.03.2006: http://www.oecd.org/dataoecd/33/62/2095942.pdf

OECD (1995), The Measurement of Scientific and Technological Activities – Manual on the Measurement of Human Resources Devoted to S&T – *"Canberra Manual"*, Paris. Online-Verbindung 07.03.2006: http://www.oecd.org/dataoecd/34/0/2096025.pdf

OECD (1996), The Knowledge-Based Economy, OECD Working Papers, Vol. IV, No. 50, Paris.

OECD (1997a), *National Innovation Systems*, Paris. Online-Verbindung 24.09.2004: http://www.oecd.org/dataoecd/35/56/2101733.pdf

OECD (1997b), *Technology Incubators: Nurturing Small Firms*, Paris.

OECD (1999a), *OECD Economic Surveys – Ireland, 1998-1999*, Paris.

OECD (1999b), *Managing National Innovation Systems*, Paris.

OECD (1999c), *Business Incubation – International Case Studies*, Paris.

OECD (1999d), *Boosting Innovation – The Cluster Approach*, Paris.

OECD (2000a), *A New Economy? The Changing Role of Innovation and Information Technology in Growth*, Paris.

OECD (2000b), *Science, Technology and Industry Outlook 2000*, Paris.

OECD (2001a), *Measuring Globalisation – The Role of Multinationals in OECD Economies*, Volume I: Manufacturing Sector, Paris.

OECD (2001b), *Science, Technology and Industry Outlook – Drivers of Growth: Information Technology, Innovation and Entrepreneurship*, Paris.

OECD (2002a), The Measurement of Scientific and Technological Activities – Proposed Standard Practice for Surveys on Research and Experimental Development – *Frascati Manual*, Paris.

OECD (2002b), *Dynamising National Innovation Systems*, Paris.

OECD (2002c), *Benchmarking Industry-Science Relationships*, Paris.

OECD (2003a), *OECD Economic Surveys – Finland, 2002-2003*, Paris.

OECD (2003b), *Tax Incentives for Research and Development: Trends and Issues, Science Technology Industry*, Paris. Online-Verbindung 25.09.2006: http://www.oecd.org/dataoecd/12/27/2498389.pdf

OECD (2004a), *Main Science and Technology Indicators*, Vol. 2, Paris.

OECD (2004b), *OECD Economic Surveys – Finland*, Vol. 2004, Issue 14, Paris.

OECD (2004c), *Science and Technology Statistical Compendium*, Meeting of the OECD Committee for Scientific and Technological Policy at Ministerial Level, 29-30 January 2004, Paris.

OECD (2004d), *Science, Technology and Industry Outlook 2004*, Paris.

OECD (2004e), *Review of National Policies for Education: Review of Higher Education in Ireland*, Examiners' Report, Paris. Online-Verbindung 27.10.2006: http://www.skillsireland.ie/press/reports/pdf/egfsn0402_oecd_he_review_submission.pdf#search=%22developing%20highly%20skilled%20workers%20review%20of%20ireland%22

OECD (2005a), *Science, Technology and Industry Scoreboard*, Paris.

OECD (2005b), *Governance of Innovation Systems: Synthesis Report*, Vol.1, Paris.

OECD (2005c), *Governance of Innovation Systems: Case Studies in Innovation Policy*, Vol. 2, Paris.

OECD (2005d), *Governance of Innovation Systems: Case Studies in Cross-Sectoral Policy*, Vol. 3, Paris.

OECD (2005e), *Main Science and Technology Indicators*, Vol. 2, Paris.

OECD (2005f), *OECD Science, Technology and Industry Outlook 2004 – Country Response to Policy Questionnaire: Ireland*, Paris. Online-Verbindung 17.10.2006: www.oecd.org/dataoecd/30/63/34242884.pdf

OECD / Eurostat (1997), The Measurement of Scientific and Technological Activities – Proposed Guidelines for Collecting and Interpreting Technological Innovation Data – *Oslo Manual*, second edition, Paris.

OECD / Eurostat (2005), The Measurement of Scientific and Technological Activities – *Oslo Manual* – Guidelines for Collecting and Interpreting Innovation Data, third edition, Paris.

Ormala, E. (1999), Finnish Innovation Policy in the European Perspective, in: *Transformation Towards a Learning Economy – The Challenge for the Finnish Innovation System*, eds.: Schienstock, G. / Kuusi, O., Sitra 213, Helsinki, S. 117-129.

Paija, L. (2001), The ICT Cluster: The Engine of Knowledge-Driven Growth in Finland, in: *Innovative Clusters – Drivers of National Innovation Systems*, OECD, Paris, S. 19-46.

Palmberg, C. / Martikainen, O. (2003), The Economics of Strategic R&D Alliances – A Review with Focus on the ICT Sector, Keskusteluaiheita – Discussion papers, No. 881, ETLA, Helsinki.

Patel, P. / Pavitt, K. (1994a), The Nature and Economic Importance of National Innovation Systems, in: *STI Review*, No. 14, S. 9-32.

Patel, P. / Pavitt, K. (1994b), National Innovation Systems: Why they are important, and how they might be measured and compared, in: *Economics of Innovation and New Technology*, Vol. 3, S. 77-95.

Patterson, V. / Behan, J. (2006), *Monitoring Ireland's Skills Supply: Trends in Education / Training Outputs*, A report by the Skills and Labour Market Research Unit (SLMRU) in FÁS for the Expert Group on Future Skills Needs, Dublin. Online-Verbindung 09.10.2006: http://www.skillsireland.ie/press/reports/pdf/egfsn0601_monitoring_irelands_skills_supply.pdf

Pavitt, K. (2005), Innovation Processes, in: *The Oxford Handbook of Innovation*, eds.: Fagerberg, J. / Mowery, D. C. / Nelson, R. R., Oxford University Press, Oxford, S. 86-114.

Peters, H.-R. (1987), Selektive Innovationspolitik im Rahmen sektoraler Strukturpolitik, in: *Beiträge zur Innovationspolitik*, Hrsg.: Werner, J., Schriften des Vereins für Socialpolitik, Neue Folge Band 169, Duncker und Humblot, Berlin, S. 37-68.

Polt, W. / Gassler, H. / Schibany, A. / Rammer, C. / Valentinelli, N. / Schartinger, D. (2001), *Benchmarking Industry-Science Relations – The Role of Framework Conditions*, Research Project Commissioned by European Commission, Enterprise DG and Federal Ministry of Economy and Labour, Austria, Final Report, Vienna / Mannheim. Online-Verbindung 22.05.2006: http://ec.europa.eu/enterprise/enterprise_policy/competitiveness/doc/final_isr_report.pdf

Pontikakis, D. / McDonnell, T. / Geoghegan, W. (2005), Ireland's National Innovation System: An Exploratory Study of Supporting Institutions and Dynamic Actors, CISC Working Paper, No. 17, Centre for Innovation & Structural Change, National University of Ireland, Galway. Online-Verbindung 15.06.2006: http://www.cisc.ie/documents/00017ciscwp.pdf

Porter, M. E. (1998a), Clusters and the New Economics of Competition, in: *Harvard Business Review*, Vol. 76, Issue 6, November-December, S. 77-90.

Porter, M. E. (1998b), *The Competitive Advantage of Nations – With a New Introduction*, Macmillan Press, Basingstoke, Hampshire.

Powell, W. W. / Grodal, S. (2005), Networks of Innovators, in: *The Oxford Handbook of Innovation*, eds.: Fagerberg, J. / Mowery, D. C. / Nelson, R. R., Oxford University Press, Oxford, S. 56-85.

PricewaterhouseCoopers (2001), *Money for Growth – The European Technology Investment Report 2000*, London. Online-Verbindung 29.09.2006: http://kariera.pwc.com/extranet/karierapl/KarieraW.nsf/(html)/12FE7ED8824C1879C1257010002BEE85/$File/MoneyforGrowth%20final%20with%20cover.pdf?OpenElement

PricewaterhouseCoopers (2003), *Money for Growth – The European Technology Investment Report 2002*, London. Online-Verbindung 29.09.2006: http://www.ivca.ie/Venture%20Capital%20stats2002.pdf

PricewaterhouseCoopers (2005), *Money for Growth – The European Technology Investment Report 2005*, London. Online-Verbindung 13.09.2006: http://www.pwcglobal.com/images/emea/tech/MoneyforGrowth2005.pdf

PricewaterhouseCoopers (2006), *Research & Development Incentives*, Dublin. Online-Verbindung 13.09.2006: http://www.pwcglobal.com/ie/eng/about/ind/tices/PwCR_DincentJul06.pdf

Ramirez, P. / Scott, M. / Golden, W. (2005), Innovation and the Information Society: Policy Coherence and Governance in Ireland, in: *Governance of Innovation Systems: Case Studies in Cross-Sectoral Policy*, Vol. 3, OECD, Paris, S. 93-114.

Reinhard, M. (2000), Zusammenfassung und Empfehlungen, in: *Wissens- und Technologietransfer in Deutschland*, Hrsg.: Schmoch, U. / Licht, G. / Reinhard, M., Fraunhofer IRB Verlag, Stuttgart, S. 304-315.

Reinhard, M. / Schmalholz, H. (1996), *Technologietransfer in Deutschland – Stand und Reformbedarf*, Schriftenreihe des ifo Instituts für Wirtschaftsforschung, Nr. 140, Duncker & Humblot, Berlin / München.

Reynolds, P. D. / Bygrave, W. D. / Autio, E. / Cox, L. W. / Hay, M. (2002), *Global Entrepreneurship Monitor – 2002 Executive Report*, Babson College MA, USA, London Business School und Ewing Marion Kauffman Foundation. Online-Verbindung 14.09.2006: http://www.kauffman.org/pdf/GEM2002.pdf

Rogers, E. M. (1982), Information Exchange and Technological Innovation, in: *The Transfer and Utilization of Technical Knowledge*, ed.: Sahal, D., Lexington Books, Lexington, Massachusetts, S. 105-123.

Romanainen, J. (2003), *A framework for analysing public innovation support mechanisms*, DRAFT, unveröffentlicht.

Romanainen, J. (2004), *Analysis of the Irish innovation system*, Concise version for the Enterprise Strategy Group, unveröffentlicht.

Romer, D. (1996), *Advanced Macroeconomics*, McGraw-Hill.

Romer, P. M. (1986), Increasing Returns and Long-Run Growth, in: *Journal of Political Economy*, Vol. 94, No. 5, S. 1002-1037.

Romer, P. M. (1990), Endogenous Technological Change, in: *Journal of Political Economy*, Vol. 98, No. 5, S. S71-S102.

Roper, S. / Hewitt-Dundas, N. (2004), *Innovation, Networks and The Diffusion of Manufacturing Best Practice – A Comparison of Northern Ireland and the Republic of Ireland*, Northern Ireland Economic Research Centre, Belfast. Online-Verbindung 12.09.2005: http://www.innlab.org/documents/ roper%20and%20hd%201998.pdf

Rose, K. (1973), *Grundlagen der Wachstumstheorie – Eine Einführung*, UTB 22, Vandenhoeck und Ruprecht, Göttingen.

Rosenberg, N. (1986), The Impact of Technological Innovation: A Historical View, in: *The Positive Sum Strategy – Harnessing Technology for Economic Growth*, eds.: Landau, R. / Rosenberg, N., National Academy Press, Washington DC, S. 17-32.

Rothwell, R. (1992), Successful industrial innovation: critical factors for the 1990s, in: *R&D Management*, Vol. 22, No. 3, S. 221-239.

Rouvinen, P. / Ylä-Anttila, P. (2004), Case Study: Little Finland's Transformation to a Wireless Giant, in: *The Global Information Technology Report 2003-*

2004 – Towards an Equitable Information Society, eds.: Dutta, S. / Lanvin, B. / Paua, F., Oxford University Press, New York, S. 87-108.

Ruane, F. / Görg, H. (1997), Reflections on Irish Industrial Policy towards Foreign Direct Investment, Trinity Economic Papers Series, Policy Paper No. 97/3, Dublin.

Sabisch, H. (1999), Unternehmensgründung und Innovation – Gesamtüberblick, Aufgaben, Probleme, in: *Management technologieorientierter Unternehmensgründungen*, Hrsg.: Sabisch, H., Schäffer-Poeschel Verlag, S. 19-39.

Sachs, J. D. (1997), Ireland's Growth Strategy: Lessons for Economic Development, in: *International Perspectives on the Irish Economy*, ed.: Gray, A. W., Indecon Economic Consultants, Dublin, S. 54-63.

Saxenian, A. (1994), *Regional Advantage – Culture and Competition in Silicon Valley and Route 128*, Harvard University Press, Cambridge, Massachusetts.

Schienstock, G. / Hämäläinen, T. (2001), *Transformation of the Finnish innovation system: A network approach*, Sitra Reports series 7, Helsinki. Online-Verbindung 26.04.2006: http://www.sitra.fi/Julkaisut/raportti7.pdf

Schienstock, G. / Kuusi, O. (eds.) (1999), *Transformation Towards a Learning Economy – The Challenge for the Finnish Innovation System*, Sitra 213, Helsinki.

Schmoch, U. (2000a), Konzepte des Technologietransfers, in: *Wissens- und Technologietransfer in Deutschland*, Hrsg.: Schmoch, U. / Licht, G. / Reinhard, M., Fraunhofer IRB Verlag, Stuttgart, S. 3-13.

Schmoch, U. (2000b), Exkurs 2: Ergebnisse einer Umfrage bei technologienahen Forschungseinheiten an Universitäten, in: *Wissens- und Technologietransfer in Deutschland*, Hrsg.: Schmoch, U. / Licht, G. / Reinhard, M., Fraunhofer IRB Verlag, Stuttgart, S. 104-112.

Schmookler, J. (1966), *Invention and Economic Growth*, Harvard University Press, Cambridge, Massachusetts.

Schumpeter, J. A. (1934), *Theorie der wirtschaftlichen Entwicklung – Eine Untersuchung über Unternehmergewinn, Kapital, Kredit, Zins und den Konjunkturzyklus*, neunte Auflage, unveränderter Nachdruck der 1934 erschienenen vierten Auflage 1997, Duncker und Humblot, Berlin.

Schumpeter, J. A. (1939), *Business Cycles: A Theoretical, Historical and Statistical Analysis of the Capitalist Process*, Vol. I, Reprint 1982, McGraw-Hill, New York.

Schumpeter, J. A. (1946), *Kapitalismus, Sozialismus und Demokratie*, sechste Auflage 1987, Francke Verlag, Tübingen.

Soete, L. / Verspagen, B. (1993), Technology and Growth: The Complex Dynamics of Catching Up, Falling Behind and Taking Over, in: *Explaining Economic Growth – Essays in Honour of Angus Maddison*, eds.: Szirmai, A. / Van Ark, B. / Pilat, D., North-Holland, Amsterdam, S. 101-127.

Solow, R. M. (1957), Technical Change and the Aggregate Production Function, in: *The Review of Economics and Statistics*, Vol. 39, S. 312-320.

Solow, R. M. (1970), *Growth Theory – An Exposition*, The Radcliffe Lectures Delivered in the University of Warwick 1969, Oxford University Press, London.

Steering Group (1999), *Regional Innovation Strategy for the Shannon Region*, Shannon. Online-Verbindung 12.12.2006: http://www.shannondev.ie/RegionalDevelopment/PlanningResearch/Documents/filename,1956,en.pdf

Steering Group (2001), *Regional Innovation Strategy for the Shannon Region – Action report*, o.O. Online-Verbindung 12.12.2006: http://www.shannondev.ie/RegionalDevelopment/PlanningResearch/Documents/filename,1958,en.pdf

STIAC (1995), *Making Knowledge Work for Us*, Forfás, Dublin. Online-Verbindung 24.10.2005: http://www.forfas.ie/publications/archive/stiac/intro.htm

Sweeney, P. (1998), *The Celtic Tiger – Ireland's Economic Miracle Explained*, Oak Tree Press, Dublin.

The Economist (1988), Poorest of the Rich – A Survey of the Republic of Ireland, Vol. 306, No. 7533.

The Economist (1997). Europe's shining light, Vol. 343, No. 8017.

Urff, W. v. (2004), Agrarmarkt und Struktur des ländlichen Raumes in der Europäischen Union, in: *Die Europäische Union – Politisches System und Politikbereiche*, Hrsg.: Weidenfeld, W., Bundeszentrale für politische Bildung, Band 442, Bonn, S. 205-222.

Walsh, B. M. (1999), What's in store for the Celtic Tiger?, in: *The Irish Banking Review*, Spring, Dublin, S. 2-15.

Walsh, B. M. (2003a), When Unemployment Disappears: Ireland in the 1990s, CESifo Working Paper, No. 856, Category 4: Labour Markets, Presented at CESifo Conference on Unemployment in Europe: Reasons and Remedies, December 2002. Online-Verbindung 12.04.2004: http://www.ucd.ie/economic/workingpapers

Walsh, B. M. (2003b), Taxation and foreign direct investment in Ireland, in: *Tax Reform in Canada: Our Path to Greater Prosperity*, ed.: Grubel, H. G., Fraser Institute, Vancouver, S. 207-230.

Welsch, J. (2005), *Innovationspolitik – Eine problemorientierte Einführung*, Gabler, Wiesbaden.

Ylä-Anttila, P. (2005), The Finnish National System of Innovation – How did it develop, How does it perform? : The Finnish National System of Innovation – Present State and Future Challenges, Fachseminar im Gemeinschaftshaus der Nordischen Botschaften, am Montag, 11. April 2005, Berlin.

Ylä-Anttila, P. / Palmberg, C. (2005), The Specificities of Finnish Industrial Policy – Challenges and Initiatives at the Turn of the Century, Keskusteluaiheita – Discussion papers, No. 973, ETLA, Helsinki.

weitere Internetquellen

http://cordis.europa.eu/fp6/dc/index.cfm?fuseaction=UserSite.FP6HomePage, diverse Online-Verbindungen

http://ec.europa.eu/enterprise/enterprise_policy/best-directory/de/finance/finland.htm, diverse Online-Verbindungen

http://ec.europa.eu/eracareers/index_en.cfm?l1=24&CFID=&CFTOKEN=, Online-Verbindung 09.01.2007

http://ec.europa.eu/research/fp6/mariecurie-actions/action/level_en.html, Online-Verbindung 11.01.2007

http://ec.europa.eu/research/fp6/mariecurie-actions/researchers/assistance_en.html#3, Online-Verbindung 10.01.2007

http://epp.eurostat.ec.europa.eu, diverse Online-Verbindungen http://europa.eu/scadplus/leg/de/lvb/l60018.htm, Online-Verbindung 18.11.2004

http://europa.eu.int, diverse Online-Verbindungen

http://europa.eu.int/comm/eurostat/, diverse Online-Verbindungen

http://europa.eu.int/scadplus/leg/de/lvb/i23012.htm, Online-Verbindung 04.04.2006

http://trendchart.cordis.lu/tc_datasheet.cfm?ID=5116, Online-Verbindung 21.09.2006

http://trendchart.cordis.lu/tc_datasheet.cfm?id=6586, Online-Verbindung 21.09.2006

http://trendchart.cordis.lu/tc_policy_country.cfm?CO=9, diverse Online-Verbindungen

http://www.aka.fi, diverse Online-Verbindungen

http://www.aka.fi/index.asp?id=597bda0d53e84e13835bfacd7b9b3978&tabletarget=data_1&laytmp=aka_eng_sisa, Online-Verbindung 10.01.2007

http://www.bmbf.de/de/231.php, Online-Verbindung 21.12.2006

http://www.businessangels.ie, Online-Verbindung 27.09.2006

http://www.entemp.ie/labour/workpermits/elements/researchers.htm, Online-Verbindung 12.01.2007

http://www.entemp.ie/press/2004/20040708.htm, Online-Verbindung 10.08.2006

http://www.entemp.ie/press/2006/20060522.htm, Online-Verbindung 28.09.2006

http://www.entemp.ie/science/technology/index.htm, Online-Verbindung 24.10.2005

http://www.entemp.ie/science/technology/rtdi-collaboration.htm, Online-Verbindung 23.11.2006

http://www.enterprise-ireland.com, diverse Online-Verbindungen

http://www.enterprise-ireland.com/AboutUs/, Online-Verbindung 24.10.2005

http://www.enterprise-ireland.com/CommonPages/High_Potential_Start_Ups.htm, Online-Verbindung 20.09.2006

http://www.enterprise-ireland.com/Grow/Finance/businessangels.htm, Online-Verbindung 27.09.2006

http://www.enterprise-ireland.com/Grow/Finance/VentureCapitalists.htm, Online-Verbindung 28.09.2006 http://www.enterprise-ireland.com/Grow/Technology/technology_transfer.htm, Online-Verbindung 14.11.2006

http://www.enterprise-ireland.com/Innovation, Online-Verbindung 13.12.2006

http://www.enterprise-ireland.com/ResearchInnovate/International+R+and+D/International+R+and+D.htm, Online-Verbindung 11.12.2006

http://www.enterprise-ireland.com/ResearchInnovate/R+and+D+in+your+Enterprise/RTI.htm, Online-Verbindung 11.12.2006

http://www.enterprise-ireland.com/TechSearch/About+TechSearch.htm, Online-Verbindung 20.11.2006

http://www.esf.org/esf_genericpage.php?language=0&section=8&domain=0&genericpage=1972, Online-Verbindung 20.04.2006

http://www.finnvera.fi/index.cfm?id=1780, Online-Verbindung 17.05.2006

http://www.finnvera.fi/vuosikertomus2005/?s=1&p=214, Online-Verbindung 26.09.2006

http://www.forfas.ie/about/index.html, Online-Verbindung 10.07.2006

http://www.forfas.ie/about/state_bodies.html, Online-Verbindung 07.07.2005

http://www.forfas.ie/asc/index.html, Online-Verbindung 07.07.2005

http://www.forfas.ie/icsti/, Online-Verbindung 24.10.2005

http://www.forfas.ie/ncc/, Online-Verbindung 15.07.2005

http://www.forfas.ie/publications/archive/rd/purple.htm#R&D, Online-Verbindung 20.09.2006

http://www.forfas.ie/publications/archive/rdbus/fund.htm, Online-Verbindung 20.09.2006

http://www.forumviriumhelsinki.fi/, Online-Verbindung 12.12.2006

http://www.icbe.ie, Online-Verbindung 19.12.2006

http://www.icbe.ie/Documents/, Online-Verbindung 19.12.2006

http://www.idaireland.com/home/index.aspx, Online-Verbindung 07.07.2005

http://www.intertradeireland.com/uploads/word/innovabrochure1.doc, Online-Verbindung 07.12.2006

http://www.investinfinland.fi, Online-Verbindung 22.09.2006

http://www.irc-ireland.ie, Online-Verbindung 16.11.2006

http://www.ircset.ie, Online-Verbindung 17.10.2006

http://www.iua.ie/core_activities/fourthlevelirelandintro.html, Online-Verbindung 07.11.2006

http://www.kka.fi/english/index.lasso?cont=english,
Online-Verbindung 19.04.2006

http://www.kka.fi/english/index.lasso?cont=history,
Online-Verbindung 19.04.2006

http://www.manufuture.org/, Online-Verbindung 19.12.2006

http://www.minedu.fi/tiede_ja_teknologianeuvosto/eng/index.html,
Online-Verbindung 19.04.2006

http://www.ndp.ie, diverse Online-Verbindungen

http://www.researchcareersireland.com/page.aspx?SP=47,
Online-Verbindung 09.01.2007

http://www.rhw.ul.ie/asstreg/ar02_03/National%20Technology%20Park.htm,
Online-Verbindung 15.11.2006

http://www.sciencecouncil.ie/tor.html, Online-Verbindung 06.07.2006

http://www.sfi.ie/content/content.asp?section_id=207&language_id=1,
Online-Verbindung 24.10.2006

http://www.shannondev.ie, Online-Verbindung 21.09.2006

http://www.shannondev.ie/AboutUs/45YearsinAction/InnovationWorks/,
Online-Verbindung 22.11.2006

http://www.sitra.fi/en/About+Sitra/sitra.htm, Online-Verbindung 20.04.2006

http://www.sitra.fi/intro, Online-Verbindung 27.09.2006

http://www.snshannon.com, Online-Verbindung 02.09.2004

http://www.src.ie/index.html, Online-Verbindung 20.10.2006

http://www.stat.fi/til/tkke/2004/tkke_2004_2005-09-30_tau_008_en.xls,
diverse Online-Verbindungen

http://www.stat.fi/tup/suoluk/suoluk_yritykset_de.html,
diverse Online-Verbindungen

http://www.technologytransfer.ie/about.html, Online-Verbindung 15.11.2006

http://www.tecnet.ie/index.php, Online-Verbindung 11.12.2006

http://www.tekel.fi/english/, Online-Verbindung 23.11.2006

http://www.tekes.fi, diverse Online-Verbindungen

http://www.tekes.fi/eng/co-operation/europe/irc.html,
Online-Verbindung 23.11.2006

http://www.tekes.fi/eng/tekes/rd/, Online-Verbindung 22.09.2006

http://www.tekes.fi/english/programmes/all/all.html,
Online-Verbindung 22.09.2006

http://www.tekes.fi/english/programmes/index/cooperation.html,
Online-Verbindung 10.01.2007

http://www.tekes.fi/partner/eng/, Online-Verbindung 23.11.2006

http://www.tilastokeskus.fi/til/tkker/2006/
tkker_2006_2006-02-08_tie_001_en.html, Online-Verbindung 01.11.2006

http://www.ucd.ie/nova/, Online-Verbindung 14.11.2006

http://www.ucd.ie/pgstudy/graduateschools.htm, Online-Verbindung 07.11.2006

http://www.udaras.ie, Online-Verbindung 21.09.2006

http://www.ukspa.org.uk/, Online-Verbindung 15.11.2006

http://www.ul.ie/~ncqm/n_nat.htm, Online-Verbindung 12.12.2006

http://www.veraventure.fi/index.asp?language=2,
Online-Verbindung 26.09.2006

Volkswirtschaftliche Analysen

Herausgegeben von Georg Hasenkamp, Wolfgang Maennig, Christian Scheer und Peter Stahlecker

Band 1 Matthias Ross: Unsicherheit und Arbeitsnachfrage. Eine theoretische und empirische Analyse des warenproduzierenden Gewerbes in Deutschland. 1998.

Band 2 Olaf Schlotmann: Die deutsche Zeitstruktur der Zinssätze im Lichte der Wicksellschen Kredittheorie. 1998.

Band 3 Gunar Schröer: Schätz- und Testverfahren im strukturellen Kointegrationsmodell. 1998.

Band 4 Joachim Dannenbaum: Der Strukturwandel in Deutschland und seine Bedeutung für die Arbeitslosigkeit. 1998.

Band 5 Birgit Layes: Kompatibilität von Arbeitsqualifikationen. Eine volkswirtschaftliche Analyse. 1998.

Band 6 Nils Hauenschild: Alterssicherungssysteme im Rahmen stochastischer Modelle überlappender Generationen. 1999.

Band 7 Axel Kunde: Langfristige Auswirkungen der wirtschaftlichen Integration der Mitgliedsstaaten der Europäischen Union. 2000.

Band 8 Anna-Maria Herfeld: Reformansätze zur Alterssicherung in Deutschland und intergenerationelle Gerechtigkeit. 2001.

Band 9 Oliver W. Wojahn: Airline Networks. 2001.

Band 10 Thomas Krause: Dynamische Straßenbenutzungsgebühren zur Reduzierung von Staus. 2003.

Band 11 Markus Klintworth: Schätzverfahren im linearen Regressionsmodell bei partiellen und unscharfen Parameterrestriktionen. 2004.

Band 12 Harm Bandholz: Konjunkturelle Frühindikatoren für die Bundesrepublik Deutschland und die Freie und Hansestadt Hamburg. Eine empirische Analyse unter Verwendung linearer und nichtlinearer dynamischer Faktormodelle. 2004.

Band 13 Heike Ruhrmann: Nationale Innovationssysteme. Eine komparative Analyse am Beispiel Irlands und Finnlands. 2007.

www.peterlang.de

FSC
www.fsc.org
MIX
Papier | Fördert gute Waldnutzung
FSC® C083411

Kolibri 360 GmbH
Ferdinand-Jühlke-Straße 7
99095 Erfurt, Deutschland
produktsicherheit@kolibri360.de

Druck:
CPI Druckdienstleistungen GmbH
im Auftrag der
Kolibri 360 GmbH
Ferdinand-Jühlke-Str. 7
99095 Erfurt